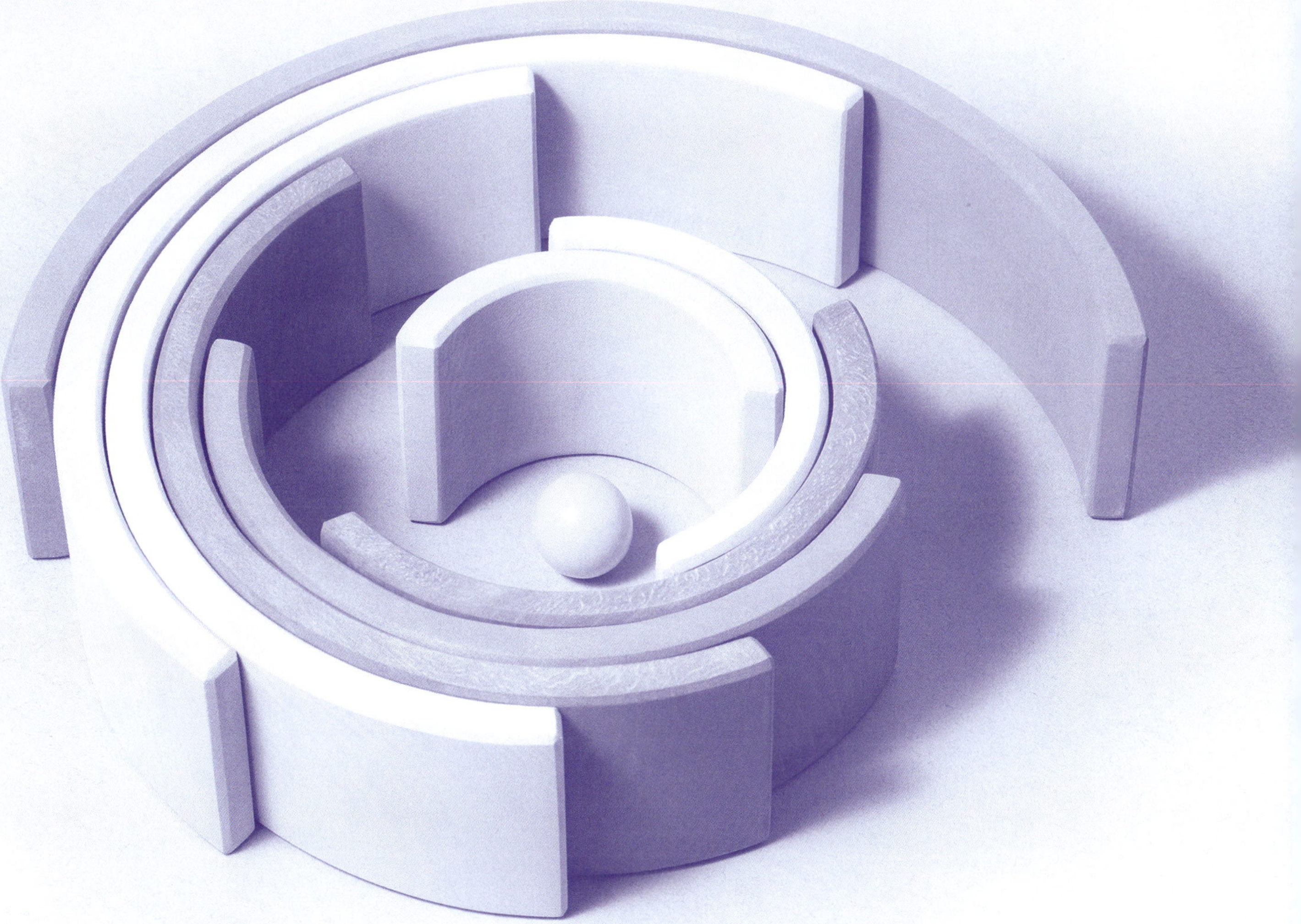

슬기로운

대학수학 수정판

College Mathematics

김상배 · 김화정 · 노금환
유천성 · 이희영 · 최은미 지음

북스힐

머리말

수학은 다양한 학문의 기본이 될 뿐만 아니라, 새로운 시대를 열어갈 4차 산업혁명의 필수 학문임이 강조되고 있다. 따라서 본 저자들은 수학의 이러한 역할에 충실할 수 있도록 본 교재를 구성하고자 노력하였으며 수학적 내용의 이해가 필요한 다양한 분야의 전공자들이 대학교 1학년 과정에서 반드시 배워야 하는 내용을 담도록 하였다.

본 저자들은 대학수학 또는 미분적분학을 강의해 오면서 적지 않은 학생들이 수학에 대한 자신감이 부족하여 자신의 전공 분야에 적응하는 데 어려움을 겪는 것을 보아 왔다. 이러한 이유로 이 교재를 집필하면서 무엇보다 최우선으로 고려한 것은 다양한 전공의 학생들도 쉽게 이해할 수 있도록 내용을 구성하고 서술해야 한다는 것이었다. 그러면서도 꼭 필요한 내용은 충분히 담아내도록 노력하였다.

1장부터 7장까지는 기본적인 내용과 함께 여러 가지 함수를 소개하면서 미분과 적분의 순서대로 내용을 구성하여 기본 개념을 중심으로 정리를 소개하고 응용 내용을 수록하였다.

8장부터 13장까지는 급수, 벡터, 행렬, 복소수 그리고 다변수 함수의 내용을 소개하고 있으며 특히 요즘 필요로 하는 인공지능 관련 수학 내용과 함께 이·공학 계열에서 기본적으로 필요로 하는 수학적 내용을 정리하였다.

부록에는 수학의 기초가 약한 학생도 쉽게 배울 수 있도록 기초수학의 내용을 첫 번째 부분에 요약 정리하였다. 또한 좀 더 정확한 의미를 알고자 하는 학생을 위한 심화학습과 수치근사를 수록하였으며 마지막으로 적분표가 수록되어 있다.

다소 어려운 정리들의 경우에는 그 증명을 과감히 생략하는 대신 필요한 원리를 명료하게 서술하였다. 예제와 연습문제는 이러한 개념과 원리의 이해를 돕는 수준까지 고려하여 학생 스스로 생각하여 문제를 해결할 수 있도록 하였다. 주당 2~3시간씩 두 학기 분량으로 사용되기를 권고하며 또한 다양한 수학 프로그램을 통해 내용을 확인하는 등 수학을 가시화하는 과정을 거친다면 이 교재를 더욱 효과적으로 사용할 수 있을 것이다.

가능하면 쉽고 명쾌하게 집필하려고 노력하였으나 미비한 부분이 많이 있을 것으로 생각된다. 이러한 문제점들은 앞으로 지속적으로 수정 · 보완할 것이다.

이 책이 학생들 각자가 선택한 전공 영역에 성공적으로 안착하는 데 도움이 된다면 저자들에게 큰 기쁨이 될 것이다. 마지막으로 이 책의 집필에 조언을 주시고 검토해 주신 분들 그리고 북스힐 관계자분들에게 감사드린다.

2022년 2월 저자 일동

차례

CHAPTER

01

함수

1.1 함수

함수에서의 기본 정의들을 알아보자.

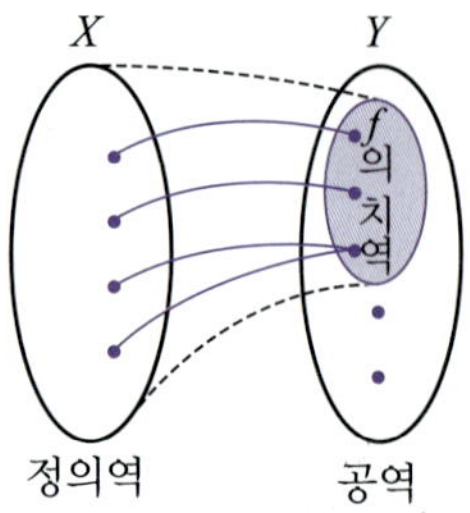

그림 1.1.1

정의 1.1.1 함수의 정의

집합 X의 각 원소에 집합 Y의 원소가 오직 하나씩만 대응할 때, 그 대응 관계 f를 X에서 Y로의 **함수**라 하고, 이를

$$f : X \to Y \text{ 또는 } X \xrightarrow{f} Y$$

로 나타낸다. $y = f(x)$일 때, y를 x의 **상**(image, 함숫값)이라 하며, 반대로 x를 f에 대한 y의 **역상**(pre-image, 원상)이라 부른다.

함수 $f : X \to Y$에서 X를 f의 **정의역**(domain), Y를 f의 **공역**(codomain)이라 하고 함숫값 전체의 집합 $\{f(x) | x \in X\}$를 f의 **치역**(range)이라 하며 $f(X)$로도 나타낸다. 이때 $f(X) \subseteq Y$, 즉 치역은 공역의 부분집합이 된다. 함수 f의 정의역의 원소 x를 **독립변수**(independent variable)라 하고 치역의 원소 y를 **종속변수**(dependent variable)라 한다. 종속변수 y의 값은 독립변수 x의 값에 의해 완전히 결정되는 셈이다. 이러한 의미에서 'y는 x의 함수'라 말하기도 하고, 함수 f를 '함수 $f(x)$' 또는 '함수 $y = f(x)$'라 말하기도 한다.

두 함수 $f : X \to Y$와 $g : U \to V$에 대하여, $X = U$이고 모든 $x \in X$에 대하여 $f(x) = g(x)$일 때, 두 함수는 서로 같다(equal)라고 한다.

두 집합 X, Y가 주어졌을 때, X의 원소 x와 Y의 원소 y를 순서를 생각하여 만든 x와 y의 쌍 (x, y)를 **순서쌍**(ordered pair)이라 한다. 이때 X의 원소를 첫 번째, Y의 원소를 두 번째로 하는 모든 순서쌍 (x, y)의 집합을 집합 X와 집합 Y의 **곱집합**(product set)이라 하고, $X \times Y$로 나타낸다. 즉,

$$X \times Y = \{(x, y) | x \in X, y \in Y\}$$

이다.

집합 X에서 Y로의 함수 $y = f(x)$가 주어지면 이 함수에 대하여 집합

$$G = \{(x, f(x)) | x \in X\}$$

가 정해진다. 이때 집합 G를 함수 $y = f(x)$의 **그래프**(graph)라고 한다.

정의역을 X로 하고 공역을 Y로 하는 함수 $f : X \to Y$를 생각하자.

일대일함수(one to one function, 1-1함수, 단사함수(injection))란 정의역에 속하는 임의의 두 원소 $x_1, x_2 \in X$에 대하여

$$x_1 \neq x_2 \text{이면 } f(x_1) \neq f(x_2)$$

이 성립하는 함수이다. 대우명제를 사용하여 다음과 같이 표현할 수 있다.

정의역에 속하는 임의의 두 원소 $x_1, x_2 \in X$에 대하여 다음이 성립한다.

$$f(x_1) = f(x_2) \text{이면 } x_1 = x_2$$

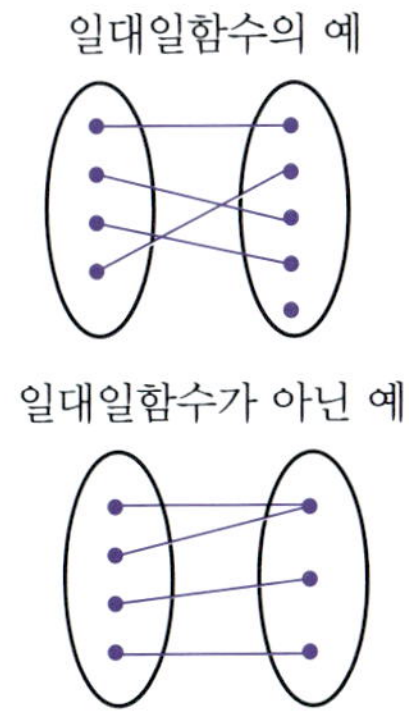

그림 1.1.2

위로의 함수(onto function, 전사함수(surjection))란 공역에 속하는 임의의 원소 $b \in Y$에 대하여 항상 b의 역상 $a \in X$가 존재하는 함수이다. 다시 말해, 다음과 같이 f의 치역이 공역과 일치한다.

$$Y = f(X)$$

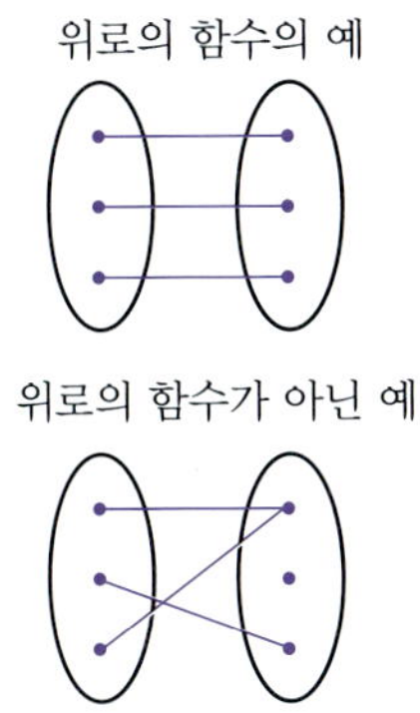

그림 1.1.3

한편, 일대일함수이며 동시에 위로의 함수를 **일대일대응**(one to one correspondence, 전단사함수(bijection))라 부른다. 다시 말해 임의의 $x_1, x_2 \in X$에 대하여 다음 두 조건을 만족하는 함수이다.

① $x_1 \neq x_2$이면 $f(x_1) \neq f(x_2)$ ② $\{f(x) \mid x \in X\} = Y$

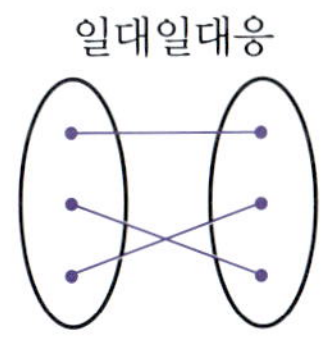

그림 1.1.4

- 항등함수: $X \to X$이며 X의 모든 원소 x에 대하여 $f(x) = x$가 되는 함수로서 주로 $I : X \to X$로 나타낸다.
- 상수함수: $f : X \to Y$이며 정의역 X의 모든 원소가 Y의 단 하나의 원소에 대응하는 함수, 즉 $f(x) = k(k \in Y)$로 나타낸다.

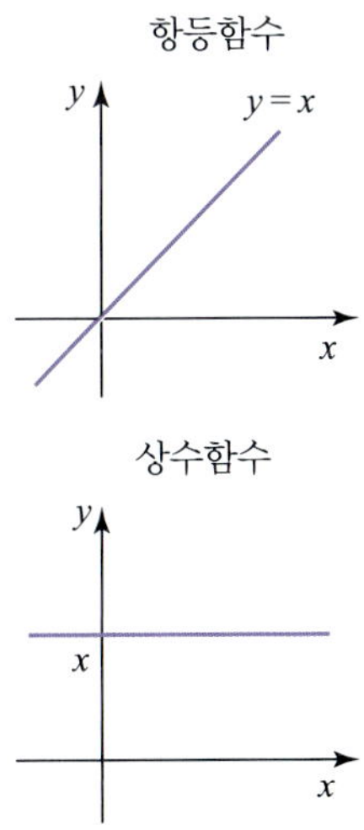

그림 1.1.5

정의 1.1.2 함수의 연산

두 함수 $f : X \to Y$와 $g : U \to V$에 대하여 두 함수의 연산(operation)인 합 $f + g$, 차 $f - g$, 곱 fg, 몫 $\frac{f}{g}$는 다음과 같이 정의한다.

$$(f+g)(x) = f(x) + g(x), \quad (f-g)(x) = f(x) - g(x)$$

$$(fg)(x) = f(x) \cdot g(x), \quad \left(\frac{f}{g}\right)(x) = \frac{f(x)}{g(x)}$$

여기서 두 함수의 합, 차, 곱의 정의역은 $X \cap U$이고 몫의 정의역은 $\{x \mid x \in X \cap U,\ g(x) \neq 0\}$이다.

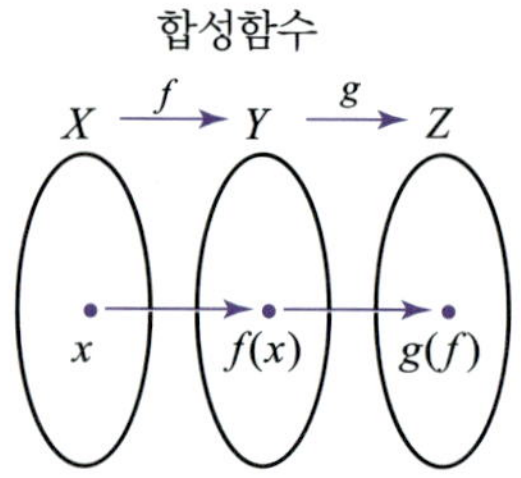

그림 1.1.6

> **정의 1.1.3 합성함수**
>
> 두 함수 $f: X \to Y$와 $g: Y \to Z$가 주어져 있을 때 X의 임의의 원소 x를 Z의 원소 $g(f(x))$를 대응시킴으로써 X를 정의역, Z를 공역으로 하는 새로운 함수를 f와 g의 합성함수(composite function)라 하고 $g \circ f$로 나타낸다.
>
> $$g \circ f : X \to Z,\ (g \circ f)(x) = g(f(x)) \quad (\text{단, } x \in X)$$

예제 1.1

합성함수는 결합법칙을 만족함을 확인하여라. 즉, 다음 등식이 성립함을 보여라.

$$h \circ (g \circ f) = (h \circ g) \circ f$$

풀이

$f: X \to Y,\ g: Y \to Z,\ h: Z \to W$라 하자. 그러면 $h \circ (g \circ f)$와 $(h \circ g) \circ f$는 $X \to W$인 함수이다. 정의역 X에서 임의의 원소를 x라 하면

$$h \circ (g \circ f)(x) = h((g \circ f)(x)) = h(g(f(x)))$$

이다. 한편,

$$((h \circ g) \circ f)(x) = (h \circ g)(f(x)) = h(g(f(x)))$$

가 되어 두 식이 동일함을 볼 수 있다.

예제 1.2

합성함수는 교환법칙이 성립하지 않음을 확인하여라. 즉, 다음 등식이 성립함을 보여라.

$$g \circ f \neq f \circ g$$

풀이

$f: X \to Y,\ g: Y \to Z$라 하면 합성함수 $g \circ f$는 $g \circ f: X \to Z$인 함수이지만 합성함수 $f \circ g$는 정의할 수 없다.

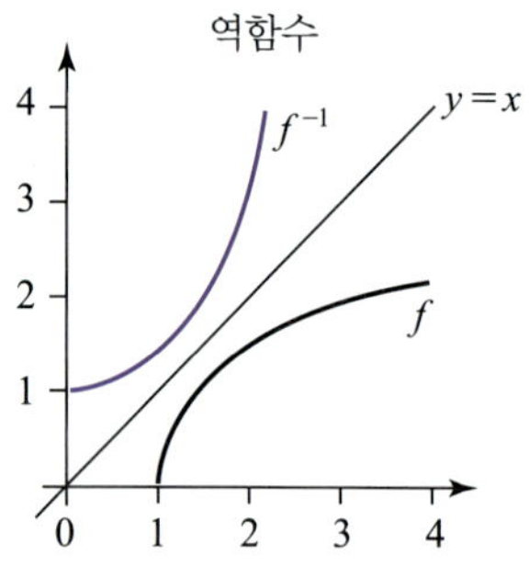

그림 1.1.7

> **정의 1.1.4 역함수**
>
> 일대일대응 $f: X \to Y$에 대하여 $f^{-1}: Y \to X$를 f의 역함수(inverse function)라 한다. 다시 말해, $f(x) = y \Leftrightarrow f^{-1}(y) = x$이다.

함수 $f(x)$의 역함수를 구하려면 다음 세 단계를 거치면 된다.

(i) $y=f(x)$가 일대일대응인지 확인한다.

(ii) $y=f(x)$는 x에 관해 정리하여 $x=g(y)$의 꼴로 고친다.

(iii) x와 y를 바꾸어 $y=g(x)$의 꼴로 나타낸다.

예제 1.3

R에서 R로의 함수 $f(x)=2x-1$에 대하여 다음 물음에 답하라.

(1) $f^{-1}(-3)+f(-3)$을 구하여라.

(2) $f^{-1}(x)$를 구하여라.

풀이

(1) $f(-3)=2\times(-3)-1=-7$이다. 또한, $f^{-1}(-3)=x_1$이라 하면 $f(x_1)=-3$에서 $f(x_1)=2x_1-1=-3$, 즉 $x_1=-1$이므로 $f^{-1}(-3)=-1$이다. 따라서 구하는 값은 다음과 같다.

$$f^{-1}(-3)+f(-3)=-7+(-1)=-8$$

(2) 주어진 함수의 x와 y를 바꾸어 y에 대하여 정리하면

$$\begin{aligned} y=2x-1 &\Rightarrow x=2y-1 \\ &\Rightarrow y=\frac{x+1}{2} \end{aligned}$$

이므로 $f^{-1}(x)=\dfrac{x+1}{2}$이다.

정리 1.1.5 역함수의 성질

두 함수 $f: X\to Y$, $g: Y\to Z$가 일대일대응이면 다음이 성립한다.

(1) $f^{-1}\circ f=I_X$이며 $f\circ f^{-1}=I_Y$이다. 여기서 I_X, I_Y는 각각 X, Y에서의 항등함수이다.

(2) $(f^{-1})^{-1}=f$

(3) 함수 $y=f(x)$와 역함수 $y=f^{-1}(x)$의 그래프는 직선 $y=x$에 대하여 대칭이다.

(4) $(g\circ f)^{-1}=f^{-1}\circ g^{-1}$

증명

(1) 역함수의 정의에 의해 $f(x)=y\Leftrightarrow f^{-1}(y)=x$이다. 따라서 임의의 $x\in X$에 대하여 $(f^{-1}\circ f)(x)=f^{-1}(f(x))=f^{-1}(y)=x=I_X(x)$, 즉 $f^{-1}\circ f=I_X$이다. 유사한 방

법으로 $f \circ f^{-1} = I_Y$도 증명할 수 있다.

(2) (1)에서 보인 $f^{-1} \circ f = I_X$는 f와 f^{-1}가 서로 역원의 관계라는 뜻이다. 다시 말해, $(f^{-1})^{-1} = f$이다.

(3) 역함수의 성질인 $f(x) = y \Leftrightarrow f^{-1}(y) = x$에서 보듯이 역함수는 서로 x와 y의 역할을 바꾼 것이다. 그러므로 f와 f^{-1}는 직선 $y = x$에 대하여 대칭이다.

(4) $(g \circ f) \circ (f^{-1} \circ g^{-1}) = g \circ (f \circ f^{-1}) \circ g^{-1} = g \circ I_Y \circ g^{-1} = (g \circ I_Y) \circ g^{-1} = g \circ g^{-1} = I_Y$이므로 $g \circ f$와 $f^{-1} \circ g^{-1}$는 역함수 관계이다. 즉, $(g \circ f)^{-1} = f^{-1} \circ g^{-1}$이다. ■

예제 1.4

두 함수 $f(x) = \frac{1}{2}x - 3$, $g(x) = 4x - 2$에 대하여 $\left(f^{-1} \circ g \circ (f^{-1} \circ g)^{-1} \circ g^{-1}\right)^{-1}(3)$의 값을 구하여라.

풀이

$$\begin{aligned}\left(f^{-1} \circ g \circ (f^{-1} \circ g)^{-1} \circ g^{-1}\right)^{-1} &= \left(f^{-1} \circ g \circ g^{-1} \circ \left(f^{-1}\right)^{-1} \circ g^{-1}\right)^{-1} \\ &= \left(f^{-1} \circ g \circ g^{-1} \circ \left(f^{-1}\right)^{-1} \circ g^{-1}\right)^{-1} \\ &= (f^{-1} \circ I \circ f \circ g^{-1})^{-1} \\ &= (f^{-1} \circ f \circ g^{-1})^{-1} \\ &= (I \circ g^{-1})^{-1} \\ &= (g^{-1})^{-1} = g\end{aligned}$$

이므로 $\left(f^{-1} \circ g \circ (f^{-1} \circ g)^{-1} \circ g^{-1}\right)^{-1}(3) = g(3) = 10$이다.

연습문제 1.1

1. 다음 네 함수에 대하여 물음에 답하여라.

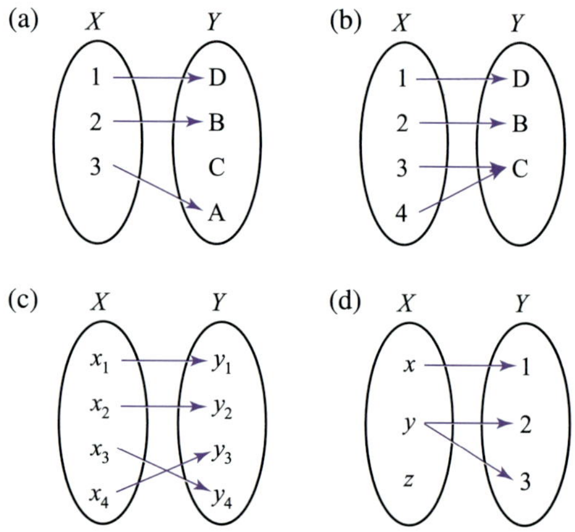

(1) 함수인 것과 함수가 아닌 것을 찾고 함수가 되지 않는 이유를 설명하라.

(2) 일대일함수를 모두 찾아라.

(3) 일대일대응을 모두 찾아라.

(4) '공역 = 치역'을 만족하는 함수를 모두 찾아라.

(5) (b)에 대하여 정의역, 공역, 치역을 구하라.

(6) (a)에 대하여 정의역, 공역, 치역을 구하라.

(7) (c)에 대하여 $f(x_1) + f(x_4)$의 값을 구하라.

2. 두 집합 $X = \{1, 2, 3, 4\}$, $Y = \{1, 2, 3, 4, 5\}$에 대하여 X에서 Y로의 함수 f가 $f(x) = x + 1$일 때, 함수 f의 치역을 구하여라.

3. $X=\{0, 1, 2, 3, 4, 5\}$, $Y=\{-1, 0, 1, 2, 3, 4, 5\}$에 대하여 X에서 Y로의 함수 f가 $f(x)=(x$를 4로 나눈 나머지$)$일 때, 함수 f의 치역을 구하여라.

4. 다음 함수 중 일대일대응을 모두 찾아라.

(1) $y=x-1$　　(2) $y=2$

(3) $y=\begin{cases} x & x\geq 0 \\ -2x & x<0 \end{cases}$　　(4) $y=x^2$ (단, $x\leq 0$)

5. 세 함수 $f(x)=2x$, $g(x)=x^2-2x$, $h(x)=\frac{1}{2}x$에 대하여 다음을 구하여라.

(1) $f\circ g$　　(2) $g\circ f$　　(3) $f\circ h$

(4) $h\circ f$　　(5) $f\circ(g\circ h)$　　(6) $(f\circ g)\circ h$

6. 함수 $f(x)=x^2$ $(x\geq 0)$에 대하여 $f^{-1}(x)$를 구하여라.

7. 함수 $f(2x-3)=-x^2+3x$에 대하여 다음 물음에 답하여라.

(1) $f(3)$의 값을 구하여라.

(2) $f(x)$를 구하여라.

8. 임의의 자연수 n에 대하여 함수 f가 다음 두 조건을 만족할 때, $f(999)+f(1000)$의 값을 구하여라.

(a) $f(2n)=f(n)$	(b) $f(2n-1)=n+1$

9. 두 함수 $f(x)$와 $g(x)$가 $f(x)=x^2-6x+7$, $g(x-4)=f(2x+5)$를 만족할 때, $g(1)$의 값을 구하여라.

10. 일차함수 $y=ax+2$의 정의역이 $\{x|1\leq x\leq 3\}$이고 공역이 $\{y|3\leq y\leq 6\}$일 때, 실수 a의 값의 범위를 구하여라.

11. 집합 $X=\{1, 2\}$를 정의역으로 하는 두 함수 $f(x)=x^3+2ax^2+3b$, $g(x)=-ax+b$가 서로 같을 때, 함수 f의 치역을 구하여라(단, a, b는 상수이다).

12. 집합 X를 정의역으로 하는 두 함수 $f(x)=2x^2$, $g(x)=5x+7$에 대하여 $f=g$가 되도록 하는 집합 X를 모두 구하여라(단, $X\neq\varnothing$).

13. 두 집합 $X=\{x|x\geq 4\}$, $Y=(y|y\geq 3)$에 대하여 X에서 Y로의 함수 $f(x)=x^2-4x+a+1$가 일대일대응일 때, 상수 a의 값을 구하여라.

14. 집합 X를 정의역으로 하는 함수 $f(x)=x^2-6$가 항등함수가 되도록 하는 집합 X의 개수를 구하여라(단, $X\neq\varnothing$).

15. 집합 $X=\{-2, 0, 2\}$에 대하여 X에서 X로의 함수 중 $f(x)+f(-x)=0$을 만족하는 함수 f의 개수를 구하여라.

16. 두 함수 $f(x)=\begin{cases} -2x+5 & (x\geq 1) \\ 4 & (x<1) \end{cases}$, $g(x)=x^2-6$에 대하여 $(f\circ g)(3)+(g\circ f)(0)$의 값을 구하여라.

17. 두 함수 $f(x)=x-k$, $g(x)=2x+9$에 대하여 $f\circ g=g\circ f$가 항상 성립할 때, $f(5)$의 값을 구하여라(단, k는 상수이다).

18. 함수 $f\left(\frac{2-x}{3}\right)=5x+1$에 대하여 $f^{-1}(0)$의 값을 구하여라.

19. 함수 $f(x)=\begin{cases} x+3 & (x<5) \\ 2x-2 & (x\geq 5) \end{cases}$에 대하여 $f^{-1}(6)+f^{-1}(12)$의 값을 구하여라.

20. 집합 $X=\{x|x\geq a\}$에 대하여 X에서 X로의 함수 $f(x)=x^2-2x-18$의 역함수가 존재할 때, 상수 a의 값을 구하여라.

21. 실수 전체의 집합에서 정의된 함수 f에 대하여 $f(2x+1)=4x-3$, $f^{-1}(x)=ax+b$일 때, $a+b$의 값을 구하여라(단, a, b는 상수이다).

1.2 다항함수와 유리함수, 무리함수

다항함수

정의 1.2.1 다항함수

함수 $y = f(x)$가 x에 대한 다항식으로 표현될 때 $f(x)$를 **다항함수**(polynomial function)라고 한다. 즉, 음이 아닌 정수 n에 대하여

$$f(x) = a_n x^n + a_{n-1} x^{n-1} + \cdots + a_1 x + a_0 \ (a_n \neq 0)$$

으로 정의된 함수를 다항함수 또는 n차 다항함수라 한다.

함수의 그래프를 그리기 위해서 함수의 평행이동, 대칭을 이용해야 하는데 이에 대한 자세한 내용은 부록 2.1절(함수의 평행이동, 대칭이동/우함수, 기함수)에서 다루기로 한다.

일차함수 $y = ax + b\ (a \neq 0)$의 그래프

두 점 (x_1, y_1), (x_2, y_2)를 지나는 직선의 기울기 $= \dfrac{y\text{의 증가량}}{x\text{의 증가량}} = \dfrac{y_2 - y_1}{x_2 - x_1}$

직선으로 표현되며, a를 직선의 기울기, b를 y절편이라 부른다.

$a > 0$	x가 증가할 때 y도 증가(증가함수)
$a < 0$	x가 증가할 때 y는 감소(감소함수)

이차함수 $y = ax^2 + bx + c\,(a \neq 0)$의 그래프

포물선으로 표현되며, 꼭짓점과 대칭축이 그래프 모양에 중요한 역할을 한다.

$a > 0$이면 아래로 볼록	$a < 0$이면 위로 볼록

$f(x) = ax^2 + bx + c = a\left(x + \dfrac{b}{2a}\right)^2 - \dfrac{b^2 - 4ac}{4a}$로부터

(i) 꼭짓점: $\left(-\dfrac{b}{2a},\ -\dfrac{b^2 - 4ac}{4a}\right)$

(ii) 대칭축: $x = -\dfrac{b}{2a}$

이차함수를 이용하여 이차방정식과 이차부등식의 해를 찾아보자.

이차방정식 $y = ax^2 + bx + c = 0$의 해			
$D = b^2 - 4ac$	$D > 0$	$D = 0$	$D < 0$
함수 $y = ax^2 + bx + c$ $(a > 0)$의 그래프	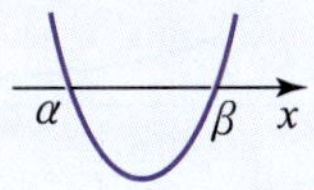	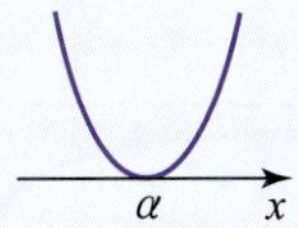	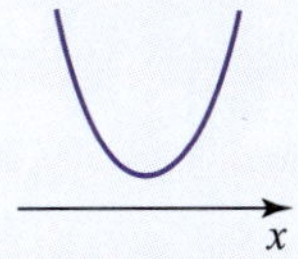
$ax^2 + bx + c = 0$의 해	서로 다른 두 실근 $x = \alpha$ 또는 $x = \beta$ (두 점에서 만난다.)	중근 $x = \alpha$ (한 점에서 접한다.)	허근 (만나지 않는다.)

이차부등식 $y = ax^2 + bx + c > 0$ 또는 $y = ax^2 + bx + c < 0$의 해			
$D = b^2 - 4ac$	$D > 0$	$D = 0$	$D < 0$
함수 $y = ax^2 + bx + c$ $(a > 0)$의 그래프	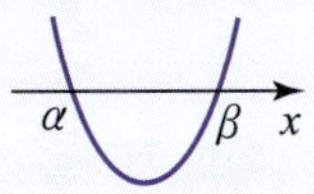	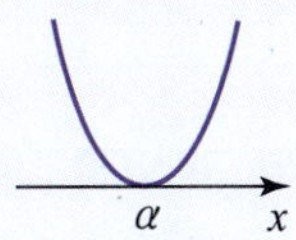	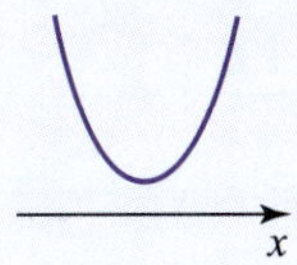
$ax^2 + bx + c > 0$의 해	$x < \alpha$ 또는 $x > \beta$	$x \neq a$인 모든 실수	모든 실수
$ax^2 + bx + c < 0$의 해	$\alpha < x < \beta$	해는 없다.	해는 없다.

유리함수

정의 1.2.2 유리함수

두 다항함수의 몫으로 나타낼 수 있는 함수를 유리함수(rational funcion)라 한다. 즉, 유리함수 $f(x)$는

$$f(x) = \frac{a_n x^n + a_{n-1} x^{n-1} + \cdots + a_1 x + a_0}{b_m x^m + b_{m-1} x^{m-1} + \cdots + b_1 x + b_0}$$

으로 나타낼 수 있다. 여기서 분모를 0으로 하는 x는 정의역에서 제외된다.

특히, 다항함수는 유리함수이다.

예제 1.5

유리함수 $y = \frac{3}{x}$의 그래프를 그리고 정의역과 치역을 찾아라.

풀이

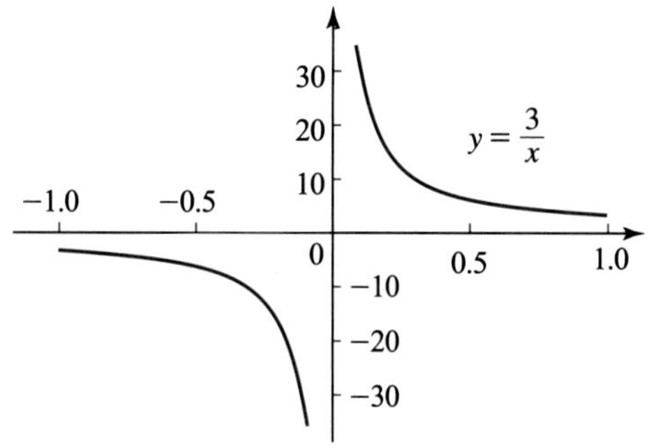

그림 1.2.1

정의역은 $\{x \mid x \neq 0$인 모든 실수$\}$, 치역은 $\{y \mid y \neq 0$인 모든 실수$\}$이다.

예제 1.6

유리함수 $y=-\frac{2}{x-1}+3$의 그래프를 그리고 정의역과 치역을 찾아라.

풀이

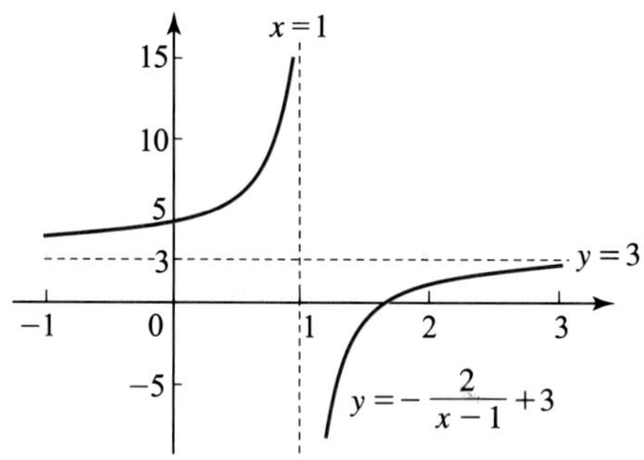

그림 1.2.2

정의역은 $\{x \mid x \neq 1$인 모든 실수$\}$, 치역은 $\{y \mid y \neq 3$인 모든 실수$\}$이다.

유리함수 $y=\frac{ax+b}{cx+d}$의 그래프를 보자.

부록 2.4절(점근선) 참조

우선 $y=\frac{k}{x-p}+q$의 형태로 변형한다. 실제로

$$y=\frac{ax+b}{cx+d}=\frac{\frac{a}{c}x+\frac{b}{c}}{x+\frac{d}{c}}=\frac{\frac{a}{c}\left(x+\frac{d}{c}\right)+\frac{b}{c}-\frac{ad}{c^2}}{x+\frac{d}{c}}=\frac{\frac{a}{c}\left(x+\frac{d}{c}\right)}{x+\frac{d}{c}}+\frac{\frac{bc-ad}{c^2}}{x+\frac{d}{c}}$$

$$=\frac{a}{c}+\frac{\frac{bc-ad}{c^2}}{x+\frac{d}{c}}$$

가 되어 $p=-\frac{d}{c}$, $q=\frac{a}{c}$이다. 따라서 점근선의 방정식은 다음과 같다.

$$x=-\frac{d}{c},\ y=\frac{a}{c}$$

예제 1.7

유리함수 $y=\frac{2x-1}{x+1}$의 그래프를 그리고 정의역과 치역을 찾아라.

풀이

$y=\frac{k}{x-p}+q$의 형태로 변형하면

$$y=\frac{2x-1}{x+1}=\frac{2(x+1)-3}{x+1}=-\frac{3}{x+1}+2$$

이다. 그러므로 함수 $y=-\frac{3}{x}$의 그래프를 x축의 방향으로 -1만큼, y축의 방향으로 2만큼 평행이동한 것이다. 또한, 점근선은 $x=-1$, $y=2$이며, 정의역은 $\{x\,|\,x\neq-1$인 모든 실수$\}$, 치역은 $\{y\,|\,y\neq 2$인 모든 실수$\}$이다.

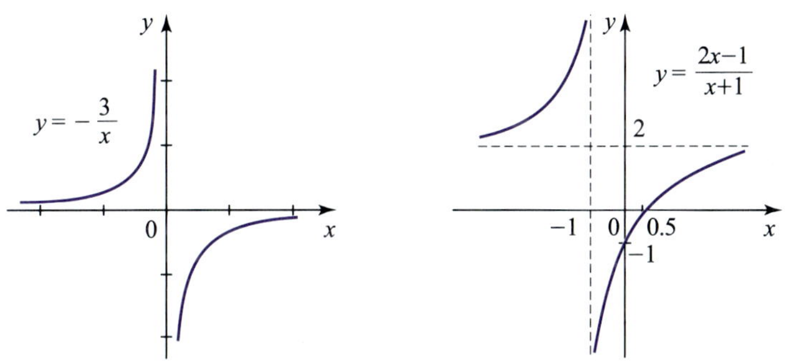

그림 1.2.3

무리함수

정의 1.2.3 무리함수

무리함수란 $y=f(x)$에서 $f(x)$가 x에 관한 무리식인 함수를 말한다. 그러므로 이 함수의 정의역은 근호 안을 음이 되지 않게 하는 실수의 집합이다. 여기서 무리식이란 근호 안에 문자가 있어서 근호를 없앨 수 없는 식을 말한다.

즉, $y=\sqrt{4x}$, $y=\sqrt{x}$, $y=\sqrt{2x+1}+1$, …과 같은 함수는 무리함수의 예이다.

예제 1.8

무리함수 $y=-\sqrt{4x}$의 그래프를 그리고 정의역과 치역을 찾아라.

풀이

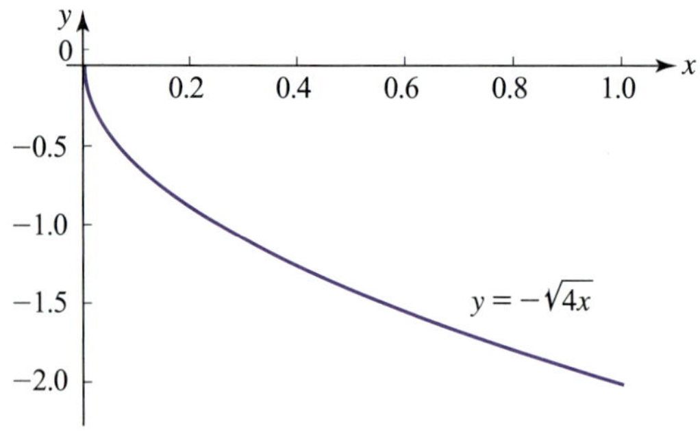

그림 1.2.4

정의역은 $\{x \mid x \geq 0\}$, 치역은 $\{y \mid y \leq 0\}$이다.

함수 $y=\sqrt{ax+b}+c\ (a \neq 0)$의 그래프를 알아보자.

$$y=\sqrt{ax+b}+c=\sqrt{a\left(x+\frac{b}{a}\right)}+c$$

의 그래프는 함수 $y=\sqrt{ax}$의 그래프를 x축의 방향으로 $-\frac{b}{a}$만큼, y축으로 c만큼 평행이동한 형태이다.

예제 1.9

무리함수 $y=\sqrt{3x+6}+1$의 그래프를 그리고 정의역과 치역을 찾아라.

풀이

$$y=\sqrt{3x+6}+1=\sqrt{3(x+2)}+1$$

이므로 이 함수의 그래프는 함수 $y=\sqrt{3x}$의 그래프를 x축의 방향으로 -2만큼, y축의 방향으로 1만큼 평행이동한 것이다(그림 1.2.5). 또한, 정의역은 $\{x \mid x \geq -2$인 실수$\}$, 치역은 $\{y \mid y \geq 1\}$인 실수$\}$이다.

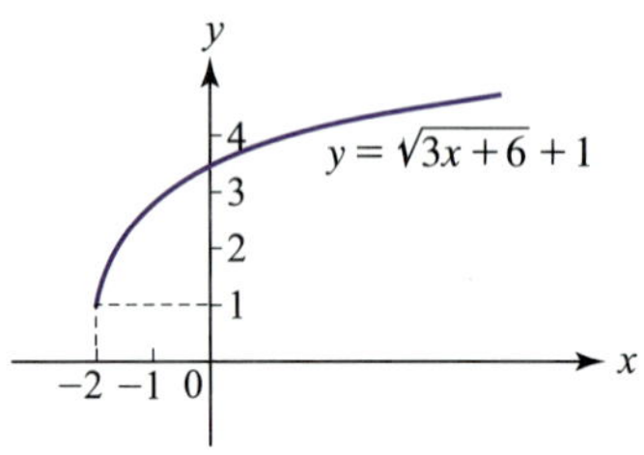

그림 1.2.5

대수함수와 초월함수

지금까지 우리가 다룬 함수들을 정리하면 다음과 같다.

먼저 함수 f의 치역이 단 하나의 원소 c만으로 이루어진 집합일 때, 즉 모든 정의역의 원소 x에 대하여 $f(x)=c$일 때, 이 함수를 상수함수라 한다. 그리고 방정식

$f(x)=x$로 정의된 함수를 **항등함수**라 한다.

앞에서 정의한 다항함수, 유리함수, 무리함수들은 항등함수와 상수함수들의 대수적 연산(덧셈, 뺄셈, 곱셈, 나눗셈, 거듭제곱근)을 유한 번 하여 얻어지는데 이러한 함수를 **대수함수**(algebraic function)라 한다.

대수함수가 아닌 함수를 **초월함수**(transcendental function)라 하며 이후에 배울 삼각함수, 역삼각함수, 로그함수, 지수함수 등이 초월함수에 속한다.

연습문제 1.2

1. 일차함수 $y=ax-10$에 대하여 $1\le x\le 5$에서 y가 양수와 음수의 값을 모두 갖도록 하는 정수 a의 개수를 구하여라.

2. 이차함수 $y=x^2+mx-3m$의 그래프는 실수 m의 값에 관계없이 일정한 점 P를 지난다. 점 P가 이 이차함수의 그래프의 꼭짓점일 때, 상수 m의 값을 구하여라.

3. 함수 $y=|x^2-4x|$의 그래프와 직선 $y=a$가 서로 다른 세 점에서 만날 때, 상수 a의 값을 구하여라.

4. 이차함수 $y=x^2-2ax+2a+3$의 최솟값을 m이라 할 때, m의 최댓값을 구하여라.

5. 정의역이 $\{x\,|\,a\le x\le -1\}$인 이차함수 $y=x^2+4x+b$가 최댓값 9, 최솟값 0을 가질 때, 두 상수 a, b의 합을 구하여라 (단, $a<-2$).

6. 두 함수 $f(x)=x^2-2x+3$, $g(x)=-3x^2+12x+k$에 대하여 합성함수 $y=(g\circ f)(x)$의 최댓값이 10일 때, 상수 k의 값을 구하여라.

7. 두 이차함수 $y=ax^2+x+1$, $y=x^2+bx+c$의 그래프는 각각 직선 $x=1$에 대하여 대칭이고 꼭짓점의 좌표가 일치한다. 이때 세 상수 a, b, c의 합을 구하여라.

8. 이차함수 $y=x^2-2ax+a^2+1$의 그래프에 항상 접하는 직선의 방정식을 구하여라.

9. 이차함수 $y=x^2+ax+a$의 그래프는 x축과 서로 다른 두 점에서 만나고, 직선 $y=3x$와는 만나지 않는다. 이때 정수 a의 최댓값을 구하여라.

10. 이차부등식 $x^2-(m+4)x+m+7<0$의 해가 없도록 하는 실수 m의 최댓값과 최솟값의 합을 구하여라.

11. 함수 $y=\dfrac{ax+b}{x+c}$의 그래프가 점 (2, 1)을 지나고, 점근선의 방정식이 $x=-1$, $y=2$일 때, 상수 a, b, c의 합을 구하여라.

12. $1\le x\le 5$인 임의의 실수 x에 대하여 $ax+3\le\dfrac{3x+5}{x+1}\le bx+3$이 항상 성립할 때, a의 최댓값과 b의 최솟값의 합을 구하여라(단, a, b는 상수이다).

13. 함수 $f(x)=\dfrac{x}{1+x}$에 대하여 $f^2=f\circ f$, $f^{n+1}=f\circ f^n$으로 정의할 때, $f^{10}(1)$의 값을 구하여라.

14. 함수 $f(x)=\dfrac{x+5}{x-2}$과 그 역함수 $f^{-1}(x)$에 대하여 함수 $y=f(x)$의 그래프를 x축의 방향으로 p만큼, y축의 방향으로 q만큼 평행이동하면 $y=f(x)$의 역함수 $y=f^{-1}(x)$의 그래프와 일치할 때, $p+q$의 값을 구하여라.

15. 두 함수 $y=\sqrt{x+1}-1$, $x=\sqrt{y+1}-1$의 그래프는 두 점에서 만난다. 이 두 점 사이의 거리를 구하여라.

1.3 지수함수와 로그함수

지수법칙

n이 2 이상의 정수일 때, 어떤 수 x를 n제곱해서 a가 되는 수 x를 a의 n제곱근이라 한다. 즉, $x^n = a$를 만족하는 x를 a의 **n제곱근**(nth root)이라 한다. n이 홀수인 경우 방정식 $x^n = a$의 근 중 실수인 것은 오직 하나이고, 이것을 $\sqrt[n]{a}$로 나타낸다. n이 짝수인 경우 방정식 $x^n = a$의 근 중 $a > 0$이면 양수, 음수가 두 개 있으며, 양인 것을 $\sqrt[n]{a}$, 음인 것을 $-\sqrt[n]{a}$로 나타낸다. $a < 0$이면 $x^n = a$의 근 중 실수인 것은 없다. 그리고 $(\sqrt[n]{a})^n = a\,(a \geq 0)$이다.

정리 1.3.1 거듭제곱의 계산법칙

$a > 0$, $b > 0$이고 m, n은 2 이상의 정수일 때

(1) $\sqrt[n]{a}\sqrt[n]{b} = \sqrt[n]{ab}$

(2) $\dfrac{\sqrt[n]{a}}{\sqrt[n]{b}} = \sqrt[n]{\dfrac{a}{b}}$

(3) $\sqrt[n]{\sqrt[m]{a}} = \sqrt[mn]{a} = \sqrt[m]{\sqrt[n]{a}}$

(4) $(\sqrt[n]{a})^m = \sqrt[n]{a^m}$

(5) $\sqrt[np]{a^{mp}} = \sqrt[n]{a^m}$ (단, p는 양의 정수)

어떤 수 a를 n번 거듭제곱 한 것을 a의 n제곱이라고 하고 a^n과 같이 나타낸다. 0의 지수, 음의 정수의 지수 정의는 다음과 같다.

$$a \neq 0\text{이고 } n\text{이 정수일 때, } a^0 = 1,\ a^{-n} = \frac{1}{a^n}$$

부록 1.2절(식과 연산)의 지수법칙 참조

n은 자연수뿐만 아니라 정수, 유리수, 실수까지 확장하여 다음 지수법칙이 성립한다. 지수의 확장에 대한 자세한 이야기는 여기서 다루지 않고 다음 지수법칙을 받아들이기로 한다.

정리 1.3.2 지수법칙

$a > 0$, $b > 0$이고 m, n이 실수일 때,

(1) $a^m \times a^n = a^{m+n}$

(2) $a^m \div a^n = a^{m-n}$

(3) $(a^m)^n = a^{mn}$

(4) $(ab)^n = a^n b^n$

예제 1.10

다음 식을 간단히 하여라.

(1) $81^{\frac{1}{2}}$　　(2) $2^{\frac{1}{2}}\times 2^{\frac{2}{3}}\div 2^{\frac{1}{6}}$　　(3) $\{(\sqrt{3})^{\sqrt{3}}\}^{\sqrt{3}}$

풀이

지수법칙을 이용하여 푼다.

(1) $81^{\frac{1}{2}}=(9^2)^{\frac{1}{2}}=9^{2\times\frac{1}{2}}=9$

(2) $2^{\frac{1}{2}}\times 2^{\frac{2}{3}}\div 2^{\frac{1}{6}}=2^{\frac{1}{2}+\frac{2}{3}-\frac{1}{6}}=2^1=2$

(3) $\{(\sqrt{3})^{\sqrt{3}}\}^{\sqrt{3}}=(\sqrt{3})^{\sqrt{3}\times\sqrt{3}}=(\sqrt{3})^3=3\sqrt{3}$

지수함수

정의 1.3.3 지수함수

1이 아닌 양의 실수 a에 대하여 밑이 a인 지수함수(exponential function)는 $f(x)=a^x$으로 정의한다. 이때 정의역은 $(-\infty, \infty)$이며 치역은 $(0, \infty)$이다.

만약 밑 a가 1인 경우, $f(x)=1^x=1$이므로 지수함수가 아니라 상수함수가 된다. 따라서 지수함수의 정의에서 밑 a는 1이 아닌 양의 실수로 가정한다.

지수함수 $y=a^x$의 그래프는 다음과 같다.

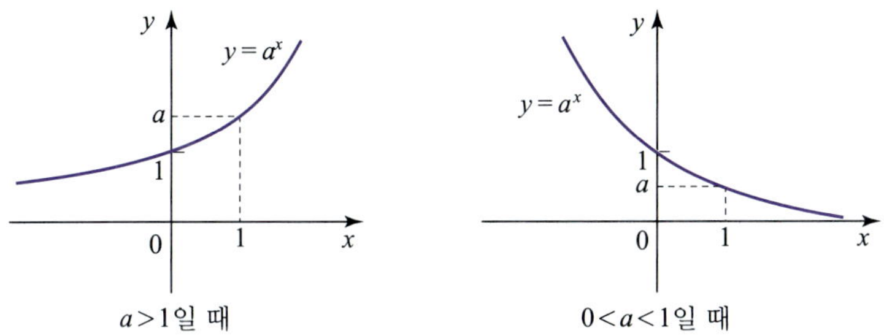

그림 1.3.1

예제 1.11

다음 지수함수의 그래프를 그려라.

(1) $y=3^x$　　(2) $y=-3^x$

(3) $y=\left(\frac{1}{3}\right)^x$　　(4) $y=3^x+1$

풀이

$y=-3^x$은 $-y=3^x$이므로 함수 $y=-3^x$의 그래프는 $y=3^x$의 그래프와 x축에 대하여 대칭인 그래프이다.

$y=\left(\frac{1}{3}\right)^x$은 $y=3^{-x}$이므로 함수 $y=\left(\frac{1}{3}\right)^x$의 그래프는 $y=3^x$의 그래프와 y축에 대하여 대칭인 그래프이다.

함수 $y=3^x+1$의 그래프는 $y=3^x$의 그래프를 y축의 방향으로 1만큼 평행이동한 그래프이다.

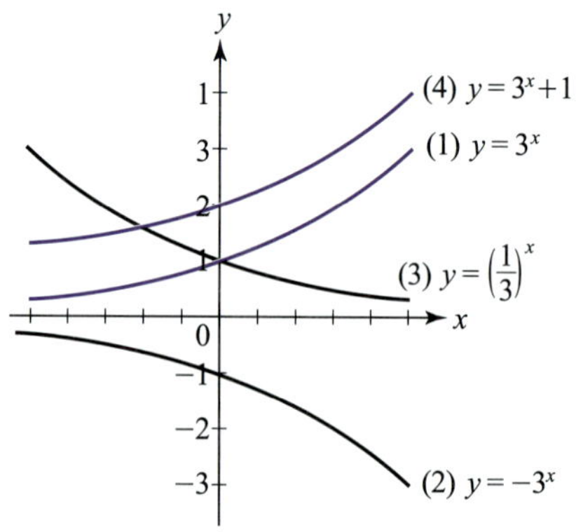

그림 1.3.2

로그함수

지수함수로부터 로그를 정의하자. a가 1이 아닌 양의 실수일 때, 임의의 양수 b에 대하여 $a^x = b$를 만족시키는 실수 x가 오직 하나 존재하고 $x = \log_a b$로 나타낸다. 이 실수 x를 a를 밑(base)으로 하는 b의 로그(logarithm)라 하고, b를 $\log_a b$의 진수(anti-logarithm)이라고 한다. 즉, $a > 0$, $a \neq 1$, $b > 0$일 때 $a^x = b \Leftrightarrow x = \log_a b$와 같이 로그를 정의한다.

지수와 로그
$a^x = b \Leftrightarrow x = \log_a b$

다음과 같은 로그의 성질이 성립함을 알 수 있다.

정리 1.3.4 로그의 성질

$a > 0$, $a \neq 1$, $x > 0$, $y > 0$일 때,

(1) $\log_a 1 = 0$ (2) $\log_a a = 1$

(3) $\log_a xy = \log_a x + \log_a y$ (4) $\log_a \frac{x}{y} = \log_a x - \log_a y$

(5) $\log_a x^k = k \log_a x$ (단, k는 임의의 실수)

정리 1.3.5 밑변환(change of base) 공식

$a > 0,\ a \neq 1,\ c > 0,\ c \neq 1,\ x > 0$일 때,

(1) $\log_a x = \dfrac{\log_c x}{\log_c a}$ (2) $\log_a x = \dfrac{1}{\log_x a}$ (단, $x \neq 1$)

로그함수 $y = \log_a x$에 대하여
(1) 정의역: 양의 실수 전체의 집합
치역:실수 전체의 집합
(2) 그래프는 점 $(1, 0)$을 지난다.
(3) $a > 1$일 때 증가하고, $0 < a < 1$ 일 때 감소한다.

$x > 0$인 x에 대하여 밑이 10인 로그, 즉 $\log_{10}x$를 **상용로그**(common logarithm)라 하고 밑 10을 생략하고 $\log x$로 쓴다.

지수함수 $y = a^x (a > 0,\ a \neq 1)$은 정의역이 실수 전체의 집합이고 치역이 양의 실수 전체의 집합인 일대일대응이므로 역함수가 존재한다. 이 역함수를 구하면 로그의 정의에 따라 $y = a^x$에서 $x = \log_a y$인데, x와 y를 바꾸어 쓰면 $y = \log_a x$이다. 따라서 역함수는 $y = \log_a x$이며, 이 함수 $y = \log_a x$를 **로그함수**(logarithmic function)라 한다. 로그함수의 정의역은 $(0, \infty)$이고 치역은 $(-\infty, \infty)$이다. 그리고 x가 증가할 때, $0 < a < 1$이면 y는 감소하고, $a > 1$이면 y도 증가한다.

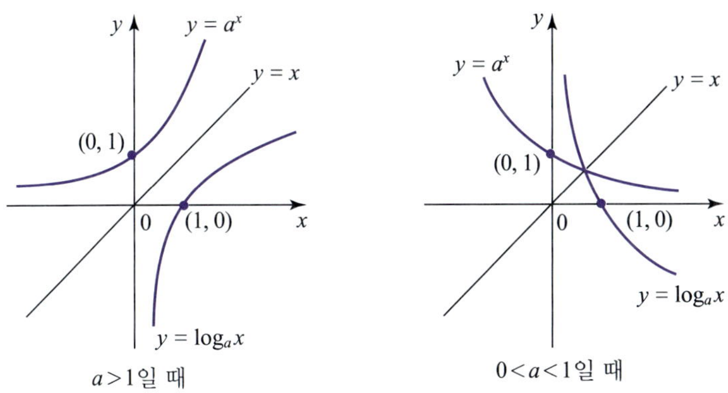

그림 1.3.3

예제 1.12

다음 로그함수의 그래프를 그려라.

(1) $y = \log_3 x$ (2) $y = \log_3(-x)$

(3) $y = \log_3 \dfrac{1}{x}$ (4) $y = \log_3(x-1)$ (단, $x > 1$)

풀이

함수 $y = \log_3(-x)$의 그래프는 $y = \log_3 x$의 그래프와 y축에 대하여 대칭이다.

$y = \log_3 \dfrac{1}{x}$은 $-y = \log_3 x$이므로 함수 $y = \log_3 \dfrac{1}{x}$의 그래프는 $y = \log_3 x$의 그래프와 x축에 대하여 대칭이다.

함수 $y = \log_3(x-1)$의 그래프는 $y = \log_3 x$의 그래프를 x축의 방향으로 1만큼 평행이동한 것이다.

(1)

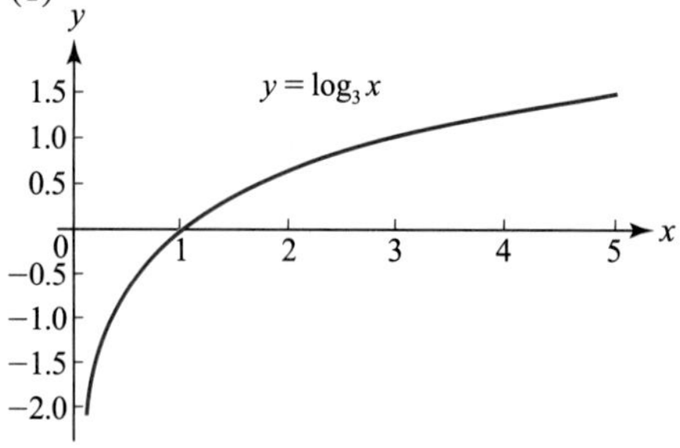

그림 1.3.4

(2)

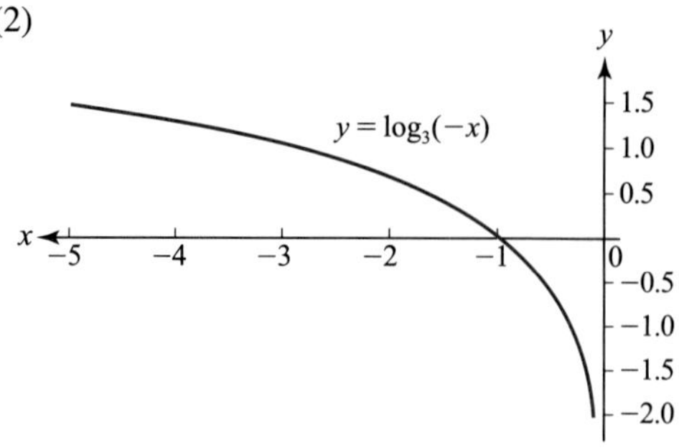

그림 1.3.5

(3)

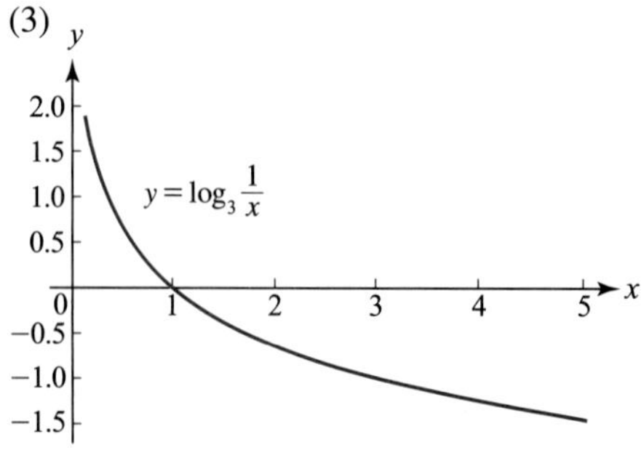

그림 1.3.6

(4)

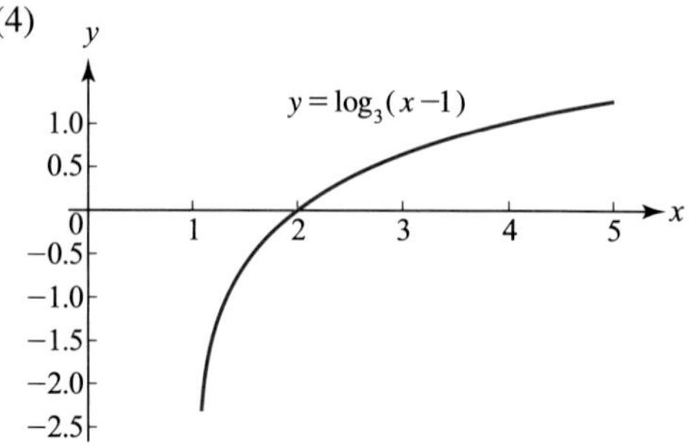

그림 1.3.7

연습문제 1.3

1. 다음 식을 간단히 하여라.

(1) $243^{\frac{2}{5}} \times 3^{-2} \times \left(\frac{1}{3}\right)^{-3}$

(2) $\left(\left(-\frac{1}{2}\right)^2\right)^{\frac{3}{2}} \times (-1)^3 \times (-2^3)$

(3) $((\sqrt{3})^{\sqrt{2}})^{\sqrt{2}} \times ((\sqrt{2})^{\sqrt{3}})^{\sqrt{3}}$

(4) $256^4 \div 32^2 \times \left(\frac{1}{2}\right)^3$

(5) $\log_8 2^6 - \log_9 27$

(6) $9^{\log_3 2} + e^{\ln 3}$

(7) $2\ln 2 + 3\ln 4 - \ln 256$

(8) $\log_2 3^2 + \log_2 3^3 + \log_2 \frac{1}{3} - \log_2 3^4$

2. 다음 지수함수의 그래프의 개형을 그리고 치역을 구하여라.

(1) $y = \left(\frac{3}{2}\right)^x$　　(2) $y = \left(\frac{99}{100}\right)^{x-1}$

(3) $y = 3^{x-2} + 5$　　(4) $y = \left(\frac{1}{2}\right)^{-x+2} + 1$

3. 다음 로그함수의 그래프를 그리고 정의역과 치역을 구하여라.

(1) $y = \log_2 x + 1$　　(2) $y = \log_3 |x-2|$

(3) $y = \ln(x-1)^2$　　(4) $y = \ln\left(-\frac{2}{x}\right)$

4. 함수 $y = \ln x^2$의 그래프와 함수 $y = 2\ln x$의 그래프를 그리고 차이점을 설명하여라.

5. 다음 함수의 역함수를 구하라.

(1) $y = 2^{x+1} + 3$　　(2) $y = \log_2(x-3) + 1$

6. 다음 방정식을 풀어라.

(1) $3^{1-2x} = \frac{1}{3}$　　(2) $2^{x^2} = 4^{x+\frac{3}{2}}$

(3) $8^x - 2^x = 0$　　(4) $27^{\frac{1}{3}x+2} - 81^{\frac{1}{2}x-1} = 0$

(5) $\frac{1}{2}\log_3 x = 2$　　(6) $\log_{10} x + \log_{10}(x+15) = 2$

(7) $\log_3(x-1)^2 = 2$　　(8) $2^{x+3} = 27$

7. $a > 0, a \neq 1, c > 0, d > 0$일 때, 다음을 보여라.

$$f(x) = \log_a x \text{이면 } f(cd) = f(c) + f(d)$$

8. 다음 부등식을 풀어라.

(1) $2^{x^2} > 2^{3x-2}$ (2) $\left(\frac{1}{2}\right)^x \geq 8$

(3) $e^{x-3} < 1$ (4) $4^x - 2^x + 1 > 0$

1.4 호도법과 삼각함수의 정의와 성질

호도법

평면 위의 반직선 OP가 점 O를 중심으로 고정된 반직선 OX에서부터 회전한다고 하자. 이때 반직선 OX를 **시초선**(initial ray), 회전하는 반직선 OP를 **동경**(radius vector)이라 하고 동경 OP가 회전한 양을 **각**이라 하고 $\angle XOP$로 나타낸다. 그리고 동경 OP가 회전하는 방향은, 시계 방향과 반대 방향을 **양의 방향**(positive direction), 같은 방향을 **음의 방향**(negative direction)이라 한다. 각으로 나타낼 때 음의 방향의 각에 $-$부호를 붙이고 양의 방향의 각은 $+$부호를 생략하며, 이때의 각을 각각 **음의 각**(negative angle), **양의 각**(positive angle)이라 한다. 각의 단위로는 육십분법의 °와 호도법의 라디안(radian)이 있다.

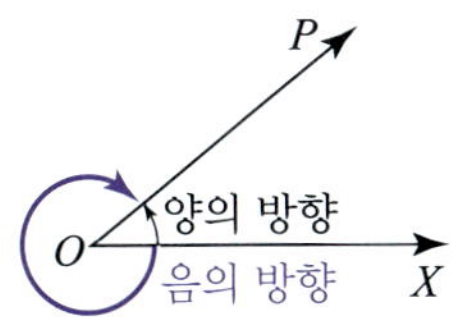

그림 1.4.1

예를 들어 $\angle XOP = 60°$일 때, 이 각 XOP의 크기는 $60°$ 이외에도 $-660°, -300°, 420°, 780°, \cdots$ 등과 같이 여러 값으로 나타낼 수 있다. 일반적으로 $\angle XOP$의 크기의 하나가 $\alpha°$이면 $\alpha° + 360° \times n$ (n은 정수)과 같이 나타낼 수 있으며, 이 각을 동경 OP가 나타내는 **일반각**(general angle)이라고 한다.

> **일반각**
> $\theta = \alpha° + 360° \times n$ (단, n은 정수)

반지름의 길이 r인 원 O의 호 AB의 길이도 r일 때, 호의 길이는 중심각의 크기에 비례하므로 $\alpha° : 360° = r : 2\pi r$, 즉 $\alpha° = \frac{180°}{\pi}$이다. 이 $\frac{180°}{\pi}$를 1라디안(radian)이라 하고 이를 단위로 각의 크기를 나타내는 방법을 **호도법**(circular measure)이라고 한다.

> $\pi \text{ rad} = 180°$
> $1 \text{ rad} = \frac{180°}{\pi} \fallingdotseq 57°17'45''$
> $1° = \frac{\pi}{180°} \fallingdotseq 0.01745 \text{ rad}$

육십분법과 호도법으로 몇 개의 각을 나타내 보자.

육십분법	$45°$	$60°$	$120°$	$150°$	$180°$	$240°$	$270°$	$360°$	$-135°$	$-300°$
호도법	$\frac{1}{4}\pi$	$\frac{1}{3}\pi$	$\frac{2}{3}\pi$	$\frac{5}{6}\pi$	π	$\frac{4}{3}\pi$	$\frac{3}{2}\pi$	2π	$-\frac{3}{4}\pi$	$-\frac{5}{3}\pi$

$\angle XOP$의 크기의 하나가 α(라디안)일 때, 동경 OP가 나타내는 일반각의 크기를 θ(θ는 실수)라 하면 $\theta = \alpha + 2n\pi$ (n은 정수)이고 α는 보통 $0 \leq \alpha \leq 2\pi$ 또는 $-\pi < \alpha \leq \pi$이다.

부채꼴의 호의 길이와 넓이

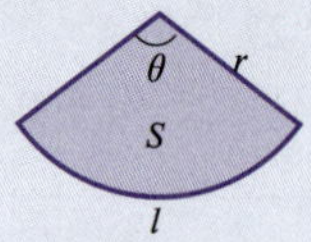

$l = r\theta$

$S = \frac{1}{2}r^2\theta = \frac{1}{2}rl$

반지름의 길이가 r인 원 O에서 중심각의 크기가 θ인 부채꼴의 호의 길이를 l, 넓이를 S라 하면 호의 길이 l도, 넓이 S도 중심각의 크기 θ에 비례하므로 $\frac{l}{2\pi r} = \frac{\theta}{2\pi}$, 즉 $l = r\theta$이며 또한 $\frac{S}{\pi r^2} = \frac{\theta}{2\pi}$이므로 $S = \frac{1}{2}r^2\theta = \frac{1}{2}rl$이다.

삼각함수

원점 O가 중심, 반지름의 길이가 r, 동경 OP가 나타내는 일반각은 θ라디안, 점 P의 좌표는 (x, y)이다. 이때 r의 값에 관계없이 θ의 값에 따라 $\frac{y}{r}$, $\frac{x}{r}$, $\frac{y}{x}(x \neq 0)$의 값이 오직 하나씩 정해진다. 즉, $\theta \to \frac{y}{r}$, $\theta \to \frac{x}{r}$, $\theta \to \frac{y}{x}(x \neq 0)$와 같은 대응은 θ에 대한 함수이다. 이 함수를 차례로 θ의 **사인**(sine)함수, **코사인**(cosine)함수, **탄젠트**(tangent)함수라 한다.

$\csc\theta = \frac{1}{\sin\theta}$, $\sec\theta = \frac{1}{\cos\theta}$,

$\cot\theta = \frac{1}{\tan\theta}$, $\tan\theta = \frac{\sin\theta}{\cos\theta}$,

$\cot\theta = \frac{\cos\theta}{\sin\theta}$

또 $\theta \to \frac{r}{y}(y \neq 0)$, $\theta \to \frac{r}{x}(x \neq 0)$, $\theta \to \frac{x}{y}(y \neq 0)$와 같은 θ에 대한 대응도 함수이고 차례로 θ의 **코시컨트**(cosecant)함수, **시컨트**(secant)함수, **코탄젠트**(cotangent)함수라 한다. 이들을 차례로 나타내면 다음과 같다. 이렇게 정의한 여섯 가지 함수를 통틀어 **삼각함수**(trigonometric functions)라 한다.

$$\sin\theta = \frac{y}{r},\ \cos\theta = \frac{x}{r},\ \tan\theta = \frac{y}{x}\ (x \neq 0),$$

$$\csc\theta = \frac{r}{y}\ (y \neq 0),\ \sec\theta = \frac{r}{x}\ (x \neq 0),\ \cot\theta = \frac{x}{y}\ (y \neq 0)$$

삼각함수 값의 부호는 각 θ를 나타내는 동경 OP가 몇 사분면에 위치하는지, 즉 각 θ가 몇 사분면의 각인지에 따라 삼각함수 값의 부호가 다음과 같이 결정된다.

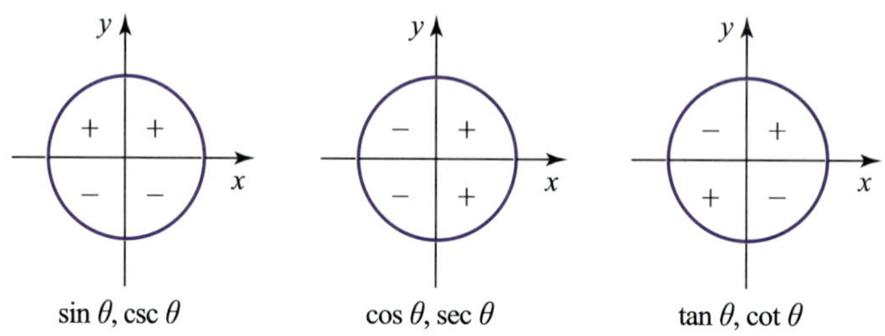

그림 1.4.2

예제 1.13

원점 O와 점 $P(4,\ 3)$을 지나는 동경이 나타내는 각을 θ라 할 때 $\sin\theta$, $\cos\theta$, $\tan\theta$, $\csc\theta$, $\sec\theta$, $\cot\theta$의 값을 각각 구하여라.

풀이

$\overline{OP} = \sqrt{4^2+3^2} = 5$이므로 구하는 삼각함수의 값은 다음과 같다(그림 1.4.3).

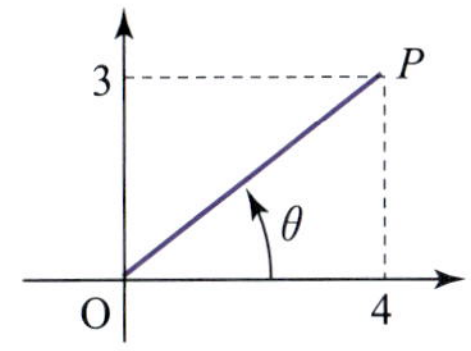

그림 1.4.3

$$\sin\theta = \frac{3}{5},\ \cos\theta = \frac{4}{5},\ \tan\theta = \frac{3}{4},$$

$$\csc\theta = \frac{5}{3},\ \sec\theta = \frac{5}{4},\ \cot\theta = \frac{4}{3}$$

여러 가지 특수각에 대한 사인함수, 코사인함수, 탄젠트함수 값을 다음 표와 같이 나타낼 수 있다.

x	0	$\frac{\pi}{6}$	$\frac{\pi}{4}$	$\frac{\pi}{3}$	$\frac{\pi}{2}$
$\sin x$	0	$\frac{1}{2}$	$\frac{\sqrt{2}}{2}$	$\frac{\sqrt{3}}{2}$	1
$\cos x$	1	$\frac{\sqrt{3}}{2}$	$\frac{\sqrt{2}}{2}$	$\frac{1}{2}$	0
$\tan x$	0	$\frac{\sqrt{3}}{3}$	1	$\sqrt{3}$	

이제 삼각함수의 몇 가지 기본 성질에 대하여 알아보자. 원점 O를 중심으로 하고 반지름이 1인 단위원(unit circle)의 방정식 $x^2+y^2=1$을 생각해 보면, 이 원 위의 점 $P(x, y)$에 대하여 동경 OP가 나타내는 각이 θ라 할 때 삼각함수의 정의에 의해 x와 y를 다음과 같이 정의할 수 있다.

$$x = \cos\theta,\quad y = \sin\theta$$

또한, 단위원의 방정식과 삼각함수 정의에 의해 다음 식을 쉽게 유도할 수 있다.

$$\tan\theta = \frac{\sin\theta}{\cos\theta},\ \cot\theta = \frac{1}{\tan\theta} = \frac{\cos\theta}{\sin\theta},\ \csc\theta = \frac{1}{\sin\theta},\ \sec\theta = \frac{1}{\cos\theta}$$

$$\cos^2\theta + \sin^2\theta = 1,\ 1+\tan^2\theta = \sec^2\theta,\ 1+\cot^2\theta = \csc^2\theta$$

그리고 단위원 위의 점 $P(x, y)$에 대하여 세 점 $(-x, y)$, $(-x, -y)$, $(x, -y)$ 또한 단위원 위에 있고 점 (x, y)를 포함한 네 점은 그림 1.4.4와 같이 좌표축과 평행한 변들을 갖는 사각형의 꼭짓점들이 된다. 이를 통해 다음 식을 얻을 수 있다.

$$\begin{aligned}
&\sin(\pi-\theta) = \sin\theta, && \sin(\pi+\theta) = -\sin\theta, && \sin(-\theta) = -\sin\theta \\
&\cos(\pi-\theta) = -\cos\theta, && \cos(\pi+\theta) = -\cos\theta, && \cos(-\theta) = \cos\theta \\
&\tan(\pi-\theta) = -\tan\theta, && \tan(\pi+\theta) = \tan\theta, && \tan(-\theta) = -\tan\theta
\end{aligned}$$

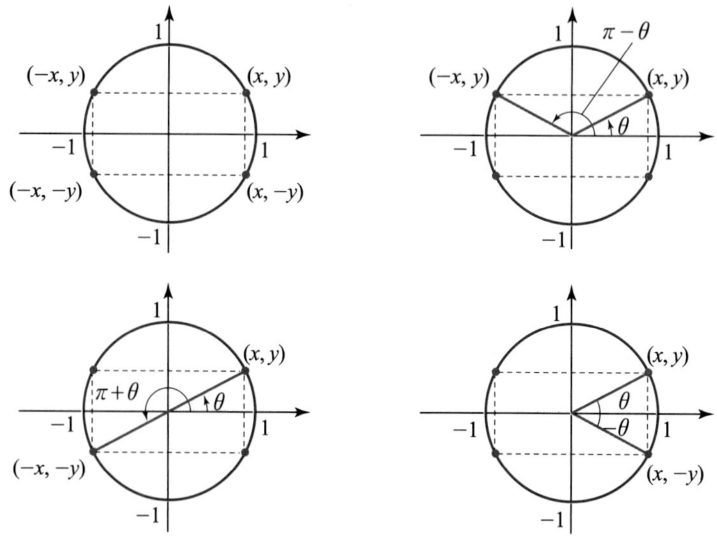

그림 1.4.4

예제 1.14

$\sin\left(-\frac{\pi}{3}\right)$, $\cos\left(-\frac{\pi}{3}\right)$, $\tan\left(-\frac{\pi}{3}\right)$의 값을 구하여라.

풀이

$$\sin\left(-\frac{\pi}{3}\right) = -\sin\frac{\pi}{3} = -\frac{\sqrt{3}}{2},$$

$$\cos\left(-\frac{\pi}{3}\right) = \cos\frac{\pi}{3} = \frac{1}{2},$$

$$\tan\left(-\frac{\pi}{3}\right) = -\tan\left(\frac{\pi}{3}\right) = -\sqrt{3}$$

점 P가 원 위를 한 바퀴 돌 때마다 같은 좌표를 지나므로 정수 n에 대하여 다음의 성질(주기성)을 얻을 수 있다.

$$\sin(2n\pi + \theta) = \sin\theta$$
$$\cos(2n\pi + \theta) = \cos\theta$$
$$\tan(2n\pi + \theta) = \tan\theta$$

예제 1.15

$\sin\frac{25}{3}\pi$, $\cos\left(-\frac{15}{4}\pi\right)$, $\tan\frac{13}{3}\pi$의 값을 구하여라.

풀이

$$\sin\frac{25}{3}\pi = \sin\left(2\pi\times 4 + \frac{\pi}{3}\right) = \sin\frac{\pi}{3} = \frac{\sqrt{3}}{2},$$

$$\cos\left(-\frac{15}{4}\pi\right) = \cos\left(2\pi \times (-2) + \frac{\pi}{4}\right) = \cos\frac{\pi}{4} = \frac{1}{\sqrt{2}},$$

$$\tan\frac{13}{3}\pi = \tan\left(2\pi \times 2 + \frac{1}{3}\pi\right) = \tan\frac{\pi}{3} = \sqrt{3}$$

그림 1.4.5의 직각삼각형을 보자. 두 각 θ, $\frac{\pi}{2} - \theta$의 관계를 통해 다음 관계식을 얻을 수 있다.

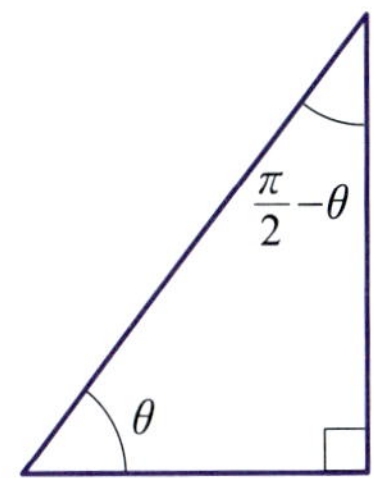

그림 1.4.5

$$\sin\left(\frac{\pi}{2} - \theta\right) = \cos\theta,\ \cos\left(\frac{\pi}{2} - \theta\right) = \sin\theta,\ \tan\left(\frac{\pi}{2} - \theta\right) = \cot\theta$$

또한, $\frac{\pi}{2} + \theta$의 삼각함수는 $\frac{\pi}{2} - \theta$의 삼각함수 식에 θ 대신 $-\theta$를 대입하여 다음 식을 얻을 수 있다.

$$\sin\left(\frac{\pi}{2} + \theta\right) = \sin\left(\frac{\pi}{2} - (-\theta)\right) = \cos(-\theta) = \cos\theta$$

$$\cos\left(\frac{\pi}{2} + \theta\right) = \cos\left(\frac{\pi}{2} - (-\theta)\right) = \sin(-\theta) = -\sin\theta$$

$$\tan\left(\frac{\pi}{2} + \theta\right) = \tan\left(\frac{\pi}{2} - (-\theta)\right) = \cot(-\theta) = -\cot\theta$$

예제 1.16

$\sin\frac{2}{3}\pi$, $\cos\frac{2}{3}\pi$, $\tan\frac{2}{3}\pi$를 $0 \le \theta \le \frac{\pi}{2}$인 θ로 나타내고 그 값을 구하라.

풀이

$$\sin\frac{2}{3}\pi = \sin\left(\frac{\pi}{2} - \left(-\frac{\pi}{6}\right)\right) = \cos\left(-\frac{\pi}{6}\right) = \cos\frac{\pi}{6} = \frac{\sqrt{3}}{2}$$

$$\cos\frac{2}{3}\pi = \cos\left(\frac{\pi}{2} - \left(-\frac{\pi}{6}\right)\right) = \sin\left(-\frac{\pi}{6}\right) = -\sin\frac{\pi}{6} = -\frac{1}{2}$$

$$\tan\frac{2}{3}\pi = \tan\left(\frac{\pi}{2} - \left(-\frac{\pi}{6}\right)\right) = \tan\left(-\frac{\pi}{6}\right) = -\tan\frac{\pi}{6} = -\frac{\sqrt{3}}{3}$$

삼각함수의 그래프

함수 $y = f(x)$에서 정의역의 임의의 원소 x에 대하여 $f(x + p) = f(x)$를 만족하는 상수 $p(p \neq 0)$가 존재할 때, 이 $f(x)$를 p를 주기(period)로 하는 **주기함수**(periodic function)라 한다. 보통 주기는 주기 p 중 최소의 양수를 택한다.

> $\sin x$의 주기: 2π
> $\cos x$의 주기: 2π
> $\tan x$의 주기: π

세 함수 $y = \sin x$, $y = \cos x$, $y = \tan x$에서 정수 n에 대하여 $\sin(x + 2n\pi) = \sin x$, $\cos(x + 2n\pi) = \cos x$, $\tan(x + n\pi) = \tan x$이고 $2n\pi$ 중에서 최소의 양수는 2π, $n\pi$

중에서 최소의 양수는 π이다. 그러므로 $y = \sin x$, $y = \cos x$는 주기가 2π인 주기함수이고 $y = \tan x$는 주기가 π인 주기함수이다.

예제 1.17

함수 $y = \cos 4x$의 주기를 구하여라.

풀이

$f(x) = \cos 4x$라 하고, $f(x)$의 주기를 p라 하면 $f(x+p) = f(x)$이므로 $\cos 4(x+p) = \cos 4x$, 즉 $\cos(4x + 4p) = \cos 4x$이다.

따라서 $4p = 2\pi$이므로 $f(x)$의 주기는 $p = \frac{2\pi}{4} = \frac{\pi}{2}$이다.

일반적으로 $y = \sin wx$, $y = \cos wx$이면 $\sin(wx + wp) = \sin wx$, $\cos(wx + wp) = \cos wx$를 만족하는 p는 $\frac{2\pi}{|w|}$이므로 주기는 $\frac{2\pi}{|w|}$이다. 마찬가지로 $y = \tan wx$는 주기가 $\frac{\pi}{|w|}$임을 알 수 있다.

좌표평면 위에 원점 O가 중심인 단위원이 있다. 각이 x인 동경과 단위원이 만나는 점 P가 단위원 위를 움직일 때, $\sin x$의 값의 변화는 점 P의 y좌표의 변화와 같다. 즉, x의 값에 따라 점 P의 높이가 $\sin x$가 되어 함수 $y = \sin x$의 그래프를 얻는다. 여기서 함수 $y = \sin x$의 정의역은 실수 전체의 집합 R이고, $\{y \mid -1 \le y \le 1\}$이 치역이며, $\sin(-x) = -\sin x$이므로 이 함수의 그래프는 원점에 대하여 대칭이다. 함수의 최댓값은 1이며 최솟값은 -1이다. 즉, $-1 \le \sin x \le 1$이다.

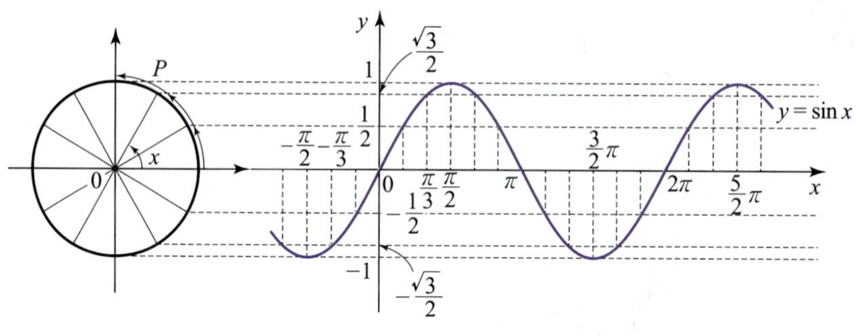

그림 1.4.6

$\sin\left(x + \frac{\pi}{2}\right) = \cos x$이므로 함수 $y = \sin x$의 그래프를 x축의 방향으로 $-\frac{\pi}{2}$만큼 평행이동한 것이 함수 $y = \cos x$의 그래프이다. 함수 $y = \cos x$의 정의역과 치역은 함수 $y = \sin x$와 동일하며, $\cos(-x) = \cos x$이므로 이 함수의 그래프는 y축에 대하여 대칭이다. 함수의 최댓값은 1이며 최솟값은 -1이다. 즉, $-1 \le \cos x \le 1$이다.

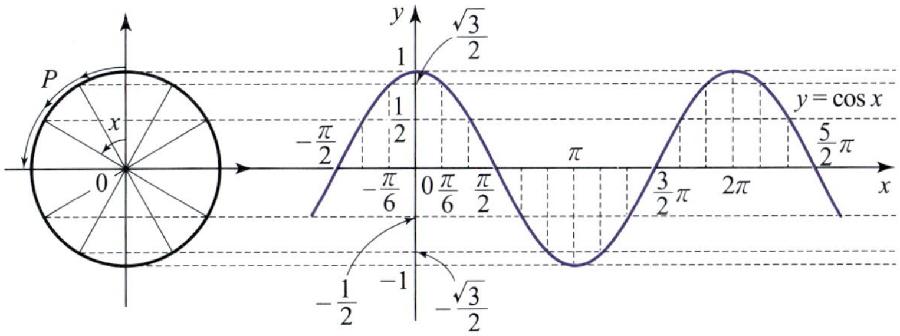

그림 1.4.7

예제 1.18

함수 $y = 4 \sin x$의 최댓값, 최솟값을 구하고 그 그래프를 그려라.

풀이

함수 $y = 4 \sin x$의 그래프는 $4 \sin x$가 임의의 x에 대하여 $\sin x$의 4배이므로 함수 $y = \sin x$의 그래프를 y축의 방향으로 4배 확대한 것이다.

이때 또 $-1 \le \sin x \le 1$이므로 $-4 \le \sin x \le 4$이다. 따라서 최댓값은 4, 최솟값은 -4이다.

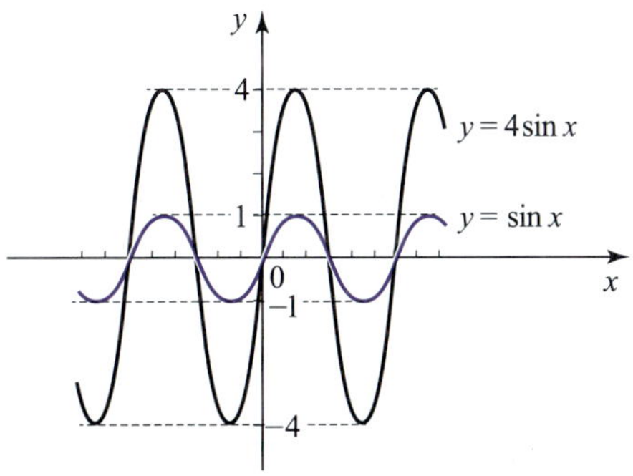

그림 1.4.8

일반적으로 두 함수 $y = r\sin(wx + \alpha) + \beta$, $y = r\cos(wx + \alpha) + \beta$의 최댓값, 최솟값은 r의 값에 따라 변한다. 최댓값은 $|r| + \beta$이고 최솟값은 $-|r| + \beta$이다.

원점이 중심인 단위원에 대하여 각이 x인 동경과 단위원이 만나는 점을 $P(a, b)$라 하고, 단위원 위의 점 $A(1, 0)$에서의 이 원의 접선과 $\overline{OP}$의 연장선이 만나는 점을 $T(1, t)$라 할 때, $\tan x = \frac{b}{a} = \frac{t}{1} = t$가 되어 함수 $y = \tan x$의 y의 값은 x의 값에 따라 점 T의 y좌표가 됨을 알 수 있다. 따라서 함수 $y = \tan x$의 그래프는 다음과 같이 그릴 수 있다.

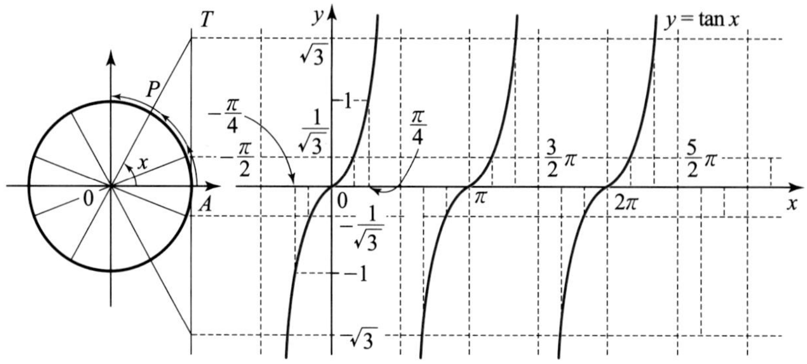

그림 1.4.9

$x = \pm\frac{\pi}{2}$, $x = \pm\frac{3\pi}{2}, \cdots$, 즉 정수 n에 대하여 $x = \frac{\pi}{2} + n\pi$에서 $\tan x$의 값은 정의되지 않는다. 따라서 함수 $y = \tan x$의 정의역은 $\left\{x \mid x \neq \frac{\pi}{2} + n\pi,\ n\text{은 정수}\right\}$이고, 치역은 실수 전체의 집합 R이며 직선 $x = \frac{\pi}{2} + n\pi$는 점근선이다. 또한, $\tan(x + n\pi) = \tan x$이므로 주기가 π인 주기함수이며, $\tan(-x) = -\tan x$이므로 이 그래프는 원점에 대하여 대칭이다.

원점에 대하여 대칭은 부록 2.1절(함수의 평행이동, 대칭이동/우함수, 기함수) 참조

삼각함수의 성질

삼각함수와 관련된 여러 성질을 알아보자. 먼저 주어진 삼각형에 대하여 성립하는 다음 법칙을 소개한다.

정리 1.4.1 코사인법칙(law of cosines)

삼각형의 세 변의 길이가 a, b, c이고, 길이가 a인 변과 b인 변 사이에 끼인각을 θ라 하면

$$c^2 = a^2 + b^2 - 2ab\cos\theta$$

를 만족한다.

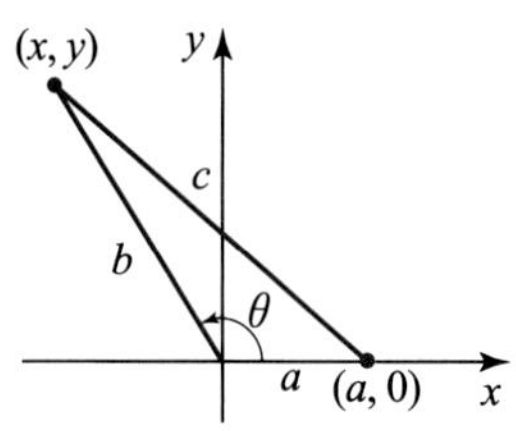

그림 1.4.10

위 코사인법칙의 증명은 생략하고 일단 받아들여서 이어지는 삼각함수의 성질을 증명하는 데 사용하도록 한다.

정리 1.4.2 덧셈정리

(1) $\sin(\alpha+\beta)=\sin\alpha\cos\beta+\cos\alpha\sin\beta$, $\sin(\alpha-\beta)=\sin\alpha\cos\beta-\cos\alpha\sin\beta$

(2) $\cos(\alpha+\beta)=\cos\alpha\cos\beta-\sin\alpha\sin\beta$, $\cos(\alpha-\beta)=\cos\alpha\cos\beta+\sin\alpha\sin\beta$

(3) $\tan(\alpha+\beta)=\dfrac{\tan\alpha+\tan\beta}{1-\tan\alpha\tan\beta}$, $\tan(\alpha-\beta)=\dfrac{\tan\alpha-\tan\beta}{1+\tan\alpha\tan\beta}$

증명

(1), (2) 그림 1.4.11과 같이 단위원 위에 두 점 P_1, P_2가 있다고 하자. 그리고 각은 $0\le\beta<\alpha<2\pi$를 만족한다고 가정하자. 이때 두 점 P_1, P_2의 좌표는 각각 $P_1(\cos\alpha, \sin\alpha)$, $P_2(\cos\beta, \sin\beta)$이고, 변의 길이 $\overline{OP_1}=\overline{OP_2}=1$이다. 두 점 사이의 거리 공식에 의해

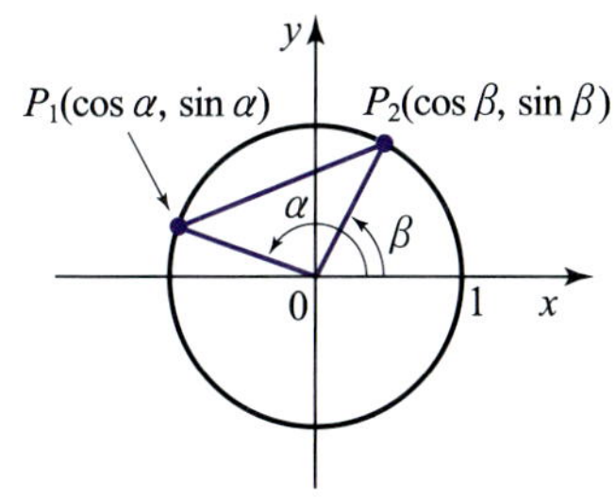

그림 1.4.11

$$\begin{aligned}\overline{P_1P_2}^2&=(\cos\beta-\cos\alpha)^2+(\sin\beta-\sin\alpha)^2\\&=(\sin^2\alpha+\cos^2\alpha)+(\sin^2\beta+\cos^2\beta)-2(\cos\alpha\cos\beta+\sin\alpha\sin\beta)\\&=2-2(\cos\alpha\cos\beta+\sin\alpha\sin\beta)\end{aligned}$$

$\angle P_2OP_1=\alpha-\beta$이고 코사인법칙에 의해

$$\begin{aligned}\overline{P_1P_2}^2&=\overline{OP_1}^2+\overline{OP_2}^2-2\overline{OP_1}\,\overline{OP_2}\cos(\alpha-\beta)\\&=2-2\cos(\alpha-\beta)\end{aligned}$$

이다. 따라서

$$2-2(\cos\alpha\cos\beta+\sin\alpha\sin\beta)=2-2\cos(\alpha-\beta)$$

이다. 그러므로 $\cos(\alpha-\beta)=\cos\alpha\cos\beta+\sin\alpha\sin\beta$이다. 또한

$$\begin{aligned}\sin(\alpha-\beta)&=\cos\left(\frac{\pi}{2}-(\alpha-\beta)\right)=\cos\left(\left(\frac{\pi}{2}-\alpha\right)-(-\beta)\right)\\&=\cos\left(\frac{\pi}{2}-\alpha\right)\cos(-\beta)+\sin\left(\frac{\pi}{2}-\alpha\right)\sin(-\beta)\\&=\cos\left(\frac{\pi}{2}-\alpha\right)\cos\beta-\sin\left(\frac{\pi}{2}-\alpha\right)\sin\beta\\&=\sin\alpha\cos\beta-\cos\alpha\sin\beta\end{aligned}$$

이다. 그리고 $\sin(\alpha+\beta)$와 $\cos(\alpha+\beta)$는 위 증명에서 유도한 식에 β 대신 $-\beta$를 대입하여 유도할 수 있다.

(3) 탄젠트함수의 덧셈정리는 함수의 정의와 (1), (2)로부터 유도할 수 있다. ■

예제 1.19

$\sin 75°$, $\cos 75°$, $\tan 75°$의 값을 구하여라.

풀이

$\sin(30°+45°) = \sin 30° \cos 45° + \cos 30° \sin 45°$이므로 특수각에 대한 삼각함수의 값을 이용하여 계산하면 $\sin 75° = \dfrac{\sqrt{6}+\sqrt{2}}{4}$이다.

마찬가지로 $\cos 75° = \dfrac{\sqrt{6}-\sqrt{2}}{4}$이고 $\tan 75° = 2+\sqrt{3}$이다.

덧셈정리로부터 $\alpha = \beta$인 특별한 경우에 대하여 다음 배각공식을 유도할 수 있다.

정리 1.4.3 배각공식

(1) $\sin 2\alpha = \sin(\alpha+\alpha) = \sin\alpha\cos\alpha + \cos\alpha\sin\alpha = 2\sin\alpha\cos\alpha$

(2) $\cos 2\alpha = \cos(\alpha+\alpha) = \cos\alpha\cos\alpha - \sin\alpha\sin\alpha = \cos^2\alpha - \sin^2\alpha$

$\qquad\qquad = 1 - 2\sin^2\alpha = 2\cos^2\alpha - 1$

(3) $\tan 2\alpha = \dfrac{2\tan\alpha}{1-\tan^2\alpha}$

예제 1.20

$\sin x = \dfrac{3}{5}\left(0 < x < \dfrac{\pi}{2}\right)$일 때, $\sin 2x$, $\cos 2x$, $\tan 2x$의 값을 구하여라.

풀이

$\sin x = \dfrac{3}{5}$이면 $\cos x = \dfrac{4}{5}$, $\tan x = \dfrac{3}{4}$이므로 $\sin 2x = 2\sin x\cos x$에 대입하면 $\sin 2x = \dfrac{24}{25}$이다.

마찬가지로 $\cos 2x = \dfrac{7}{25}$, $\tan 2x = \dfrac{24}{7}$이다.

배각공식 $\cos 2\alpha = 1 - 2\sin^2\alpha = 2\cos^2\alpha - 1$에서 α 대신 $\dfrac{\alpha}{2}$를 대입하면 다음 반각공식을 얻을 수 있다.

정리 1.4.4 반각공식

(1) $\sin^2\dfrac{\alpha}{2} = \dfrac{1-\cos\alpha}{2}$ (2) $\cos^2\dfrac{\alpha}{2} = \dfrac{1+\cos\alpha}{2}$ (3) $\tan^2\dfrac{\alpha}{2} = \dfrac{1-\cos\alpha}{1+\cos\alpha}$

또한, 덧셈정리를 이용하면 다음 곱을 합차로 고치는 공식을 유도할 수 있다.

정리 1.4.5 곱을 합차로 고치는 공식

(1) $\sin\alpha\cos\beta=\frac{1}{2}\{\sin(\alpha+\beta)+\sin(\alpha-\beta)\}$

(2) $\sin\alpha\sin\beta=\frac{1}{2}\{\cos(\alpha-\beta)-\cos(\alpha+\beta)\}$

(3) $\cos\alpha\cos\beta=\frac{1}{2}\{\cos(\alpha+\beta)+\cos(\alpha-\beta)\}$

$\alpha+\beta=A$, $\alpha-\beta=B$로 놓으면 $\alpha=\frac{A+B}{2}$, $\beta=\frac{A-B}{2}$이다. 이 α, β를 곱을 합으로 고치는 공식에 대입하여 정리하면 다음 공식을 얻을 수 있다.

정리 1.4.6 합차를 곱으로 고치는 공식

(1) $\sin A+\sin B=2\sin\frac{A+B}{2}\cos\frac{A-B}{2}$

(2) $\sin A-\sin B=2\cos\frac{A+B}{2}\sin\frac{A-B}{2}$

(3) $\cos A+\cos B=2\cos\frac{A+B}{2}\cos\frac{A-B}{2}$

(4) $\cos A-\cos B=-2\sin\frac{A+B}{2}\sin\frac{A-B}{2}$

삼각함수의 덧셈정리를 이용하여 두 삼각함수의 합을 하나의 삼각함수로 나타내는 삼각함수의 합성 성질을 유도할 수 있다. 이는 삼각함수의 최대·최소를 찾거나 삼각함수를 포함한 방정식의 해를 구하는 데 유용하게 쓰인다.

정리 1.4.7 삼각함수의 합성

(1) $a\sin\theta+b\cos\theta=\sqrt{a^2+b^2}\sin(\theta+\alpha)\left(\cos\alpha=\frac{a}{\sqrt{a^2+b^2}}, \sin\alpha=\frac{b}{\sqrt{a^2+b^2}}\right)$

(2) $a\sin\theta+b\cos\theta=\sqrt{a^2+b^2}\cos(\theta-\beta)\left(\cos\beta=\frac{b}{\sqrt{a^2+b^2}}, \sin\beta=\frac{a}{\sqrt{a^2+b^2}}\right)$

예제 1.21

$4\sin\theta+3\cos\theta$를 $\sqrt{a^2+b^2}\sin(\theta+\alpha)$의 꼴로 나타내어라.

풀이

$a=4,\ b=3$이므로 $\sqrt{a^2+b^2}=5$이다. 따라서

$$\begin{aligned}4\sin\theta+3\cos\theta&=5\left(\frac{4}{5}\sin\theta+\frac{3}{5}\cos\theta\right)=5(\cos\alpha\sin\theta+\sin\alpha\cos\theta)\\&=5\sin(\theta+\alpha)\end{aligned}$$

이다. 단, $\sin\alpha=\frac{3}{5}$, $\cos\alpha=\frac{4}{5}$이다.

연습문제 1.4

1. 2θ가 제3사분면의 각일 때, θ는 몇 사분면의 각인지 구하여라.

2. 중심각의 크기가 $\frac{3}{4}$이고 둘레의 길이가 33인 부채꼴의 넓이를 구하여라.

3. 둘레의 길이가 100 m인 부채꼴 모양의 텃밭을 만들려고 한다. 이 텃밭의 넓이의 최댓값이 몇 m^2인지 구하여라.

4. $\frac{3}{2}\pi<\theta<2\pi$일 때, $|\sin\theta|-\sqrt{(1+\sin\theta)^2}+\sqrt{(1-\cos\theta)^2}$을 간단히 하여라.

5. $$\left(\frac{1}{\sin^2 88^\circ}+\frac{1}{\sin^2 86^\circ}+\cdots+\frac{1}{\sin^2 62^\circ}+\frac{1}{\sin^2 60^\circ}\right)-(\tan^2 2^\circ+\tan^2 4^\circ+\cdots+\tan^2 28^\circ+\tan^2 30^\circ)$$
의 값을 구하여라.

6. $\sin\theta+\cos\theta=\frac{1}{2}$일 때, 다음 값을 구하여라.

(1) $\sin\theta\cos\theta$ (2) $\tan\theta+\cot\theta$

(3) $\sin\theta-\cos\theta$

7. 다음 등식이 성립함을 증명하여라.

(1) $\dfrac{\cos\theta}{1-\sin\theta}+\dfrac{1-\sin\theta}{\cos\theta}=2\sec\theta$

(2) $(\sin\theta+\cos\theta)^2+(\cos\theta-\sin\theta)^2=2$

(3) $\dfrac{\cot A+\tan B}{\tan A+\cot B}=\cot A\tan B$

(4) $\dfrac{\sin^2\theta}{1-\cos\theta}=1+\cos\theta$

(5) $\dfrac{1}{1+\sin\theta}+\dfrac{1}{1-\sin\theta}=2\sec^2\theta$

8. 다음 값을 구하여라.

(1) $\sin\frac{7}{6}\pi+\tan\left(-\frac{19}{4}\pi\right)$

(2) $\sin(90^\circ+\theta)+\cos(180^\circ+\theta)+\cos(90^\circ+\theta)+\cos(-270^\circ-\theta)$

9. θ는 제4사분면의 각이고 $\sin\theta+\cos\theta=-\frac{3}{5}$일 때, $\sin^2\theta-\cos^2\theta$의 값을 구하여라.

10. $\tan 1^\circ\times\tan 2^\circ\times\cdots\times\tan 88^\circ\times\tan 89^\circ$의 값을 구하여라.

11. $\sin x=\sqrt{\sqrt{2}-1}$일 때, $\sin^4 x-\cos^4 x$의 값을 구하여라.

12. $\dfrac{1+\tan\theta}{1-\tan\theta}=2-\sqrt{3}$일 때, $\cos\theta$의 값을 구하여라 $\left(단,\ \frac{\pi}{2}<\theta<\pi\right)$.

13. $180^\circ<\theta<270^\circ$일 때, $\cos\theta+\sin\theta+\tan\theta-|\cos\theta|-|\sin\theta|+|\tan\theta|$를 간단히 하여라.

14. 중심이 O이고 반지름의 길이가 $\sqrt{3}$인 원이 있다. 이 원 위의 서로 다른 두 점 A, B에 대하여 부채꼴 OAB의 넓이가 $\frac{\pi}{2}$일 때, 원의 중심 O와 현 AB 사이의 거리를 구하여라.

15. $\theta=\frac{\pi}{12}$일 때, $\sin\theta\cos 5\theta+\sin 2\theta\cos 4\theta+\sin 3\theta\cos 3\theta+\sin 4\theta\cos 2\theta+\sin 5\theta\cos\theta$의 값을 구하여라.

1.5 역삼각함수

삼각함수는 주기함수이므로 일대일함수가 아니다. 따라서 역함수를 가질 수 없으므로 정의역을 축소하여 일대일대응이 되도록 하여 역함수를 만든다. 예를 들어 사인함수의 경우 다음과 같이 x의 값의 범위를 제한한다면 $y = \sin x$는 그림 1.5.1처럼 일대일대응이다.

$$y = \sin x \left(-\frac{\pi}{2} \le x \le \frac{\pi}{2}\right)$$

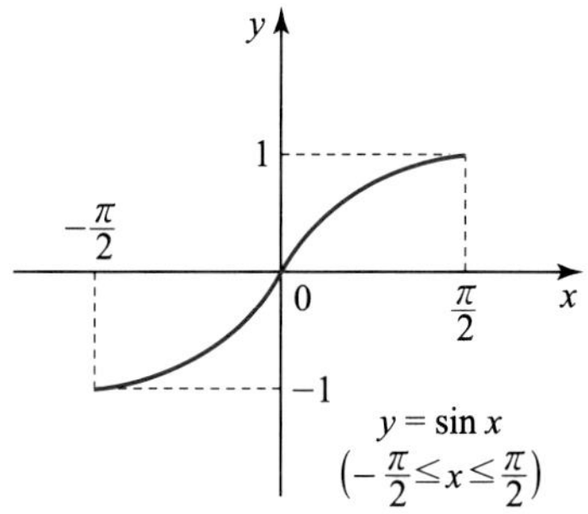

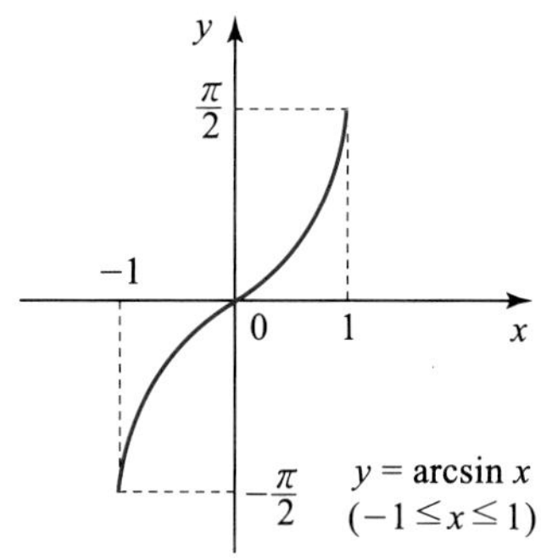

그림 1.5.1

그리고 $-1 \le \sin x \le 1$이므로 사인함수는 $[-1,\ 1]$에서 정의된 역함수를 갖는다. 이 역함수를 **역사인함수(inverse sine function)**라고 부르고 $y = \sin^{-1} x$ 또는 $y = \arcsin x$와 같이 나타내며, 그 그래프는 함수 $y = \sin x$의 그래프와 직선 $y = x$에 대하여 대칭이다.

정의 1.5.1 사인함수의 역함수

$-\frac{\pi}{2} \le x \le \frac{\pi}{2}$, $-1 \le y \le 1$이라 하면 $y = \sin x$는 일대일대응이 되므로 이 구간에서 $y = \sin x$의 역함수를 정의한다.

$$-\frac{\pi}{2} \le y \le \frac{\pi}{2},\ -1 \le x \le 1\text{에서 } y = \arcsin x \Leftrightarrow x = \sin y$$

따라서

$$\sin(\arcsin x) = x, \quad \arcsin(\sin x) = x$$

임을 알 수 있다. 단, x의 값의 범위는 전자의 경우 $[-1,\ 1]$, 후자의 경우 $\left[-\frac{\pi}{2},\ \frac{\pi}{2}\right]$임에 주의해야 한다.

마찬가지로 모든 삼각함수의 역함수를 생각할 수 있다. 단, x, y의 범위는 조금씩 다를 수도 있다.

정의 1.5.2 역삼각함수

$$y = \arccos x \Leftrightarrow x = \cos y\,(-1 \le x \le 1,\ 0 \le y \le \pi)$$

$$y = \arctan x \Leftrightarrow x = \tan y\left(-\frac{\pi}{2} < y < \frac{\pi}{2}\right)$$

$$y = \operatorname{arcsec} x \Leftrightarrow x = \sec y \left(|x| \geq 1,\ 0 \leq y \leq \pi,\ y \neq \frac{\pi}{2} \right)$$

$$y = \operatorname{arccot} x \Leftrightarrow x = \cot y \, (0 < y < \pi)$$

$$y = \operatorname{arccsc} x \Leftrightarrow x = \csc y \left(|x| \geq 1,\ -\frac{\pi}{2} < y < \frac{\pi}{2},\ y \neq 0 \right)$$

역삼각함수의 그래프는 그림 1.5.2와 같다.

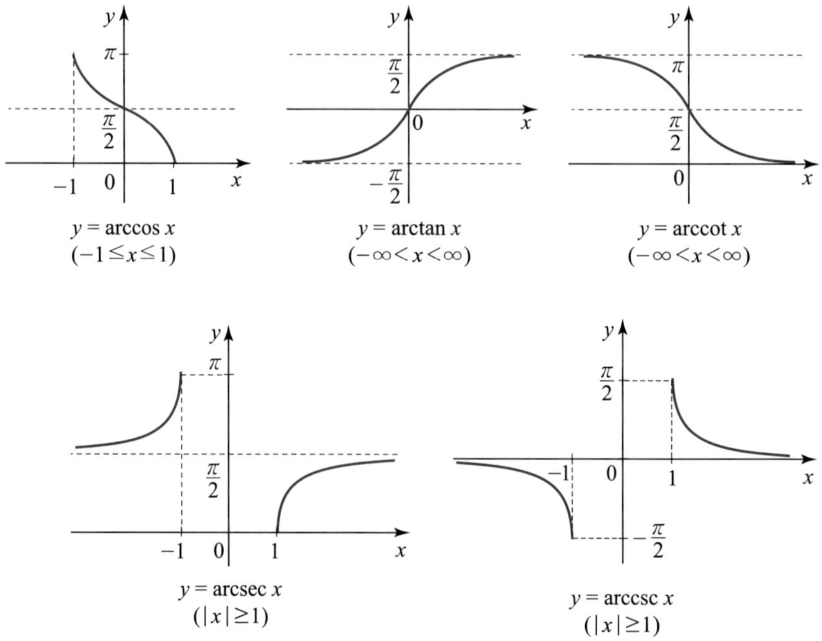

그림 1.5.2

연습문제 1.5

1. 다음 값을 구하여라.

(1) $\arcsin \frac{\sqrt{3}}{2}$　　(2) $\arccos\left(-\frac{1}{2}\right)$

(3) $\arcsin(-1)$　　(4) $\arctan 1$

2. $\tan\left(\arcsin \frac{1}{3}\right)$, $\cos\left(\arcsin \frac{1}{3}\right)$의 값을 구하여라.

3. $\sin\left(\arcsin \frac{1}{3}\right) + \cos\left(\arccos \frac{1}{3}\right) + \arctan\left(\tan \frac{\pi}{4}\right)$를 간단히 하여라.

4. $\cos(\arcsin a)$를 $a\,(a > 0)$에 대한 대수적인 값으로 나타내어라.

5. $\theta = \arccos \frac{1}{3}$일 때, $\sin\theta$, $\tan\theta$, $\sec\theta$, $\cot\theta$의 값을 구하여라.

1.6 쌍곡선함수

쌍곡선함수의 정의와 그래프

응용수학에서 자주 쓰이는 **쌍곡선함수**(hyperbolic function)를 정의하고 그 성질들을 알아보도록 한다. 먼저 쌍곡선함수에서 기본이 되는 **쌍곡선 사인함수**(hyperbolic sine function)와 **쌍곡선 코사인함수**(hyperbolic cosine function)를 다음과 같이 정의한다.

정의 1.6.1 쌍곡선 사인함수와 쌍곡선 코사인함수

쌍곡선 사인함수는 sinh로 표시하고 $\sinh x = \dfrac{e^x - e^{-x}}{2}$으로 정의한다. 또한, **쌍곡선 코사인함수**는 cosh로 표시하고 $\cosh x = \dfrac{e^x + e^{-x}}{2}$으로 정의한다.

위 두 쌍곡선함수의 정의역은 모두 $(-\infty, \infty)$이고, sinh의 치역은 $(-\infty, \infty)$이며 cosh의 치역은 $[1, \infty)$이다. 기타 쌍곡선함수도 위의 두 함수를 결합하여 다음과 같이 정의한다.

정의 1.6.2 기타 쌍곡선함수

$$\tanh x = \frac{\sinh x}{\cosh x} = \frac{e^x - e^{-x}}{e^x + e^{-x}}, \quad \coth x = \frac{\cosh x}{\sinh x} = \frac{e^x + e^{-x}}{e^x - e^{-x}} \quad (\text{단, } x \neq 0)$$

$$\text{sech} x = \frac{1}{\cosh x} = \frac{2}{e^x + e^{-x}}, \quad \text{csch} x = \frac{1}{\sinh x} = \frac{2}{e^x - e^{-x}} \quad (\text{단, } x \neq 0)$$

이 함수들을 쌍곡선함수라고 부르는 이유는 모든 실수 t에 대하여 점 $(\cosh t, \sinh t)$는 항상 쌍곡선(hyperbola) $x^2 - y^2 = 1$ 위에 있기 때문이다. 위 여섯 쌍곡선함수의 그래프는 두 지수함수 $y = e^x$와 $y = e^{-x}$의 그래프를 결합하여 다음과 같이 그릴 수 있다.

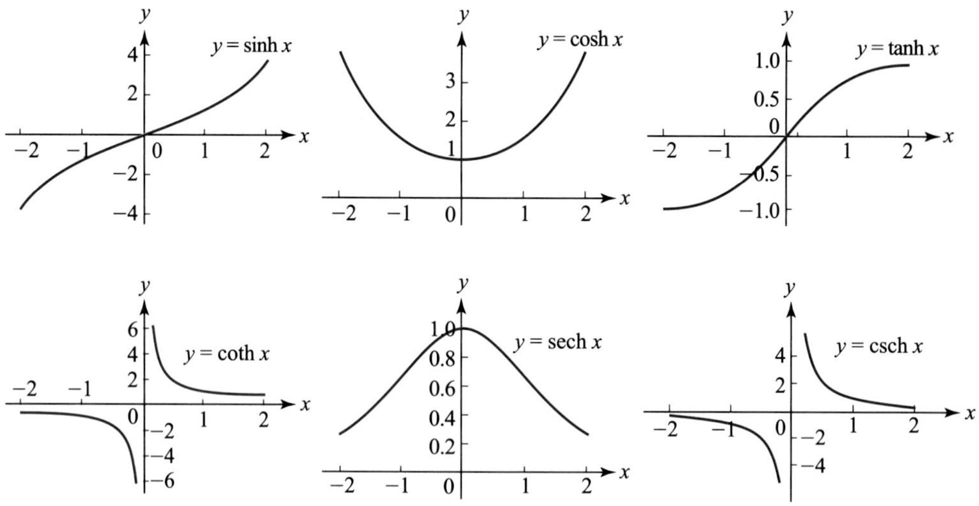

그림 1.6.1

쌍곡선함수의 성질

쌍곡선함수는 다음과 같이 삼각함수와 비슷한 성질을 갖는다.

정리 1.6.3 쌍곡선함수의 성질

$$\cosh^2 x - \sinh^2 x = 1,\ 1 - \tanh^2 x = \operatorname{sech}^2 x,\ \coth^2 x - 1 = \operatorname{csch}^2 x$$
$$\sinh(x+y) = \sinh x \cosh y + \cosh x \sinh y,$$
$$\cosh(x+y) = \cosh x \cosh y + \sinh x \sinh y,$$
$$\sinh 2x = 2\sinh x \cosh x,\ \cosh 2x = \cosh^2 x + \sinh^2 x,$$
$$\cosh^2 x = \frac{1}{2}(\cosh 2x + 1),\ \sinh^2 x = \frac{1}{2}(\cosh 2x - 1)$$

예제 1.22

등식 $\cosh(x+y) = \cosh x \cosh y + \sinh x \sinh y$가 성립함을 증명하여라.

풀이

$$\begin{aligned}\cosh x \cosh y + \sinh x \sinh y &= \frac{e^x + e^{-x}}{2} \times \frac{e^y + e^{-y}}{2} + \frac{e^x - e^{-x}}{2} \times \frac{e^y - e^{-y}}{2} \\ &= \frac{2e^x e^y + 2e^x e^{-y}}{4} = \frac{e^{x+y} + e^{-(x+y)}}{2} \\ &= \cosh(x+y)\end{aligned}$$

예제 1.23

등식 $\cosh^2 x - \sinh^2 x = 1$이 성립함을 증명하여라.

풀이

$$\begin{aligned}\cosh^2 x - \sinh^2 x &= \left(\frac{e^x + e^{-x}}{2}\right)^2 - \left(\frac{e^x - e^{-x}}{2}\right)^2 \\ &= \frac{(e^{2x} + 2e^0 + e^{-2x}) - (e^{2x} - 2e^0 + e^{-2x})}{4} \\ &= \frac{4}{4} = 1\end{aligned}$$

역쌍곡선함수

함수 $y = f(x)$가 역함수를 가지기 위해서는 $f(x)$가 일대일대응이 되어야 한다. 따라서 모든 함수가 역함수를 가질 수는 없다. 그러나 삼각함수와 마찬가지로 정의역을 적당히 축소시킴으로써 일대일대응이 되도록 할 수 있듯이 쌍곡선함수도 구간을 적당히 조정하여 역쌍곡선함수를 정의할 수 있다. $\sinh x$는 증가함수이며 $-\infty < \sinh x < \infty$이므로 함수 $\sinh x$는 $(-\infty, \infty)$에서 정의된 역함수를 가진다. 이 역함수를 **역쌍곡 사인함수**(inverse hyperbolic sine function)라 부르고 직선 $\text{arcsinh}\, x$로 나타내며, 그 그래프는 그림 1.6.2와 같이 함수 $y = \sinh x$의 그래프를 직선 $y = x$에 대하여 대칭이동한 것이다. 이외의 쌍곡선함수도 이와 같은 방법으로 역쌍곡선함수를 정의할 수 있다.

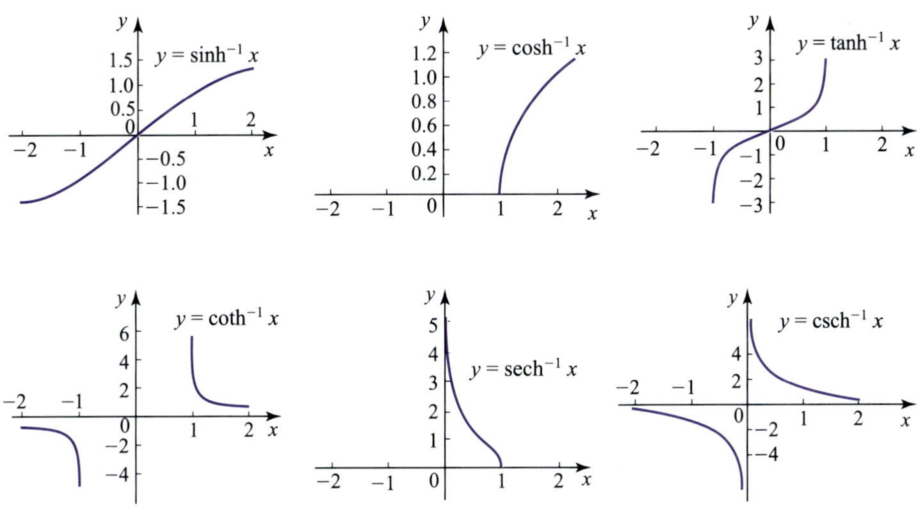

그림 1.6.2

연습문제 1.6

1. 쌍곡선함수 $y = \cosh x$는 모든 $x \in R$에 대하여 $f(-x) = f(x)$ (짝함수(even function))를 만족함을 보여라.

2. 다음 등식이 성립함을 증명하여라.
   (1) $\cosh^2 x - \sinh^2 x = 1$
   (2) $\sinh(x+y) = \sinh x \cosh y + \cosh x \sinh y$
   (3) $\sinh x + \sinh y = 2 \sinh\left(\frac{x+y}{2}\right)\cosh\left(\frac{x-y}{2}\right)$
   (4) $\sinh 2x = 2 \sinh x \cosh x$
   (5) $\cosh 2x = \cosh^2 x + \sinh^2 x$
   (6) $\cosh^2 x = \frac{\cosh 2x + 1}{2}$

3. 다음 쌍곡선함수의 역함수를 구하고, 역함수의 정의역과 치역을 구하여라.
   (1) $y = \sinh x$　(2) $y = \cosh x$　(3) $y = \tanh x$

1.7 수열

이 절에서 알아볼 수열(sequence)은 보통 순서가 주어진 수의 나열을 말한다. 이를 좀 더 수학적으로 다음과 같은 정의로 나타낼 수 있다.

정의 1.7.1 수열

자연수 전체를 정의역으로 하는 함수를 무한수열(infinite sequence) 또는 간단히 수열이라 한다.

수열을 $a_1, a_2, a_3, \cdots$ 또는 $\{a_n\}_{n=1}^{\infty}$ 또는 단순히 $\{a_n\}(n = 1, 2, \cdots)$으로 나타낸다. 수열의 각 수를 항이라 하고, 처음부터 차례로 1항(초항), 2항, 3항, …, n항이라 한다. 수열의 종류는 상당히 여러 개가 있지만, 많이 다루어지는 것으로서 등차수열, 등비수열, 조화수열이 있다.

등차수열

등차수열(arithmetic progression)이란 일정한 수를 더해 가는 수열을 말하며, 그 일정한 수를 공차라 한다. 첫째항을 a, 공차를 d라고 하면 다음과 같다.

- 수열: $a, a + d, a + 2d, \cdots, a + (n-1)d, \cdots$
- 일반항: $a_n = a + (n-1)d$
- 공차: $d = a_n - a_{n-1}$

정리 1.7.2 등차수열의 합

첫째항이 a, 공차가 d, n번째 항이 l인 등차수열의 첫째항부터 n항까지의 합을 $S_n=\sum_{i=1}^{n} a_i$라 하면 $S_n=\frac{n\{2a+(n-1)d\}}{2}=\frac{n(a+l)}{2}$이다.

수열의 합을 나타내는 기호 Σ는 합을 나타내는 영어인 sum의 첫 글자 S에 해당하는 그리스문자로 시그마라 읽는다.

증명

첫째항이 a, 공차가 d, n번째 항이 l인 등차수열의 첫째항부터 n항까지의 합 S_n은

$$S_n=a+(a+d)+(a+2d)+\cdots+(l-d)+l$$

$$S_n=l+(l-d)+(l-2d)+\cdots+(a+d)+a$$

가 된다. 위 두 식을 각각 대응하는 항끼리 더하면 $2S_n=(a+l)n$, 즉 $S_n=\frac{n(a+l)}{2}$이 된다. 한편, n번째 항 l은 $l=a+(n-1)d$이고 이것을 위 결과에 대입하면

$$S_n=\frac{n(a+l)}{2}=\frac{n\{a+a+(n-1)d\}}{2}=\frac{n\{2a+(n-1)d\}}{2}$$

를 얻게 된다. ■

예제 1.24

3항이 6, 10항이 −15인 등차수열의 일반항 a_n을 구하여라.

풀이

3항이 6, 10항이 −15이므로 등차수열의 일반항을 이용하여 다음 두 관계식을 얻는다.

$$a+2d=6,\quad a+9d=-15$$

두 식을 연립하면 $a=12$, $d=-3$이므로 일반항은 다음과 같다.

$$a_n=12+(n-1)(-3)=15-3n$$

예제 1.25

등차수열 $\{a_n\}$에 대하여 $a_n=\frac{a_{n-1}+a_{n+1}}{2}$이 성립함을 보여라.

풀이

첫째항이 a, 등차가 d인 등차수열 $\{a_n\}$의 일반항은 $a_n=a+(n-1)d$이므로 다음을 만족한다.

$$\frac{a_{n-1}+a_{n+1}}{2}=\frac{a+(n-2)d+a+nd}{2}=\frac{2a+2(n-1)d}{2}=a+(n-1)d=a_n$$

등비수열

등비수열(geometric progression)이란 일정한 수를 곱해서 만들어진 수열을 말하며, 그 일정한 수를 공비라 한다. 첫째항을 a, 공비를 r이라 하면 다음과 같다.

- 수열: $a,\ ar,\ ar^2,\ \cdots,\ ar^{n-1}$
- 일반항: $a_n=ar^{n-1}$
- 공비: $r=\dfrac{a_{n+1}}{a_n}$

정리 1.7.3 등비수열의 합

첫째항이 a, 공비가 r인 등비수열의 첫째항부터 n항까지의 합을 $S_n=\sum_{i=1}^{n}a_i$라 하면 다음과 같다.

(1) $r\neq 1$일 때, $S_n=\dfrac{a(1-r^n)}{1-r}$

(2) $r=1$일 때, $S_n=na$

증명

첫째항에서 n항까지의 합 S_n과 S_n의 양변에 공비 r을 곱하여 다음 두 식을 만든다.

$$S_n=a+ar+ar^2+ar^3+\cdots+ar^{n-2}+ar^{n-1}$$

$$rS_n=ar+ar^2+ar^3+\cdots+ar^{n-1}+ar^n$$

두 식의 차를 계산하면 다음과 같다.

$$(1-r)S_n=a-ar^n=a(1-r^n)$$

만약 $r\neq 1$이면 $S_n=\dfrac{a(1-r^n)}{1-r}$이고, $r=1$이면 $S_n=a+a+a+\cdots+a=na$이다. ■

예제 1.26

4항이 24, 8항이 384인 등비수열의 일반항 a_n을 구하여라.

풀이

첫째항을 a, 공비를 r이라 하면 4항, 8항은 각각 다음과 같다.

$$a_4=ar^3=24,\ a_8=ar^7=384$$

두 식을 나누면 $r^4 = 16$, 즉 $r = \pm 2$이다.

$r = 2$일 때, $a = 3$이므로 일반항은 $a_n = 3 \cdot 2^{n-1}$이다. 또한, $r = -2$일 때, $a = -3$이므로 일반항은 $a_n = -3 \cdot (-2)^{n-1}$이다.

예제 1.27

등비수열 $\{a_n\}$에 대하여 $a_n^2 = a_{n-1} \times a_{n+1}$임을 보여라.

풀이

첫째항이 a, 공비가 r인 등비수열 $\{a_n\}$의 일반항은 $a_n = ar^{n-1}$이므로 다음을 만족한다.

$$a_{n-1} \times a_{n+1} = ar^{n-2} \times ar^n = a^2 r^{2(n-1)} = (ar^{n-1})^2 = a_n^2$$

조화수열

조화수열(harrmonic progression)이란 각 항의 역수들이 (0을 포함하지 않는) 등차수열을 이루는 수열을 말한다. 조화수열의 일반항의 역수를 취한 뒤 등차수열의 일반항을 구하는 공식을 이용하여 조화수열의 일반항을 구한다.

예제 1.28

다음 조화수열의 일반항 a_n을 구하여라.

$$\frac{1}{1}, \frac{1}{3}, \frac{1}{5}, \cdots, a_n, \cdots$$

풀이

위 조화수열의 역수를 취하면 1, 3, 5, $\cdots$, $\frac{1}{a_n}$, $\cdots$이 되며 이는 첫째항이 1이고 공차 2인 등차수열이 된다. 즉,

$$\frac{1}{a_n} = 1 + (n-1)2 = 2n - 1$$

이므로 조화수열의 일반항은 $a_n = \frac{1}{2n-1}$이 된다.

예제 1.29

조화수열 $\{a_n\}$에 대하여 $a_n = \frac{2a_{n-1}a_{n+1}}{a_{n-1} + a_{n+1}}$ 임을 보여라.

풀이

조화수열의 역수를 취하면 등차수열을 이루므로 등차중항 공식을 이용하면 다음이 성립한다.

$$\frac{1}{a_n}=\frac{1}{2}\left(\frac{1}{a_{n-1}}+\frac{1}{a_{n+1}}\right)$$

이를 정리하면 $\frac{1}{a_n}=\frac{a_{n-1}+a_{n+1}}{2a_{n-1}a_{n+1}}$이 되므로 $a_n=\frac{2a_{n-1}a_{n+1}}{a_{n-1}+a_{n+1}}$임을 알 수 있다.

두 양수 a, b에 대하여 $A=\frac{a+b}{2}$, $G=\sqrt{ab}$, $H=\frac{2ab}{a+b}$라고 하자. 이때 A를 산술평균, G를 기하평균, H를 조화평균이라 부른다.

세 수 간에는 부등식 $A\geq G\geq H$를 만족시키며,

$$AH=\frac{a+b}{2}\times\frac{2ab}{a+b}=ab=G^2$$

이므로 등비중항의 성질에 의해 A, G, H는 등비수열을 이루게 된다.

예제 1.30

위의 부등식 $A\geq G\geq H$을 증명하여라.

풀이

(i) a, b가 양수이면 다음 부등식이 성립한다.

$$(a-b)^2\geq 0 \Rightarrow a^2+2ab+b^2\geq 4ab \Rightarrow (a+b)^2\geq 4ab \Rightarrow a+b\geq 2\sqrt{ab} \Rightarrow A\geq G$$

즉, 산술평균은 기하평균보다 크거나 같다.

(ii) (i)과 마찬가지로

$$a+b\geq 2\sqrt{ab} \Rightarrow (a+b)\sqrt{ab}\geq 2ab \Rightarrow \sqrt{ab}\geq\frac{2ab}{a+b} \Rightarrow G\geq H$$

즉, 기하평균은 조화평균보다 크거나 같다.

(i), (ii)에 의해 $A\geq G\geq H$이다.

수열의 합의 성질

일반적으로 수열의 합은 다음과 같은 성질을 갖는다.

정리 1.7.4 수열의 합에 대한 성질

(1) $\sum_{k=1}^{n}(a_k+b_k)=\sum_{k=1}^{n}a_k+\sum_{k=1}^{n}b_k$ (2) $\sum_{k=1}^{n}ca_k=c\sum_{k=1}^{n}a_k$ (단, c는 상수)

(3) $\sum_{k=1}^{n}c=cn$ (단, c는 상수)

특히 자연수의 거듭제곱의 합은 다음과 같이 정리할 수 있다.

합	기호	공식	설명
$1+2+\cdots+N$	$\sum_{k=1}^{N} k$	$\frac{N(N+1)}{2}$	가우스 형태
$1^2+2^2+\cdots+N^2$	$\sum_{k=1}^{N} k^2$	$\frac{N(N+1)(2N+1)}{6}$	제곱의 합
$1^3+2^3+\cdots+N^3$	$\sum_{k=1}^{N} k^3$	$\left\{\frac{N(N+1)}{2}\right\}^2$	세제곱의 합
$1+r+r^2+\cdots+r^N$	$\sum_{k=0}^{N} r^k$	$\frac{1-r^{N+1}}{1-r}$	기하급수

마지막의 기하급수라고 하는 것은 자연수의 거듭제곱의 합 형태는 아니지만 이후에 배울 무한수열의 합에서 중요하게 다루는 중요한 수열의 합이기 때문에 표에 포함하였다.

연습문제 1.7

1. 다음 등차수열의 일반항을 구하여라.

(1) 82, 77, 72, $\cdots$　　(2) -4, 2, 8, $\cdots$

(3) $\frac{1}{6}$, $\frac{1}{3}$, $\frac{1}{2}$, $\cdots$　　(4) -28, -23, -18, $\cdots$

2. 등차수열 $\{a_n\}$에서 $a_3 = 6$, $a_7 = -12$일 때, 초항과 공차의 합 $a_1 + d$를 구하여라.

3. 두 수열 $\{a_n\}$: -1, x, -9, $\{b_n\}$: -2, y, 6이 이 순서대로 등차수열이 될 때, $x + y$의 값을 구하여라.

4. 수열 3, a_1, a_2, $\cdots$, a_{30}, 96이 등차수열일 때, 공차를 구하여라.

5. 두 자리 자연수 중 7로 나누어 3이 남는 수들의 개수와 합을 구하여라.

6. 다음 등차수열의 합을 구하여라.

(1) 3, 5, 7, $\cdots$, 39　　(2) -28, -22, -16, $\cdots$, 26

(3) $\frac{1}{6}$, $\frac{1}{3}$, $\frac{1}{2}$, $\cdots$ 6　　(4) -20, -23, -26, $\cdots$, -62

7. 등차수열 20, 17, 14, 11, $\cdots$의 일반항 $\{a_n\}$을 구하고 -67이 이 수열의 몇 번째 항인지 구하여라.

8. 다음 등비수열의 일반항 $\{a_n\}$을 구하여라.

(1) $\frac{2}{3}$, $\frac{2}{27}$, $\frac{2}{243}$, $\cdots$　　(2) 3, $\frac{3}{2}$, $\frac{3}{4}$, $\cdots$

(3) 18, 6, 2, $\cdots$　　(4) -28, 7, $-\frac{7}{4}$, $\cdots$

9. 수열 4, a_1, a_2, $\cdots$, a_{10}, 2이 등비수열일 때, $a_1 a_2 \cdots a_{10}$의 값을 구하여라.

10. $a_3 = 4$, $a_6 = 64$인 등비수열 $\{a_n\}$의 일반항을 구하여라.

11. 다항식 $x^2 + ax + a$를 $x - 2$, x, $x + 2$로 나눈 나머지가 이 순서대로 등비수열을 이룰 때, 모든 a의 값의 합을 구하여라.

12. 공비가 양의 실수인 등비수열 $\{a_n\}$에 대하여 $a_3 = 64$, $a_7 = 4$이 성립할 때, 9항까지의 합 S_9를 구하여라.

13. 다음 등비수열의 합을 구하여라.

(1) $\frac{1}{2}$, 1, 2, 4, $\cdots$, 32　　(2) $-\frac{1}{3}$, $\frac{1}{2}$, $-\frac{3}{4}$, $\cdots$, $-\frac{27}{16}$

(3) 8, 4, 2, 1, $\cdots$, $\frac{1}{32}$　　(4) -16, -12, -9, $\cdots$, $-\frac{243}{64}$

14. 각 항이 실수인 등비수열의 부분합 S_n에 대하여 $S_3 = 9$, $S_6 = -63$을 만족할 때, 일반항 $\{a_n\}$을 구하여라.

15. 첫째항부터 제6항까지의 합이 1이고, 첫째항부터 제12항까지의 합이 3인 등비수열에서 첫째항부터 제18항까지의 합을 구하여라.

16. 초항이 1이고 모든 자연수 n에 대하여 $\dfrac{a_{n+1}}{a_n}=2$를 만족시키는 수열의 10항까지의 합 S_{10}을 구하여라.

17. 다음 조화수열의 일반항을 구하여라.

(1) $\dfrac{1}{2}, \dfrac{1}{4}, \dfrac{1}{6}, \cdots$　　(2) $1, \dfrac{1}{2}, \dfrac{1}{3}, \cdots$

(3) $12, 6, 4, 3, \cdots$　　(4) $1, \dfrac{1}{3}, \dfrac{1}{5}, \dfrac{1}{7}$

18. 다음 수열의 합을 시그마 기호를 사용하여 나타내어라.

(1) $2 + 7 + 12 + 17 + \cdots + 52$

(2) $1-\dfrac{1}{2}+\dfrac{1}{3}-\dfrac{1}{4}+\dfrac{1}{5}-\dfrac{1}{6}+\dfrac{1}{7}$

(3) $2+\dfrac{2^2}{2}+\dfrac{2^3}{3}+\dfrac{2^4}{4}+\cdots+\dfrac{2^{10}}{10}$

(4) $1-\dfrac{1}{2^2}+\dfrac{1}{3^2}-\dfrac{1}{4^2}+\dfrac{1}{5^2}-\dfrac{1}{6^2}$

19. 다음 값을 구하여라.

(1) $\displaystyle\sum_{n=1}^{10}(n^3-2n^2+n-10)$

(2) $\displaystyle\sum_{n=3}^{8}\left(64\left(\frac{1}{2}\right)^{n-2}-n\right)$

(3) $\displaystyle\sum_{n=1}^{10}\sum_{k=1}^{n}\left(\frac{1}{2}\right)^k$

(4) $\displaystyle\sum_{n=1}^{10}(2n^2-3n+2)-2\sum_{n=1}^{10}(n-1)^2$

(5) $\displaystyle\sum_{n=1}^{10}\sum_{k=1}^{10}(3^k\cdot n^2)$

(6) $\displaystyle\sum_{i=1}^{n}\sum_{k=i}^{n}k$

CHAPTER

02

극한과 연속

2.1 함수의 수렴·발산성과 극한값

함수의 극한

실수 전체의 집합 R의 두 부분집합 X와 Y에서 정의된 함수 $f : X \to Y$를 생각해 보자.

정의 2.1.1 극한

함수 $f(x)$에서 x가 a와 다른 값을 취하면서 a에 한없이 가까워질 때, $f(x)$의 값이 일정한 값 A에 한없이 가까워지면 함수 $f(x)$는 A에 수렴한다고 하고, A를 $x \to a$일 때의 $f(x)$의 극한값 또는 극한이라 한다.

$$\lim_{x \to a} f(x) = A \text{ (또는 } x \to a\text{일 때 } f(x) \to A)$$

수렴하지 않는 모든 경우를 발산이라 하고, 그 중에서도 특별한 두 가지 경우를 다음과 같이 정의한다.

함수 $f(x)$에서 x가 a에 한없이 가까워질 때 $f(x)$의 값이 한없이 커지면, $x \to a$일 때 $f(x)$는 양의 무한대로 발산한다고 한다.

$$\lim_{x \to a} f(x) = \infty \text{ (또는 } x \to a\text{일 때 } f(x) \to \infty)$$

또한, $f(x)$에서 x가 a에 한없이 가까워질 때 $f(x)$의 값이 한없이 작아지면, $x \to a$일 때 $f(x)$는 음의 무한대로 발산한다고 한다.

$$\lim_{x \to a} f(x) = -\infty \text{ (또는 } x \to a\text{일 때 } f(x) \to -\infty)$$

예제 2.1

다음 함수의 수렴 여부를 조사하여라.

(1) $x \to 1$일 때의 $f(x) = \dfrac{x^2 - 1}{x - 1}$ $(x \neq 1)$

(2) $x \to 0$일 때의 $f(x) = \dfrac{1}{x^2}$ $(x \neq 0)$

(3) $x \to 2$일 때의 $f(x) = \dfrac{-1}{(x-2)^2}$ $(x \neq 2)$

풀이

(1) 모든 실수 x에 대하여

$$f(x) = \frac{x^2-1}{x-1} = x+1$$

이므로 x가 1에 한없이 가까워지면 $f(x)$의 값은 2에 한없이 가까워진다.

(2) x가 0에 한없이 가까워질 때, $f(x)$의 값은 한없이 커진다.

(3) x가 2에 한없이 가까워질 때, $f(x)$의 값은 한없이 작아진다.

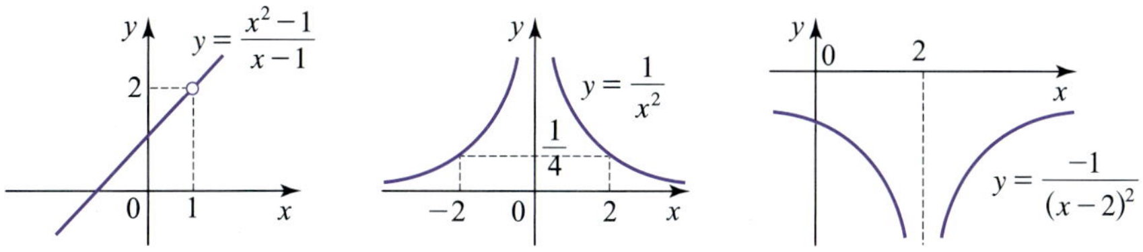

그림 2.1.1

극한 개념을 세분화하여 우극한과 좌극한을 말하기도 하는데, x가 a보다 큰 값을 가지면서 a에 한없이 가까워질 때 $f(x)$의 값이 A에 한없이 가까워진다면, A를 $f(x)$의 **우극한**이라 한다. 한편 x가 a보다 작은 값을 가지면서 a에 한없이 가까워질 때 $f(x)$의 값이 A에 한없이 가까워지다면, A를 $f(x)$의 **좌극한**이라 한다.

$$\text{우극한} \ \lim_{x \to a^+} f(x) = A \quad (\text{또는 } x \to a^+\text{일 때, } f(x) \to A)$$

$$\text{좌극한} \ \lim_{x \to a^-} f(x) = A \quad (\text{또는 } x \to a^-\text{일 때, } f(x) \to A)$$

일반적으로 우극한과 좌극한이 모두 존재하고, 그 값이 일치할 때, 함수 $f(x)$는 극한값이 존재한다고 한다. 즉, 다음과 같다.

$$\lim_{x \to a} f(x) = A \Leftrightarrow \lim_{x \to a^-} f(x) = \lim_{x \to a^+} f(x) = A$$

예제 2.2

극한 $\lim_{x \to 1} \frac{|x-1|}{x-1}$을 구하여라.

절댓값 함수

$$|x| = \begin{cases} x, & x \geq 0 \\ -x, & x < 0 \end{cases}$$

풀이

$f(x) = \frac{|x-1|}{x-1}$이라 하면

(i) $x > 1$일 때, $f(x) = \frac{x-1}{x-1} = 1$이므로 $\lim_{x \to 1^+} f(x) = 1$

(ii) $x < 1$일 때, $f(x) = \frac{-(x-1)}{x-1} = -1$이므로 $\lim_{x \to 1^-} f(x) = -1$

(i), (ii)에 의해 $\lim_{x \to 1^+} f(x) \neq \lim_{x \to 1^-} f(x)$이므로 극한값은 존재하지 않는다.

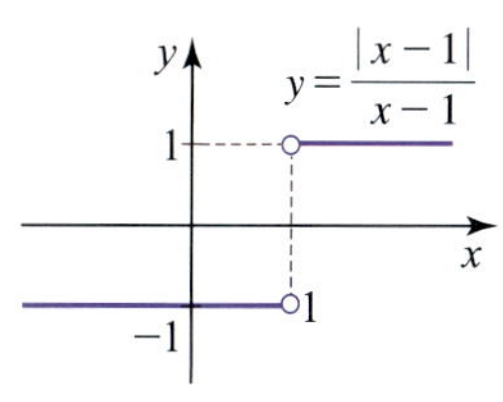

그림 2.1.2

정리 2.1.2 상수함수의 극한

임의의 실수 a에 대하여 $x = a$에서의 상수함수 $f(x) = c$의 극한값은 c이다. 즉,

$$\lim_{x \to a} f(x) = \lim_{x \to a} c = c$$

이다.

정리 2.1.3 항등함수의 극한

임의의 실수 a에 대하여 $x = a$에서의 항등함수 $f(x) = x$의 극한값은 a이다. 즉,

$$\lim_{x \to a} f(x) = \lim_{x \to a} x = a$$

이다.

정리 2.1.4 함수 $y = \sqrt{x}$의 극한

$a \geq 0$인 임의의 실수 a에 대하여 $\lim_{x \to a} \sqrt{x} = \sqrt{a}$이다.

정리 2.1.5 함수의 극한에 관한 성질

극한값 $\lim_{x \to a} f(x)$, $\lim_{x \to a} g(x)$가 존재할 때, 다음이 성립한다.

(1) $\lim_{x \to a} kf(x) = k \lim_{x \to a} f(x)$ (단, k는 상수)

(2) $\lim_{x \to a} \{f(x) \pm g(x)\} = \lim_{x \to a} f(x) \pm \lim_{x \to a} g(x)$ (복부호동순)

(3) $\lim_{x \to a} f(x)g(x) = \lim_{x \to a} f(x) \lim_{x \to a} g(x)$,

$$\lim_{x \to a} \frac{f(x)}{g(x)} = \frac{\lim_{x \to a} f(x)}{\lim_{x \to a} g(x)} \quad (\text{단, } g(x) \neq 0,\ \lim_{x \to a} g(x) \neq 0)$$

(4) $f(x) < g(x)$이면 $\lim_{x \to a} f(x) \leq \lim_{x \to a} g(x)$

(5) $f(x) \leq g(x) \leq h(x)$일 때, $\lim_{x \to a} f(x) = \lim_{x \to a} h(x) = A$이면 $\lim_{x \to a} g(x) = A$이다.

부록 2.3절(ε-δ에 의한 연속/극한의 정의를 이용한 증명) 참조

위 정리들에 대한 증명은 극한의 엄밀한 수학적 정의를 학습한 후에 가능하므로 증명은 생략하고, 여기서는 성질을 이용하여 극한값을 계산하는 데 응용해 보도록 하자.

예제 2.3

다음 극한을 구하여라.

(1) $\lim_{x\to 0}(x^2+3x)$ (2) $\lim_{x\to 1}\dfrac{x^2-2}{x+1}$

풀이

(1) $\lim_{x\to 0}(x^2+3x)=\lim_{x\to 0}x^2+\lim_{x\to 0}3x=0+0=0$

(2) $\lim_{x\to 1}\dfrac{x^2-2}{x+1}=\dfrac{\lim_{x\to 1}(x^2-2)}{\lim_{x\to 1}(x+1)}=-\dfrac{1}{2}$

x를 충분히 크게 잡으면 $\dfrac{1}{x}$은 한없이 0에 가까이 접근한다. 이런 의미에서 x가 한없이 커질 때 $\dfrac{1}{x}$의 극한은 0이라 하고, 이를 $\lim_{x\to\infty}\dfrac{1}{x}=0$으로 나타낸다. 마찬가지로 x를 0에 충분히 가깝게 하면 $\dfrac{1}{x}$의 값들은 임의로 크게 만들 수 있으므로 $\lim_{x\to 0}\dfrac{1}{x}$은 존재하지 않음을 알 수 있다. 이를 일반적인 함수에 적용한 정의를 다음과 같이 나타내기로 하자.

정의 2.1.6 수렴하는 극한

어떤 구간 (a, ∞)에서 정의된 함수 $f(x)$에 대하여 x를 충분히 크게 잡을 때, $f(x)$의 값이 일정한 값 A에 한없이 가까워지면 $x\to\infty$일 때의 $f(x)$의 극한값은 A라 하고 $\lim_{x\to\infty}f(x)=A$로 나타낸다.

정의 2.1.7 발산하는 극한

함수 $f(x)$에서 x가 a와 다른 값을 취하면서 a에 한없이 가까워질 때, $f(x)$의 값을 임의로 크게 만들 수 있으면 $\lim_{x\to a}f(x)=\infty$ (또는 $x\to a$일 때 $f(x)\to\infty$)로 나타낸다.

같은 방법으로 $\lim_{x\to-\infty}f(x)=A$, $\lim_{x\to a}f(x)=-\infty$, $\lim_{x\to\infty}f(x)=\infty$, $\lim_{x\to\infty}f(x)=-\infty$, $\lim_{x\to-\infty}f(x)=\infty$, $\lim_{x\to-\infty}f(x)=-\infty$를 정의할 수 있다.

부정형의 극한

부정형일 때의 극한값은 유형별로 나누어 다루어야 한다.

$\frac{0}{0}$ 꼴	분수식: 분모와 분자를 인수분해하여 약분한다. 무리식: 유리화하여 약분한다.
$\frac{\infty}{\infty}$ 꼴	분수식: 분모의 최고차항으로 분모, 분자를 나눈다. 무리식: 근호 밖의 최고차항으로 분모, 분자를 나눈다.
$\infty - \infty$ 꼴	다항식: 최고차항으로 묶는다. 무리식: 유리화한다.
$\frac{c}{0}$ 꼴	$c > 0$일 때, 분모가 $+$이면 $+\infty$이고 분모가 $-$이면 $-\infty$ $c < 0$일 때, 분모가 $+$이면 $-\infty$이고 분모가 $-$이면 $+\infty$
$x \to -\infty$일 때	$x = -t$로 치환한다.

예제 2.4

다음 극한을 구하여라.

(1) $\lim_{x\to 2}\frac{x-3}{x^2-4x+3}$　　(2) $\lim_{x\to 3}\frac{x-3}{x^2-4x+3}$　　(3) $\lim_{x\to 1}\frac{x-3}{x^2-4x+3}$

풀이

(1) 분모 x^2-4x+3과 분자 $x-3$에 $x=2$를 대입하여 계산하면

$$\lim_{x\to 2}\frac{x-3}{x^2-4x+3}=\frac{\lim_{x\to 2}(x-3)}{\lim_{x\to 2}(x^2-4x+3)}=\frac{-1}{-1}=1$$

이다.

(2) 분모 x^2-4x+3과 분자 $x-3$에 $x=3$을 대입하면 $\frac{0}{0}$ 꼴의 부정형이 된다. 그러므로 분모를 인수분해하여 계산하면

$$\lim_{x\to 3}\frac{x-3}{x^2-4x+3}=\lim_{x\to 3}\frac{x-3}{(x-3)(x-1)}=\lim_{x\to 3}\frac{1}{x-1}=\frac{1}{2}$$

이다.

(3) 분모와 분자에 $x=1$을 대입하면 분모는 0에 가까워지고 분자는 -2에 가까워지므로 $\frac{c}{0}$ 꼴의 부정형이다. 좌극한과 우극한을 계산하자.

$$\lim_{x\to 1^+}\frac{x-3}{x^2-4x+3}=\lim_{x\to 1^+}\frac{1}{x-1}=\infty,$$

$$\lim_{x\to 1^-}\frac{x-3}{x^2-4x+3}=\lim_{x\to 1^-}\frac{1}{x-1}=-\infty$$

따라서 극한이 존재하지 않는다.

예제 2.5

다음 극한을 구하여라.

(1) $\lim_{x\to\infty}\frac{x^2-5}{2x+3}$ (2) $\lim_{x\to\infty}(\sqrt{x+1}-\sqrt{x})$

풀이

(1) $\lim_{x\to\infty}\frac{x^2-5}{2x+3}=\lim_{x\to\infty}\frac{\frac{x^2}{x}-\frac{5}{x}}{\frac{2x}{x}+\frac{3}{x}}=\lim_{x\to\infty}\frac{x-\frac{5}{x}}{2+\frac{3}{x}}=\infty$

(2) $$\lim_{x\to\infty}(\sqrt{x+1}-\sqrt{x})=\lim_{x\to\infty}\frac{(\sqrt{x+1}-\sqrt{x})(\sqrt{x+1}+\sqrt{x})}{\sqrt{x+1}+\sqrt{x}}$$
$$=\lim_{x\to\infty}\frac{1}{\sqrt{x+1}+\sqrt{x}}=0$$

연습문제 2.1

1. 다음 극한을 구하여라.

(1) $\lim_{x\to\infty}\frac{5x^2+4x-10}{2x+100}$ (2) $\lim_{x\to\infty}\frac{5x^2+4x-10}{2x^2-15}$

(3) $\lim_{x\to\infty}\frac{5x^2+4x-10}{2x^4-5x^2+10}$ (4) $\lim_{x\to 2}\frac{3}{x^2-4}$

(5) $\lim_{x\to -2}\frac{x^2-4}{x+2}$ (6) $\lim_{x\to\infty}\frac{4x}{\sqrt{2+x^2}-3}$

(7) $\lim_{x\to 2}\frac{\sqrt{x^2+5}-3}{x-2}$ (8) $\lim_{x\to -\infty}\frac{x}{\sqrt{x^2+1}-1}$

(9) $\lim_{x\to -\infty}x^2\left(1+\frac{x}{\sqrt{x^2+1}}\right)$ (10) $\lim_{x\to 2}\frac{x^2-4}{x^3-8}$

(11) $\lim_{x\to 0}\frac{\sqrt{x+4}-2}{x}$ (12) $\lim_{x\to 0}\frac{x^2+5x}{x^2+3x}$

(13) $\lim_{x\to\infty}(\sqrt{x^2+x}-x)$ (14) $\lim_{x\to 0}\frac{1}{x}\left(\frac{1}{x+1}-1\right)$

(15) $\lim_{x\to 1}\frac{x-1}{\sqrt{x+3}-2}$ (16) $\lim_{x\to\infty}\frac{\sqrt{x+2}-\sqrt{x-2}}{\sqrt{4x+1}-\sqrt{4x-1}}$

(17) $\lim_{x\to 0}\frac{1}{x}\left\{\frac{1}{(x+2)^2}-\frac{1}{4}\right\}$ (18) $\lim_{x\to 0}\frac{1}{x}\{(1+x)^3-1\}$

2. $a>0$일 때, $\lim_{x\to\infty}\frac{1}{1+a^x}$의 값을 구하여라.

3. $\lim_{x\to 0}\frac{f(x)}{x}=3$일 때, $\lim_{x\to 2}\frac{f(x-2)}{x^2-4}$의 값을 구하여라.

4. 두 함수 $f(x)$, $g(x)$에 대하여 $\lim_{x\to\infty}f(x)=\infty$, $\lim_{x\to\infty}\{2f(x)-g(x)\}=1$일 때, $\lim_{x\to\infty}\frac{f(x)+g(x)}{f(x)-g(x)}$의 값을 구하여라.

5. $\lim_{x\to 2}f(x)=3$, $\lim_{x\to 2}g(x)=2$일 때, 주어진 극한을 구하거나 극한이 존재하지 않는 것은 존재하지 않는 이유를 써라.

(1) $\lim_{x\to 2}\{5f(x)-6g(x)\}$ (2) $\lim_{x\to 2}\frac{f(x)}{2f(x)-3g(x)}$

(3) $\lim_{x\to 2}\frac{\{2f(x)\}^2-\{3g(x)\}^2}{2f(x)-3g(x)}$ (4) $\lim_{x\to 2}[x\{f(x)\}^2-\{g(x)\}^3]$

6. $\lim_{x\to 1}\frac{x^{50}-1}{x-1}=10$을 이용하여 다음 극한을 구하여라.

(1) $\lim_{x\to 1}\frac{x^{50}-1}{x^2-1}$ (2) $\lim_{x\to 1}\frac{x^{25}-1}{x-1}$

(3) $\lim_{x\to 1}\frac{(x^{50}-1)^2}{x^2-1}$

2.2 함수의 연속성

함수의 연속 개념은 본래 곡선에 대하여 존재했던 것이고, 곡선이 끊어지지 않고 이어져 있다는 직관적인 개념에서 발생하였다. 곡선을 함수의 그래프로써 해석적으로 파악하게 됨에 따라 곡선의 연속성이 문제가 되었다. 연속의 정의에 대하여 여러 시도가 있었지만, 우리가 주로 사용하는 정의는 코시(Cauchy)에 의한 것으로서 다음과 같다.

정의 2.2.1 연속의 정의

함수 $f(x)$가 점 a에서 다음 세 조건을 모두 만족할 때 $f(x)$는 $x = a$에서 연속이라 한다.

(i) $x = a$에서 정의되어 있다(즉, $f(a)$가 존재한다).

(ii) $\lim_{x \to a} f(x)$가 존재한다(즉, 좌극한 = 우극한).

(iii) $\lim_{x \to a} f(x) = f(a)$

위 세 조건 중 어느 하나라도 성립하지 않으면 이 함수는 $x = a$에서 불연속이라 하고, a는 불연속점이라 한다.

함수 연속성에 관한 직관적인 정의

실제로 연속의 정의는 불연속이 될 수 있는 모든 경우를 제외한 것이다. 다시 말해 어떠한 함수가 $x = a$에서 불연속(끊어져 있는 상태)일 가능성은 다음 세 가지 경우 중 하나라고 쉽게 이해할 수 있다.

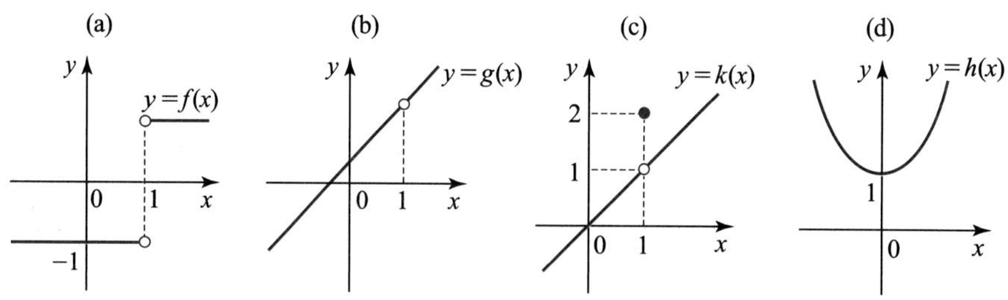

그림 2.2.1

(a) $f(x) = \dfrac{|x-1|}{x-1}$의 그래프로서 극한값 $\lim_{x \to 1} f(x)$가 존재하지 않는다.

(b) $g(x)=\dfrac{x^2-1}{x-1}$의 그래프로서 $g(1)$에서 함숫값이 정의되지 않았다.

(c) $k(1) = 2$로 정의되었지만, 극한값 $\lim_{x\to 1} k(x)=1$과 일치하지 않는다.

(d) $h(x) = x^2 + 1$의 그래프로서 $\lim_{x\to 1} h(x) = h(1) = 1$, 즉 연속의 성질을 모두 만족한다.

예제 2.6

정의역을 $(-\infty, \infty)$로 하는 함수의 그래프에서 $x = -1, 0, 1, 2$인 점에서 연속성을 조사하여라.

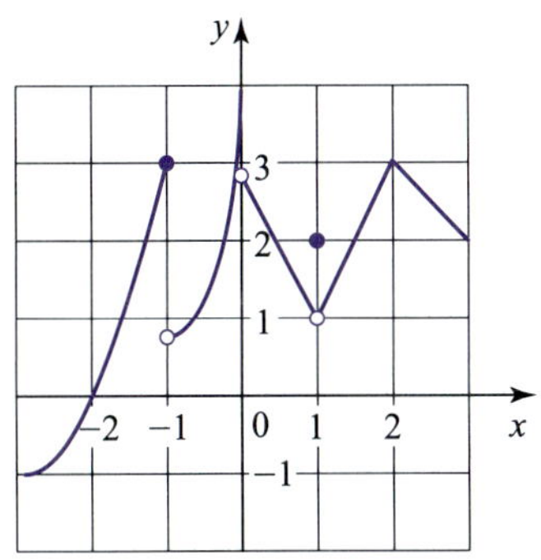

그림 2.2.2

풀이

$x = -1$일 때, $x = -1$에서의 우극한과 좌극한이 서로 다르므로 $\lim_{x\to -1} f(x)$는 존재하지 않는다. 그러므로 $x = -1$에서 불연속이다.

$x = 0$일 때, 좌극한과 우극한이 서로 다르기 때문에 역시 불연속인 점이다.

$x = 1$일 때, $f(1) = 2$로 정의되어 있으며, 극한값도 $\lim_{x\to 1} f(x)=1$이다. 그러나 두 값이 일치하지 않으므로 $x = 1$에서 불연속이다.

$x = 2$일 때, 이 점에서는 함수가 꺾인 모습이지만 $\lim_{x\to 2} f(x) = f(2) = 3$임을 볼 수 있다. 그러므로 $x = 2$에서는 연속이다.

구간 $[c, d]$에서 함수의 연속과 연속함수

구간에 속하는 임의의 모든 점에서 함수 $f(x)$가 연속일 때, $f(x)$는 구간 $[c, d]$에서 연속이라고 하고, $f(x)$는 이 구간에서 연속함수라 한다.

예제 2.7

다음을 조사하여라.

(1) $x = -1$에서 함수 $f(x) = \dfrac{x^2-1}{x+1}$의 연속성

가우스 함수 $f(x) = [x]$는 x를 넘지 않는 최대 정수를 나타낸다. 예를 들어 $[2.3] = 2$, $[-1.4] = -2$이다.

(2) $x = 0$에서 함수 $f(x) = [x]$의 연속성(단, [ ]는 가우스 기호)

풀이

(1) $x = -1$에서 함숫값이 존재하지 않으므로 불연속이며,

(2) $x = \cdots -2, -1, 0, 1, 2, \cdots$에서 극한값이 존재하지 않으므로 불연속이다.

정리 2.2.2 연속함수의 성질

두 함수 $f(x)$, $g(x)$가 구간 I에서 연속일 때, 구간 I에서 다음 함수들도 연속이다.

(1) $f(x) \pm g(x)$ (2) $cf(x)$ (단, c는 상수)

(3) $f(x)g(x)$ (4) $\dfrac{f(x)}{g(x)}$ (단, $g(x) \neq 0$)

$f(x)$가 $x = a$에서 연속이고 $g(x)$가 $f(a)$에서 연속이면 합성함수 $y = g(f(x))$는 $x = a$에서 연속이다.

증명

(1) $f(x)$, $g(x)$는 구간 I에 속하는 임의의 점 a에서 연속이므로

$\lim_{x \to a} f(x) = f(a)$, $\lim_{x \to a} g(x) = g(a)$이다. 그러므로

$$\lim_{x \to a} \{f(x) \pm g(x)\} = \lim_{x \to a} f(x) \pm \lim_{x \to a} g(x) = f(a) \pm g(a)$$

가 되어 $f(x) \pm g(x)$는 $x = a$에서 연속이다. ■

여러 가지 기본 함수들의 연속성을 다음과 같이 정리할 수 있다.

함수의 종류	함수의 유형	함수의 연속, 불연속성
다항함수	$a_n x^n + \cdots + a_1 x + a_0$	$(-\infty, \infty)$에서 연속
유리함수	$\dfrac{f(x)}{g(x)}$	$g(x) = 0$인 점에서 불연속
무리함수	$\sqrt{f(x)}$	$f(x) \geq 0$인 점에서 연속
로그함수	$\log x$	$x > 0$에서 연속
지수함수	a^x	$(-\infty, \infty)$에서 연속
삼각함수	$\sin x$, $\cos x$	$(-\infty, \infty)$에서 연속
	$\tan x$	$x = n\pi + \dfrac{\pi}{2}$ (n은 정수)에서 불연속

예제 2.8

함수 $f(x)=\begin{cases} a(x+1) & (x \geq 1) \\ 2^{-x} & (x<1) \end{cases}$ 이 연속함수가 되도록 상수 a의 값을 정하여라.

풀이

$y = a(x + 1)$과 $y = 2^{-x}$은 각각 연속함수이므로 $x = 1$에서만 연속이 되도록 정의하면 된다. $x \to 1^+$일 때, $f(x) = a(x + 1)$이므로 $f(x) \to 2a$이다. 또한 $x \to 1^-$일 때, $f(x) \to 2^{-1}$이다. 그러므로 $2a = 2^{-1}$, 즉 $a = \dfrac{1}{4}$로 정의하면 된다.

함수의 최댓값과 최솟값

정의 2.2.3 최댓값과 최솟값

함수 $f(x)$에서 정의역에 속한 적당한 x_0이 존재하여 정의역의 다른 모든 x에 대하여 $f(x) \leq f(x_0)$일 때, $f(x_0)$은 $f(x)$의 **최댓값**이라 한다. 또한, 정의역에 속한 적당한 x_1이 존재하여 정의역의 다른 모든 x에 대하여 $f(x_1) \leq f(x)$일 때, $f(x_1)$은 $f(x)$의 **최솟값**이라 한다.

연속함수는 아주 중요한 다음의 두 가지 성질, 최대·최소의 정리와 중간값 정리를 갖는다. 이 장에서는 정리의 내용만 소개하고, 증명은 그래프로 이해하도록 하자.

정리 2.2.4 최대·최소의 정리(max-min theorem)

함수 $f(x)$가 폐구간 $[a, b]$에서 연속이면 $f(x)$는 이 구간에서 반드시 최댓값과 최솟값을 가진다.

구간 $[a, b]$에서 함수 $f(x)$의 최댓값 혹은 최솟값은 구간 내의 $f(x)$의 값으로도 결정되지만, 구간의 양 끝점 a와 b에서의 함숫값 $f(a)$와 $f(b)$가 될 수도 있다.

다음 두 함수의 그래프를 통해 최대·최소의 정리를 이해해 보자.

(1) 구간 $[-1, 2]$에서 정의된 함수 $f(x)=x^2-2x+3$

(2) 구간 $[1, 10]$에서 정의된 함수 $g(x) = \log_{10}x + 1$

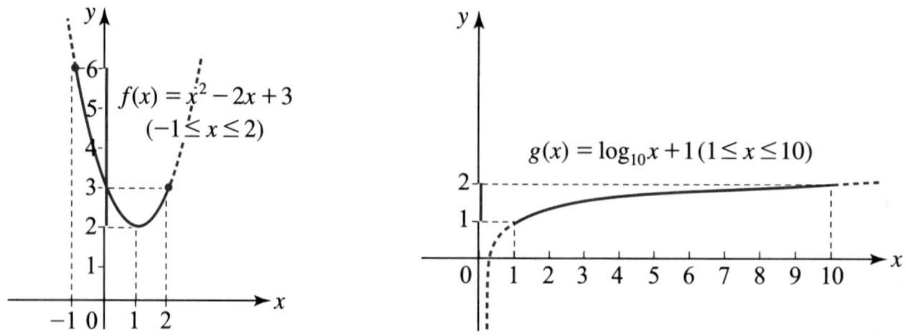

그림 2.2.3

(1) 함수 $f(x)$에 대하여 양 끝점의 함숫값은 $f(-1) = 6$, $f(2) = 3$이고 $f(1) = 2$이므로 최댓값은 6, 최솟값은 2이다.

(2) 함수 $g(x)$에 대하여 양 끝점의 함숫값은 $g(1) = 1$, $g(10) = 2$이므로 최댓값은 2, 최솟값은 1이다.

정리 2.2.5 중간값의 정리(intermediate value theorem)

함수 $f(x)$가 폐구간 $[a, b]$에서 연속이고 $f(a) \neq f(b)$일 때, $f(a)$와 $f(b)$ 사이에 있는 임의의 값을 k라고 하면 $f(c) = k$가 되는 c가 개구간 (a, b) 안에 적어도 하나 존재한다.

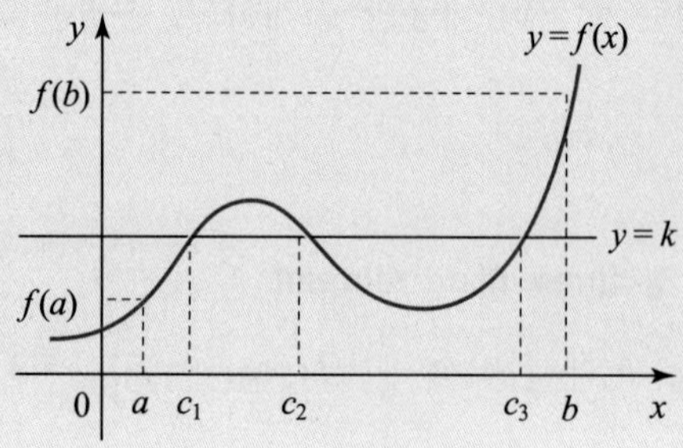

그림 2.2.4

정리 2.2.6 중간값의 정리 응용

함수 $f(x)$가 폐구간 $[a, b]$에서 연속이고 $f(a)f(b) < 0$이면 $f(c) = 0$인 c가 개구간 (a, b)에 적어도 하나 존재한다.

예제 2.10

방정식 $x^3-4x^2+2x+2=0$은 구간 $[-1, 4]$에서 세 실근을 가짐을 보여라.

풀이

$f(x)=x^3-4x^2+2x+2$라고 하면 $f(x)$는 실수 전체의 집합 R에서 연속인 함수이다. 또한, $f(-1)<0, f(0)>0, f(1)>0, f(2)<0, f(3)<0, f(4)>0$이므로 $f(-1)f(0)<0, f(1)f(2)<0, f(3)f(4)<0$이므로 정리 2.2.6에 의해 구간 $(-1, 0)$, $(1, 2)$, $(3, 4)$에 각각 적어도 하나 이상의 $f(c)=0$을 만족하는 값이 존재한다. 또한, 방정식 $x^3-4x^2+2x+2=0$은 삼차 방정식이므로 3개 이하의 실근을 갖는다. 즉, 방정식 $x^3-4x^2+2x+2=0$은 구간 $(-1, 4)$에 세 실근을 갖는다.

예제 2.11

방정식 $x=\cos x$는 폐구간 $\left[0, \frac{\pi}{2}\right]$에서 근을 가짐을 보여라.

풀이

$f(x)=x-\cos x$라 하면 함수 $f(x)$는 구간 $\left[0, \frac{\pi}{2}\right]$에서 연속이다. 한편, $f(0)=-1$이고 $f\left(\frac{\pi}{2}\right)=\frac{\pi}{2}$이므로 최댓값은 양의 값이며 최솟값은 음의 값이다. 중간값 정리에서 $k=0$으로 잡으면 $f(c)=0$이 되는 c가 구간 $\left(0, \frac{\pi}{2}\right)$에 존재한다.

예제 2.12

방정식 $x-\cos\pi x=1+\log_2 x$의 실근이 1과 2 사이에 적어도 하나 존재함을 보여라.

풀이

$f(x)=(x-\cos\pi x)-(1+\log_2 x)$라 하면 함수 $f(x)$는 $x>0$인 모든 x에 대하여 연속이다. 이제 $f(1)$과 $f(2)$를 계산하기 위해 $\cos\pi x=-1$, $\cos 2\pi=1$, $\log_2 1=0$, $\log_2 2=1$을 이용하면

$$f(1)=(1-\cos\pi)-(1+\log_2 1)=(1+1)-(1+0)=1,$$

$$f(2)=(2-\cos 2\pi)-(1+\log_2 2)=(2-1)-(1+1)=-1$$

이다. 따라서 함수 $f(x)$는 $x>0$일 때 연속이고 $f(1)>0$, $f(2)<0$이므로 $f(x)=0$을 만족하는 x가 1과 2 사이에 존재한다. 그러므로 방정식 $x-\cos\pi x=1+\log_2 x$의 실근이 1과 2 사이에 적어도 하나 존재한다.

연습문제 2.2

1. 다음 함수의 연속성을 조사하여라.

(1) $f(x) = \dfrac{|x|-1}{x-1}$　　(2) $f(x)=\begin{cases} x^2+2 & (x\neq 0) \\ 1 & (x=0)\end{cases}$

(3) $f(x)=\begin{cases} -2x, & x<0 \\ \frac{1}{2}x^2, & 0\le x<2 \\ 2x, & x\ge 2\end{cases}$　(4) $f(x)=\dfrac{1}{\sqrt{x}}$

2. 두 함수 $f(x) = |x|$, $g(x)=\begin{cases} x+2 & x<0 \\ x-2 & x\ge 0\end{cases}$에 대하여 $f\circ g$와 $g\circ f$의 그래프를 그리고 $x=0$에서 연속성을 조사하여라.

3. 함수 $y=\dfrac{x+2}{x-3}$가 연속인 구간을 조사하여라.

[4~6] 다음 함수의 불연속점을 찾고, 각 불연속점에서 함수가 연속이 되도록 정의할 수 있는지 알아보아라.

4. $y=x\sin\dfrac{1}{x}$　　**5.** $y=\dfrac{x-1}{x^2-3x+2}$

6. $y=\dfrac{\ln|x+1|}{x}$

7. 극한값 $\lim\limits_{x\to 3}([x^2]+a[x])$가 존재하도록 상수 a를 정하여라.

8. 디리클레 함수 $f(x)=\begin{cases} 1 & x\in Q \\ 0 & x\in Q^c\end{cases}$에 대하여 다음 물음에 답하여라(단, Q는 유리수 전체의 집합이다).

(1) 함수 $f(x)$의 그래프는 어떤 모양인지 설명하여라.

(2) 모든 실수에 대하여 함수 $f(x)$는 연속인가?

(3) 유리수 r에 대하여 $f(x+r)=f(x)$가 성립함을 보여라.

9. 주어진 방정식이 주어진 구간에서 해가 존재함을 보여라.

(1) $x^3+x-1=0,\ (0,1)$　　(2) $e^{-x}=\ln x,\ (1,e)$

(3) $x^3+x^2-2x-3=0\ \ (1,2)$

10. 함수 $f(x)=x^3-5x+1$에 대하여 $f(c)=-1$을 만족하는 실수 c가 존재한다. 그 이유를 설명하여라.

11. 가우스 함수 $f(x)=[x]$와 $g(x)=\sin x$에 대하여 $f\circ g$의 불연속점을 구하여라.

12. 두 함수 $f(x)$, $g(x)$가 $x=a$에서 연속일 때, $\dfrac{f(x)}{g(x)}$가 $x=a$에서 연속일 조건을 구하여라.

13. 함수 $f(x)=\log_3 x+1$에 대하여 $f(c)=2$인 실수 c가 개구간 $(1, 9)$에 반드시 존재함을 보여라.

14. 방정식 $(x^2-1)\cos x+\sqrt{2}\sin x=0$은 구간 $(0, 1)$에서 적어도 하나의 실근이 존재함을 보여라.

15. 방정식 $x^3-4x+1=0$은 세 실근을 가짐을 보여라.

2.3 자연지수함수와 자연로그함수

자연상수(오일러수) e

정의 2.3.1 자연상수(오일러수)

극한 $\lim\limits_{x\to 0}(1+x)^{\frac{1}{x}}$의 값을 e로 정의하고, 이를 자연상수 또는 오일러수라 한다.

참고

1. 미적분학에서 중요하게 다루는 자연상수 $e\approx 2.71828182846\cdots$는 무리수임이 알려져 있고 8장에서 이의 증명을 볼 수 있다.

부록 2.2절(자연상수 e의 정의) 참조

2. 위 정의에서는 극한값의 존재성에 대한 엄밀한 논의는 되어 있지 않다. 이를 해결하고자 자연상

수 e에 대한 또 다른 정의와 함께 위 극한값이 존재하고 그 수가 자연상수 e임을 부록에서 정리한다. ■

x	$(1+x)^{\frac{1}{x}}$
$-\frac{1}{2}$	4
$-\frac{1}{4}$	3.160494
$-\frac{1}{16}$	2.808404
$-\frac{1}{256}$	2.72361
$-\frac{1}{1024}$	2.71961
e	2.71828 ⋯
$\frac{1}{1024}$	2.716956
$\frac{1}{256}$	2.712992
$\frac{1}{16}$	2.637928
$\frac{1}{4}$	2.441406
$\frac{1}{2}$	2.25

자연지수함수와 자연로그함수

지수함수 중에 밑이 e인 함수 $y = e^x$을 **자연지수함수**라 한다. $2 < e < 3$ 이므로 자연지수함수 $y = e^x$의 그래프는 그림 2.3.1과 같이 $y = 2^x$과 $y = 3^x$ 사이에 놓이게 된다.

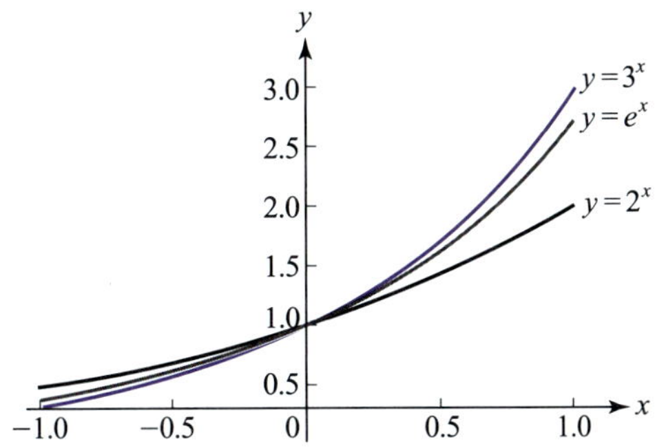

그림 2.3.1

그리고 e를 밑으로 하는 로그함수 $y = \log_e x$를 **자연로그함수**(natural logarithm)라 하며, $\log_e x$를 $\ln x$로 나타낸다.

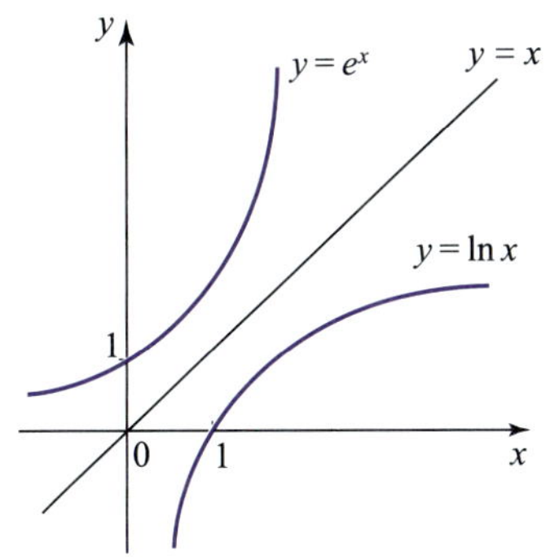

그림 2.3.2

정리 2.3.2 자연로그의 성질

(1) $\ln x = y \Leftrightarrow e^y = x$ (단, $x > 0$)　　(2) $\ln e^x = x$ $(x \in R)$

(3) $e^{\ln x} = x$ (단, $x > 0$)　　(4) $\ln xy = \ln x + \ln y$ (단, $x > 0$, $y > 0$)

(5) $\ln \dfrac{x}{y} = \ln x - \ln y$ (단, $x > 0$, $y > 0$)

(6) $\ln x^r = r \ln x$ (단, $x > 0$)

예제 2.13

다음의 극한을 구하여라.

(1) $\lim\limits_{x\to\infty}\left(1+\dfrac{1}{3x}\right)^x$　　(2) $\lim\limits_{x\to 0}(1-x)^{\frac{1}{x}}$　　(3) $\lim\limits_{x\to 0}(1+3x)^{\frac{1}{x}}$

풀이

(1) $\lim\limits_{x\to\infty}\left(1+\dfrac{1}{3x}\right)^x = \lim\limits_{x\to\infty}\left(1+\dfrac{1}{3x}\right)^{3x\times\frac{1}{3}} = \lim\limits_{x\to\infty}\left\{\left(1+\dfrac{1}{3x}\right)^{3x}\right\}^{\frac{1}{3}} = e^{\frac{1}{3}}$

(2) $\lim_{x\to 0}(1-x)^{\frac{1}{x}} = \lim_{x\to 0}\left\{(1-x)^{-\frac{1}{x}}\right\}^{-1} = e^{-1}$

(3) $\lim_{x\to 0}(1+3x)^{\frac{1}{x}} = \lim_{x\to 0}(1+3x)^{\frac{1}{3}\times 3} = \lim_{x\to 0}\left\{(1+3x)^{\frac{1}{3x}}\right\}^{3} = e^{3}$

예제 2.14

극한 $\lim_{x\to 1} x^{\frac{1}{1-x}}$을 구하여라.

풀이

$\lim_{x\to\infty}\left(1+\frac{1}{x}\right)^{x} = e$ 이므로

$$\lim_{x\to 1} x^{\frac{1}{1-x}} = \lim_{x\to 1}(1+(x-1))^{\frac{1}{1-x}} = \lim_{x\to 1}\{1+(x-1)\}^{\frac{1}{x-1}\times(-1)}$$

이다. $x-1$을 $\frac{1}{y}$로 치환하면 $x \to 1$일 때 $y \to \infty$이므로 다음이 성립한다.

$$\lim_{x\to 1} x^{\frac{1}{1-x}} = \lim_{y\to\infty}\left\{\left(1+\frac{1}{y}\right)^{y}\right\}^{-1} = e^{-1}$$

예제 2.15

극한 $\lim_{x\to 0}\frac{\ln(1+x)}{x}$을 구하여라.

풀이

$\lim_{x\to 0}(1+x)^{\frac{1}{x}} = e$이므로 자연로그함수의 연속성에 의해 다음이 성립한다.

$$\lim_{x\to 0}\frac{\ln(1+x)}{x} = \lim_{x\to 0}\left\{\frac{1}{x}\ln(1+x)\right\} = \lim_{x\to 0}\ln(1+x)^{\frac{1}{x}} = \ln\left\{\lim_{x\to 0}(1+x)^{\frac{1}{x}}\right\} = \ln e = 1$$

예제 2.16

극한 $\lim_{x\to 0}\frac{a^{x}-1}{x}$을 구하여라.

풀이

$\lim_{x\to 0}(1+x)^{\frac{1}{x}} = e$이므로 $a^{x}-1=t$로 치환하면 $x \to 0$일 때 $t \to 0$이 된다. 또한, $x = \log_a(1+t)$이고, 이를 대입하면 다음이 성립한다.

$$\lim_{x\to 0}\frac{a^{x}-1}{x} = \lim_{x\to 0}\frac{t}{\log_a(1+t)} = \lim_{x\to 0}\frac{1}{\frac{1}{t}\log_a(1+t)} = \lim_{x\to 0}\frac{1}{\log_a(1+t)^{\frac{1}{t}}} = \frac{1}{\log_a e} = \ln a$$

연습문제 2.3

1. $\lim_{x\to 0}(1+x)^{\frac{1}{x}}=e$를 이용하여 다음 극한을 구하여라.

(1) $\lim_{x\to 0}(1+2x)^{\frac{1}{x}}$ (2) $\lim_{x\to 0}(1-x)^{\frac{2}{x}}$

(3) $\lim_{x\to 0}(1-3x)^{\frac{3}{2x}}$ (4) $\lim_{x\to 0}(1-x)^{-\frac{1}{x}}$

(5) $\lim_{x\to 0}\frac{2^x-1}{x}$ (6) $\lim_{x\to 0}\frac{\ln(1+2x)}{3x}$

(7) $\lim_{x\to 0}\frac{e^x-1}{x}$ (8) $\lim_{x\to 2}(x-1)^{\frac{3}{x-2}}$

2. 함수 $y=e^x$의 그래프를 이용하여 다음 함수의 그래프를 그려라.

(1) $y=e^{-x}$ (2) $y=e^{x+2}$

(3) $y=e^{x-1}+1$

3. 다음 함수의 정의역을 찾고 그래프를 그려라.

(1) $y=\ln(4-x)$ (2) $y=\log_3 x^2$

(3) $y=\frac{1}{\ln x}$

4. $f(x)=\ln x$이면 $f(cd)=f(c)+f(d)$임을 증명하여라.

2.4 초월함수의 극한

삼각함수의 극한

정리 2.4.1 사인함수의 극한

$$\lim_{x\to 0}\frac{\sin x}{x}=1 \text{ (단, } x\text{는 라디안)}$$

증명

반지름이 r이고 중심각이 x rad인 부채꼴 OAB에서 면적들 사이에

$$\triangle OAB<(\text{부채꼴 } OAB\text{의 넓이})<\triangle OAC$$

가 성립한다. 그러므로

$$\frac{1}{2}r^2\sin x<\frac{1}{2}r^2 x<\frac{1}{2}r^2\tan x$$

$$\sin x<x<\tan x$$

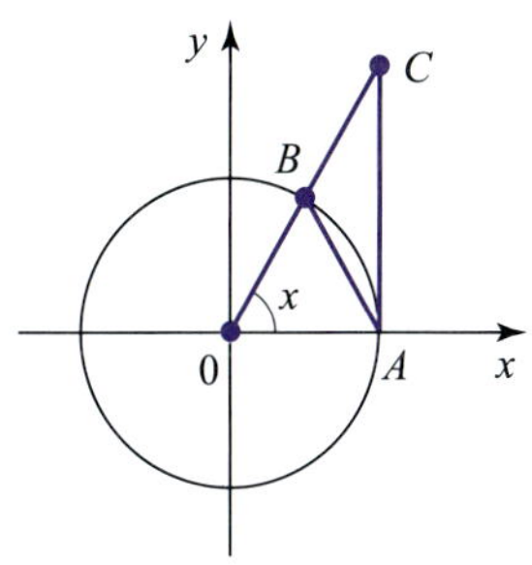

그림 2.4.1

이다. 양변을 $\sin x$로 나누고 각 변의 역수를 취하면

$$\cos x<\frac{\sin x}{x}<1$$

이므로 각 변에 극한 $x\to 0$을 취하면

그래프(그림 2.4.2)를 통해 함수 $y=\frac{\sin x}{x}$의 $x=0$에서의 극한값이 1임을 알 수 있다.

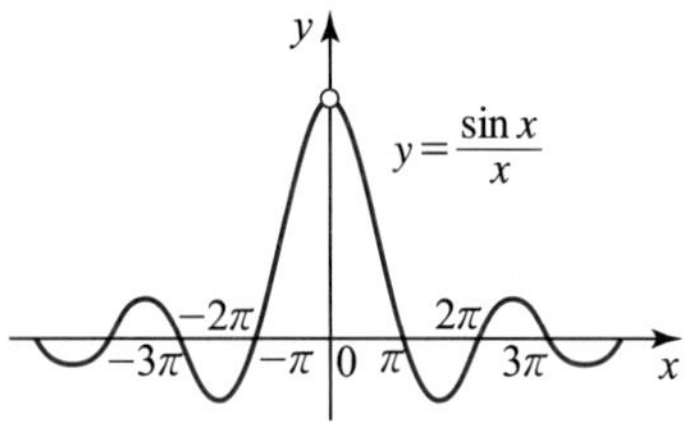

그림 2.4.2

$$\lim_{x\to 0}\cos x \le \lim_{x\to 0}\frac{\sin x}{x} \le \lim_{x\to 0}1$$

인데, $\lim_{x\to 0}\cos x=1$이므로 다음을 얻는다.

$$\lim_{x\to 0}\frac{\sin x}{x}=1$$ ■

정리 2.4.2 탄젠트함수의 극한

$$\lim_{x\to 0}\frac{\tan x}{x}=1 \text{ (단, } x\text{는 라디안)}$$

증명

$\tan x=\frac{\sin x}{\cos x}$, 즉 $\sin x=\tan x\cos x$이므로 $\lim_{x\to 0}\frac{\sin x}{x}=1$로부터

$$\lim_{x\to 0}\frac{\cos x\tan x}{x}=1$$

이 성립한다. 이때 $\lim_{x\to 0}\cos x=1$이므로 $\lim_{x\to 0}\frac{\tan x}{x}=1$이다. ■

예제 2.17

다음 극한을 구하여라.

(1) $\lim_{x\to 0}\frac{x}{\sin x}$　　(2) $\lim_{x\to 0}\frac{x}{\tan x}$

(3) $\lim_{x\to 0}\frac{\sin 3x}{x}$　　(4) $\lim_{x\to 0}\frac{2x}{\sin 4x}$

풀이

(1), (2) $\lim_{x\to 0}\frac{x}{\sin x}=\lim_{x\to 0}\frac{1}{\frac{\sin x}{x}}=1$이고 $\lim_{x\to 0}\frac{x}{\tan x}=\lim_{x\to 0}\frac{1}{\frac{\tan x}{x}}=1$이다.

(3) $\lim_{x\to 0}\frac{\sin 3x}{x}=\lim_{x\to 0}\frac{\sin 3x}{3x}\times 3=3$

(4) $\lim_{x\to 0}\frac{2x}{\sin 4x}=\lim_{x\to 0}\left(\frac{1}{2}\times\frac{4x}{\sin 4x}\right)=\frac{1}{2}\times 1=\frac{1}{2}$

예제 2.18

극한 $\lim_{x\to 0}\frac{\sin(1-\cos x)}{x^2}$를 구하여라.

풀이

$$\lim_{x\to0}\frac{\sin(1-\cos x)}{x^2}=\lim_{x\to0}\left\{\frac{\sin(1-\cos x)}{1-\cos x}\times\frac{1-\cos x}{x^2}\right\}=\lim_{x\to0}\frac{1-\cos x}{x^2}$$
$$=\lim_{x\to0}\frac{(1-\cos x)(1+\cos x)}{(1+\cos x)x^2}=\lim_{x\to0}\frac{\sin^2 x}{(1+\cos x)x^2}$$
$$=\lim_{x\to0}\left\{\left(\frac{\sin x}{x}\right)^2\times\frac{1}{1+\cos x}\right\}=\frac{1}{2}$$

예제 2.19

극한 $\lim_{x\to1}\frac{\cos\frac{\pi}{2}x}{1-x^2}$를 구하여라.

풀이

$x-1=t$로 치환하면 $x=t+1$이고 또한 $x\to1$일 때 $t\to0$이므로 다음이 성립한다.

$$\lim_{x\to1}\frac{\cos\frac{\pi}{2}x}{1-x^2}=\lim_{t\to0}\frac{\cos\left(\frac{\pi}{2}(t+1)\right)}{1-(1+t)^2}=\lim_{t\to0}\frac{\cos\left(\frac{\pi}{2}t+\frac{\pi}{2}\right)}{1-(1+t)^2}$$
$$=\lim_{t\to0}\frac{\sin\frac{\pi}{2}t}{t(t+2)}=\lim_{t\to0}\left(\frac{\sin\frac{\pi}{2}t}{\frac{\pi}{2}t}\times\frac{\pi}{2}\times\frac{1}{t+2}\right)=\frac{\pi}{4}$$

예제 2.20

다음 함수의 연속성을 조사하여라.

(1) $f(x)=\frac{\sin x}{x}$

(2) $g(x)=\begin{cases}\frac{\sin x}{x} & (x\neq0)\\ 1 & (x=0)\end{cases}$

풀이

(1) 함수 $f(x)=\frac{\sin x}{x}$는 분모가 0이 되는 점 $x=0$에서 함수가 정의되지 않으므로 그 점에서 불연속이며, $x\neq0$인 모든 실수 x에서 연속이다.

(2) 함수 $g(x)$는 $g(0)=1$이고 $\lim_{x\to0}\frac{\sin x}{x}=1$이므로 $g(0)=1=\lim_{x\to0}g(x)$가 되어 모든 실수 x에서 연속이다.

▍지수함수와 로그함수의 극한

정리 2.4.3 지수함수의 극한

(1) $\lim_{x\to\infty} a^x = \begin{cases} \infty, & a>1 \\ 1, & a=1 \\ 0, & 0<a<1 \end{cases}$

(2) $\lim_{x\to-\infty} a^x = \begin{cases} 0, & a>1 \\ 1, & a=1 \\ \infty, & 0<a<1 \end{cases}$

정리 2.4.4 로그함수의 극한

(1) $\lim_{x\to 0^+} \log_a x = \begin{cases} \infty, & 0<a<1 \\ -\infty, & a>1 \end{cases}$

(2) $\lim_{x\to\infty} \log_a x = \begin{cases} -\infty, & 0<a<1 \\ \infty, & a>1 \end{cases}$

증명은 생략하며, 다음 로그함수의 그래프를 보면 로그함수의 극한 $\lim_{x\to 0^+} \log_a x$와 $\lim_{x\to\infty} \log_a x$를 쉽게 이해할 수 있다.

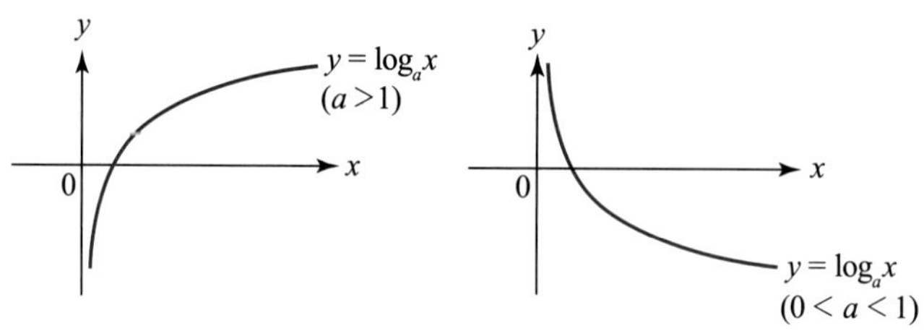

그림 2.4.3

예제 2.21

극한 $\lim_{x\to 0}\dfrac{1}{1+2^{\frac{1}{x}}}$ 의 존재 여부를 조사하여라.

풀이

(i) $x \to 0^+$일 때 $\frac{1}{x} \to \infty$이므로 $2^{\frac{1}{x}} \to \infty$이며 $\lim_{x \to 0^+} \frac{1}{1+2^{\frac{1}{x}}} \to 0$이다.

(ii) $x \to 0^-$일 때 $\frac{1}{x} \to -\infty$이므로 $2^{\frac{1}{x}} \to 0$이며 $\lim_{x \to 0^-} \frac{1}{1+2^{\frac{1}{x}}} \to 1$이다.

(i), (ii)에 의해 우극한과 좌극한이 서로 다르므로 극한은 존재하지 않는다.

연습문제 2.4

1. 주어진 극한을 구하거나 또는 극한이 존재하지 않음을 보여라.

(1) $\lim_{t \to 0} \frac{\sin 3t}{2t}$ (2) $\lim_{x \to 0} \frac{3x}{\tan x}$

(3) $\lim_{x \to 0} \frac{\sin^2 3x}{3x^2}$ (4) $\lim_{x \to 0} \frac{2^x - 1}{x}$

(5) $\lim_{x \to 0} \frac{\ln(1-2x)}{x}$ (6) $\lim_{x \to 1} \frac{\sin(\sqrt{x}-1)}{x-1}$

(7) $\lim_{x \to 0} \frac{1+2\sin x}{1+\cos x}$ (8) $\lim_{x \to 0} \frac{1-\cos x}{x \sin x}$

(9) $\lim_{x \to 0} \frac{x^2}{1-\cos x}$ (10) $\lim_{x \to 0} \frac{e^{2x}-1}{\sin 3x}$

(11) $\lim_{x \to \infty} \frac{1+2^x}{1-2^x}$ (12) $\lim_{x \to 1} \frac{\ln x}{x-1}$

(13) $\lim_{x \to \infty} \frac{0.5^x + 2}{2 \times 0.5^x - 4}$ (14) $\lim_{x \to \infty} \frac{a^x + 3}{a^x + 2}$ (단, $a \neq 1$)

(15) $\lim_{x \to 1} \frac{e^{x+1} - e^2}{x-1}$ (16) $\lim_{x \to 0} \frac{e^{x \sin x} - 1}{x \ln(1+x)}$

2. 치환을 이용하여 다음 극한을 구하여라.

(1) $\lim_{x \to \pi} \frac{x-\pi}{\sin 2x}$ (2) $\lim_{x \to 1} \frac{\sin \pi x}{x-1}$

(3) $\lim_{x \to 2} \frac{\cos\left(\frac{\pi}{4}x\right)}{x-2}$ (4) $\lim_{x \to 2} \frac{x^2-4}{\sin(x-2)}$

CHAPTER

03

미분

3.1 변화율과 도함수

변화율

함수 $y = f(x)$에 대하여 정의역의 한 원소 x가 a에서 $a + \Delta x(\Delta x \neq 0)$로 변하면 $f(x)$의 값은 $f(a)$에서 $f(a + \Delta x)$까지 변화한다. 이때 x의 증분 Δx에 대하여 y의 증분 Δy는

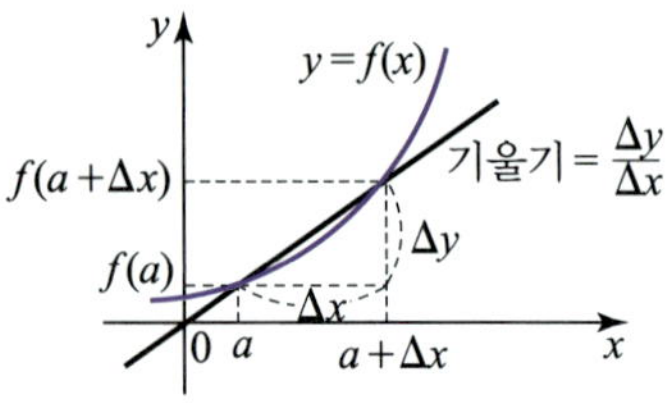

그림 3.1.1

$$\Delta y = f(a+\Delta x) - f(a)$$

로 표시되는데, 그 몫

$$\frac{\Delta y}{\Delta x} = \frac{f(a+\Delta x) - f(a)}{\Delta x}$$

을 구간 $[a, a + \Delta x]$에서의 **평균변화율**이라 한다. 즉, 평균변화율은 일정 구간에서 함숫값의 **변화량**을 그 구간의 길이로 나눈 값이라고 할 수 있다.

이제 순간변화율을 이해하기 위해 함수 $y = x^2$의 평균변화율 $\frac{\Delta y}{\Delta x}$에서 Δx의 값을 그림 3.1.2처럼 0에 한없이 가까이 되도록 해 보자.

Δx의 값이 0으로 접근하면서 평균변화율의 값은 함수 $y = f(x)$의 점 $(a, f(x))$에서의 접선의 기울기로 접근함을 알 수 있다. 단, 이는 접선이 존재하는 경우임을 주의하자.

그림 3.1.2에서 T는 점 $P(1, 1^2)$에서의 접선이다.

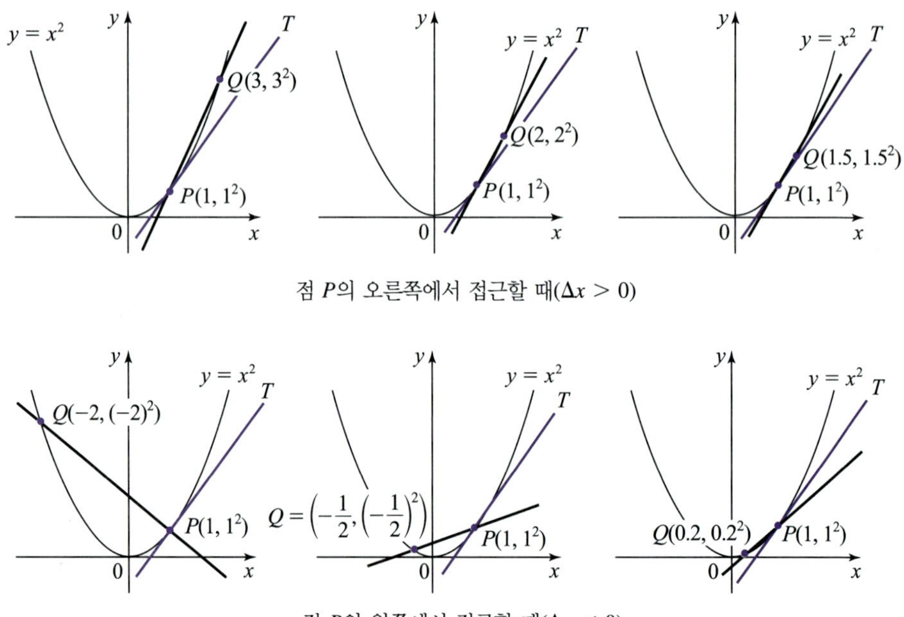

그림 3.1.2

이처럼 순간변화율은 Δx가 0으로 가까이 갈 때 평균변화율이 어떤 값으로 수렴할 것인가에 대한 것으로 이해할 수 있고 극한의 개념으로 다음과 같이 수식으로 표현할 수 있다.

$$\lim_{\Delta x \to 0} \frac{\Delta y}{\Delta x} = \lim_{\Delta x \to 0} \frac{f(a+\Delta x)-f(a)}{\Delta x}$$

이 극한값이 존재하면 $x=a$에서의 함수 $f(x)$의 **순간변화율**(instantaneous rate of change) 또는 **미분계수**(differential coefficient)라 부르고 $f'(a)$로 표기한다. 이때 함수 $f(x)$는 $x=a$에서 **미분가능**(differentiable)하다고 한다.

예제 3.1

함수 $f(x)=x^3$에 대하여 물음에 답하여라.

(1) 구간 [1, 2]에서의 평균변화율을 구하여라.

(2) 점 (a, a^3)에서 순간변화율(미분계수)을 구하고, $f'(1)$의 값과 $f'(1)$의 기하학적 의미를 설명하여라.

풀이

(1) $\dfrac{\Delta y}{\Delta x} = \dfrac{f(2)-f(1)}{2-1} = \dfrac{2^3-1^3}{2-1} = 7$

(2) $\Delta y = (a+\Delta x)^3 - a^3 = 3a^2\Delta x + 3a(\Delta x)^2 + (\Delta x)^3$이므로

$$\frac{\Delta y}{\Delta x} = 3a^2 + 3a\Delta x + (\Delta x)^2$$

이다. 따라서 $f'(a) = \lim_{\Delta x \to 0} \dfrac{\Delta y}{\Delta x} = 3a^2$이며 $f'(1) = 3\times 1^2 = 3$이다. 또한, $f'(1)$은 점 (1, 1)에서의 함수 $f(x)$의 접선의 기울기이다.

도함수

정의역이 X, 공역이 Y인 함수 $f(x)$가 정의역의 모든 x에서 미분가능할 때, 각 x에 대응 규칙

$$f' : X \to Y$$
$$x \mapsto f'(x)$$

를 적용한 새로운 함수 f'을 생각할 수 있다. 이 함수를 f의 **도함수**(derivative)라 하고 y', $\dfrac{dy}{dx}$, $\dfrac{d}{dx}f(x)$로 나타내기도 한다. 즉, 다음과 같다.

$$f'(x) = \lim_{\Delta x \to 0} \frac{\Delta y}{\Delta x} = \lim_{\Delta x \to 0} \frac{f(x+\Delta x)-f(x)}{\Delta x}$$

$\Delta x = (a+\Delta x) - a$
$\Delta y = f(a+\Delta x) - f(a)$

함수 $f(x)$의 도함수를 구하는 과정을 '$f(x)$를 x에 관하여 **미분한다**(differentiate)'라 하며, 미분하는 방법을 **미분법**(differentiation)이라 한다.

예제 3.2

다음 물음에 답하여라.

(1) 함수 $f(x)=\dfrac{2}{x}$의 도함수와 점 (2, 1)에서의 미분계수를 구하여라.

(2) 함수 $g(x)=\dfrac{1}{2x^2+1}$에 대하여 $x=a$에서의 미분계수를 구하여라.

풀이

(1) $\Delta y=f(x+\Delta x)-f(x)=\dfrac{2}{x+\Delta x}-\dfrac{2}{x}=\dfrac{-2\Delta x}{x(x+\Delta x)}$이므로

$$\lim_{\Delta x\to 0}\frac{\Delta y}{\Delta x}=\lim_{\Delta x\to 0}\frac{\frac{-2\Delta x}{x(x+\Delta x)}}{\Delta x}=\lim_{\Delta x\to 0}\frac{-2}{x(x+\Delta x)}=-\frac{2}{x^2}$$

이다. 따라서 도함수 $f'(x)=-\dfrac{2}{x^2}$이고 점 (2, 1)에서의 미분계수는 $f'(2)=-\dfrac{1}{2}$이다.

(2) $$\Delta y=f(x+\Delta x)-f(x)=\frac{1}{2(x+\Delta x)^2+1}-\frac{1}{2x^2+1}=\frac{-2\Delta x(2x+\Delta x)}{\{2(x+\Delta x)^2+1\}(2x^2+1)}$$

이므로

$$\lim_{\Delta x\to 0}\frac{\Delta y}{\Delta x}=\lim_{\Delta x\to 0}\frac{-2(2x+\Delta x)}{\{2(x+\Delta x)^2+1\}(2x^2+1)}=\frac{-4x}{(2x^2+1)^2}$$

이다. 따라서 도함수 $g'(x)=\dfrac{-4x}{(2x^2+1)^2}$이고 $x=a$에서의 미분계수는

$$g'(a)=\frac{-4a}{(2a^2+1)^2}$$

이다.

예제 3.3

지상 490 m 높이의 빌딩에서 공이 자유낙하를 하고 있다고 가정하자. 다음 물음에 답하여라(단, 정상으로부터 t초 후의 위치는 $s=f(t)=490-4.9t^2$이라 한다).

(1) 처음 5초 간의 평균속도는 얼마인가?

(2) 공이 땅에 닿을 때의 순간속도를 구하여라.

풀이

일반적으로 물체가 운동방정식 $s=f(t)$에 의해 움직인다고 하자. 여기서 $f(t)$는 물체의 위

치함수이며 $t = a$에서 $t = a + h$까지 시간의 변화에 따른 위치 변화는 $f(a+h) - f(a)$이다 (그림 3.1.3). 이 시간의 변화에 따른 평균속도는 다음과 같다.

$$\text{평균속도} = \frac{\text{변위}}{\text{시간}} = \frac{f(a+h)-f(a)}{h} \quad (\text{단, 변위는 위치 변화})$$

$t = a$에서의 순간속도는 평균속도의 극한으로 다음과 같이 정의한다.

$$\text{순간속도} = \lim_{h\to 0}\frac{f(a+h)-f(a)}{h}$$

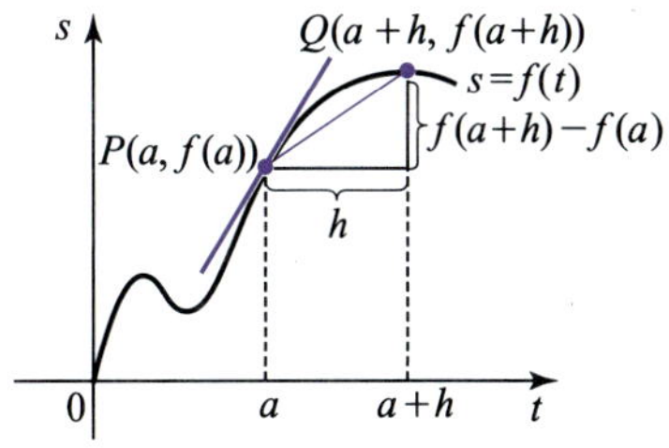

그림 3.1.3

(1) t초 후의 물체의 위치는 $f(t) = 490 - 4.9t^2$이므로 평균속도의 정의에 의해 처음 5초 동안의 평균속도는 다음과 같다.

$$\frac{\Delta y}{\Delta x} = \frac{f(5)-f(0)}{5} = \frac{490-4.9\times 5^2-490}{5} = -4.9\times 5 = -24.5$$

(2) 물체가 지면에 닿는 순간의 속도를 구해야 하므로 지면에 닿는 순간까지 걸린 시간은 방정식 $4.9t^2 = 490$의 해이다. 따라서 $t = 10$초 후이다.

$$v(10) = \lim_{h\to 0}\frac{f(10+h)-f(10)}{h} = \lim_{h\to 0}\frac{490-4.9(10+h)^2-(490-4.9\times 10^2)}{h}$$

$$= \lim_{h\to 0}\frac{-4.9h(20+h)}{h} = -98$$

그러므로 공이 땅에 닿을 때의 순간속도는 $v(10) = -98\,(\text{m/s})$이다.

함수 f가 미분가능하면 도함수 f'은 또 하나의 함수가 된다. 만일 함수 f'이 미분가능하면 f'의 도함수를 f의 2계 도함수(second derivative)라 하고 f''으로 나타낸다. 다시 f''이 미분가능하면 f''의 도함수를 f의 3계 도함수(third derivative)라 하고 f'''으로 나타낸다. 일반적으로 f가 n번 미분가능하면 n번째 얻어지는 도함수를 f의 n계 도함수(n-th derivative)라 하고 $f^{(n)}$으로 나타낸다. 흔히 2계 이상의 f의 도함수를 통틀어 **고계 도함수**라고 하며 다음과 같이 표시한다.

$$\frac{d^2y}{dx^2},\ \frac{d^3y}{dx^3},\ \cdots,\ \frac{d^ny}{dx^n}$$

몇 가지 함수들의 도함수를 알아보자.

정리 3.1.1 다항함수의 도함수

(1) 상수함수의 도함수는 0이다. 즉, $\frac{d}{dx}(\text{상수}) = 0$

예를 들어 상수함수 $f(x) = k$에서 $k = 3$이면 모든 x에서 항상 $f(x) = 3$이다.

미분법 $\frac{d}{dx}(x^n)=nx^{n-1}$은 n이 정수일 때뿐만 아니라 실수일 때도 항상 성립한다.

(2) 일차함수 $y=x$의 도함수는 1이다. 즉, $\frac{d}{dx}x=1$이다.

(3) x의 거듭제곱에 대한 도함수: n이 자연수일 때, $\frac{d}{dx}x^n=nx^{n-1}$이다.

위 정리를 증명하기 이전에 다음을 이해하도록 한다. (1)에서 상수함수는 정의역의 어느 x에서도 함숫값에 변화가 없으므로 그 변화율이 0인 것은 분명하다. 한편, (2)의 $\frac{d}{dx}x=\frac{dx}{dx}$에서 분모와 분자가 똑같으므로 그 값은 당연히 1이 된다.

증명

(1) 상수함수를 $f(x)=k$라 하면

$$\frac{\Delta y}{\Delta x}=\frac{f(x+\Delta x)-f(x)}{\Delta x}=\frac{k-k}{\Delta x}=0$$

이므로 $\frac{d}{dx}k=\lim_{\Delta x\to 0}\frac{\Delta y}{\Delta x}=\lim_{\Delta x\to 0}0=0$이 된다.

(2) $\frac{\Delta y}{\Delta x}=\frac{f(x+\Delta x)-f(x)}{\Delta x}=\frac{x+\Delta x-x}{\Delta x}=1$이므로 $\frac{dy}{dx}=\lim_{\Delta x\to 0}\frac{\Delta y}{\Delta x}=1$이다.

$(a+b)^n=\sum_{k=0}^{n}{}_nC_r a^{n-k}b^k$

${}_nC_r=\frac{n!}{(n-r)!r!}$

(3)
$$\begin{aligned}\frac{\Delta y}{\Delta x}&=\frac{(x+\Delta x)^n-x^n}{\Delta x}\\&=\frac{x^n+{}_nC_1x^{n-1}\Delta x+{}_nC_2x^{n-2}(\Delta x)^2+{}_nC_3x^{n-3}(\Delta x)^3+\cdots+{}_nC_n(\Delta x)^n-x^n}{\Delta x}\\&={}_nC_1x^{n-1}+{}_nC_2x^{n-2}\Delta x+{}_nC_3x^{n-3}(\Delta x)^2+\cdots+{}_nC_n(\Delta x)^{n-1}\end{aligned}$$

이므로

$$\begin{aligned}\frac{d}{dx}x^n&=\lim_{\Delta x\to 0}\frac{\Delta y}{\Delta x}\\&=\lim_{\Delta x\to 0}{}_nC_1x^{n-1}+{}_nC_2x^{n-2}\Delta x+{}_nC_3x^{n-3}(\Delta x)^2+\cdots+{}_nC_n(\Delta x)^{n-1}\\&={}_nC_1x^{n-1}=nx^{n-1}\end{aligned}$$

이 된다. 이때 ${}_nC_r$은 n개에서 r개를 선택하는 조합이다. ■

예제 3.4

정리 3.1.1을 이용하여 다음을 구하여라.

(1) $\frac{d}{dx}\sqrt{x}$ (2) $\frac{d}{dx}\left(\frac{1}{x}\right)$ (3) $\frac{d^4}{dx^4}x^5$

풀이

(1) $\dfrac{d}{dx}\sqrt{x}=\dfrac{d}{dx}x^{\frac{1}{2}}=\dfrac{1}{2}x^{\frac{1}{2}-1}=\dfrac{1}{2}x^{-\frac{1}{2}}=\dfrac{1}{2}\dfrac{1}{x^{\frac{1}{2}}}=\dfrac{1}{2\sqrt{x}}$

(2) $\dfrac{d}{dx}\left(\dfrac{1}{x}\right)=\dfrac{d}{dx}x^{-1}=-1x^{-1-1}=-x^{-2}=-\dfrac{1}{x^2}$

(3) $\dfrac{d^4}{dx^4}x^5=\dfrac{d^3}{dx^3}\left(\dfrac{d}{dx}x^5\right)=\dfrac{d^3}{dx^3}5x^4=\dfrac{d^2}{dx^2}\left(\dfrac{d}{dx}5x^4\right)=\dfrac{d^2}{dx^2}(5\times 4x^3)$

$=\dfrac{d}{dx}\left(\dfrac{d}{dx}5\cdot 4x^3\right)=\dfrac{d}{dx}(5\cdot 4\cdot 3x^2)=5\cdot 4\cdot 3\cdot 2x$

$=120x$

연습문제 3.1

1. 다음 함수에 대하여 $[-1, 2]$에서의 평균변화율을 구하여라.

(1) $y=x^2$ (2) $y=x^2-2x+3$

(3) $y=\log\left(x^2+1\right)$ (4) $y=2^x$

2. 미분계수의 정의를 이용하여 주어진 점에서의 미분계수를 구하여라.

(1) $y=2x-\dfrac{3}{x}$, 점 $(1, -1)$ (2) $y=\sqrt{x+1}$, 점 $(0, 1)$

(3) $y=-3$, 점 $(-1, -3)$ (4) $y=(2x-1)^2$, 점 $(2, 9)$

3. 도함수의 정의를 이용하여 다음을 구하여라.

(1) $\dfrac{d}{dx}(2x-1)$ (2) $\dfrac{d}{dx}(3x^2-5x)$

(3) $\dfrac{d}{dx}(3\sqrt{x}+2x^3)$ (4) $\dfrac{d}{dx}\left(\dfrac{x}{x-1}\right)$ (단, $x\neq 1$)

(5) $\dfrac{d}{dx}x^{\frac{1}{3}}$

4. 도함수의 정의를 이용하여 다음 함수의 도함수, 2계 도함수, 3계 도함수를 구하여라.

(1) $y=\dfrac{1}{x}$ (2) $y=x^4$

5. 다음 함수가 주어진 점에서 미분가능한지 조사하여라.

(1) $f(x)=|x-1|-x$, 점 $(1, -1)$

(2) $f(x)=|x^3|$, 점 $(0, 0)$

(3) $f(x)=\begin{cases}-2x+1, & x\le 1\\ x-2, & x>1\end{cases}$, 점 $(1, -1)$

6. 다음은 $x=a$에서의 함수 f의 미분계수의 또 다른 공식이다. 이를 이용하여 주어진 함수에 대하여 $f'(a)$를 구하여라(단, $a>0$).

$$f'(a)=\lim_{x\to a}\frac{f(x)-f(a)}{x-a}$$

(1) $f(x)=x^2-x+1$ (2) $f(x)=\sqrt{x}$

3.2 미분가능과 연속함수

이 절에서는 미분가능한 함수와 연속인 함수와의 관계를 알아본다. 다음 정리는 미분과 연속에 관한 관계를 잘 보여 준다.

정리 3.2.1(1)의 역은 일반적으로 성립하지 않는다. 예제 3.5와 예제 3.6(1)이 반례이다.

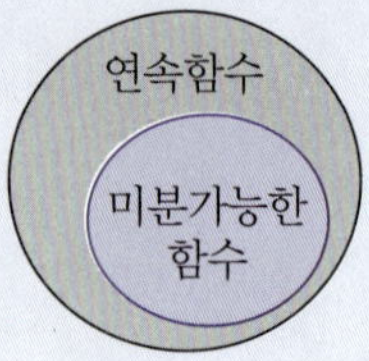

함수 $y = f(x)$가 $x = a$에서
미분가능 ⇒ 연속
- 뾰족한 점에서는 미분 불가능
- 불연속점에서는 미분 불가능

함수의 연속

함수 $y = f(x)$가 $x = a$에서 연속이려면 다음을 만족해야 한다.

(i) $f(a)$의 값이 존재

(ii) $\lim\limits_{x \to a} f(x)$ 의 값이 존재, 즉

$$\lim_{x \to a^+} f(x) = \lim_{x \to a^-} f(x)$$

(iii) $\lim\limits_{x \to a} f(x) = f(a)$

정리 3.2.1 미분과 연속의 관계

(1) 함수 $f(x)$가 $x = a$에서 미분가능하면 함수 $f(x)$는 $x = a$에서 연속이다.

(2) 함수 $f(x)$가 어떤 구간에서 미분가능하면 함수 $f(x)$는 그 구간에서 연속이다.

증명

(1) a의 어떤 근방에 있는 $\Delta x (\neq 0)$에 대한 다음 함수 h를 생각하자.

$$\frac{f(a+\Delta x)-f(a)}{\Delta x} - f'(a) = h(\Delta x) \qquad (*)$$

가정에 의해 함수 $f(x)$가 $x = a$에서 미분가능하므로

$$\begin{aligned}\lim_{\Delta x \to 0} h(\Delta x) &= \lim_{\Delta x \to 0} \frac{f(a+\Delta x)-f(a)}{\Delta x} - f'(a)\\ &= f'(a) - f'(a) = 0\end{aligned}$$

이 성립한다. 또한, $(*)$로부터

$$f(a+\Delta x) - f(a) = f'(a)\Delta x + h(\Delta x)\Delta x$$

이므로

$$\begin{aligned}\lim_{\Delta x \to 0}\{f(a+\Delta x) - f(a)\} &= \lim_{\Delta x \to 0}\{f'(a)\Delta x + h(\Delta x)\Delta x\}\\ &= \lim_{\Delta x \to 0} f'(a)\Delta x + \lim_{\Delta x \to 0} h(\Delta x)\Delta x\\ &= 0\end{aligned}$$

이다. 따라서 $\lim\limits_{\Delta x \to 0} f(a+\Delta x) = f(a)$이므로 연속의 정의에 의해 $f(x)$는 $x = a$에서 연속이다. ■

위의 내용을 정리해 보자.

정리 3.2.2 미분가능한 함수의 성질과 연속성

함수 $y = f(x)$가 $x = a$에서 미분가능하다는 것은 다음 두 명제와 모두 필요충분조건이다.

(1) $f'(a)$의 값이 존재한다.

(2) $\lim\limits_{h \to 0^+} \dfrac{f(a+h)-f(a)}{h} = \lim\limits_{h \to 0^-} \dfrac{f(a+h)-f(a)}{h}$

예제 3.5

함수 $f(x)=|x|$의 미분가능성을 조사하여라.

풀이

(i) $x>0$이면 $|x|=x$이고 $x+h>0$이 되도록 충분히 작은 h를 택할 수 있다. 따라서 $|x+h|=x+h$이므로 $x>0$에서 $f(x)$의 미분은 다음과 같다.

$$f'(x)=\lim_{h\to 0}\frac{|x+h|-|x|}{h}=\lim_{h\to 0}\frac{x+h-x}{h}=\lim_{h\to 0}\frac{h}{h}=\lim_{h\to 0}1=1$$

따라서 $f(x)$는 $x>0$에서 미분가능하다.

(ii) $x<0$이면 $|x|=-x$이고 $x+h<0$이 되도록 충분히 작은 h를 택할 수 있다. 따라서 $|x+h|=-(x+h)$이므로 $x<0$에서 $f(x)$의 미분은 다음과 같다.

$$f'(x)=\lim_{h\to 0}\frac{|x+h|-|x|}{h}=\lim_{h\to 0}\frac{-x-h-(-x)}{h}=\lim_{h\to 0}\frac{-h}{h}=\lim_{h\to 0}(-1)=-1$$

따라서 $f(x)$는 $x<0$에서 미분가능하다.

(iii) $x=0$이면 $f'(0)=\lim_{h\to 0}\frac{|0+h|-|0|}{h}=\lim_{h\to 0}\frac{|h|}{h}$이라 할 때,

$$\lim_{h\to 0^+}\frac{|h|}{h}=\lim_{h\to 0^+}\frac{h}{h}=\lim_{h\to 0^+}1=1,\ \lim_{h\to 0^-}\frac{|h|}{h}=\lim_{h\to 0^-}\frac{-h}{h}=\lim_{h\to 0^-}(-1)=-1$$

이다. 즉, 우극한과 좌극한이 서로 다르므로 $f'(0)$의 값은 존재하지 않는다.

(i)~(iii)에 의해 $f(x)$는 $|x|>0$에서 미분가능하며 $x=0$에서는 미분 불가능하다. 하지만 이 함수는 모든 실수에서 연속이다.

예제 3.6

다음 함수의 $x=0$에서의 미분가능성과 연속성에 대하여 조사하여라.

(1) $f(x)=\begin{cases} x\sin\frac{1}{x} & (x\neq 0) \\ 0 & (x=0) \end{cases}$　　(2) $g(x)=\begin{cases} x^2\sin\frac{1}{x} & (x\neq 0) \\ 0 & (x=0) \end{cases}$

풀이

(1) ① 연속성

$x>0$인 경우, $-1\le\sin\frac{1}{x}\le 1$이고 $-x\le x\sin\frac{1}{x}\le x$이므로

$$0=\lim_{x\to 0^+}(-x)\le\lim_{x\to 0^+}x\sin\frac{1}{x}\le\lim_{x\to 0^+}x=0$$

을 만족한다. 따라서 $\lim_{x\to 0^+}x\sin\frac{1}{x}=0$이다.

$x<0$인 경우도 $\lim_{x\to 0^-}x\sin\frac{1}{x}=0$임을 알 수 있다. 따라서 $\lim_{x\to 0}f(x)=f(0)$을 만족하므로 $x=0$에서 연속함수이다(그림 3.2.1).

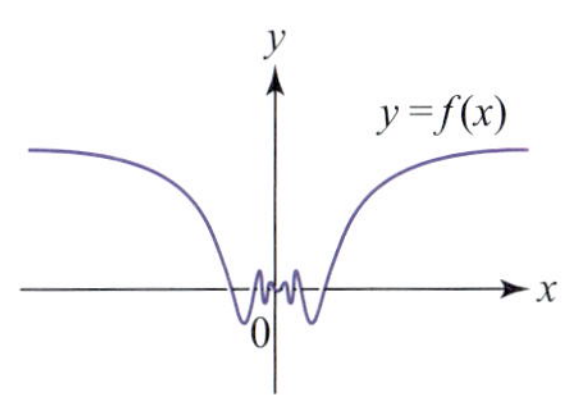

그림 3.2.1

② 미분가능성

$$\lim_{h\to 0}\frac{f(0+h)-f(0)}{h}=\lim_{h\to 0}\frac{h\sin\frac{1}{h}-0}{h}=\lim_{h\to 0}\sin\frac{1}{h}$$

위 극한은 진동하므로 $x=0$에서 미분계수는 존재하지 않는다. 그러므로 함수 $f(x)$는 $x=0$에서 미분 불가능하다.

(2) ① 연속성

$x\neq 0$인 경우, $-1\le\sin\frac{1}{x}\le 1$이고 $-x^2\le x^2\sin\frac{1}{x}\le x^2$이므로

$$0=\lim_{x\to 0}(-x^2)\le\lim_{x\to 0}x^2\sin\frac{1}{x}\le\lim_{x\to 0}x^2=0$$

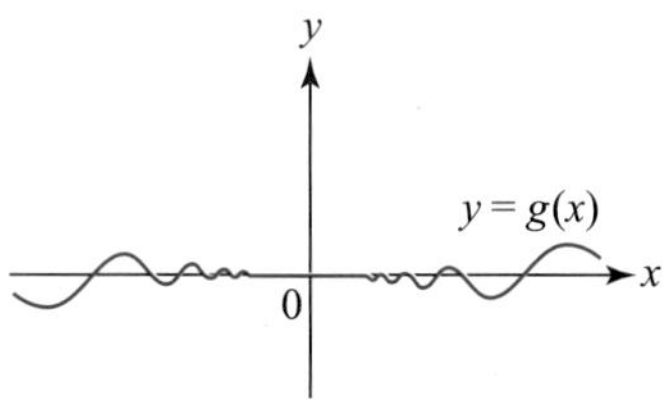

그림 3.2.2

을 만족한다. 따라서 $\lim_{x\to 0}x^2\sin\frac{1}{x}=0$이고, $\lim_{x\to 0}f(x)=f(0)$을 만족하므로 $x=0$에서 연속함수이다(그림 3.2.2).

② 미분가능성

$$\lim_{h\to 0}\frac{f(0+h)-f(0)}{h}=\lim_{h\to 0}\frac{h^2\sin\frac{1}{h}-0}{h}=\lim_{h\to 0}h\sin\frac{1}{h}=0$$

따라서 $x=0$에서 미분계수가 존재하므로 함수 $f(x)$는 $x=0$에서 미분가능하다.

연습문제 3.2

1. 다음 함수의 미분가능성을 조사하여라.

(1) $f(x)=x|x|$ (2) $g(x)=|x|-x$

2. 두 상수 a, b에 대하여 $f(x)=\begin{cases}2x^2+1 & (x<1)\\ ax+b & (x\ge 1)\end{cases}$이 모든 실수 x에서 미분가능하도록 a, b의 값을 정하여라.

3. 함수 $y=[x]$는 모든 정수점에서 미분 불가능하다. 그 이유를 설명하여라(단, [ ]는 가우스 기호).

4. 함수 $f(x)=\begin{cases}-x+2 & (x\le 1)\\ 3x-2 & (x>1)\end{cases}$이 $x=1$에서 미분가능하지 않음을 보여라.

5. 그림 3.2.3을 통해 $f'(-2)$를 구하여라.

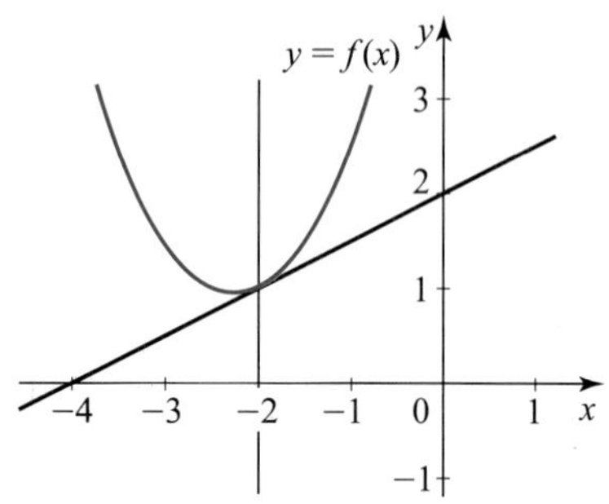

그림 3.2.3

3.3 미분법

합, 곱, 미분법

다음 정리는 함수의 합, 곱, 몫에 대한 미분 법칙으로서 증명은 생략한다.

정리 3.3.1 함수의 합, 곱, 몫의 미분법

미분가능한 두 함수 $f(x)$와 $g(x)$에 대하여 다음이 성립한다.

(1) $(cf(x))' = cf'(x)$

(2) $(f(x) \pm g(x))' = f'(x) \pm g'(x)$

(3) $(f(x)g(x))' = f'(x)g(x) + f(x)g'(x)$

(4) $\left(\dfrac{f(x)}{g(x)}\right)' = \dfrac{f'(x)g(x) - f(x)g'(x)}{\{g(x)\}^2}$

예제 3.7

정리 3.3.1을 이용하여 다음 함수를 미분하여라.

(1) $f(x) = 3x^2 + 2x - 2$　　(2) $g(x) = -4x^3 + \dfrac{3}{x}$

풀이

(1) $\dfrac{d}{dx}f(x) = \dfrac{d}{dx}(3x^2 + 2x - 2) = 3\dfrac{d}{dx}x^2 + 2\dfrac{d}{dx}x - \dfrac{d}{dx}2 = 6x + 2$

(2) $\dfrac{d}{dx}g(x) = \dfrac{d}{dx}\left(-4x^3 + \dfrac{3}{x}\right) = -4\dfrac{d}{dx}x^3 + 3\dfrac{d}{dx}\left(\dfrac{1}{x}\right) = -12x^2 - \dfrac{3}{x^2}$

예제 3.8

정리 3.3.1을 이용하여 다음 함수를 미분하여라.

$$y = (x^3 + 1)(x^2 + 2x + 4)$$

풀이

$$\begin{aligned}\frac{dy}{dx} &= \frac{d}{dx}(x^3+1)(x^2+2x+4)\\ &= \frac{d(x^3+1)}{dx} \times (x^2+2x+4) + (x^3+1) \times \frac{d(x^2+2x+4)}{dx}\\ &= 3x^2(x^2+2x+4) + (x^3+1)(2x+2)\\ &= 5x^4 + 8x^3 + 12x^2 + 2x + 2\end{aligned}$$

한편, 다음과 같이 미분할 수도 있다.

$$\begin{aligned}\frac{dy}{dx} &= \frac{d}{dx}(x^3+1)(x^2+2x+4)\\ &= \frac{d}{dx}(x^5+2x^4+4x^3+x^2+2x+4)\\ &= 5x^4+8x^3+12x^2+2x+2\end{aligned}$$

$(x^3+1)(x^2+2x+4)$를 전개하여 미분한 결과와 곱의 미분법을 이용하여 미분한 결과를 비교할 때 동일함을 알 수 있다.

그러므로 이 경우는 굳이 곱의 미분법을 사용할 필요가 없어 보인다. 그러나 $\frac{d}{dx}x^2\sin x$, $\frac{d}{dx}(\sin x)\ln x$ 처럼 전개할 수 없는 함수의 곱으로 표현된 경우는 곱의 미분법을 사용할 수밖에 없다.

예제 3.9

정리 3.3.1을 이용하여 다음 함수를 미분하여라.

(1) $y=\frac{3x-1}{2x+1}$ (2) $y=\frac{1}{x}$

풀이

(1) $\frac{dy}{dx}=\frac{d}{dx}\left(\frac{3x-1}{2x+1}\right)=\frac{3\times(2x+1)-(3x-1)\times 2}{(2x+1)^2}=\frac{5}{(2x+1)^2}$

(2) $\frac{dy}{dx}=\frac{d}{dx}\left(\frac{1}{x}\right)=\frac{0\times x-1\times 1}{x^2}=-\frac{1}{x^2}$

합성함수의 미분법

정리 3.3.2 합성함수의 미분법(연쇄법칙)

함수 g는 x에서 미분가능하고, 함수 f는 $g(x)$에서 미분가능하다고 하자. 그러면 합성함수 $f\circ g$는 x에서 미분가능하고 $f\circ g$의 도함수는 다음과 같다.

$$(f\circ g)'(x)=f'(g(x))\cdot g'(x)$$

연쇄법칙(chain rule)

$y=(f\circ g)(x)$, $u=g(x)$라 하면

$$y=f(u)$$

이므로 다음이 성립한다.

$$\begin{aligned}(f\circ g)'(x) &= (f(u))'\\ &= \frac{d}{dx}f(u)\\ &= \frac{d}{du}f(u)\cdot\frac{du}{dx}\\ &= \frac{dy}{du}\cdot\frac{du}{dx}\end{aligned}$$

합성함수의 미분법 형태를 연쇄법칙(chain rule)이라고 부른다. 그러므로 다음의 결과를 쉽게 볼 수 있다.

(1) $y=f(ax+b)\Rightarrow y'=af'(ax+b)$

(2) $y=\{f(x)\}^n\Rightarrow y'=n\{f(x)\}^{n-1}\cdot f'(x)$

(3) $y=\{f(kx)\}^n\Rightarrow y'=n\{f(kx)\}^{n-1}\cdot f'(kx)(kx)'=nk\{f(kx)\}^{n-1}\cdot f'(kx)$

예제 3.10

함수 $y=\dfrac{1}{f(x)}$에 대하여 $\dfrac{dy}{dx}$를 구하여라.

풀이

$y=\dfrac{1}{f(x)}=\{f(x)\}^{-1}$으로 생각하여 미분하면 다음과 같다.

$$\frac{dy}{dx}=-\{f(x)\}^{-2}\cdot f'(x)=-\frac{f'(x)}{\{f(x)\}^2}$$

예제 3.10의 결과를 통해 몫의 미분법은 곱의 미분법으로부터 쉽게 유도된다.

$$\frac{d}{dx}\frac{g(x)}{f(x)}=\frac{d}{dx}\left(g(x)\cdot\frac{1}{f(x)}\right)=\frac{dg(x)}{dx}\cdot\frac{1}{f(x)}+g(x)\cdot\frac{d}{dx}\left(\frac{1}{f(x)}\right)$$

$$=g'(x)\,\frac{1}{f(x)}+g(x)\cdot\left\{-\frac{f'(x)}{f(x)^2}\right\}=\frac{\dfrac{dg(x)}{dx}\cdot f(x)-g(x)\cdot\dfrac{df(x)}{dx}}{\{f(x)\}^2}$$

예제 3.11

$\dfrac{d}{dx}\sqrt{3x^2-2x}$를 구하여라.

풀이

원래 함수를 $y=f(x)=\sqrt{3x^2-2x}$라 할 때, 함수의 인자가 간단하지 않으므로 간단히 하기 위해 $3x^2-2x=u$로 치환하자. 그러면 $y=\sqrt{u}$이며 $u=3x^2-2x$인 연쇄고리의 형태를 갖는다. 그러므로 다음이 성립한다.

$$\frac{d}{dx}\sqrt{3x^2-2x}=\frac{dy}{dx}=\frac{dy}{du}\times\frac{du}{dx}$$

이제 $\dfrac{dy}{du}$와 $\dfrac{du}{dx}$를 각각 구해 보면

$$\frac{dy}{du}=\frac{d}{du}\sqrt{u}=\frac{1}{2\sqrt{u}},\quad \frac{du}{dx}=\frac{d}{dx}(3x^2-2x)=6x-2$$

이므로 구하는 미분은 다음과 같다.

$$\frac{d}{dx}\sqrt{3x^2-2x}=\frac{1}{2\sqrt{u}}\times(6x-2)=\frac{1}{2\sqrt{3x^2-2x}}\times(6x-2)=\frac{3x-1}{\sqrt{3x^2-2x}}$$

음함수의 미분법

함수를 표현할 때 우리가 주로 사용하는 형태는 $y = f(x)$이며, 가령

$$y = 2x + 5 \quad \text{또는} \quad y = \sqrt{1 - x^2}$$

과 같은 꼴이다. 이러한 함수는 다른 형태로 표현할 수도 있는데,

$$2x - y + 5 = 0 \quad \text{또는} \quad x^2 + y^2 = 1 \ \ (y \geq 0)$$

과 같이 나타낼 수 있다. 우리가 주로 사용하는 형태의 함수를 **양함수**라 하고, 후자의 함수를 **음함수**라고 한다.

양함수와 음함수의 양 음은 explicit와 implicit로써, 양수 또는 음수와는 관계가 없다. 함수의 표현법이 직접적인지 혹은 간접적인지 분별하는 용어이다.

음함수의 미분법은 다음의 예제를 통해 알아보자. y를 x의 함수로 가정하고 연쇄법칙을 이용하면 $\dfrac{d}{dx}y^n = \dfrac{d}{dy}y^n \times \dfrac{dy}{dx} = ny^{n-1}\dfrac{dy}{dx}$ 임을 기억하여 예제 3.12를 풀어 보자.

예제 3.12

$y^3 + 2y = 3x + 1$에서 $\dfrac{dy}{dx}$를 구하여라.

풀이

양변을 x에 관하여 미분하면

$$\frac{d}{dx}(y^3 + 2y) = \frac{d}{dx}(3x + 1)$$

이므로 다음을 만족한다.

$$3y^2\frac{dy}{dx} + 2\frac{dy}{dx} = 3$$

따라서 구하는 미분은 다음과 같다.

$$\frac{dy}{dx} = \frac{3}{3y^2 + 2}$$

음함수의 미분법을 이용하면 함수가 어떤 변수와 형식으로 나타나 있는지에 관계없이 자유롭게 미분할 수 있다.

예제 3.13

타원 $x^2 + 2y^2 = 10$ 위의 점 $(2\sqrt{2}, 1)$에서의 접선의 기울기를 구하여라.

풀이

음함수의 미분법에 의해 $x^2 + 2y^2 = 10$의 양변을 x에 관하여 미분하면

$$\frac{d}{dx}(x^2+2y^2)=0, \text{ 즉 } 2x+4y\frac{dy}{dx}=0$$

이므로 다음이 성립한다.

$$\frac{dy}{dx}=-\frac{x}{2y}$$

따라서 점 $(2\sqrt{2}, 1)$에서의 기울기는 $-\sqrt{2}$이다.

역함수의 미분법

역함수의 정의와 기본 성질에 대하여는 이미 배웠다. 역함수의 미분법에 관한 다음 정리를 보자.

정리 3.3.3 역함수의 미분법

$y=f(x)$의 역함수가 $x=g(y)$이면 $f'(x)g'(y)=1$이다. 즉, 다음과 같다.

$$f'(x)=\frac{1}{g'(y)}$$

정리 3.3.3은 역함수를 이용하여 그 도함수를 구할 수 있다는 것을 보여준다.

증명

f와 g가 역함수 관계이므로

$$g(f(x))=x$$

가 성립한다. 연쇄법칙을 이용하여 양변을 x에 관하여 미분하면

$$g'(f(x))f'(x)=1$$

이다. 또한, $y=f(x)$이므로

$$g'(y)f'(x)=1$$

이다. 따라서 위에서 얻은 두 식으로부터 다음을 얻을 수 있다.

$$g'(y)=\frac{1}{f'(x)}$$

■

예제 3.14

함수 $f(x)=x^3+x$에 대하여 f의 역함수를 g라 할 때, $g'(x)$와 $g'(2)$의 값을 구하여라.

풀이

$y=g(x)$라 하면 $x=f(y)$, 즉 $x=y^3+y$이다. 음함수의 미분법을 이용하여 양변을 x에 관

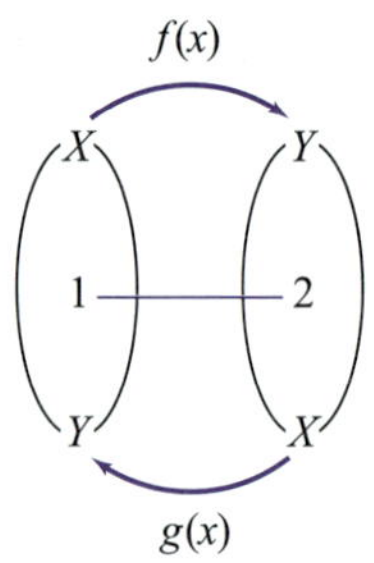

그림 3.3.1

하여 미분하면

$$1 = 3y^2 \frac{dy}{dx} + \frac{dy}{dx}, \quad \text{즉} \quad \frac{dy}{dx} = \frac{1}{3y^2+1}$$

이다. 따라서 $g'(x) = \dfrac{1}{3y^2+1}$ 이다.

또한, $g'(2)$는 $x = 2$일 때의 $\dfrac{dy}{dx}$의 값이고, $x = 2$일 때 $y = 1$이므로(그림 3.3.1) 다음을 얻는다.

$$g'(2) = \frac{dy}{dx}\bigg|_{y=1} = \frac{1}{3y^2+1}\bigg|_{y=1} = \frac{1}{4}$$

음함수의 미분
y는 x의 함수이고, 미분가능할 때,

$$\frac{d}{dx}y^n = \frac{d}{dy}y^n \times \frac{dy}{dx} = ny^{n-1} \times \frac{dy}{dx}$$

이다.

역함수의 미분
$y = f(x)$의 역함수가 $y = f^{-1}(x)$이면 $x = f(y)$이고

$$(f^{-1}(x))' = \frac{dy}{dx} = \frac{1}{\frac{dx}{dy}} = \frac{1}{\frac{df(y)}{dy}} = \frac{1}{f'(y)}$$

이다.

매개변수로 표현된 함수의 미분
$x = f(t)$, $y = g(t)$가 t에 관하여 미분가능하고 $f'(t) \neq 0$일 때,

$$\frac{dy}{dx} = \frac{\frac{dy}{dt}}{\frac{dx}{dt}} = \frac{g'(t)}{f'(t)}$$

이다.

정리 3.3.4 매개변수로 표현된 함수의 미분법

매개변수 t로 표현된 함수 $x = f(t)$, $y = g(t)$의 미분 $\dfrac{dy}{dx}$는 다음과 같다.

$$\frac{dy}{dx} = \frac{g'(t)}{f'(t)} = \frac{\frac{dy}{dt}}{\frac{dx}{dt}}$$

증명

$y = g(t)$의 양변을 x에 관하여 미분하면

$$\frac{dy}{dx} = g'(t)\frac{dt}{dx}$$

이다. 또한, $x = f(t)$의 양변을 x에 관하여 미분하면

$$1 = f'(t)\frac{dt}{dx}, \quad \text{즉} \quad \frac{dt}{dx} = \frac{1}{f'(t)}$$

이다. 이를 위 식에 대입하면 다음을 얻는다.

$$\frac{dy}{dx} = g'(t)\frac{1}{f'(t)} = \frac{g'(t)}{f'(t)}$$ ■

예제 3.15

매개변수 t로 표현된 함수 $x = 2t$, $y = t^2 + t + 1$에 대하여 $\dfrac{dy}{dx}$를 구하여라.

풀이

$x = 2t$에서 $\dfrac{dt}{dx} = \dfrac{1}{2}$이므로 $y = t^2 + t + 1$로부터 다음을 얻는다.

$$\frac{dy}{dx} = 2t\frac{dt}{dx} + \frac{dt}{dx} = \frac{2t+1}{2}$$

이는 정리 3.3.4를 이용하여 미분한

$$\frac{dy}{dx} = \frac{\frac{dy}{dt}}{\frac{dx}{dt}} = \frac{2t+1}{2}$$

과 동일하다.

연습문제 3.3

1. 다음 식에서 $\frac{dy}{dx}$를 구하여라.
   (1) $y^2 = 4px$ (2) $x^3 - 3xy + y^3 = 3$

2. 곡선 $x^2 + 2xy + 3y^3 = 3$ 위의 점 (0, 1)에서의 접선의 기울기를 구하여라.

3. 다음 식에서 $\frac{dy}{dx}$를 구하여라.
   (1) $y = \frac{3x}{\sqrt{x^2+1}}$ (2) $x^2 - 3xy + 4y^2 = 0$

4. 함수 $f(x) = x^5 + x + 1$에 대하여 역함수 f^{-1}의 도함수를 구하여라.

5. $x^2 - xy + y^2 = 1$에서 $\frac{dy}{dx}$를 구하여라.

6. 두 함수 $f(x)$, $g(x)$에 대하여 $f(x) = \sqrt{x}\,g(x)$, $g(4) = 2$, $g'(4) = 3$일 때, $f'(4)$를 구하여라.

3.4 초월함수의 미분

1장에서 배운 삼각함수, 지수함수, 로그함수 등 초월함수의 미분에 대하여 알아보자.

삼각함수의 미분

정리 3.4.1 삼각함수의 미분

(1) $y = \sin x$일 때, $y' = \cos x$이다.

(2) $y = \cos x$일 때, $y' = -\sin x$이다.

(3) $y = \tan x$일 때, $y' = \sec^2 x$이다.

(4) $y = \cot x$일 때, $y' = -\csc^2 x$이다.

(5) $y = \sec x$일 때, $y' = \sec x \tan x$이다.

(6) $y = \csc x$일 때, $y' = -\csc x \cot x$이다.

증명

(1) $y = \sin x$라 하면 정리 2.4.1과 정리 1.4.6을 이용하여 다음과 같이 미분할 수 있다.

$$y' = \lim_{h\to 0}\frac{\sin(x+h)-\sin x}{h} = \lim_{h\to 0}\frac{2\cos\left(x+\frac{h}{2}\right)\sin\frac{h}{2}}{h}$$

$$= \lim_{h\to 0}\cos\left(x+\frac{h}{2}\right)\lim_{h\to 0}\frac{\sin\frac{h}{2}}{\frac{h}{2}} = \cos x$$

유사한 방법으로 $y = \cos x$를 미분할 수 있다.

(3) $y = \tan x$에서 $\tan x = \dfrac{\sin x}{\cos x}$이므로 몫의 미분법을 이용하면 다음을 얻는다.

$$y' = \frac{(\sin x)'\cos x - \sin x(\cos x)'}{\cos^2 x} = \frac{\cos^2 x + \sin^2 x}{\cos^2 x} = \frac{1}{\cos^2 x} = \sec^2 x$$

나머지도 유사한 방법으로 증명할 수 있다. ■

> **사인함수의 극한**
>
> $$\lim_{x\to 0}\frac{\sin x}{x} = 1$$

> $\sin A + \sin B$
> $= 2\sin\dfrac{A+B}{2}\cos\dfrac{A-B}{2}$
>
> $\sin A - \sin B$
> $= 2\cos\dfrac{A+B}{2}\sin\dfrac{A-B}{2}$
>
> $\cos A + \cos B$
> $= 2\cos\dfrac{A+B}{2}\cos\dfrac{A-B}{2}$
>
> $\cos A - \cos B$
> $= -2\sin\dfrac{A+B}{2}\sin\dfrac{A-B}{2}$

예제 3.16

함수 $y = \tan x$의 역함수를 $y = g(x)$라 할 때, $g'(x)$와 $g'(1)$의 값을 구하여라.

풀이

함수 $y = g(x)$가 $y = \tan x$의 역함수이므로 $x = \tan y$가 성립한다. 음함수의 미분법을 이용하여 양변을 x에 관하여 미분하면

$$1 = \sec^2 y\frac{dy}{dx}, \quad \text{즉} \quad \frac{dy}{dx} = \frac{1}{\sec^2 y}$$

이다. 한편, $\sec^2 y = 1 + \tan^2 y$이고 $x = \tan y$이므로 다음을 얻는다.

$$g'(x) = \frac{dy}{dx} = \frac{1}{x^2+1}$$

따라서 $g'(1) = \dfrac{1}{1^2+1} = \dfrac{1}{2}$이다.

> $g(1) = \dfrac{\pi}{4}$이고
>
> $$g'(x) = \frac{1}{f'(y)} = \frac{1}{\sec^2 y}$$
>
> 이므로
>
> $$g'(1) = \frac{1}{\sec^2\frac{\pi}{4}} = \frac{1}{2}$$
>
> 이다.

예제 3.17

매개변수 t로 표현된 함수 $x = a\cos t$, $y = a\sin t$에 대하여 $\dfrac{dy}{dx}$를 구하여라(단, a는 상수이다).

풀이

$\dfrac{dy}{dx} = a\cos t\dfrac{dt}{dx}$, $\dfrac{dt}{dx} = -\dfrac{1}{a\sin t}$이므로 $\dfrac{dy}{dx} = -\cot t = -\dfrac{x}{y}$이다.

지수함수의 미분

정리 3.4.2 지수함수의 미분

(1) $y = a^x$일 때, $y' = a^x \ln a$이다.

(2) $y = e^x$일 때, $y' = e^x$이다.

$\lim_{x\to\infty}\left(1+\frac{1}{x}\right)^x = e$에서 나온 e를 밑으로 하는 로그를 자연로그라 하고 밑을 생략하여 $\ln x$로 나타낸다.

지수함수의 미분 공식

$y = e^x \Rightarrow y' = e^x$

$y = e^{f(x)} \Rightarrow y' = e^{f(x)} f'(x)$

$y = a^x \Rightarrow y' = a^x \ln a$

$y = a^{f(x)} \Rightarrow y' = a^{f(x)} f'(x) \ln a$

증명

(1) $\lim_{h\to 0}\frac{a^{x+h}-a^x}{h} = a^x \lim_{h\to 0}\frac{a^h - 1}{h} = a^x \ln a$

(2) 위 식에 $a = e$를 대입하면 $\ln e = 1$이므로 $y' = e^x$이다. ■

로그함수의 미분

정리 3.4.3 로그함수의 미분

(1) $y = \ln x$일 때, $y' = \frac{1}{x}$이다.

(2) $y = \log_a x$일 때, $y' = \frac{1}{x \ln a}$이다.

로그함수의 미분 공식

$y = \ln x \Rightarrow y' = \frac{1}{x}$

$y = \ln f(x) \Rightarrow y' = \frac{f'(x)}{f(x)}$

$y = \log_a x \Rightarrow y' = \frac{1}{x \ln a}$

$y = \log_a f(x) \Rightarrow y' = \frac{f'(x)}{f(x) \ln a}$

증명

(1) $y = \ln x$일 때, 미분의 정의에 의해 다음을 얻는다.

$$\begin{aligned} y' &= \lim_{h\to 0}\frac{\ln(x+h)-\ln x}{h} = \lim_{h\to 0}\frac{\ln\frac{x+h}{x}}{h} \\ &= \lim_{h\to 0}\frac{\ln\left(1+\frac{h}{x}\right)}{h} = \lim_{h\to 0}\ln\left(1+\frac{h}{x}\right)^{\frac{1}{h}} \\ &= \lim_{h\to 0}\ln\left(1+\frac{h}{x}\right)^{\frac{x}{h}\times\frac{1}{x}} = \frac{1}{x} \end{aligned}$$

여기서 $\lim_{h\to 0}(1+h)^{\frac{1}{h}} = e$를 이용하였다.

로그함수는 임의의 실수 k에 대하여

$$k \ln x = \ln x^k$$

가 성립한다.

(2) $\log_a x = \frac{\ln x}{\ln a}$이므로 이를 미분하면 $y = \log_a x$에 대하여 $y' = \frac{1}{x \ln a}$을 얻는다. ■

예제 3.18

함수 $f(x) = \log_3(e^x + \sin x)$를 미분하여라.

풀이

$g(x) = \log_3 x$, $u = e^x + \sin x$로 놓으면 $f(x) = g(u)$이므로 합성함수의 미분법을 이용하면 다음을 얻는다.

$$\begin{aligned}\frac{d}{dx}f(x) &= \frac{d}{du}g(u)\frac{du}{dx} \\ &= \frac{d}{du}\log_3 u\,\frac{d}{dx}(e^x + \sin x) \\ &= \frac{1}{u\ln 3}(e^x + \cos x) \\ &= \frac{e^x + \cos x}{(e^x + \sin x)\ln 3}\end{aligned}$$

예제 3.19

$y = \ln|x|$일 때, $y' = \frac{1}{x}$임을 보여라.

풀이

(i) $x > 0$일 때, $(\ln x)' = \frac{1}{x}$이다.

(ii) $x < 0$일 때, $y = \ln(-x)$의 양변을 미분하면 다음을 얻는다.

$$y' = \frac{1}{-x} \times (-1) = \frac{1}{x}$$

(i), (ii)에 의해 $y = \ln|x|$에 대하여 $y' = \frac{1}{x}$이다.

예제 3.20

음함수의 미분법을 이용하여 함수 $y = a^x$의 도함수를 구하여라(단, $a > 0$).

풀이

$y = a^x$의 양변에 자연로그를 취하면 $\ln y = x \ln a$이다. 따라서 양변을 x에 관하여 미분하면

$$\frac{1}{y} \times \frac{dy}{dx} = \ln a$$

이므로 다음을 얻는다.

$$\frac{dy}{dx} = y \ln a = a^x \ln a$$

예제 3.21

$y = x^x (x > 0)$일 때, y'을 구하여라.

풀이

$y = x^x$의 양변에 자연로그를 취하면

$$\ln y = x \ln x$$

이다. 양변을 x에 관하여 미분하면

$$\frac{1}{y} \times \frac{dy}{dx} = \ln x + 1$$

이므로 $\frac{dy}{dx} = y(\ln x + 1)$이다. 이때 $y = x^x$이므로 다음을 얻는다.

$$\frac{dy}{dx} = x^x(1 + \ln x)$$

복잡한 곱, 몫, 거듭제곱의 도함수는 양변에 자연로그를 취하여 로그함수의 미분과 음함수의 미분법 등을 이용하여 구한다.

$$y = f(x)$$
$$\Rightarrow \ln|y| = \ln|f(x)|$$
$$\Rightarrow \frac{y'}{y} = \frac{f'(x)}{f(x)}$$

예제 3.20, 예제 3.21과 같이 양변에 로그를 취하여 미분하는 방법을 **로그미분법**(logarithmic differentiation)이라 한다.

예제 3.22

함수 $f(x) = \dfrac{\sqrt{x(x^2+1)}}{(1+\cos x)^{\frac{1}{3}}}$의 도함수를 구하여라.

풀이

양변에 자연로그를 취하면 다음을 얻는다.

$$\begin{aligned}\ln|f(x)| &= \ln \frac{\sqrt{x(x^2+1)}}{(1+\cos x)^{\frac{1}{3}}} = \ln \sqrt{x(x^2+1)} - \ln(1+\cos x)^{\frac{1}{3}} \\ &= \frac{1}{2}\ln x(x^2+1) - \frac{1}{3}\ln(1+\cos x) \\ &= \frac{1}{2}\ln x + \frac{1}{2}\ln(x^2+1) - \frac{1}{3}\ln(1+\cos x)\end{aligned}$$

위 식의 양변을 미분하면

$$\frac{d}{dx}\ln|f(x)| = \frac{d}{dx}\left(\frac{1}{2}\ln x + \frac{1}{2}\ln(x^2+1) - \frac{1}{3}\ln(1+\cos x)\right)$$

즉,

$$\frac{f'(x)}{f(x)} = \frac{1}{2x} + \frac{1}{2} \times \frac{2x}{x^2+1} - \frac{1}{3} \times \frac{-\sin x}{1+\cos x} = \frac{1}{2x} + \frac{x}{x^2+1} + \frac{\sin x}{3(1+\cos x)}$$

이므로 $f'(x)$는 다음과 같다.

$$\begin{aligned}f'(x) &= f(x)\left\{\frac{1}{2x} + \frac{x}{x^2+1} + \frac{\sin x}{3(1+\cos x)}\right\} \\ &= \frac{\sqrt{x(x^2+1)}}{(1+\cos x)^{\frac{1}{3}}}\left\{\frac{1}{2x} + \frac{x}{x^2+1} + \frac{\sin x}{3(1+\cos x)}\right\}\end{aligned}$$

연습문제 3.4

1. 다음 함수의 도함수를 구하여라.
   (1) $y=(\sin x+\cos x)^3$ (2) $y=\cos x^\circ$
   (3) $y=\sin(\cos x)$
2. 다음 식에서 $\dfrac{dy}{dx}$를 구하여라.
   (1) $x\cos y+y\cos x=1$ (2) $\sin x+\sin y=xy$
3. 다음 함수의 도함수를 구하여라.
   (1) $y=2^{\sin x}$ (2) $y=e^{ax}\cos bx$
   (3) $y=\ln\left(x+\sqrt{x^2+1}\right)$ (4) $y=e^x\ln(\sin x)$
4. 다음 식에서 $\dfrac{dy}{dx}$를 구하여라.
   $x=a\cos^3\theta,\ y=a\sin^3\theta$ (단, a는 상수, θ는 매개변수)
5. 함수 $y=x^{\sin x}(x>0)$의 도함수를 구하여라.
6. $y=\ln\dfrac{\sqrt{x^2+1}}{\sqrt[3]{x^3+1}}$일 때, $\dfrac{dy}{dx}$를 구하여라.

3.5 역삼각함수와 쌍곡선함수의 미분

역삼각함수의 미분

다음은 역삼각함수의 미분에 대하여 알아보자.

정리 3.5.1 역삼각함수의 미분

(1) $\dfrac{d}{dx}\arcsin x=\dfrac{1}{\sqrt{1-x^2}}$ (단, $-1<x<1$)

(2) $\dfrac{d}{dx}\arccos x=-\dfrac{1}{\sqrt{1-x^2}}$ (단, $-1<x<1$)

(3) $\dfrac{d}{dx}\arctan x=\dfrac{1}{1+x^2}$

(4) $\dfrac{d}{dx}\operatorname{arcsec} x=\dfrac{1}{|x|\sqrt{x^2-1}}$ (단, $|x|>1$)

(5) $\dfrac{d}{dx}\operatorname{arccsc} x=-\dfrac{1}{|x|\sqrt{x^2-1}}$ (단, $|x|>1$)

(6) $\dfrac{d}{dx}\operatorname{arccot} x=-\dfrac{1}{1+x^2}$

증명

(1) $y = \arcsin x$이면 $\sin y = x\left(-\frac{\pi}{2} < y < \frac{\pi}{2}\right)$이므로 양변을 x에 관하여 미분하면

$$\frac{dy}{dx}\cos y = 1$$

이다. 따라서 다음을 얻는다.

$$\frac{dy}{dx} = \frac{1}{\cos y} = \frac{1}{\pm\sqrt{1-\sin^2 y}}$$

$\sin^2 x + \cos^2 x = 1$

그런데 $-\frac{\pi}{2} < y < \frac{\pi}{2}$이고 이 범위에서 $\cos y > 0$이므로 다음을 얻을 수 있다.

$$\frac{d}{dx}\arcsin x = \frac{1}{\sqrt{1-x^2}}$$

나머지도 유사한 방법으로 증명할 수 있다. ■

예제 3.23

$y = \arcsin x^3$일 때, $\frac{dy}{dx}$를 구하여라.

풀이

$$\frac{dy}{dx} = \frac{1}{\sqrt{1-(x^3)^2}} \times 3x^2 = \frac{3x^2}{\sqrt{1-x^6}}$$

쌍곡선함수의 미분

2장에서 배운 쌍곡선함수의 정의와 미분의 성질을 이용하여 쌍곡선함수의 미분을 알아보자.

각 쌍곡선함수의 미분은 부호만 제외하면 삼각함수의 미분과 같다.

정리 3.5.2 쌍곡선함수의 미분

(1) $\frac{d}{dx}\sinh x = \cosh x$ (2) $\frac{d}{dx}\cosh x = \sinh x$

(3) $\frac{d}{dx}\tanh x = \operatorname{sech}^2 x$ (4) $\frac{d}{dx}\coth x = -\operatorname{csch}^2 x$

(5) $\frac{d}{dx}\operatorname{sech} x = -\operatorname{sech} x \tanh x$ (6) $\frac{d}{dx}\operatorname{csch} x = -\operatorname{csch} x \coth x$

증명

(1) $\sinh x$를 미분하면 다음과 같다.

$$\frac{d}{dx}\sinh x = \frac{d}{dx}\left(\frac{e^x - e^{-x}}{2}\right) = \frac{e^x + e^{-x}}{2} = \cosh x$$

나머지도 유사한 방법으로 증명할 수 있다. ■

연습문제 3.5

1. 다음 함수를 미분하여라.

(1) $y = (\arcsin x)^3$ (2) $y = \ln(\arccos x)$

(3) $y = \operatorname{arcsec} e^{x^2}$ (4) $y = \dfrac{1}{\arcsin x}$

2. 다음 함수를 미분하여라.

(1) $y = \cosh x^4$ (2) $y = \ln(\tanh 5x)$

(3) $y = e^x \cosh x$

3. 곡선 $y = \sinh x$ 위의 점 $(0, \sinh 0)$에서의 접선의 기울기를 구하여라.

CHAPTER

04

미분의 응용

4.1 미분계수의 기하학적 의미

접선의 기울기

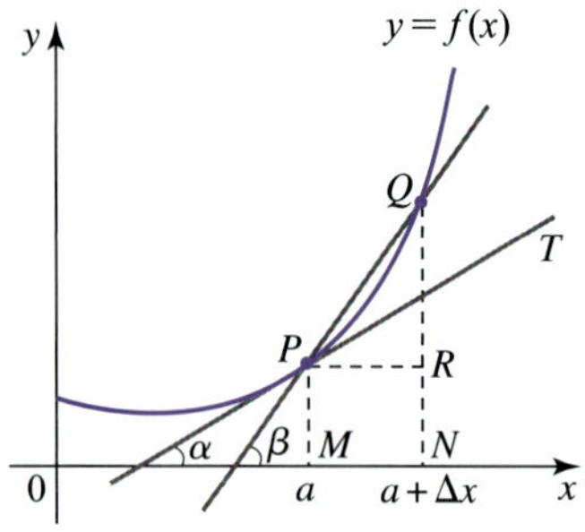

그림 4.1.1

함수 $y = f(x)$에서 $x = a$에서의 미분값은 그래프 위의 점에서의 접선의 기울기임을 3장에서 언급하였다. 이제 이러한 기하학적 의미를 자세히 살펴보자.

미분가능한 함수 $y = f(x)$의 그래프 위에 두 점 $P = (a,\ f(a))$, $Q = (a + \Delta x,\ f(a + \Delta x))$를 생각하자. P, Q에서 x축에 내린 수선의 발을 M, N이라 하고, P에서 x축에 평행한 선을 긋고 $\overline{QN}$과의 교점을 R이라 하면

$$\Delta y = f(a+\Delta x) - f(a) = \overline{QR}$$
$$\Delta x = \overline{RP}$$

가 된다. 직선 PQ와 x축이 이루는 각(양의 각)을 β라 하면 P에서 Q로의 평균변화율은 다음과 같다.

$$\frac{\Delta y}{\Delta x} = \frac{\overline{QR}}{\overline{RP}} = \tan\beta$$

즉, 직선 PQ의 기울기이다. 이때 $\Delta x \to 0$이면 $Q \to P$가 되어 직선 PQ는 점 P에서의 접선 T에 한없이 접근하게 된다. 점 P에서의 접선이 x축과 이루는 각을 α라 하면

$$\lim_{\Delta x \to 0} \frac{\Delta y}{\Delta x} = \tan\alpha$$

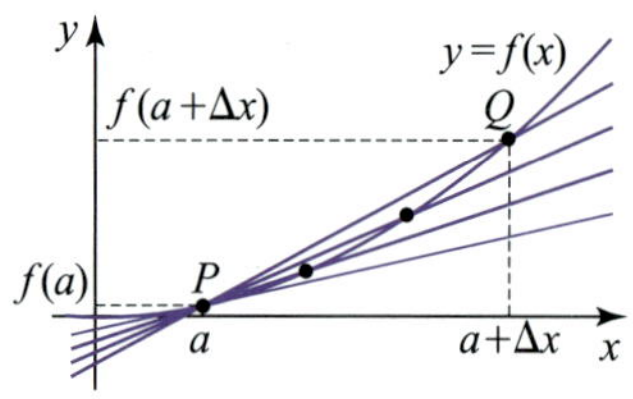

그림 4.1.2

가 되어 미분계수 $f'(a)$는 $x = a$에서의 접선의 기울기가 된다. 그러므로 함수 $f(x)$의 도함수 $f'(x)$는 함수 $y = f(x)$의 그래프 위의 점 $(x, f(x))$에서의 접선의 기울기를 뜻한다. 만일 $\alpha = \frac{\pi}{2}$이면 점 P에서의 접선은 y축에 평행하게 된다.

이를 정리하면 다음과 같다.

		기하학적 의미
평균변화율	$\frac{\Delta y}{\Delta x} = \frac{f(a+\Delta x) - f(a)}{\Delta x}$	두 점 $(a, f(a))$, $(a + \Delta x, f(a + \Delta x))$를 지나는 직선의 기울기
순간변화율	$f'(a) = \lim_{\Delta x \to 0} \frac{\Delta y}{\Delta x} = \lim_{\Delta x \to 0} \frac{f(a+\Delta x) - f(a)}{\Delta x}$	점 $(a, f(a))$에서의 접선의 기울기
도함수	$f'(x) = \lim_{\Delta x \to 0} \frac{\Delta y}{\Delta x} = \lim_{\Delta x \to 0} \frac{f(x+\Delta x) - f(x)}{\Delta x}$	점 $(x, f(x))$에서의 접선의 기울기

그래프 위의 점에서의 접선과 법선

한 점 $(a, f(a))$에서 곡선 $f(x)$에 그은 **법선**(normal line)이란 그 점에서의 접선에 수직한 직선을 말한다.

정리 4.1.1 접선의 방정식과 법선의 방정식

한 점 $(a, f(a))$에서 곡선 $f(x)$에 그은 접선과 법선의 방정식은 다음과 같다.

(1) 접선: $y - f(a) = f'(a)(x - a)$

(2) 법선: $y - f(a) = -\dfrac{1}{f'(a)}(x - a)$ (단, $f'(a) \neq 0$)

(i) 점 (x_0, y_0)을 지나고 기울기가 m인 직선의 방정식

$$y - y_0 = m(x - x_0)$$

(ii) 두 직선의 기울기가 각각 m, m'일 때, 두 직선이 수직이면

$$mm' = -1$$

을 만족한다.

증명

(1) $f'(a)$는 곡선 위의 점 $(a, f(a))$에서의 접선의 기울기이므로 $m = f'(a)$라 하면 접선의 방정식은 다음과 같다.

$$y - f(a) = f'(a)(x - a)$$

(2) 법선은 접선과 수직 관계이므로 법선의 기울기는 $-\dfrac{1}{f(a)}$이다. 따라서 점 $(a, f(a))$를 지나는 법선의 방정식은 다음과 같다.

$$y - f(a) = -\frac{1}{f'(a)}(x - a)$$ ■

$y = f(x)$의 접선의 방정식을 구하는 세 가지 유형을 다음과 같이 정리할 수 있다.

(i) 접점 (x_0, y_0)이 주어져 있을 때 기울기 $f'(x_0)$를 구하고 정리 4.1.1 이용

(ii) 기울기 m이 주어질 때 $f'(x) = m$이 되는 접점의 좌표를 구하고 정리 4.1.1 이용

(iii) 곡선 밖의 한 점 (x_1, y_1)이 주어질 때, 우선 $(t, f(t))$을 접점이라 고 가정한다. 그러면 접선의 방정식

$$y - f(t) = f'(t)(x - t)$$

가 되는데, 여기에 주어진 점 (x_1, y_1)을 대입하여 t의 값을 결정하면 된다.

예제 4.1

곡선 $y = x^2$ 위의 점 (2, 4)에서의 접선 및 법선의 방정식을 구하여라.

풀이

$\dfrac{dy}{dx} = 2x\Big|_{x=2} = 4$ 이다. 따라서 접선의 방정식은

$$y - 4 = 4(x - 2),\ \text{즉}\ \ y = 4x - 4$$

이고, 법선의 방정식은 다음과 같다.

$$y - 4 = -\frac{1}{4}(x - 2),\ \text{즉}\ \ y = -\frac{1}{4}x + \frac{9}{2}$$

예제 4.2

함수 $f(x) = \tan x$의 그래프 위의 점 $\left(\dfrac{\pi}{4}, 1\right)$에서의 접선 및 법선의 방정식을 구하여라.

풀이

$\dfrac{d}{dx}f(x) = \sec^2 x\Big|_{x=\frac{\pi}{4}} = 2$이다. 따라서 접선의 방정식은

$$y-1=2\left(x-\frac{\pi}{4}\right),\ \text{즉}\ y=2x-\frac{\pi}{2}+1$$

이고, 법선의 방정식은 다음과 같다.

$$y-1=-\frac{1}{2}\left(x-\frac{\pi}{4}\right),\ \text{즉}\ y=-\frac{1}{2}x+\frac{\pi}{8}+1$$

예제 4.3

곡선 $f(x) = x^3 - ax + 2$가 직선 $g(x) = 2x$에 접할 때, 상수 a의 값을 구하여라.

풀이

직선 $g(x) = 2x$ 위의 접점의 좌표를 $(p, 2p)$라고 하면 두 함수의 그래프는 접점에서 만나고 미분계수가 같아야 하므로 $f(p) = 2p = g(p)$, $f'(p) = g'(p)$를 만족한다.

$$f(p) = p^3 - ap + 2 = 2p = g(p) \quad ㉠$$

$$\frac{d}{dx}f(x)\Big|_{x=p} = 3p^2 - a = 2 = \frac{d}{dx}g(x) \quad ㉡$$

㉠, ㉡을 연립하면 $p = 1$을 얻는다. 이를 ㉠ 또는 ㉡에 대입하면 $a = 1$을 구할 수 있다.

연습문제 4.1

1. 도함수를 이용하여 주어진 점에서 접선의 기울기를 구하여라.

(1) $y = 3x^3$, 점 $(-1, -3)$ (2) $y = \sin x$, 점 $\left(\frac{\pi}{6}, \frac{1}{2}\right)$

(3) $x^2 + y^2 = 9$, 점 $(\sqrt{5}, 2)$

(4) $y = 2\sin(\pi x - y)$, 점 $(1, 0)$

2. 주어진 기울기에 대하여 주어진 곡선에 접하는 접선의 방정식을 구하여라.

(1) $y = x^2 + 3x + 1$, $m = 1$ (2) $y = x^3$, $m = 3$

(3) $y = -x^4 + 2x$, $m = 6$ (4) $y = -x^2 + 4$, $m = -3$

3. 곡선 위의 주어진 점에서의 접선과 법선의 방정식을 구하여라.

(1) $y = -x^2 + 4x - 3$, 점 $(2, 1)$

(2) $y = \sqrt{x}$, 점 $(4, 2)$

(3) $y^2 = 4x$, 점 $(4, 4)$

(4) $(x-2)^2 + y^2 = 4$, 점 $(3, -\sqrt{3})$

(5) $x^2 + 3y^2 = 8$, 점 $(\sqrt{5}, 1)$

(6) $xy = 6$, 점 $(2, 3)$

(7) $x\sin 2y - y\cos 2x = 0$, 점 $\left(\frac{\pi}{4}, \frac{\pi}{2}\right)$

(8) $2xy + \pi\sin x = 2\pi$, 점 $\left(\frac{\pi}{2}, 1\right)$

(9) $y = 2\sin x\cos x$, 점 $\left(\frac{\pi}{3}, \frac{\sqrt{3}}{2}\right)$

4. 곡선 $x^2 + 2xy - 3y^2 = 0$ 위의 점 $(-1, -1)$에서의 법선이 이 곡선과 만나는 다른 점의 좌표를 구하여라.

5. 곡선 $y = x^3 - ax + 2$가 직선 $y = 2x$에 접할 때 상수 a의

값을 구하여라.

6. $y = x - 1$ 위의 한 점 P에서 포물선 $y = x^2$에 그은 두 접선이 직교할 때, 점 P의 좌표를 구하여라.

7. 두 곡선 $y = x^3$과 $y = x^3 + 4$에 동시에 접하는 접선의 방정식을 구하여라.

4.2 롤의 정리와 평균값 정리

미분가능한 함수 $f(x)$와 그 도함수 $f'(x)$의 관계에 대한 두 가지 정리를 알아보자.

정리 4.2.1 롤(Rolle)의 정리

함수 $y = f(x)$에 대하여

(i) 폐구간 $[a, b]$에서 연속

(ii) 개구간 (a, b)에서 미분가능

(iii) $f(a) = f(b)$

이면 $f'(c) = 0$이 되도록 하는 c가 개구간 (a, b) 안에 적어도 한 개 존재한다.

롤의 정리는 만일 $f(x)$가 상수함수가 아니고 세 조건 (i), (ii), (iii)를 만족하면 그 구간 내에 극값이 반드시 존재함을 알려 준다.

이 정리를 증명하기 전에 내용을 기하학적으로 이해해 보도록 하자. 위 세 조건을 만족하는 연속함수로 어떠한 것이 가능한지 생각해 보면 다음과 같은 그래프를 가정할 수 있다.

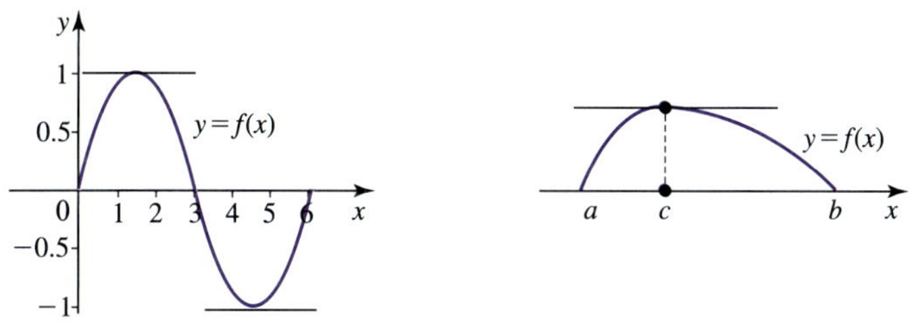

그림 4.2.1

어떠한 경우든지 도함수의 함숫값이 0이 되는 점, 즉 변화율이 0인 점이 존재하는데, 바로 이 점의 x좌표가 롤의 정리에서 말하는 c가 된다. 한편, 롤의 정리에서 미분가능성은 반드시 만족해야 한다. 예를 들어 함수 $f(x) = |x|$는 폐구간 $[-1, 1]$

에서 연속이고 $f(-1) = f(1)$이지만 $f'(c) = 0$인 c는 존재하지 않는다.

롤의 정리는 다음과 같이 증명할 수 있다.

증명

(i) $f(x)$가 상수함수인 경우

개구간 (a, b)에 속한 모든 x에 대하여 $f'(x) = 0$이므로 정리가 성립한다.

(ii) $f(x)$가 폐구간 $[a, b]$에서 상수함수가 아닌 경우

$f(x)$가 상수함수가 아니므로 $f(x_1) > f(a)$이거나 $f(x_1) < f(a)$인 x_1이 개구간 (a, b)에 존재해야 한다.

$f(x_1) > f(a)$일 경우 정리를 증명해 보자. 최대·최소의 정리에 의해 연속함수 f는 폐구간 $[a, b]$에서 최댓값을 갖는 점의 x좌표 c가 개구간 (a, b)에 존재하고 다음을 만족한다.

$$f(c) \geq f(x_1) > f(a) = f(b)$$

그런데 $f(c)$는 최댓값이므로 $c + h \in (a, b)$인 h에 대하여 h의 부호에 관계없이 $f(c + h) - f(c) \leq 0$를 만족한다.

$$h > 0\text{이면 } \frac{f(c+h) - f(c)}{h} \leq 0$$

$$h < 0\text{이면 } \frac{f(c+h) - f(c)}{h} \geq 0$$

그러므로 다음이 성립한다.

$$f'(c) = \lim_{h \to 0^+} \frac{f(c+h) - f(c)}{h} \leq 0, \quad f'(c) = \lim_{h \to 0^-} \frac{f(c+h) - f(c)}{h} \geq 0$$

따라서 $f'(c) = 0$이다.

$f(x_1) < f(a)$인 경우도 같은 방법으로 보일 수 있다. ■

참고

공을 던지는 운동을 생각해 보자. 분명 서로 다른 두 순간인 $t = x_1$, $t = x_2$에서 물체가 같은 위치에 있어 $f(x_1) = f(x_2)$를 만족한다. 롤의 정리는 $f'(c) = 0$이 되는 어떤 순간 $t = c$가 x_1과 x_2 사이에 존재한다는 것을 의미한다. 즉, 속도가 0인 순간이 존재한다는 것을 의미하며, 공이 정점에 있을 때 속도가 0이 된다.

예제 4.4

함수 $f(x) = \cos x$는 구간 $[-\pi, \pi]$에서 롤의 정리가 성립함을 보여라.

풀이

함수 $f(x)$는 실수 전체의 집합에서 미분가능하고 $f\left(-\frac{\pi}{2}\right)=f\left(\frac{\pi}{2}\right)=0$이다. 그러므로 구간 $[-\pi, \pi]$에 $f'(c)=0$인 점 c가 존재한다.

$f'(x)=-\sin x$이므로 $0=f'(c)=-\sin c$인 c의 값은 $c=0$이다.

정리 4.2.2 평균값 정리

함수 $y=f(x)$에 대하여

(i) 폐구간 $[a, b]$에서 연속

(ii) 개구간 (a, b)에서 미분가능

이면 $\dfrac{f(b)-f(a)}{b-a}=f'(c)$인 c가 개구간 (a, b)에 적어도 한 개 존재한다.

평균값 정리는 롤의 정리를 일반화한 것으로서 미적분학의 증명에서 중요한 역할을 하고 있다.

이 정리를 증명하기 전에 내용을 기하학적으로 이해해 보자. 함수 $y=f(x)$가 $[a, b]$에서 연속이고 (a, b)에서 미분가능하면 두 점 $A(a, f(a))$, $B(b, f(b))$를 잇는 직선 AB에 평행인 접선이 그래프 $y=f(x)$ 위에서 만들어진다는 것이다. 즉, c가 개구간 (a, b)에 존재하여 점 $(c, f(c))$에서의 접선의 기울기가 선분 AB의 기울기와 일치한다. 이는 어떤 구간 안에 그 구간의 평균변화율이 미분계수 값과 동일해지는 점이 존재한다는 것을 의미한다.

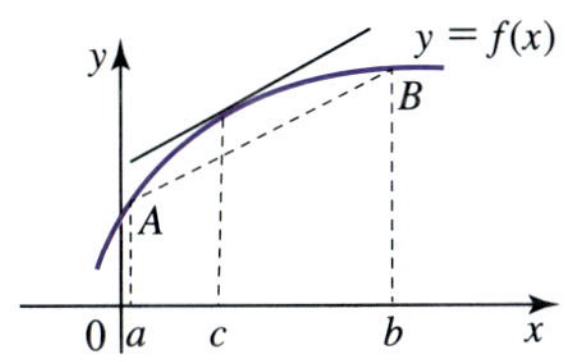

그림 4.2.2

증명

구간 $[a, b]$에서 새로운 함수 $g(x)$를 다음과 같이 정의해 보자.

$$g(x)=f(x)-f(a)-\frac{f(b)-f(a)}{b-a}(x-a)$$

그러면 함수 g는 폐구간 $[a, b]$에서 연속이고, 개구간 (a, b)에서 미분가능하며

$$g(a)=g(b)=0$$

이 된다. 그러므로 롤의 정리에 의해 $g'(c)=0$인 c가 (a, b)에 존재한다. 이때

$$0=g'(c)=f'(c)-\frac{f(b)-f(a)}{b-a}$$

이므로 $\dfrac{f(b)-f(a)}{b-a}=f'(c)$를 만족하는 c가 개구간 (a, b)에 존재한다. ■

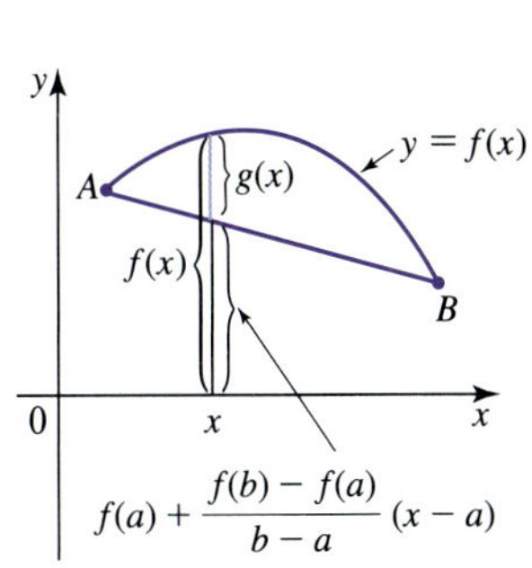

그림 4.2.3

두 점 $A(a, f(a))$, $B(b, f(b))$를 지나는 직선의 방정식은 다음과 같다.

$$y = \frac{f(b)-f(a)}{b-a}(x-a)+f(a)$$

예제 4.5

함수 $f(x) = x^2 (0 \le x \le 2)$에 대하여 평균값 정리를 만족하는 c를 구하여라(단, $0 < c < 2$).

풀이

$f(0) = 0$이고 $f(2) = 4$이므로 $\frac{f(b)-f(a)}{b-a} = \frac{f(2)-f(0)}{2} = 2$이다.

한편, f의 도함수는 $f'(x) = 2x$이므로

$$\frac{f(b)-f(a)}{b-a} = 2 = f'(c) = 2c$$

를 만족하는 구간 $(0, 2)$에 속한 c는 $c = 1$이다.

예제 4.6

미분가능한 함수 $f(x)$가 모든 x에 대하여 $f'(x) \le 5$이고 $f(0) = -3$을 만족한다고 가정하자. $f(2)$로 가능한 가장 큰 값은 얼마인가?

풀이

함수 $f(x)$는 모든 x에 대하여 미분가능하므로 연속이다. 특히 폐구간 $[0, 2]$에 평균값 정리를 적용하면 $f(2) - f(0) = f'(c)(2-0)$을 만족하는 상수 c가 개구간 $(0, 2)$에 존재한다. 따라서 모든 x에 대하여 $f'(x) \le 5$이므로

$$f(2) = f(0) + 2f'(c) = -3 + 2f'(c) \le -3 + 2 \times 5 = 7$$

을 만족한다. 그러므로 $f(2) \le 7$이 성립하므로 $f(2)$로 가능한 가장 큰 값은 7이다.

앞서 배운 것처럼

$$f(x) = c\text{인 상수함수} \Rightarrow f'(x) = 0$$

미분가능한 함수 $f(x)$에 대하여

$f(x) = c$인 상수함수 $\Leftrightarrow f'(x) = 0$

이다. 반대로 '구간 I에서 어떤 함수의 도함수가 0이라면 그 함수는 항상 그 구간 I에서 상수함수일까?'란 질문에 대하여 다음 정리를 살펴보자.

정리 4.2.3 상수함수와 미분가능성

함수 $f(x)$가 구간 (a, b)에서 미분가능할 때, 구간 (a, b)의 모든 원소 x에서 $f'(x) = 0$이면 $f(x)$는 구간 (a, b)에서 상수함수이다.

증명

구간 (a, b)의 임의의 두 원소 x_1, $x_2(x_1 < x_2)$에 대하여 평균값 정리에 의해

$$\frac{f(x_2)-f(x_1)}{x_2-x_1}=f'(c)$$

인 c가 구간 (x_1, x_2)에 존재한다. 그런데 $f'(c)=0$이므로

$$\frac{f(x_2)-f(x_1)}{x_2-x_1}=f'(c)=0, \quad \text{즉} \quad f(x_1)=f(x_2)$$

가 된다. (a, b)의 임의의 두 원소 x_1, x_2에서의 함숫값이 같으므로 f는 상수함수이다. ■

연습문제 4.2

1. 주어진 함수와 구간에 대하여 평균값 정리의 결론인 다음 식을 만족시키는 c의 값을 모두 구하여라.

$$\frac{f(b)-f(a)}{b-a}=f'(c)$$

(1) $f(x)=x^2+2x+3$, $[0, 1]$

(2) $y=x^{\frac{3}{2}}$, $[0, 1]$

(3) $y=\sqrt{x+1}$, $[0, 3]$

(4) $y=2x^3-3x+2$, $[1, 2]$

2. 함수 $f(x)$에 대하여 물음에 답하여라.

$$f(x)=\begin{cases} 2x, & 0 \le x < 1 \\ 0, & x=1 \end{cases}$$

(1) 구간 $[0, 1]$에서 롤의 정리가 성립하는가?

(2) 롤의 정리가 성립하지 않는다면 어떤 조건을 만족하지 않기 때문에 성립하지 않는가?

3. 이차함수 $f(x)=ax^2+bx+c$는 임의의 구간 $[x_1, x_2]$에서 평균값 정리를 만족하는 c에 대하여 $c=\dfrac{x_1+x_2}{2}$를 만족함을 보여라.

4. 함수 $f(x)=x\sin x$에 대하여 구간 $(0, \pi)$에서 방정식

$$\cot x=-\frac{1}{x}$$

의 해가 존재함을 롤의 정리를 이용하여 보여라.

4.3 코시 정리와 로피탈 정리

정리 4.3.1 코시(Cauchy) 정리

두 함수 $f(x)$, $g(x)$가 폐구간 $[a, b]$에서 연속이고, 개구간 (a, b)에서 미분가능한 함수이며 $g'(x) \neq 0$이면

$$\frac{f(b)-f(a)}{g(b)-g(a)}=\frac{f'(c)}{g'(c)}$$

를 만족하는 $c(a < c < b)$가 적어도 하나 존재한다.

증명

$g(a)=g(b)$이면 롤의 정리에 의하여 $g'(c)=0\,(a < c < b)$인 c가 존재한다. 따라서 구간 $(a,\ b)$에서 $g'(x)\neq 0$이면 $g(a)\neq g(b)$이다. 이제 새로운 함수 F를 다음과 같이 정의해 보자.

$$F(x)=f(b)-f(x)-\frac{f(b)-f(a)}{g(b)-g(a)}\{g(b)-g(x)\}$$

그러면 함수 $F(x)$는

(i) 폐구간 $[a,\ b]$에서 연속

(ii) 개구간 $(a,\ b)$에서 미분가능

(iii) $F(a)=F(b)=0$

이므로 롤의 정리에 의해

$$F'(c)=-f'(c)+\frac{f(b)-f(a)}{g(b)-g(a)}g'(c)=0\ \ (a<c<b)$$

인 c가 존재한다. $g'(x)\neq 0$이므로 다음이 성립한다.

$$\frac{f(b)-f(a)}{g(b)-g(a)}=\frac{f'(c)}{g'(c)}\ \ (a<c<b)$$ ■

코시 정리를 확장하면 다음과 같은 로피탈 정리를 얻을 수 있다. 로피탈 정리는 부정형의 극한값을 구하는 데 매우 유용하다.

정리 4.3.2 로피탈 정리

두 함수 $f(x)$, $g(x)$가 $x=a$의 근방에서 미분가능하고 $g'(x)\neq 0$이며

$$\lim_{x\to a}f(x)=\lim_{x\to a}g(x)=0 \quad \text{또는} \quad \lim_{x\to a}f(x)=\lim_{x\to a}g(x)=\pm\infty$$

라 하자. 이때 $\lim_{x\to a}\frac{f'(x)}{g'(x)}$가 존재하면(또는 $\pm\infty$이면) 다음이 성립한다.

$$\lim_{x\to a}\frac{f(x)}{g(x)}=\lim_{x\to a}\frac{f'(x)}{g'(x)}$$

로피탈 정리는 $x\to a$뿐만 아니라 $x\to a^+, x\to a^-, x\to\infty, x\to-\infty$인 경우에도 사용할 수 있다.

증명

$\lim_{x \to a} f(x) = \lim_{x \to a} g(x) = 0$ 인 경우만 증명하도록 한다.

$f(x)$와 $g(x)$가 $x = a$에서 미분가능하므로 $x = a$에서 연속이다. 또한, $\lim_{x \to a} f(x) = 0$, $\lim_{x \to a} g(x) = 0$ 이므로 $\lim_{x \to a} f(x) = f(a) = 0$, $\lim_{x \to a} g(x) = g(a) = 0$ 이다. 그러므로 다음이 성립한다.

$$\lim_{x \to a} \frac{f(x)}{g(x)} = \lim_{x \to a} \frac{f(x) - f(a)}{g(x) - g(a)} = \lim_{x \to a} \frac{\dfrac{f(x) - g(a)}{x - a}}{\dfrac{g(x) - g(a)}{x - a}} = \frac{f'(a)}{g'(a)} \qquad \blacksquare$$

예제 4.7

극한 $\lim_{x \to 1} \dfrac{x^n + x - 2}{x - 1}$ 를 구하여라.

풀이

$\lim_{x \to 1}(x^n + x - 2) = \lim_{x \to 1}(x - 1) = 0$이므로 로피탈 정리에 의해 다음과 같다.

$$\lim_{x \to 1} \frac{x^n + x - 2}{x - 1} = \lim_{x \to 1} \frac{nx^{n-1} + 1}{1} = n + 1$$

예제 4.8

극한 $\lim_{x \to \infty} \dfrac{x^3 - 4x + 1}{3x^3 - 12x^2 + 2x + 17}$ 을 구하여라.

> 로피탈 정리는 함수의 몫의 극한, 즉 $\lim_{x \to a} \dfrac{f'(x)}{g'(x)}$의 값이 존재하거나 $\pm\infty$로 발산할 때 성립한다.

풀이

$\dfrac{\infty}{\infty}$ 꼴이므로 로피탈 정리를 반복하여 적용하면 다음과 같다.

$$\lim_{x \to \infty} \frac{x^3 - 4x + 1}{3x^3 - 12x^2 + 2x + 17} = \lim_{x \to \infty} \frac{3x^2 - 4}{9x^2 - 24x + 2} = \lim_{x \to \infty} \frac{6x}{18x - 24}$$
$$= \lim_{x \to \infty} \frac{6}{18} = \frac{1}{3}$$

예제 4.9

극한 $\lim_{x \to \infty} \dfrac{x + \sin x}{x}$ 를 구하여라.

풀이

잘못된 풀이: $\dfrac{\infty}{\infty}$ 꼴이므로 로피탈 정리를 적용하면

$$\lim_{x \to \infty} \frac{x + \sin x}{x} = \lim_{x \to \infty} \frac{1 + \cos x}{1} = \lim_{x \to \infty} (1 + \cos x)$$

이므로 0과 2 사이를 진동한다. 따라서 발산이다.

주의

$\frac{\infty}{\infty}$ 꼴이지만 도함수의 몫의 극한, 즉 $\lim_{x\to\infty}\frac{1+\cos x}{1}$의 값이 존재하지도 않고 ∞ 또는 $-\infty$으로 발산하는 것도 아니기 때문에 로피탈 정리를 사용할 수 없다. 따라서 다음과 같이 풀어야 한다. ■

올바른 풀이: $-1\le\sin x\le 1$이므로 $x>0$일 때, $x-1\le x+\sin x\le x+1$을 만족한다. 따라서 $\frac{x-1}{x}\le\frac{x+\sin x}{x}\le\frac{x+1}{x}$임을 알 수 있다. 양변에 극한을 취하면

$$1=\lim_{x\to\infty}\frac{x-1}{x}\le\lim_{x\to\infty}\frac{x+\sin x}{x}\le\lim_{x\to\infty}\frac{x+1}{x}=1$$

이므로 $\lim_{x\to\infty}\frac{x+\sin x}{x}=1$이다.

연습문제 4.3

1. 로피탈 정리를 이용하여 다음 극한을 구하여라.

(1) $\lim_{x\to3}\frac{x^2-9}{x-3}$ (2) $\lim_{x\to1}\frac{2x^2+3x-5}{x^2-1}$

(3) $\lim_{x\to0}\frac{\sin x}{x}$ (4) $\lim_{x\to0}\frac{1-\cos x}{x}$

(5) $\lim_{x\to0}\frac{e^{3x}-1}{x^2+2x}$ (6) $\lim_{x\to\infty}\frac{5x^4+3x^2+1}{-x^4+10x^2+2x+1}$

(7) $\lim_{x\to\infty}\frac{x^{10}}{e^{2x}}$ (8) $\lim_{x\to\infty}\frac{\ln(x^3+3x)}{\ln(2x^3+2x)}$

(9) $\lim_{x\to\infty}x\sin\frac{1}{x}$ (10) $\lim_{x\to\infty}\frac{1}{x}\ln\left(\frac{e^x-1}{2x}\right)^2$

(11) $\lim_{x\to0}\frac{e^x-1}{x}$ (12) $\lim_{x\to0}\frac{\ln(x+1)}{x}$

(13) $\lim_{x\to\pi}\frac{\cos x+1}{(x-\pi)^2}$

2. 다음은 로피탈 정리를 적용할 수 없는 극한이다. 그 이유를 찾고 올바른 극한값을 구하여라.

(1) $\lim_{x\to1}\frac{x^2+1}{2x^2+3}$ (2) $\lim_{x\to0}\frac{\cos x}{x}$

(3) $\lim_{x\to\infty}\frac{\sin x}{x}$ (4) $\lim_{x\to\infty}\frac{e^x+2x}{e^{x^2}+x}$

3. 아래 계산법을 활용하여 다음 극한을 구하여라.

> 극한 $\lim_{x\to0^+}x^x$을 구하기 위해 $y=x^x$이라 하자. 양변에 자연로그를 취하면 $\ln y=x\ln x$이고, $x\to0^+$일 때 $x\ln x$는 $\frac{\ln x}{\frac{1}{x}}$, 즉 $\frac{\infty}{\infty}$ 꼴이므로 로피탈 정리를 사용할 수 있다.
>
> $$\lim_{x\to0^+}\ln y=\lim_{x\to0^+}x\ln x=\lim_{x\to0^+}\frac{\ln x}{\frac{1}{x}}=\lim_{x\to0^+}\frac{\frac{1}{x}}{-\frac{1}{x^2}}$$
> $$=\lim_{x\to0^+}(-x)=0$$
>
> 그러므로 $\lim_{x\to0^+}\ln y=\ln(\lim_{x\to0^+}y)=0$이므로 $\lim_{x\to0^+}x^x=1$이다.

(1) $\lim_{x\to\infty}\left(1-\frac{2}{x}\right)^{3x}$ (2) $\lim_{x\to0^+}x^{\frac{1}{\ln x}}$

4.4 미분과 함수의 그래프

극댓값과 극솟값

그림 4.4.1을 살펴보자. $x = b$와 $x = d$를 포함하는 어떤 개구간에서 $f(b)$와 $f(d)$는 각각 그 개구간에서 가장 큰 함숫값이다. 두 점 $(b, f(b))$, $(d, f(d))$를 **극대점**이라 하며 $f(b)$와 $f(d)$를 **극댓값**이라 한다. 또한, $x = c$와 $x = e$를 포함하는 어떤 개구간에서 $f(c)$와 $f(e)$는 각각 그 개구간에서 가장 작은 함숫값이다. 두 점 $(c, f(c))$, $(e, f(e))$를 **극소점**이라 하며 $f(c)$와 $f(e)$를 **극솟값**이라 한다. 극댓값과 극솟값에 대한 엄밀한 정의는 다음과 같다.

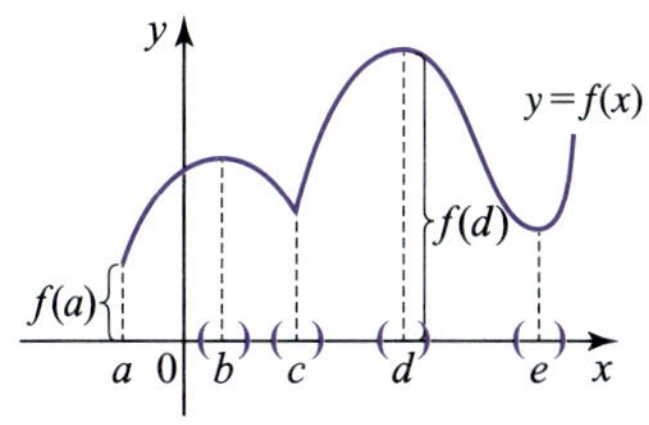

그림 4.4.1

정의 4.4.1 극댓값과 극솟값

함수 $f(x)$에서

(1) 어떤 양수 h에 대하여 $|x - x_0| < h$이면 $f(x) \ge f(x_0)$일 때,

$f(x)$는 $x = x_0$에서 **극솟값** $f(x_0)$을 갖는다

라고 한다.

(2) 어떤 양수 h에 대하여 $|x - x_0| < h$이면 $f(x) \le f(x_0)$일 때,

$f(x)$는 $x = x_0$에서 **극댓값** $f(x_0)$을 갖는다

라고 한다.

극솟점과 극댓점을 **극점**이라 하며, 극댓값과 극솟값을 **극값**이라 한다.

정의 4.4.2 증가함수와 감소함수

구간 I에서 정의된 함수 $f(x)$에 대하여 구간 I에 속하는 임의의 x_1, x_2가

$x_1 < x_2$일 때 $f(x_1) < f(x_2)$이면 $f(x)$는 증가(increasing)한다,

$x_1 < x_2$일 때 $f(x_1) > f(x_2)$이면 $f(x)$는 감소(decreasing)한다

라고 한다. 또한, 구간 내에서 증가하는 함수를 **증가함수**(increasing function)라 하고, 감소하는 함수를 **감소함수**(decreasing function)라 한다.

지금부터 미분과 함수의 관계를 알아보자.

정리 4.4.3 미분가능한 함수의 증가와 감소

함수 $f(x)$가 어떤 구간 $[a, b]$에서 연속이고 미분가능할 때, 모든 $x \in (a, b)$에 대하여

(1) $f'(x) > 0$이면 $f(x)$는 구간 $[a, b]$에서 증가함수이다.

(2) $f'(x) < 0$이면 $f(x)$는 구간 $[a, b]$에서 감소함수이다.

증명

평균값 정리에 의해 구간 I에 속하는 x_1, $x_2 (x_1 < x_2)$에 대하여

$$f(x_2) - f(x_1) = f'(c)(x_2 - x_1), \quad x_1 < c < x_2$$

가 성립한다. 그런데 $f'(x) > 0$이고 $x_2 - x_1 > 0$이므로

$$f(x_2) - f(x_1) > 0 \text{, 즉 } f(x_1) < f(x_2)$$

이다. 따라서 $f(x)$는 증가함수이다.

$f'(x) < 0$인 경우도 동일한 방법으로 증명할 수 있다. ■

예제 4.10

함수 $f(x) = x^3 - \frac{3}{2}x^2 - 6x + 5$가 증가하는 구간과 감소하는 구간을 각각 구하여라.

풀이

함수 $f(x)$의 도함수는 다음과 같다.

$$f'(x) = 3(x+1)(x-2)$$

$-1 < x < 2$에서 $f'(x) < 0$이므로 함수 $f(x)$는 $-1 \le x \le 2$에서 감소한다.

또한. $x < -1$ 또는 $x > 2$에서 $f'(x) > 0$이므로 함수 $f(x)$는 $x \le -1$ 또는 $x \ge 2$에서 증가한다.

정리 4.4.4 극값을 가지는 함수의 미분계수

미분가능한 함수 $f(x)$가 $x = x_0$에서 극값을 가지면 $f'(x_0) = 0$이다.

증명

(i) 함수 $f(x)$가 극댓값을 가지는 경우

함수 $f(x)$가 $x=x_0$에서 극댓값을 가지므로 적당한 $h(\neq 0)$에 대하여 $f(x_0+h)\leq f(x_0)$이 성립한다. h의 부호에 따라

$$h>0\text{이면 } \frac{f(x_0+h)-f(x_0)}{h}\leq 0$$

$$h<0\text{이면 } \frac{f(x_0+h)-f(x_0)}{h}\geq 0$$

이 성립하므로

$$\lim_{h\to 0^+}\frac{f(x_0+h)-f(x_0)}{h}\leq 0,\quad \lim_{h\to 0^-}\frac{f(x_0+h)-f(x_0)}{h}\geq 0$$

이다. 그런데 함수 $f(x)$가 미분가능하므로 위 식에 의해 $f'(x_0)\leq 0$ 그리고 $f'(x_0)\geq 0$이다. 그러므로

$$f'(x_0)=\lim_{h\to 0}\frac{f(x_0+h)-f(x_0)}{h}=0$$

이 된다.

(ii) 함수 $f(x)$가 $x=x_0$에서 극솟값을 가지는 경우

(i)과 동일한 방법으로 증명할 수 있다. ■

$f'(x)=0$을 만족하는 곳에서 항상 극값을 갖는 것은 아니다. 정리 4.4.5는 $f'(x)=0$을 만족하는 점이 어떤 조건에서 극값이 될 수 있는지에 대한 정리이다.

정리 4.4.5 극값 판정법

함수 $f(x)$가 개구간 (a, b)에서 미분가능하고 $x=x_0\ (a<x_0<b)$에 대하여 $f'(x_0)=0$일 때,

(1) $f'(x)$의 부호가 +에서 −로 변하면 $f(x_0)$은 극댓값이다.
(2) $f'(x)$의 부호가 −에서 +로 변하면 $f(x_0)$은 극솟값이다.
(3) $f'(x)$의 부호가 변하지 않으면 $f(x_0)$은 극값이 아니다.

예제 4.11

함수 $f(x)=x^3-\frac{3}{2}x^2-6x+5$의 극점과 극값을 구하여라.

풀이

함수 $f(x)$의 도함수는 다음과 같다.

$$\begin{aligned} f'(x) &= 3x^2 - 3x - 6 \\ &= 3(x+1)(x-2) \end{aligned}$$

$x = -1$에서 $f'(x)$의 부호가 $+ \to -$이므로 점 $(-1,\ f(-1))$은 극대점이며 극댓값은 $f(-1) = \frac{17}{2}$이다.

$x = 2$에서 $f'(x)$의 부호가 $- \to +$이므로 점 $(2,\ f(2))$는 극소점이며 극솟값은 $f(2) = -5$이다.

예제 4.12

함수 $f(x) = x^3$에 대하여 $f'(x) = 0$을 만족하는 점을 조사하여라.

풀이

$f'(x) = 3x^2$이므로 $f'(0) = 0$을 만족한다. 하지만 함수 $f(x) = x^3$은 모든 x에 대하여 $f'(x) = 2x^2 \geq 0$이므로 도함수의 부호의 변화가 없다. 따라서 함수 $f(x)$는 극값을 갖지 않는다.

최댓값과 최솟값

극댓값, 극솟값과는 달리 최댓값, 최솟값은 다음과 같이 정의한다.

정의 4.4.6 최댓값과 최솟값

함수 $f(x)$가 구간 $[a, b]$의 모든 x에 대하여

(1) $f(x) \leq f(\alpha)$ $(a \leq \alpha \leq b)$일 때, $f(x)$는 $x = \alpha$에서 구간에서의 **최댓값** $f(\alpha)$를 갖는다.

(2) $f(x) \geq f(\beta)$ $(a \leq \beta \leq b)$일 때, $f(x)$는 $x = \beta$에서 구간에서의 **최솟값** $f(\beta)$를 갖는다.

일반적으로 구간 $[a, b]$에서 정의된 함수 f의 최댓값과 극댓값은 일치하지 않는다.

만일 $f(c)$가 구간 $[a, b]$에서 최댓값이고 $a < c < b$이면 $f(c)$는 f의 극댓값이 된다. 따라서 어떤 함수의 최댓값 및 최솟값을 구하려면 먼저 모든 극값을 구하고, 이 값들을 양 끝점에서의 함숫값과 비교하여 최댓값을 찾을 수 있다.

> **정의 4.4.7 임계점**
>
> x좌표가 함수 f의 정의역의 양 끝인 점, $f'(x_0) = 0$ 또는 $f'(x_0)$이 존재하지 않는 점(특이점) $(x_0, f(x_0))$을 모두 $f(x)$의 **임계점**(critical point)이라고 한다.

예제 4.13

함수 $f(x) = x^3 - 3x + 2$의 임계점을 모두 구하여라.

풀이

정의역이 특별히 주어져 있지 않으며, 함수 $f(x) = x^3 - 3x + 2$는 모든 실수 x에서 미분가능하므로 함수 $f(x)$의 임계점은 $f'(x) = 0$인 점과 같다.

$f'(x) = 3x^2 - 3 = 3(x - 1)(x + 1)$이고, $f'(1) = 0$, $f'(-1) = 0$이므로 임계점은 두 점 $(1, 0)$, $(-1, 4)$이다.

예제 4.14

구간 $[-3, 3]$에서 함수 $f(x) = 2x^3 + 3x^2 - 12x - 4$의 증감을 조사하고 이 구간에서의 함수 f의 최댓값과 최솟값을 구하여라.

풀이

함수 $f'(x) = 6x^2 + 6x - 12 = 6(x - 1)(x + 2)$이므로 $f'(x) = 0$에서 $x = 1$ 또는 $x = -2$이다. 함수 $f'(x)$의 부호는 다음과 같다.

x	$-3 < x < -2$	$x = -2$	$-2 < x < 1$	$x = 1$	$1 < x < 3$
$f'(x)$	$+$	0	$-$	0	$+$
$f(x)$	↗	16	↘	-11	↗

따라서 $f(-2) = 16$은 극댓값이고, $f(1) = -11$은 극솟값이다. 한편, 양 끝점에서의 함숫값은 $f(-3) = 5$, $f(3) = 41$이므로 구간 $[-3, 3]$에서 함수 f의 최댓값은 $f(3) = 41$이고, 최솟값은 $f(1) = -11$이다.

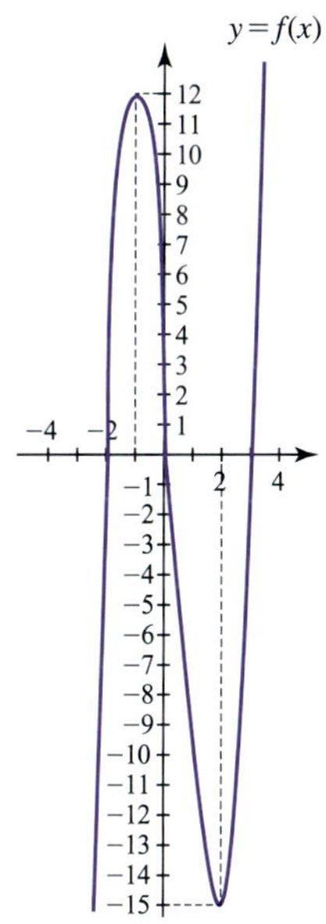

그림 4.4.2

예제 4.15

함수 $f(x) = 2x^3 - 3x^2 - 12x + 5$의 극댓값과 극솟값을 구하여라.

풀이

$f'(x) = 6x^2 - 6x - 12 = 6(x + 1)(x - 2)$에서 f의 임계점의 x좌표는 $x = -1$ 또는 $x = 2$이다. 또한, $f'(-1) = 0$, $f'(2) = 0$이고 $x < -1$일 때 $f'(x) > 0$, $-1 < x < 2$일 때 $f'(x) < 0$,

$x > 2$일 때 $f'(x) > 0$이므로 $f(-1) = 12$는 극댓값, $f(2) = -15$는 극솟값이 된다(그림 4.4.2).

오목·볼록성에 대한 다른 정의
함수 $f(x)$의 한 점 $P(c, f(c))$에서 적당한 실수 $\delta > 0$가 존재하여 $0 < |x - c| < \delta$인 모든 x에 대하여 점 $Q(x, f(x))$가 P에서의 곡선에 대한 접선 T의 위쪽에 있으면 이 곡선은 점 P에서 위로 오목이라고 하고, 접선의 아래쪽에 있으면 곡선은 점 P에서 아래로 오목이라고 한다.

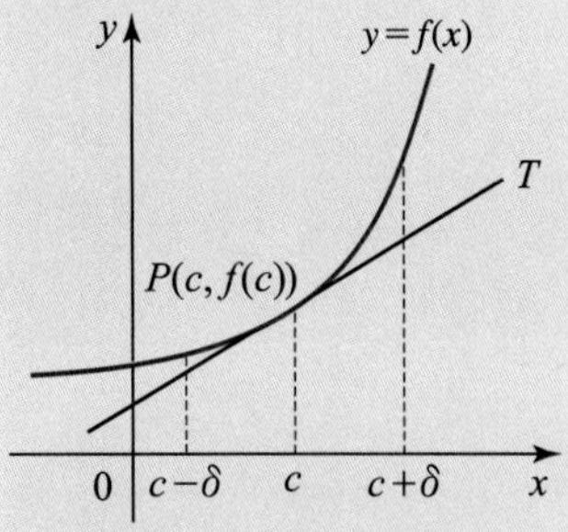

위로 오목(아래로 볼록)

정의 4.4.8 함수의 오목과 볼록

구간 I에서 정의된 함수 f에 대하여

(1) 곡선 위의 임의의 두 점을 이은 선분이 그 호보다 항상 위에 있을 때, 이 곡선을 위로 오목(concave up) 또는 아래로 볼록(convex down)이라고 한다.
(2) 곡선 위의 임의의 두 점을 이은 선분이 그 호보다 항상 아래에 있을 때, 이 곡선을 아래로 오목(concave down) 또는 위로 볼록(convex up)이라고 한다.

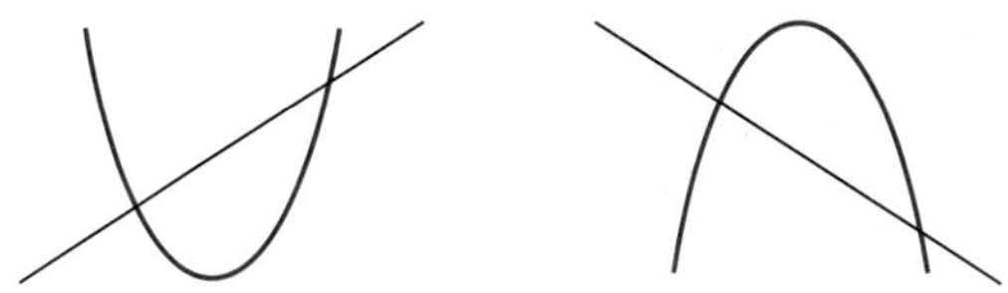
위로 오목(아래로 볼록)　　아래로 오목(위로 볼록)

그림 4.4.3

미분가능한 함수에 대한 오목/볼록성에 대한 성질을 알아보자. 함수 f가 구간 (a, b)에서 미분가능할 때, 구간 (a, b)에서 f'이 증가하면 이 구간에서 함수 f의 그래프는 위로 오목하다. 반대로 구간 (a, b)에서 함수 f'이 감소하면 이 구간에서 함수 f의 그래프는 아래로 오목하다. 이로부터 다음 정리를 이끌어 낼 수 있다.

정리 4.4.9 오목성·볼록성 판정법

함수 f의 2계 도함수가 존재할 때, 열린구간 I의 모든 x에 대하여 다음이 성립한다.

(1) $f''(x) > 0$이면 함수 f의 그래프는 I에서 위로 오목(아래로 볼록)이다.
(2) $f''(x) < 0$이면 함수 f의 그래프는 I에서 아래로 오목(위로 볼록)이다.

예제 4.16

$f''(x) = 3(x + 1)(x - 2)$일 때, 함수 $f(x)$의 그래프가 위로 오목한 개구간과 아래로 오목한 개구간을 구하여라.

풀이

$f''(x) < 0$인 구간에서 아래로 오목하고 $f''(x) > 0$인 구간에서 위로 오목하므로 구하는 개구간은 각각 다음과 같다.

$$\text{아래로 오목한 구간: } (-1,\ 2)$$
$$\text{위로 오목한 구간: } (-\infty,\ -1),\ (2,\ \infty)$$

참고

$y = x^2$에서 $y'' = 2$이므로 이 곡선은 위로 오목(아래로 볼록)이다. 또한, $y = -x^2$에서 $y'' = -2$이므로 이 곡선은 아래로 오목(위로 볼록)이다. 다음 표에서 접선의 기울기의 증가와 감소를 확인할 수 있는데, 실제로 $y = -x^2$에서 접선의 기울기는 점점 작아진다는 것을 알 수 있다.

	$y = x^2$에 대한 오목성	$y = -x^2$에 대한 오목성
$f(x)$	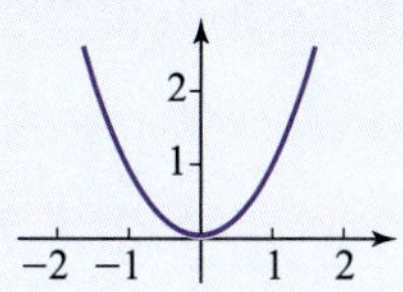	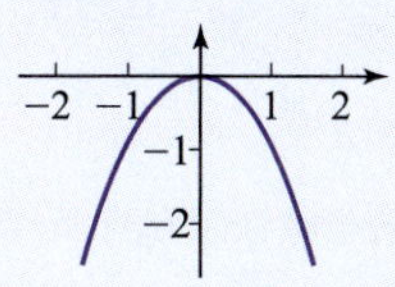
$f'(x)$	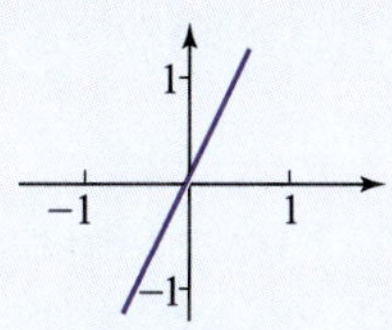	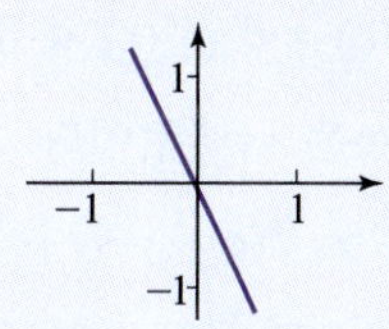
$f''(x)$	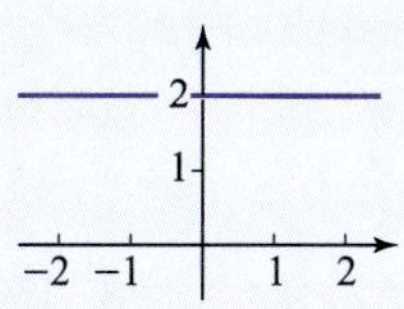	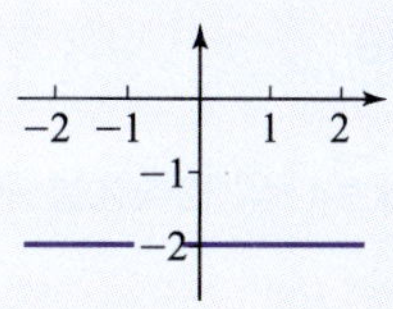
오목성	$f''(x) > 0$이므로 위로 오목	$f''(x) < 0$이므로 아래로 오목

정의 4.4.10 변곡점(point of inflection)

함수 f가 열린구간 (a, b)에서 연속일 때, 함수 f의 그래프가 $c\,(a < c < b)$의 왼쪽에서 위로 볼록(아래로 볼록)이고 오른쪽에서 아래로 볼록(위로 볼록)이면 점 $(c, f(c))$를 함수 f의 **변곡점**(infection point)이라 한다.

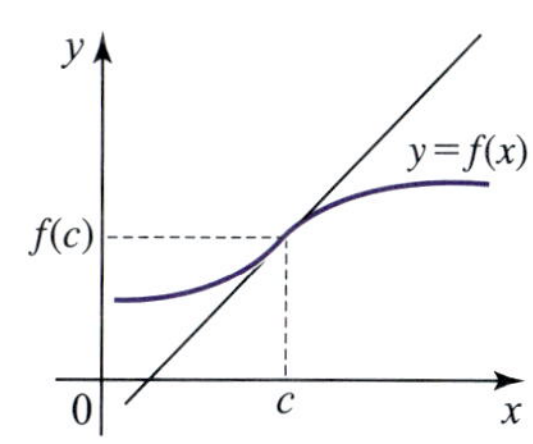

그림 4.4.4

예제 4.17

함수 $f(x) = x^3 + 2x^2 + 1$의 변곡점을 구하여라.

풀이

$f''(x) = 6x + 4$이므로 $f''(x) = 0$에서 $x = -\frac{2}{3}$이다. $x = -\frac{2}{3}$의 좌우에서 $f''(x)$의 부호가 $-$ → $+$이므로 함수 f의 변곡점은 다음과 같다.

$$\left(-\frac{2}{3}, \frac{43}{27}\right)$$

정리 4.4.11 2계 도함수 판정법과 변곡점

함수 f가 c를 포함하는 개구간 (a, b)에서 2계 도함수를 가질 때, 다음이 성립한다.

(1) $f'(c) = 0$, $f''(c) > 0$이면 곡선 $y = f(x)$ 위의 점 $(c, f(c))$는 극소점이며 $f(c)$는 극솟값이다.

(2) $f'(c) = 0$, $f''(c) < 0$이면 곡선 $y = f(x)$ 위의 점 $(c, f(c))$는 극대점이며 $f(c)$는 극댓값이다.

(3) 점 $(c, f(c))$가 함수 f의 변곡점이면 $f''(c) = 0$이다.

$f''(c) = 0$은 점 $(c, f(c))$가 변곡점이기 위한 필요조건이지만 충분조건은 아니다. 예를 들어 함수 $f(x) = x^4$에서 $f''(0) = 0$이지만 점 $(0, 0)$은 곡선 $y = x^4$의 변곡점이 아니다.

예제 4.18

함수 $f(x) = x^{\frac{1}{3}}$의 변곡점을 구하여라.

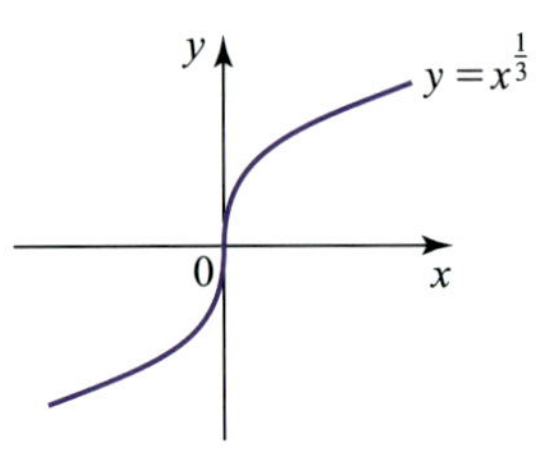

그림 4.4.5

풀이

2계 도함수는 $f''(x) = -\frac{2}{9}x^{-\frac{5}{3}}$이고 $x < 0$일 때 $f''(x) > 0$, $x > 0$일 때는 $f''(x) < 0$이므로 점 $(0, 0)$은 함수 f의 변곡점이다.

이때 함수 $f''(x)$는 $x = 0$에서 정의되지 않는다(그림 4.4.5).

예제 4.19

함수 $y = x^3 - 9x^2 + 24x - 7$의 그래프를 그려라.

풀이

$y' = 3(x-2)(x-4)$, $y'' = 6(x-3)$이므로 $y' = 0$에서 $x = 2$ 또는 $x = 4$이다. 또한, $y'' = 0$에서 $x = 3$이며 함수 $y = x^3 - 9x^2 + 24x - 7$의 증감표는 다음과 같다.

x	$-\infty$	$\cdots$	2	$\cdots$	3	$\cdots$	4	$\cdots$	∞
y'		+	0	−	−	−	0	+	
y''		−	−	−	0	+	+	+	
y	$-\infty$	↗	13	↘	11	↘	9	↗	∞

$x=2$일 때 극댓값 13을, $x=4$일 때 극솟값 9를 갖고, 변곡점은 점 (3, 11)이며, 실수 전체의 집합에서 최댓값과 최솟값이 존재하지 않는다. 따라서 곡선 $y=x^3-9x^2+24x-7$은 다음과 같다.

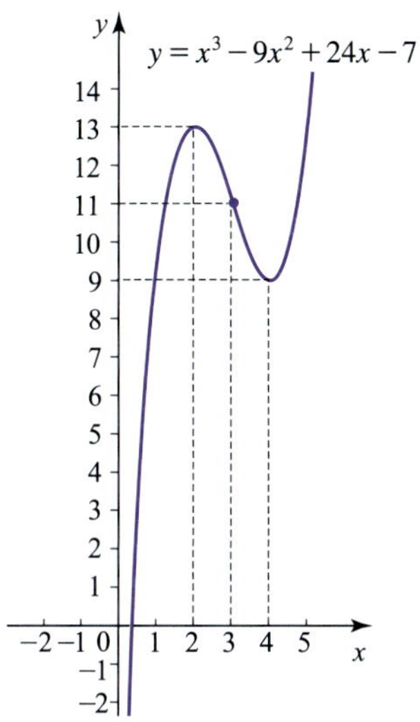

그림 4.4.6

예제 4.20

$0 \le x \le 2\pi$에서 함수 $g(x)=2x+4\sin x$의 극댓값, 극솟값, 변곡점을 구하여라.

풀이

주어진 함수의 도함수와 2계 도함수는 다음과 같다.

$$y' = 2 + 4\cos x, \quad y'' = -4\sin x$$

$g'(x)=0$에서 $x=\frac{2}{3}\pi$ 또는 $x=\frac{4}{3}\pi$이고 $g''(x)=0$을 만족하는 x의 값은 π이다. 함수의 증감표는 다음과 같다.

x	0	$\cdots$	$\frac{2}{3}\pi$	$\cdots$	π	$\cdots$	$\frac{4}{3}\pi$	$\cdots$	2π
y'		+	0	−	−	−	0	+	
y''		−	−	−	0	+	+	+	
y		↗		↘	↘	↘		↗	

$x=\frac{2}{3}\pi$일 때 극댓값 $2\sqrt{3}+\frac{4}{3}\pi$를 $x=\frac{4}{3}\pi$일 때 극솟값 $-2\sqrt{3}+\frac{8}{3}\pi$를 갖고, 변곡점은 점 $(\pi, 2\pi)$이다. 또한, $g(0)=0$, $g(2\pi)=4\pi$이므로 최댓값은 4π, 최솟값은 0이다. 따라서 함수 $y=g(x)$의 그래프는 다음과 같다.

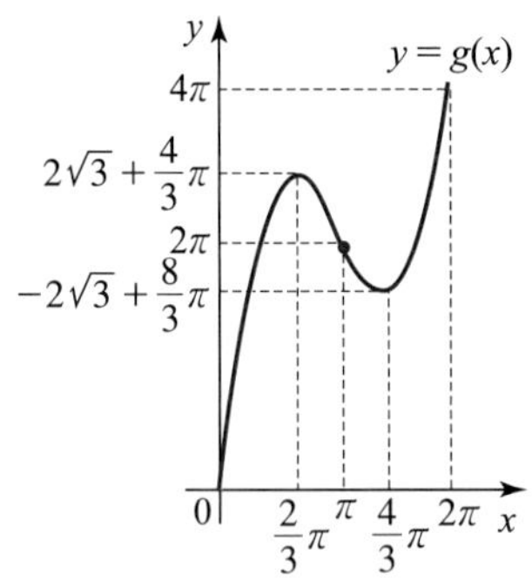

그림 4.4.7

연습문제 4.4

1. 극값 판정법을 이용하여 다음 함수의 극값이 존재하면 구하고, 존재하지 않으면 존재하지 않는 이유를 설명하여라.

(1) $f(x)=-2x^2+4x+1$ (2) $f(x)=x^3+3x-4$

(3) $f(x)=x^3-3x-4$ (4) $f(x)=\frac{1}{5}x^5-\frac{1}{2}x^2+1$

(5) $f(x)=e^x(x-1)^2$ (6) $f(x)=x\sqrt{4-x^2}$

(7) $f(x)=x^2e^{-x^2}$ (8) $f(x)=\frac{-2}{x^2+1}$

2. 함수 f의 도함수의 그래프를 보고 함수 $y=f(x)$의 그래프의 개형을 그려 보아라.

(1)

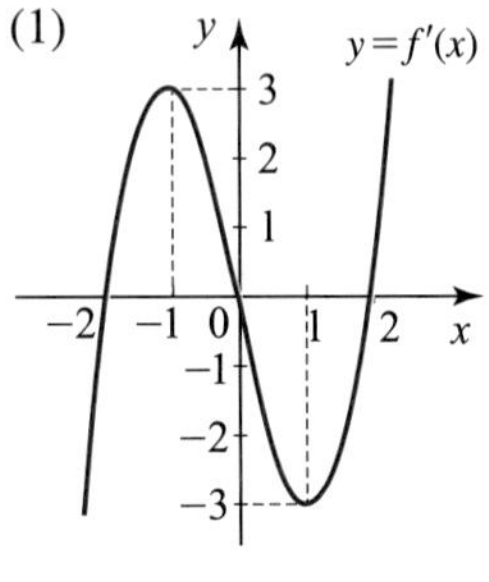

(2)

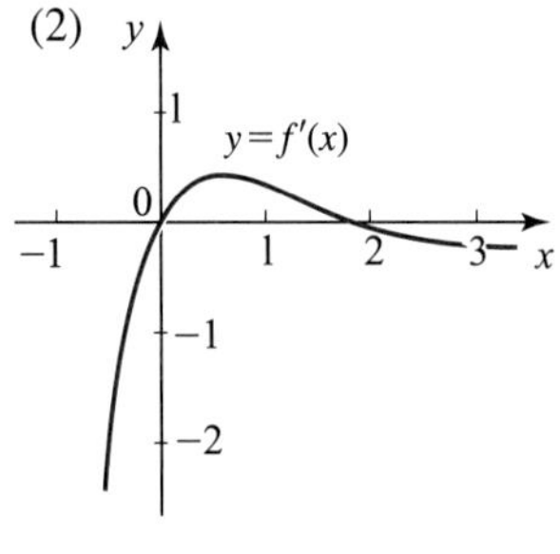

3. $x=0$에서 극솟값 3을 갖고 $x=2$에서 극댓값 6을 갖는 삼차함수 $f(x)$를 구하여라.

4. 미분가능한 우함수(짝함수) f에 대하여 $f'(0)=0$임을 증명하여라.

5. $f'(x)$와 $f''(x)$를 이용하여 다음 함수의 증감표를 완성하고 그래프를 그려라(증감표에 극댓값, 극솟값, 변곡점, 임계점, 오목성을 표시해야 한다).

(1) $y=-x^2+4x+3$ (2) $y=x+\frac{4}{x}$

(3) $y=(x-3)^3$ (4) $y=x^2e^{-x}$

(5) $y=\frac{1}{3}x^3-x^2+2$

(6) $y=\sin x$(단, $-\pi<x<\pi$)

6. t초 동안 물체가 움직인 거리 S는 관계식 $S(t)=t^3-6t^2+9t$를 만족한다. 물음에 답하여라.

(1) 4초 후 물체의 속도는 얼마인가?

(2) 물체는 몇 초 후에 정지할까?

7. 이차함수 $f(x)=ax^2+bx+c\,(a\neq 0)$에 대하여 위로 오목할 조건과 아래로 오목할 조건을 구하여라.

4.5 미분과 최적화

실생활에서 '가장 적절한 경우는 어떤 상황일까?'와 같은 문제를 해결해야 할 때가 많다. 많은 문제들이 수학적 사고를 통해 수학적 모델링을 하고 해결할 수 있다. 몇몇 예제를 통해 이를 경험해 보자.

예제 4.21

한 면이 담으로 막힌 땅의 세 면에 길이가 2000 m인 울타리를 쳐서 직사각형 모양의 공장을 만들고자 한다. 공장의 넓이를 최대로 하려면 울타리를 어떻게 쳐야 하는가?

풀이

울타리의 세로를 x m라 하면 가로는 $(2000 - 2x)$ m이다. 길이는 양수이어야 하므로

$$2000 - 2x > 0,\ \text{즉}\ 0 < x < 1000$$

이 된다. 따라서 공장의 넓이를 $A\,\mathrm{m}^2$라 하면

$$2 = x(2000 - 2x) = -2x^2 + 2000x$$

이다. A의 최댓값을 결정하기 위해 도함수

$$A' = -4x + 2000 = -4(x - 500)$$

를 사용한다.

$A' = 0$에서 $x = 500$이며, $0 < x < 500$일 때 $A' > 0$, $500 < x < 1000$일 때 $A' < 0$이다. 따라서 $x = 500$일 때 극대이므로 짧은 변을 500 m, 긴 변은 1000 m로 울타리를 쳐서 공장을 만들면 된다.

2계 도함수가 $A'' = -4 < 0$이므로 A는 $x = 500$일 때 극대임을 알 수 있다.

예제 4.22

우유 900 cm^3를 담을 수 있는 정사각기둥 모양의 우유곽을 만들려고 한다. 이 용기를 최소의 비용으로 만들기 위한 우유곽의 치수를 구하여라.

풀이

정사각기둥의 밑면의 한 변의 길이를 a cm, 높이를 h cm라 하자. 재료비를 최소화하려면 겉넓이를 최소화해야 한다. 그러므로 겉넓이와 부피에 대한 식을 세우면 다음과 같다.

$$S = 2a^2 + 4ah,\ 900 = a^2 h\quad (\text{단},\ a > 0,\ h > 0)$$

$S = 2a^2 + 4ah$에 $h = \dfrac{900}{a^2}$을 대입하면

$$S = 2a^2 + 4a \times \frac{900}{a^2} = 2a^2 + \frac{3600}{a}$$

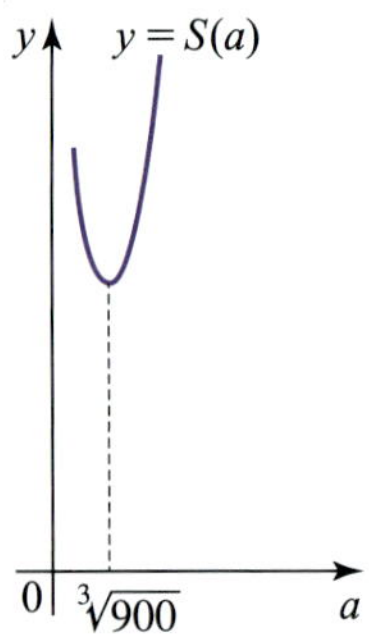

그림 4.5.1

을 얻는다. S를 a에 관하여 미분하면 다음을 얻는다.

$$S'(a) = 4a - \frac{3600}{a^2} = \frac{4a^3 - 3600}{a^2}$$

이때

$$S'(a) = \frac{4(a^3 - 900)}{a^2} = \frac{4\left(a - \sqrt[3]{900}\right)\left(a^2 + \sqrt[3]{900}\,a + \sqrt[3]{900^2}\right)}{a^2}$$

이므로 $S'\left(\sqrt[3]{900}\right) = 0$이고 $a = \sqrt[3]{900}$에서 $S'(a)$의 부호가 $-$ → $+$이므로 $S\left(\sqrt[3]{900}\right)$이 극솟값인 동시에 최솟값이다(그림 4.5.1).

따라서 $a = \sqrt[3]{900}$, $h = \dfrac{900}{\sqrt[3]{900^2}}$일 때 겉넓이는 최소가 되며 이의 근삿값을 구하면 $a \fallingdotseq 9.65$, $h \fallingdotseq 9.66$이다.

예제 4.23

반지름이 10 cm인 반원에 내접하는 직사각형 중 넓이가 가장 큰 직사각형의 두 변의 길이를 구하여라.

풀이

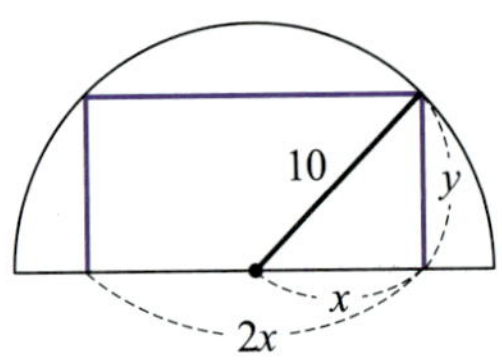

그림 4.5.2

미분을 이용한 풀이: 직사각형의 넓이를 구하기 위해 그림 4.5.2와 같이 두 변의 길이를 $2x$와 y로 놓으면 직사각형의 넓이 A는 다음과 같다.

$$A = 2xy \quad (\text{단, } x > 0,\ y > 0)$$

A를 미분하기 전에 계산이 간단해지도록

$$A^2 = 4x^2(100 - x^2) = 400x^2 - 4x^4$$

의 최댓값을 구하는 것으로 하자. A^2의 도함수는 다음과 같다.

$$\frac{d}{dx}A^2(x) = 800x - 16x^3 = 16x(50 - x^2)$$

$x = \sqrt{50}\left(= 5\sqrt{2}\right)$일 때 도함수가 0이고 도함수의 부호가 $+$ → $-$이므로 $x = 5\sqrt{2}$일 때 극대인 동시에 최대가 된다. 따라서 두 변의 길이는 각각 $10\sqrt{2}$와 $5\sqrt{2}$이다.

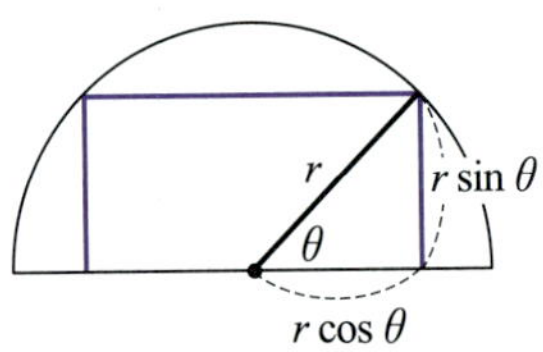

그림 4.5.3

미분을 이용하지 않는 풀이: 직사각형의 넓이를 구하기 위해 그림 4.5.3과 같이 θ를 이용하여 직사각형의 두 변의 길이를 $20\cos\theta$, $10\sin\theta$로 놓고 직사각형의 넓이 A를 구하면 다음과 같다.

$$A = 20\cos\theta \times 10\sin\theta = 100\sin 2\theta \quad \left(\text{단, } 0 < \theta < \frac{\pi}{2}\right)$$

이때 $0 < \sin 2\theta \le 1$이므로 A는 $\theta = \frac{\pi}{4}$일 때 최댓값 100을 갖는다. 따라서 직사각형의 두 변의 길이는

$$\text{가로: } 20\cos\frac{\pi}{4} = 10\sqrt{2}, \quad \text{세로: } 10\sin\frac{\pi}{4} = 5\sqrt{2}$$

이다.

예제 4.24

그림 4.5.4와 같이 운동선수가 호수 위의 점 P에서 2 km/h의 속력으로 수영하여 맞은편 호수 위의 점 Q에 도착한 후, 도보 4 km/h의 속력으로 목적지인 점 R에 가려고 한다. 가장 빨리 도달할 수 있는 점 Q의 위치를 구하라(단, 호수의 폭은 1 km이고, $\overline{SQ}$ 는 4 km 이하이다).

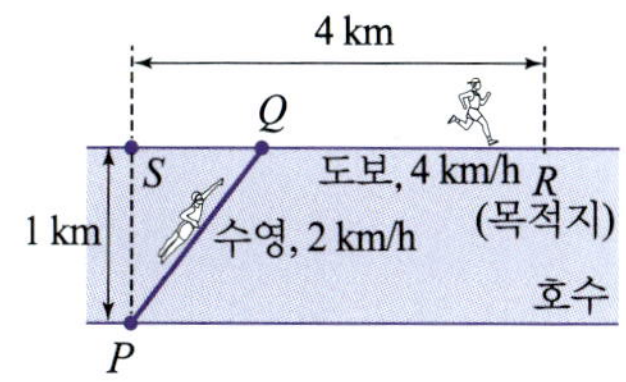

그림 4.5.4

풀이

$\overline{SQ} = x$라 하면 $\overline{PQ} = \sqrt{1+x^2}$, $\overline{QR} = 4 - x$이다. 따라서 이동하는 데 걸린 총 시간의 함수를 T라 하면 $T(x) = \dfrac{\sqrt{1+x^2}}{2} + \dfrac{4-x}{4}$ $(0 \le x \le 4)$이며, $T(x)$의 도함수는 다음과 같다.

$$T'(x) = \frac{1}{2} \times \frac{x}{\sqrt{1+x^2}} - \frac{1}{4} = \frac{2x - \sqrt{1+x^2}}{4\sqrt{1+x^2}}$$

$T'(x) = 0$에서 $x = \dfrac{1}{\sqrt{3}}$이다. 또한, 함수 $T(x)$는 $[0, 4]$에서 연속이므로 최솟값은 $T(0) = \dfrac{3}{2}$, $T\left(\dfrac{1}{\sqrt{3}}\right) \approx 1.43$, $T(4) = 2.06$ 중 하나이다. 즉, 함수 T는 $x = \dfrac{1}{\sqrt{3}}$에서 최소이므로 가장 빨리 목적지에 가려면 S에서 $\dfrac{1}{\sqrt{3}}$ km만큼 떨어진 Q에 도착한 후 걸어서 R까지 가야 한다.

연습문제 4.5

1. 두 실수 x, y에 대하여 $x + y = 10$이 성립한다. 이때 xy의 값이 최대가 되도록 하는 순서쌍 (x, y)를 구하여라.

2. 접선의 기울기가 최소가 되도록 하는 $y = \dfrac{1}{3}x^3 - 2x^2 + 1$ 위의 점을 구하여라.

3. 이차함수 $y = 2x^2$에 대하여 점 $(9, 0)$으로부터 거리가 최소인 이차함수 위의 점과 이때의 최소의 거리를 구하여라.

4. 길이가 4 m인 철사를 잘라 정사각형과 원을 각각 한 개씩 만들 때, 두 도형의 넓이의 합이 최대가 되도록 하려면 철사를 어떻게 잘라야 하는가?

5. 밑면의 반지름이 4 m, 높이가 6 m인 직원뿔에 내접하는 원기둥의 부피가 최대가 되도록 원기둥의 반지름과 높이, 그때의 부피를 구하여라.

6. 그림 4.5.5와 같이 이차곡선 $y = 16 - x^2$에 내접하는 직사각형의 넓이가 최대가 되도록 직사각형의 가로와 세로의 길이를 구하여라.

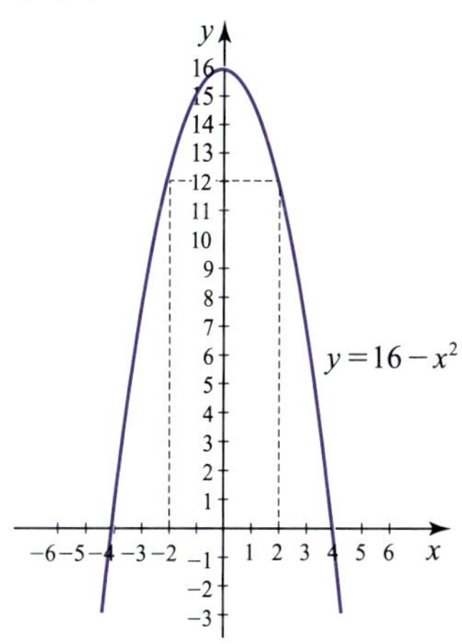

그림 4.5.5

7. 점 (3, 4)와 원 $x^2+y^2=3^2$ 위의 점 (x, y)의 거리가 최소가 되도록 하는 점 (x, y)를 미분을 이용하여 구하여라.

8. 그림 4.5.6과 같이 넓이가 1000 m^2인 직사각형 모양의 땅을 삼등분하여 비닐하우스 세 개 동을 연결한 후 작물을 재배하려고 한다. 둘레의 길이가 최소인 하우스의 가로와 세로를 구하여라.

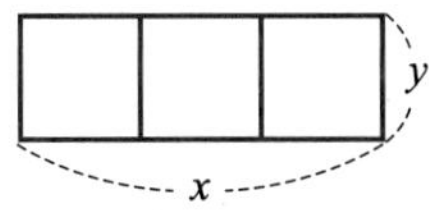

그림 4.5.6

CHAPTER

05

부정적분

5.1 역도함수와 부정적분

역도함수/부정적분

주어진 함수 $f(x)$를 도함수로 갖는 함수를 생각해 보자. 예를 들어 $f(x) = 2x$이면 $\frac{d}{dx}x^2 = 2x$이므로 함수 $F(x) = x^2$은 함수 $f(x) = 2x$를 도함수로 가지며, 이때 함수 $F(x)$를 함수 $f(x)$의 역도함수라 한다.

> **정의 5.1.1 역도함수**
>
> 정의역의 모든 원소 x에 대하여 $F'(x) = f(x)$이면 함수 F를 함수 f의 **역도함수**(antiderivative) 또는 **원시함수**(primitive function)라 한다.

만일 $F'(x) = f(x)$이면 임의의 상수 C에 대하여

$$(F(x)+C)' = f(x)$$

이다. 따라서 주어진 함수의 역도함수는 여러 개이다. 이렇게 역도함수를 구하는 과정을 **적분**(integration)이라 한다. 또한, 함수 $f(x)$의 모든 역도함수를 적분기호 $\int$을 사용하여

$$\int f(x)\,dx$$

로 나타내고 이를 함수 f의 **부정적분**(indefinite integral)라 하고, $f(x)$를 **피적분함수**(integrand)라 한다.

한편, $F'(x) = f(x)$이면 함수 $f(x)$의 임의의 역도함수는 상수 C가 존재하여 $F(x) + C$임이 알려져 있다.

> **정의 5.1.2 부정적분**
>
> 함수 f의 정의역의 모든 원소 x에 대하여 $F'(x) = f(x)$이면 f의 **부정적분**은
>
> $$\int f(x)\,dx = F(x) + C$$
>
> 이다. 이때 C를 적분상수라 한다.

예를 들어 함수 $f(x)=x^2$의 부정적분은 다음과 같다.

$$\int x^2\,dx=\frac{1}{3}x^3+C$$

다음 정리에서 부정적분의 몇 가지 성질을 소개한다. 이 정리로부터 다항식의 부정적분을 구할 수 있다.

정리 5.1.3 부정적분의 성질

(1) 상수함수와 x^n의 부정적분

$$\int k\,dx=kx+C,\ k\text{는 상수}$$

$$\int x^n\,dx=\frac{1}{n+1}x^{n+1}+C\ \ (\text{단}, n\neq -1)$$

(2) 함수의 상수배와 합에 대한 부정적분

$$\int kf(x)\,dx=k\int f(x)\,dx,\ k\text{는 상수}$$

$$\int \{f(x)+g(x)\}\,dx=\int f(x)\,dx+\int g(x)\,dx$$

증명

위 부정적분에 의해 우변의 함수를 미분하여 좌변의 피적분함수가 됨을 보이면 된다.

(1) 함수 $\frac{1}{n+1}x^{n+1}+C$를 x로 미분하면 x^n이다.

(2) k가 상수이므로 부정적분 $\int f(x)\,dx$의 정의에 의해 $\dfrac{d\left(k\int f(x)\,dx\right)}{dx}=kf(x)$이다.

마찬가지로 다른 공식들도 증명할 수 있다. ■

예제 5.1

$\int (x^3\sqrt{x}+8x^7)\,dx$를 구하여라.

풀이

$$\int \left(x^3\sqrt{x}+8x^7\right)dx=\int x^{\frac{7}{2}}\,dx+8\int x^7\,dx=\frac{1}{\frac{7}{2}+1}x^{\frac{7}{2}+1}+\frac{8}{7+1}x^{7+1}+C$$

$$=\frac{2}{9}x^{\frac{9}{2}}+x^8+C$$

연습문제 5.1

1. 다음 부정적분을 구하여라.

(1) $\displaystyle\int \frac{1}{x^3}dx$ (2) $\displaystyle\int \sqrt{x}\,dx$

(3) $\displaystyle\int \left(2x - \frac{3}{x} + x^{-4}\right)dx$ (4) $\displaystyle\int \frac{4x^4 - 5x}{x^2}dx$

(5) $\displaystyle\int (\pi^3 - 2)dx$ (6) $\displaystyle\int \left(\sqrt[3]{x^2} + 5x^{\frac{1}{4}}\right)dx$

(7) $\displaystyle\int (3u^2 - 4u + 2)du$

2. $\sqrt[3]{x}$의 부정적분 중 $f(1) = 2$인 $f(x)$를 구하여라.

3. 다음을 계산하고 둘의 차이점을 설명하여라.

(1) $\displaystyle\frac{d}{dx}\int (x^2 + 3x + 5)dx$ (2) $\displaystyle\int \frac{d}{dx}(x^2 + 3x - 2)dx$

5.2 여러 가지 함수의 부정적분

이 절에서는 초월함수 그리고 초월함수의 역함수와 관련된 부정적분을 정리한다. 대부분의 공식들은 3장의 미분 공식으로부터 유도되고 증명된다.

초월함수의 부정적분

정리 5.2.1 삼각함수의 부정적분

(1) $\displaystyle\int \cos x\,dx = \sin x + C$ (2) $\displaystyle\int \sin x\,dx = -\cos x + C$

(3) $\displaystyle\int \sec^2 x\,dx = \tan x + C$ (4) $\displaystyle\int \csc^2 x\,dx = -\cot x + C$

(5) $\displaystyle\int \sec x \tan x\,dx = \sec x + C$ (6) $\displaystyle\int \csc x \cot x\,dx = -\csc x + C$

증명

위 공식들은 정리 3.4.1로부터 알 수 있다. 예를 들어 $y = \sec x$일 때, $y' = \sec x \tan x$이므로 $\sec x$는 함수 $\sec x \tan x$의 역도함수이므로 부정적분의 정의에 의하여 $\int \sec x \tan x\,dx = \sec x + C$이며 다른 공식들도 마찬가지도 증명된다. ■

예제 5.2

$\displaystyle\int \frac{\cos x}{\sin^2 x}dx$를 구하여라.

풀이

정리 5.2.1(6)에 의해 다음을 얻는다.

$$\int \frac{\cos x}{\sin^2 x}dx = \int \left(\frac{1}{\sin x} \times \frac{\cos x}{\sin x}\right)dx = \int \csc x \cot x\, dx = -\csc x + C$$

정리 5.2.2 지수함수와 로그함수의 부정적분

(1) $\int e^x dx = e^x + C$

(2) $\int a^x dx = \frac{a^x}{\ln a} + C$ (단, $a \neq 1$)

(3) $\int \ln x\, dx = x \ln x - x + C$

(4) $\int \frac{1}{x} dx = \ln|x| + C$

증명

(1), (2), (4)는 정리 3.4.2, 정리 3.4.3으로부터, (3)은 5.4절의 부분적분으로부터 유도할 수 있다. 여기서는 (3), (4)의 우변을 미분하여 좌변의 피적분함수와 같음을 보이자.

(3) $\frac{d}{dx}(x \ln x - x + C) = \ln x + x \times \frac{1}{x} - 1 = \ln x$

(4) $x > 0$일 때 $\frac{d}{dx}\ln x = \frac{1}{x}$이고, $x < 0$일 때 $\frac{d}{dx}\ln(-x) = \frac{1}{x}$이다. ■

역삼각함수와 쌍곡선함수의 부정적분

정리 5.2.3 역삼각함수의 부정적분

(1) $\int \frac{1}{\sqrt{1-x^2}} dx = \arcsin x + C = -\arccos x + C$

(2) $\int \frac{1}{|x|\sqrt{x^2-1}} dx = \operatorname{arcsec} x + C = -\operatorname{arccsc}|x| + C$

(3) $\int \frac{1}{1+x^2} dx = \arctan x + C = -\operatorname{arccot} x + C$

정리 3.5.1을 이용하여 정리 5.2.3이 성립함을 알 수 있다.

정리 5.2.4 쌍곡선함수의 부정적분

(1) $\int \sinh x\,dx = \cosh x + C$ (2) $\int \cosh x\,dx = \sinh x + C$

(3) $\int \operatorname{sech}^2 x\,dx = \tanh x + C$ (4) $\int \operatorname{csch}^2 x\,dx = -\coth x + C$

(5) $\int \operatorname{sech} x \tanh x\,dx = -\operatorname{sech} x + C$ (6) $\int \operatorname{csch} x \coth x\,dx = -\operatorname{csch} x + C$

정리 3.5.2를 이용하여 정리 5.2.4가 성립함을 알 수 있다.

연습문제 5.2

1. 다음 부정적분을 구하여라.

(1) $\int (\sin x + \cos x)dx$ (2) $\int (\sec^2 x + \csc x \cot x)dx$

(3) $\int \sinh x\,dx$ (4) $\int \tan^2 x\,dx$

(5) $\int (-\cos x + \sec^2 x)dx$ (6) $\int \sin^2 \frac{x}{2} dx$

(7) $\int \left(-\frac{3}{x} + e^{-2x}\right)dx$ (8) $\int \left(e^x + 2^x - \frac{1}{x}\right)dx$

2. 다음 부정적분을 구하여라.

(1) $\int \frac{1}{1+x^2} dx$ (2) $\int \frac{1}{\sqrt{1-x^2}} dx$

(3) $\int \operatorname{sech}^2 x\,dx$ (4) $\int \sec x \tan x\,dx$

3. 다음을 증명하여라.

(1) $\int \frac{1}{\sqrt{1^2 - x^2}} dx = \arcsin x + C$

(2) $\int \frac{1}{1^2 + x^2} dx = \arctan x + C$

(3) $\int \frac{1}{x\sqrt{x^2 - 1^2}} dx = \operatorname{arcsec} x + C$

5.3 치환적분

부정적분을 구할 때는 미분의 역으로 생각하면 된다. 그러나 미분은 비교적 쉽게 되지만 부정적분은 그렇지 못하다. 부정적분을 구하는 가장 쉬운 방법 중의 하나가 치환적분이다.

부정적분에서 흔히

$$\int f[g(x)]g'(x)\,dx$$

의 꼴이 많이 나타난다. 여기에서 $F' = f$인 함수 F에 대하여 연쇄법칙에 의하여

$$\frac{d\{F(g(x))\}}{dx} = f(g(x))g'(x)$$

이므로 부정적분의 정의에 의하여

$$\int f(g(x))g'(x)dx = F(g(x)) + C$$

이다. 한편 $u = g(x)$로 놓으면

$$\int f(u)du = F(u) + C = F(g(x)) + C$$

이다. 따라서 $u = g(x)$로 놓으면 위 식은 아래와 같이 아주 간단한 식으로 표시될 수 있다.

$$\int f[g(x)]g'(x)dx = \int f(u)du$$

이와 같이 고치는 것을 **치환적분법**(integration by substitution)이라고 한다.

참고 $u = g(x)$로 놓으면 $du = g'(x)dx$가 된다.

예제 5.3

$\int x^2\sqrt{x^3+9}\,dx$를 구하여라.

풀이

$3x^2$은 $x^3 + 9$의 도함수이다. 따라서 $u = x^3 + 9$라 하면 $du = 3x^2dx$이므로 다음을 얻는다.

$$\int x^2\sqrt{x^3+9}\,dx = \frac{1}{3}\int (x^3+9)^{\frac{1}{2}}3x^2\,dx = \frac{1}{3}\int u^{\frac{1}{2}}du = \frac{1}{3}\times\frac{u^{\frac{2}{3}}}{\frac{3}{2}} + C$$

$$= \frac{2}{9}(x^3+9)^{\frac{3}{2}} + C$$

예제 5.4

$\int \frac{dx}{(3-5x)^2}$ 를 구하여라.

풀이

$u = 3 - 5x$라 하면 $du = -5\,dx$, 즉 $dx = -\frac{du}{5}$이므로 다음을 얻는다.

$$\int \frac{dx}{(3-5x)^2} = -\frac{1}{5}\int\frac{du}{u^2} = \frac{1}{5u} + C = \frac{1}{5}\left(\frac{1}{3-5x}\right) + C$$

예제 5.5

다음 부정적분을 구하여라.

(1) $\int \frac{1}{\sqrt{4-x^2}}dx$ (2) $\int \frac{1}{1+9x^2}dx$

풀이

(1) $x = 2u$라 하면 $dx = 2du$이므로 다음을 얻는다.

$$\int \frac{1}{\sqrt{4-x^2}}dx = \int \frac{1}{\sqrt{1-u^2}}du = \sin^{-1}u + C = \sin^{-1}\frac{x}{2} + C$$

(2) $u = 3x$라 하면 $du = 3dx$이므로 다음을 얻는다.

$$\int \frac{1}{1+9x^2}dx = \frac{1}{3}\int \frac{du}{1+u^2} = \frac{1}{3}\tan^{-1}u + C = \frac{1}{3}\tan^{-1}3x + C$$

예제 5.6

다음 부정적분을 구하여라.

(1) $\int \cosh^2 x \sinh x\, dx$ (2) $\int \coth x\, dx$

풀이

(1) $\cosh x = u$로 놓으면 $\sinh x\, dx = du$이므로 다음과 같다.

$$\int \cosh^2 x \sinh x\, dx = \int u^2 du = \frac{1}{3}u^3 + C$$

따라서 $\int \cosh^2 x \sinh x\, dx = \frac{1}{3}\cosh^3 x + C$이다.

(2) $\int \coth x\, dx = \int \frac{\cosh x}{\sinh x}dx = \ln|\sinh x| + C$

연습문제 5.3

1. 치환적분법을 이용하여 다음 부정적분을 구하여라.

(1) $\int 24x(x^2+1)^3 dx$ (2) $\int x^2\sqrt{x^3-1}\,dx$

(3) $\int \frac{2x+3}{(x^2+3x)^2}dx$ (4) $\int x^2 e^{x^3}dx$

(5) $\int \sin x \cos^2 x\, dx$ (6) $\int \frac{1}{x}(\ln x)^3 dx$

(7) $\int (2x-3)^{15} dx$ (8) $\int \cos^3 x \sin x\, dx$

(9) $\int \frac{1}{x}\ln x\, dx$ (10) $\int \frac{4x}{(2x^2+1)^6}dx$

(11) $\int \cos 3x\, dx$ (12) $\int \{e^{3x} + \sec^2(1-4x)\}\, dx$

(13) $\int x(3x^2+1)^{\frac{1}{3}} dx$

2. 치환적분을 이용하여 다음 부정적분을 구하여라.

(1) $\int x\sqrt{4-x^2}\,dx$ (2) $\int \frac{1}{(x+1)^2}dx$

3. 정리 5.2.3과 치환적분법을 이용하여 다음 부정적분을 구하여라.

(1) $\int \frac{1}{1+16x^2}dx$ (2) $\int \frac{1}{\sqrt{1-4x^2}}dx$ (3) $\int \frac{x}{\sqrt{4-3x^2}}dx$ (4) $\int \frac{e^{2x}}{\sqrt{1-4e^{4x}}}dx$

5.4 부분적분

두 함수 $f(x)$, $g(x)$가 미분가능할 때, 곱의 미분법으로부터

$$(f(x)g(x))' = f'(x)g(x) + f(x)g'(x)$$

를 얻고 이 식의 양변을 적분하면

$$\int (f(x)g(x))'\,dx = \int f'(x)g(x)\,dx + \int f(x)g'(x)\,dx$$

가 된다. 부정적분의 정의에 의하여 $\int (f(x)g(x))'dx = f(x)g(x) + C$이므로

$$f(x)g(x) = \int f'(x)g(x)\,dx + \int f(x)g'(x)\,dx$$

가 되어 다음과 같은 부분적분 공식을 얻을 수 있다.

$$\int f(x)g'(x)\,dx = f(x)g(x) - \int f'(x)g(x)\,dx$$

이와 같이 두 함수의 곱의 부정적분을 구하는 것을 **부분적분법**(integration by parts)이라 한다.

예제 5.7

부분적분법을 이용하여 다음 부정적분을 구하여라.

(1) $\int \ln x\,dx$ (2) $\int x^2 e^x\,dx$ (3) $\int e^x \sin x\,dx$

풀이

(1) $\int \ln x\,dx = \int 1\cdot \ln x\,dx = \int (x)' \ln x\,dx$

$= x\ln x - \int x(\ln x)'\,dx = x\ln x - \int x\cdot\frac{1}{x}dx$

$= x\ln x - \int 1dx = x\ln x - x + C$

(2) $\int x^2 e^x\,dx = \int x^2 (e^x)'\,dx = x^2 e^x - \int (x^2)' e^x\,dx$

$= x^2 e^x - \int 2xe^x\,dx = x^2 e^x - 2\int xe^x\,dx$

여기서 $\int xe^x\,dx$에 부분적분법을 다시 적용하면 다음을 얻는다.

$$\int xe^x\,dx = \int x(e^x)'\,dx = xe^x - \int (x)' e^x\,dx$$
$$= xe^x - \int e^x\,dx = xe^x - e^x + C_1$$

따라서 다음이 성립한다.

$$\int x^2 e^x\,dx = x^2 e^x - 2(xe^x - e^x + C_1)$$
$$= x^2 e^x - 2xe^x + 2e^x + C \;(C = -2C_1)$$
$$= e^x(x^2 - 2x + 2) + C$$

(3) $\int e^x \sin x\,dx = \int (e^x)' \sin x\,dx = e^x \sin x - \int e^x \cos x\,dx$

$= e^x \sin x - \int (e^x)' \cos x\,dx$

$= e^x \sin x - \left\{ e^x \cos x - \int e^x (-\sin x) dx \right\}$

$= e^x \sin x - e^x \cos x - \int e^x \sin x\,dx$

여기서 $I = \int e^x \sin x\,dx$로 놓으면 다음을 얻는다.

$$I = e^x \sin x - e^x \cos x - I$$

따라서 $2I = e^x(\sin x - \cos x)$이므로 다음을 얻는다.

$$\int e^x \sin x\,dx = \frac{1}{2} e^x (\sin x - \cos x)$$

예제 5.8

부분적분법을 이용하여 다음 부정적분을 구하여라.

(1) $\int x \ln x\,dx$　　　(2) $\int x^2 \sin x\,dx$

풀이

(1) $\int x \ln x\,dx = \frac{1}{2}x^2 \ln x - \int \left(\frac{1}{2}x^2 \times \frac{1}{x}\right) dx$

$= \frac{1}{2}x^2 \ln x - \frac{1}{2}\int x\,dx$

$= \frac{1}{2}x^2 \ln x - \frac{1}{4}x^2 + C$

(2) $\int x^2 \sin x\,dx = \int x^2(-\cos x)'dx = -x^2\cos x + \int 2x\cos x\,dx$

$$= -x^2\cos x + 2\int x(\sin x)'dx$$

$$= -x^2\cos x + 2x\sin x - 2\int \sin x\,dx$$

$$= -x^2\cos x + 2x\sin x + 2\cos x + C$$

연습문제 5.4

1. 부분적분법을 이용하여 다음 부정적분을 구하여라.

(1) $\int xe^x dx$　　(2) $\int x\ln(2x)dx$

(3) $\int x\cos x\,dx$　　(4) $\int x^2e^{-x}dx$

(5) $\int x(\ln x)^2 dx$　　(6) $\int x^2\ln x\,dx$

(7) $\int e^{-x}\sin x\,dx$　　(8) $\int x\sin x\,dx$

(9) $\int x^2e^{2x}dx$　　(10) $\int x^2\cos x\,dx$

2. 부분적분법을 이용하여

$$\int (\ln x)^n dx = x(\ln x)^n - n\int (\ln x)^{n-1}dx$$

를 증명하고 이를 이용하여 부정적분 $\int (\ln x)^4 dx$를 구하여라.

3. $\int e^{2x}\sin 3x\,dx + \int e^{2x}\cos 3x\,dx$를 구하여라.

4. $\int \arcsin x\,dx$를 구하여라.

5.5 분수함수의 적분

분수함수는 분모에 변수를 갖고 있는 유리함수이다. 임의의 분수함수를 부정적분을 구할 수 있는 분수식들의 합으로 표현하는 **부분분수 분해**를 통하여 부정적분을 구하는 방법을 설명하고자 한다.

음이 아닌 정수 m, $n(m \ge 1,\ n \ge 0)$에 대하여 다음 분수함수의 부정적분은

$$\int \frac{a_nx^n + a_{n-1}x^{n-1} + \cdots + a_1x + a_0}{b_mx^m + b_{m-1}x^{m-1} + \cdots + b_1x + b_0}dx$$

$$= \frac{1}{b_m}\int \frac{a_nx^n + a_{n-1}x^{n-1} + \cdots + a_1x + a_0}{x^m + \frac{b_{m-1}}{b_m}x^{m-1} + \cdots + \frac{b_1}{b_m}x + \frac{b_0}{b_m}}dx$$

이므로 분모의 최고차항의 계수가 1인 분수함수만 고려하도록 한다.

최고차항의 계수가 1이면서 실수 계수를 갖는 임의의 n차 다항식 $f(x)$에 대하여 방정식 $f(x)=0$은 대수학의 기본 정리에 의하여 n개(중복 허락)의 복소수 근을 갖는다. 한 개의 허근에 대하여 켤레복소수도 근이 되므로 임의의 다항식 $f(x)$는 일차식과 이차식($x^2+ax+b,\ a^2-4b<0$)의 곱으로 표현할 수 있다.

(I) 분수식 변형하기

일단 주어진 분모의 최고차항의 계수가 1인 분수함수를 다음 방법으로 변형하도록 한다.

① 분자를 분모로 나누어 분자의 차수가 분모의 차수보다 낮은 진분수식과 다항식의 합으로 표현한다.

② 분모를 인수분해하여 일차식$(x+a)$과 이차식$(x^2+ax+b,\ a^2-4b<0)$의 곱으로 표현한다. 이는 대수학의 기본 정리에 의해 항상 가능한 과정이다.

③ 진분수식을 $\dfrac{A}{(x+a)^n}$ 또는 $\dfrac{Ax+B}{(x^2+ax+b)^m}$와 같은 분수식의 합으로 표현한다.

여기서 ③을 계산하기 위해 ②에서의 분모에 나타나는 인수들의 형태에 따라 다음과 같이 계산한다.

• 분모에 $(x+a)^n$의 인수가 있을 경우

$$\frac{A_1}{x+a}+\frac{A_2}{(x+a)^2}+\cdots+\frac{A_n}{(x+a)^n}$$

• 분모에 $(x^2+ax+b)^m$의 인수가 있을 경우

$$\frac{A_1x+B_1}{x^2+ax+b}+\frac{A_2x+B_2}{(x^2+ax+b)^2}+\cdots+\frac{A_mx+B_m}{(x^2+ax+b)^m}$$

과 같은 식으로 두어 양변의 계수를 비교하여 분모의 미정계수를 찾는다. 다음 예제를 풀며 위 과정을 연습해 보자.

예제 5.9

다음을 위 ③에서의 분수식의 합으로 나타내어라.

(1) $\dfrac{x^4+2x^3-x^2-7x-3}{x^3+x^2-x-1}$ (2) $\dfrac{3(x^2-3x-3)}{x^3+1}$

풀이

(1) 다항함수의 나눗셈을 계산하면 주어진 분수식은

$$\frac{x^4+2x^3-x^2-7x-3}{x^3+x^2-x-1}=x+1+\frac{-x^2-5x-2}{x^3+x^2-x-1}$$

이다. 우변의 진분수식의 분모를 인수분해하여 다음과 같이 놓는다.

$$\frac{-x^2-5x-2}{x^3+x^2-x-1}=\frac{-x^2-5x-2}{(x-1)(x+1)^2}=\frac{A}{x-1}+\frac{B}{x+1}+\frac{C}{(x+1)^2}$$

미정계수 A, B, C를 구하기 위해 우변을 통분하면

$$\frac{A}{x-1}+\frac{B}{x+1}+\frac{C}{(x+1)^2}=\frac{(A+B)x^2+(2A+C)x+A-B-C}{(x-1)(x+1)^2}$$

이고

$$\frac{-x^2-5x-2}{x^3+x^2-x-1}=\frac{(A+B)x^2+(2A+C)x+A-B-C}{(x-1)(x+1)^2}$$

이므로 양변의 계수를 비교하면

$$A+B=1,\ \ 2A+C=-5,\ \ A-B-C=-2$$

이다. 이 연립방정식을 풀면 $A=-2$, $B=1$, $C=-1$를 얻는다. 따라서 구하는 분수식의 합은 다음과 같다.

$$\frac{x^4+2x^3-x^2-7x-3}{x^3+x^2-x-1}=x+1-\frac{2}{x-1}+\frac{1}{x+1}-\frac{1}{(x+1)^2}$$

(2) 분자의 차수가 분모의 차수보다 낮으므로 진분수식이다. 분모를 인수분해하여

$$\frac{3(x^2-3x-3)}{x^3+1}=\frac{A}{x+1}+\frac{Bx+C}{x^2-x+1}$$

로 놓는다. 우변을 통분하고 양변의 계수를 비교하면 $A=1$, $B=2$, $C=-4$를 얻는다. 따라서 구하는 분수식의 합은 다음과 같다.

$$\frac{3(x^2-3x-3)}{x^3+1}=\frac{1}{x+1}+\frac{2x-4}{x^2-x+1}$$

(II) 부정적분 구하기

이제 (I) ③에서 두 가지 형태 분수식의 부정적분, 즉 $\int\frac{A}{(x+a)^n}dx$, $\int\frac{Ax+B}{(x^2+ax+b)^m}dx$를 구하면 된다. 이때 n, m은 자연수이다.

첫 번째 형태는 $\int\frac{A}{(x+a)^n}dx=A\int\frac{1}{(x+a)^n}dx$ 이므로 다음 부정적분을 구하면 된다.

$$\int\frac{1}{(x+a)^n}dx\ \ (\text{단, } n=1,\ 2,\ \cdots)$$

두 번째 형태는 $a^2-4b<0$이므로

$$x^2+ax+b=(x+c)^2+d^2\ \ (\text{단, } d\neq 0)$$

의 꼴로 바꿀 수 있음을 이용하여 계산하면

$$\begin{aligned}\int\frac{Ax+B}{(x^2+ax+b)^m}dx &= \int\frac{Ax+B}{\{(x+c)^2+d^2\}^m}dx \quad (d\neq 0)\\ &= \int\frac{Ax+B}{d^{2m}\left\{\left(\frac{x+c}{d}\right)^2+1\right\}^m}dx\\ &= C\int\frac{u}{(u^2+1)^m}du + D\int\frac{1}{(u^2+1)^m}du\left(\frac{x+c}{d}=u\text{로 치환}\right)\end{aligned}$$

이다. 따라서 두 번째 형태의 부정적분을 구하려면 다음 두 가지 부정적분을 알아야 한다.

$$\int\frac{x}{(x^2+1)^n}dx,\quad \int\frac{1}{(x^2+1)^n}dx \quad (\text{단}, n=1, 2, \cdots)$$

그러므로 일반적인 분수함수를 적분하기 위해 세 가지 형태의 부정적분을 다음과 같이 계산한다.

① $$\int\frac{1}{(x+d)^n}dx = \begin{cases}-\dfrac{1}{(n-1)(x+d)^{n-1}}+C, & n\neq 1\\ \ln|x+d|+C, & n=1\end{cases}$$

② $$\int\frac{x}{(x^2+1)^n}dx = \begin{cases}-\dfrac{1}{2(n-1)(x^2+1)^{n-1}}+C, & n\neq 1\\ \dfrac{1}{2}\ln(x^2+1)+C, & n=1\end{cases}$$

③ $\int\frac{1}{(x^2+1)^n}dx$의 경우, $n=1$이면 다음 공식

$$\int\frac{dx}{x^2+1}=\arctan x+C$$

을 이용하고, $n>1$이면 부분적분법으로 다음을 이용한다.

$$\int\frac{1}{(x^2+1)^n}dx = \frac{x}{2(n-1)(x^2+1)^{n-1}}+\frac{2n-3}{2(n-1)}\int\frac{1}{(x^2+1)^{n-1}}dx$$

위 계산을 종합하면 임의의 분수함수의 부정적분을 계산할 수 있음을 알 수 있다. 다음 예제들을 풀어 보면서 구체적인 계산을 익히도록 한다.

예제 5.10

예제 5.9의 두 분수함수의 부정적분을 구하여라.

풀이

예제 5.9의 결과를 이용한다.

(1) $\dfrac{x^4+2x^3-x^2-7x-3}{x^3+x^2-x-1}=x+1-\dfrac{2}{x-1}+\dfrac{1}{x+1}-\dfrac{1}{(x+1)^2}$ 에서

$$\int(x+1)dx=\frac{1}{2}x^2+x+C$$

이고 (II) ①로부터 다음을 얻는다.

$$\int\frac{-2}{x-1}dx=-2\int\frac{1}{x-1}dx=-2\ln|x-1|+C,$$

$$\int\frac{1}{x+1}dx=\ln|x+1|+C,$$

$$\int\frac{-1}{(x+1)^2}dx=\frac{1}{x+1}+C$$

그러므로 구하는 부정적분은 다음과 같다.

$$\int\frac{x^4+2x^3-x^2-7x-3}{x^3+x^2-x-1}dx=-2\ln|x-1|+\ln|x+1|+\frac{1}{x+1}+C$$

(2) $\displaystyle\int\frac{3(x^2-3x-3)}{x^3+1}dx=\int\frac{1}{x+1}dx+\int\frac{2x-4}{x^2-x+1}dx$ 에서

$$x^2-x+1=\left(x-\frac{1}{2}\right)^2+\frac{3}{4}$$

이므로 $\dfrac{x-\frac{1}{2}}{\frac{\sqrt{3}}{2}}=u$로 치환하여 계산하면 (II) ②, ③으로부터 다음을 얻는다.

$$\begin{aligned}\int\frac{2x-4}{x^2-x+1}dx&=2\int\frac{u}{u^2+1}du-2\sqrt{3}\int\frac{1}{u^2+1}du\\&=\ln(u^2+1)-2\sqrt{3}\arctan|u|+C\\&=\ln(x^2-x+1)-2\sqrt{3}\arctan\frac{x-\frac{1}{2}}{\frac{\sqrt{3}}{2}}+C\end{aligned}$$

따라서 구하는 부정적분은 다음과 같다.

$$\begin{aligned}\int\frac{3(x^2-3x-3)}{x^3+1}dx&=\int\frac{1}{x+1}dx+\int\frac{2x-4}{x^2-x+1}dx\\&=\ln|x+1|+\ln(x^2-x+1)-2\sqrt{3}\arctan\frac{x-\frac{1}{2}}{\frac{\sqrt{3}}{2}}+C\end{aligned}$$

예제 5.11

$\displaystyle\int\frac{x^3}{(x+1)^2}dx$를 구하여라.

풀이

분자의 차수가 3이고 분모의 차수가 2이므로 분자를 분모로 나누면 다음을 얻는다.

$$\frac{x^3}{(x+1)^2} = x-2+\frac{3x+2}{(x+1)^2}$$

진분수식을 분수식의 합으로 나타내려면 다음과 같이 미정계수를 만들어 통분하면 된다. 이때 거듭제곱의 횟수만큼 차수를 올리면서 미정계수항을 만드는 것에 유의한다.

$$\frac{3x+2}{(x+1)^2} = \frac{A}{x+1} + \frac{B}{(x+1)^2} = \frac{Ax+(A+B)}{(x+1)^2}$$

양변의 계수를 비교하면 다음 연립방정식을 얻는다.

$$A = 3$$
$$A+B = 2$$

연립방정식을 풀면 $A = 3$, $B = -1$이고, 따라서 구하는 부정적분은 다음과 같다.

$$\begin{aligned}\int \frac{x^3}{(x+1)^2}dx &= \int (x-2)dx + \int \frac{3}{x+1}dx - \int \frac{1}{(x+1)^2}dx \\ &= \frac{1}{2}x^2 - 2x + 3\ln|x+1| + \frac{1}{x+1} + C\end{aligned}$$

예제 5.12

$\int \frac{3x^3+3x^2+x-1}{x^4+x^2}dx$를 구하여라.

풀이

분자의 차수가 3이고 분모의 차수가 4이므로 분자를 분모로 나누어 줄 필요는 없다. 분수함수를 분수식의 합으로 나타내기 위해 다음과 같이 미정계수항을 만들어 통분한다.

$$\begin{aligned}\frac{3x^3+3x^2+x-1}{x^4+x^2} &= \frac{3x^3+3x^2+x-1}{x^2(x^2+1)} = \frac{A}{x} + \frac{B}{x^2} + \frac{Cx+D}{x^2+1} \\ &= \frac{(A+C)x^3+(B+D)x^2+Ax+B}{x^2(x^2+1)}\end{aligned}$$

x^2+1이 2차이므로 그 분자의 차수를 1차로 하여 미정계수항을 $Cx+D$로 만드는 것에 유의한다. 양변의 계수를 비교하여 연립방정식을 세운 후 풀면 다음을 얻는다.

$$A = 1, \quad B = -1, \quad C = 2, \quad D = 4$$

따라서 구하는 부정적분은 다음과 같다.

$$\begin{aligned}\int \frac{3x^3+3x^2+x-1}{x^4+x^2}dx &= \int \frac{1}{x}dx - \int \frac{1}{x^2}dx + \int \frac{2x}{x^2+1}dx + 4\int \frac{1}{x^2+1}dx \\ &= \ln|x| + \frac{1}{x} + \ln(x^2+1) + 4\arctan x + C\end{aligned}$$

연습문제 5.5

1. 다음 분수식을 부분분수로 표현하여라.

(1) $\dfrac{1}{(x-1)(x+2)}$ (2) $\dfrac{x+1}{(x-1)^2}$

(3) $\dfrac{2x^2+6x-2}{x^3-x}$ (4) $\dfrac{3x^2-3x+2}{x^3-x^2}$

(5) $\dfrac{3x^3-3x+2}{x^2+3x+2}$

2. 다음 부정적분을 구하여라.

(1) $\displaystyle\int \frac{x-1}{x+1}dx$ (2) $\displaystyle\int \frac{1}{x^2-4}dx$

(3) $\displaystyle\int \frac{x+10}{2x^2+5x-3}dx$ (4) $\displaystyle\int \frac{1}{x^2+x-2}dx$

(5) $\displaystyle\int \frac{2x+4}{x^3-2x^2}dx$ (6) $\displaystyle\int \frac{x+1}{x^3-x^2}dx$

3. 치환적분법과 분수함수의 적분을 활용하여 다음 부정적분을 구하여라.

$$\int \frac{\sin x}{\cos x+\cos^3 x}dx$$

4. 다음을 부분적분법을 이용하여 유도하여라.

$$\int \frac{1}{(x^2+1)^n}dx = \frac{x}{2(n-1)(x^2+1)^{n-1}} + \frac{2n-3}{2(n-1)}\int \frac{1}{(x^2+1)^{n-1}}dx$$

5. 연습문제 4의 공식을 이용하여 다음 부정적분을 구하여라.

$$\int \frac{1}{(x^2+1)^4}dx$$

5.6 특별한 삼각함수 관련 적분

여기서는 부정적분을 계산할 수 있는 삼각함수와 관련된 특별한 몇 가지 부정적분을 살펴본다. 다른 많은 형태의 부정적분은 부록에 있는 적분표를 참조하기 바란다.

부록 4(적분표) 참조

▌부정적분 $\int \sin^m x\cos^n x\,dx$ 구하기

$\int \sin^m x\cos^n x\,dx$ 를 구하는 방법을 생각해 보자.

① $\sin^m x$의 지수 m이 홀수인 경우는 사인함수 인수 하나를 그대로 두고 나머지 $\sin^{m-1}x$를 $\sin^2 x = 1-\cos^2 x$를 이용하여 코사인함수로 표현하고 $u=\cos x$로 치환한다. $\cos^n x$의 지수 n이 홀수인 경우는 코사인함수 인수 하나를 그대로 두고 나머지 $\cos^{m-1}x$를 $\cos^2 x = 1-\sin^2 x$를 이용하여 사인함수로 표현하고 $u=\sin x$로 치환한다.

② m, n이 둘 다 짝수인 경우는 정리 1.4.4(반각공식)를 이용하여 차수를 줄인다.

반각공식

(1) $\sin^2 x = \dfrac{1-\cos 2x}{2}$

(2) $\cos^2 x = \dfrac{1+\cos 2x}{2}$

(3) $\sin x\cos x = \dfrac{\sin 2x}{2}$

예제 5.13

$\int \sin^5 x \cos^4 x \, dx$를 구하여라.

풀이

$u = \cos x$로 치환하면 $du = -\sin x \, dx$이므로 구하는 부정적분은 다음과 같다.

$$
\begin{aligned}
\int \sin^5 x \cos^4 x \, dx &= \int (\sin^2 x)^2 \cos^4 x \sin x \, dx \\
&= \int (1 - \cos^2 x)^2 \cos^4 x \sin x \, dx \\
&= -\int (1 - u^2)^2 u^4 \, du = -\int (u^4 - 2u^6 + u^8) du \\
&= -\frac{1}{5}u^5 + \frac{2}{7}u^7 - \frac{1}{9}u^9 + C \\
&= -\frac{1}{5}\cos^5 x + \frac{2}{7}\cos^6 x - \frac{1}{9}\cos^9 x + C
\end{aligned}
$$

부정적분 $\int \tan^m x \sec^n x \, dx$ 구하기

$\int \tan^m x \sec^n x \, dx$를 구하는 방법을 생각해 보자.

① $\tan^m x$의 지수 m이 홀수인 경우는 $\sec x \tan x$ 인수 하나를 그대로 두고 나머지 $\tan^{m-1} x$를 $\tan^2 x = \sec^2 x - 1$을 이용하여 시컨트함수로 표현하고 $u = \sec x$로 치환한다.

② $\sec^n x$의 지수 n이 짝수인 경우는 $\sec^2 x$ 인수 하나를 그대로 두고 나머지 $\sec^{n-2} x$를 $\sec^2 x = 1 + \tan^2 x$를 이용하여 탄젠트함수로 표현하고 $u = \tan x$로 치환한다.

예제 5.14

$\int \tan^5 x \sec^3 x \, dx$를 구하여라.

풀이

$u = \sec x$로 치환하면 $du = \sec x \tan x \, dx$이므로

$$
\begin{aligned}
\int \tan^5 x \sec^3 x \, dx &= \int (\sec^2 x - 1)^2 \sec^2 x \sec x \tan x \, dx \\
&= \int (u^2 - 1)^2 u^2 \, du = \int (u^6 - 2u^4 + u^2) du \\
&= \frac{1}{7}u^7 - \frac{2}{5}u^5 + \frac{1}{3}u^3 + C \\
&= \frac{1}{7}\sec^7 x - \frac{2}{5}\sec^5 x + \frac{1}{3}\sec^3 x + C
\end{aligned}
$$

두 일차 삼각함수 곱의 부정적분

일차인 두 삼각함수의 곱의 형태로 주어진 다음 세 부정적분

$$\int \sin mx \cos nx\, dx,\ \int \cos mx \cos nx\, dx,\ \int \sin mx \sin nx\, dx$$

은 다음 항등식을 이용하여 풀 수 있다(정리 1.4.5).

$$\sin A \cos B = \frac{1}{2}\{\sin(A+B) + \sin(A-B)\}$$

$$\cos A \cos B = \frac{1}{2}\{\cos(A+B) + \cos(A-B)\}$$

$$\sin A \sin B = -\frac{1}{2}\{\cos(A+B) - \cos(A-B)\}$$

예제 5.15

$\int \sin 2x \cos 3x\, dx$를 구하여라.

풀이

$$\begin{aligned}\int \sin 2x \cos 3x\, dx &= \int \frac{1}{2}\{\sin(2x+3x) + \sin(2x-3x)\}\, dx \\ &= \frac{1}{2}\int (\sin 5x - \sin x)\, dx \\ &= \frac{1}{2}\left(-\frac{1}{5}\cos 5x + \cos x\right) + C\end{aligned}$$

무리식의 부정적분

피적분함수에 $\sqrt{a^2 - x^2}$, $\sqrt{x^2 + a^2}$, $\sqrt{x^2 - a^2}$ 등과 같은 무리식이 있을 경우, 변수 x를 삼각함수로 치환하여 근호를 없앨 수 있다.

- $\sqrt{a^2 - x^2}$인 경우 $x = a\sin\theta$로 치환한 후 $1 - \sin^2\theta = \cos^2\theta$를 이용 $\left(-\frac{\pi}{2} \le \theta \le \frac{\pi}{2}\right)$
- $\sqrt{x^2 + a^2}$인 경우 $x = a\tan\theta$로 치환한 후 $1 + \tan^2\theta = \sec^2\theta$를 이용 $(0 \le \theta \le \pi)$
- $\sqrt{x^2 - a^2}$인 경우 $x = a\sec\theta$로 치환한 후 $\sec^2\theta - 1 = \tan^2\theta$를 이용 $\left(-\frac{\pi}{2} < \theta < \frac{\pi}{2}\right)$

예제 5.16

$\int \frac{\sqrt{9 - x^2}}{x^2}\, dx$를 구하여라.

풀이

$x=3\sin\theta$로 치환하면 $dx=3\cos\theta\, d\theta$이고

$$\sqrt{9-x^2}=\sqrt{9-9\sin^2\theta}=\sqrt{9\cos^2\theta}=|3\cos x|=3\cos\theta$$

이므로 다음을 얻는다.

$$\begin{aligned}\int\frac{\sqrt{9-x^2}}{x^2}dx&=\int\left(\frac{3\cos\theta}{9\sin^2\theta}\times 3\cos\theta\right)d\theta\\&=\int\cot^2\theta\, d\theta\\&=\int(\csc^2\theta-1)d\theta\\&=-\cot\theta-\theta+C\end{aligned}$$

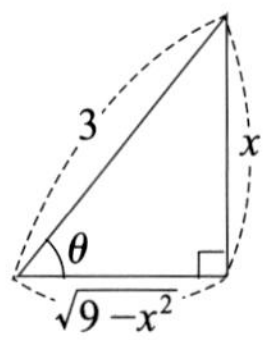

그림 5.6.1

이때 $\sin\theta=\frac{x}{3}$이므로 $\theta=\sin^{-1}\frac{x}{3}$이고 $\cot\theta=\frac{\sqrt{9-x^2}}{x}$이다(그림 5.6.1). 따라서 구하는 부정적분은 다음과 같다.

$$\int\frac{\sqrt{9-x^2}}{x^2}dx=-\frac{\sqrt{9-x^2}}{x}-\sin^{-1}\frac{x}{3}+C$$

연습문제 5.6

1. 다음 부정적분을 구하여라.

(1) $\int\tan^4 2x\, dx$ (2) $\int\sin^5 x\, dx$

(3) $\int\cot^3 x\, dx$ (4) $\int\sin^4 x\cos^5 x\, dx$

(5) $\int\sin^2 x\cos^2 x\, dx$ (6) $\int\tan^2 x\sec^4 x\, dx$

(7) $\int\cos 2x\cos 3x\, dx$ (8) $\int\sin 3x\cos 5x\, dx$

(9) $\int\cos x\cos 4x\, dx$ (10) $\int\frac{1}{x^2\sqrt{x^2+1}}dx$

(11) $\int\frac{1}{\sqrt{x^2-4}}dx$ (12) $\int\frac{1}{(4-x^2)^{\frac{3}{2}}}dx$

2. $t=\tan\frac{x}{2}$로 치환하여 $\int\frac{1}{1+\cos x}dx$를 구하여라.

3. $\int\sin mx\cos nx\, dx$를 구하여라.

4. $\int\csc x\, dx$, $\int\sec x\, dx$를 구하여라.

5. $\int\cos^n x\, dx=\frac{1}{n}\sin x\cos^{n-1}x+\frac{n-1}{n}\int\cos^{n-2}x\, dx$임을 증명하여라.

CHAPTER

06

정적분

6.1 넓이와 정적분의 정의

구분구적법

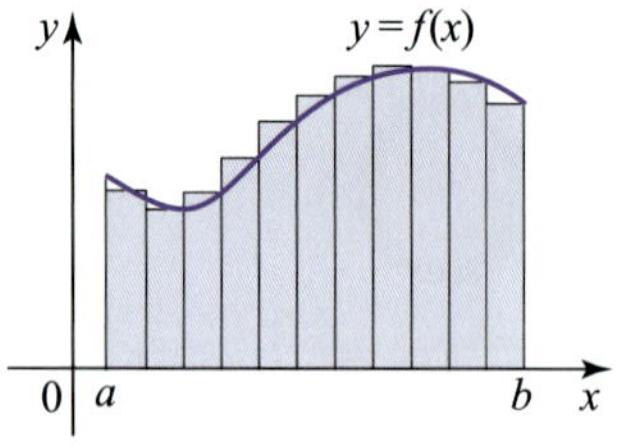

그림 6.1.1

곡선의 길이를 구하거나 물통에서 물이 나오는 속도 및 시간을 이용하여 그 물통의 부피를 계산하거나 미사일의 속도를 이용하여 주어진 시각에 도달한 고도를 계산하는 문제들은 적분과 관계된다. 그 외에 많은 종류의 자연과학과 공학 문제들이 적분 문제이지만 이 중 가장 기본적인 것은 곡선으로 둘러싸인 평면도형의 넓이를 구하는 문제라고 할 수 있다.

그림 6.1.1과 같은 곡선 $y = f(x)$와 직선으로 둘러싸인 평면도형의 넓이를 구하는 문제를 생각해 보자. 곡선인 점 때문에 도형을 잘게 쪼개고 작은 직사각형의 넓이를 더하여 실제 넓이의 근삿값을 구할 수밖에 없다. 이때 작은 직사각형의 윗변이 곡선에 걸쳐 있어야 한다. 도형을 무한히 잘게 쪼개면서 얻은 넓이의 극한값으로 넓이를 구할 수 있는 경우가 있는데, 이 방법을 **구분구적법**이라고 한다.

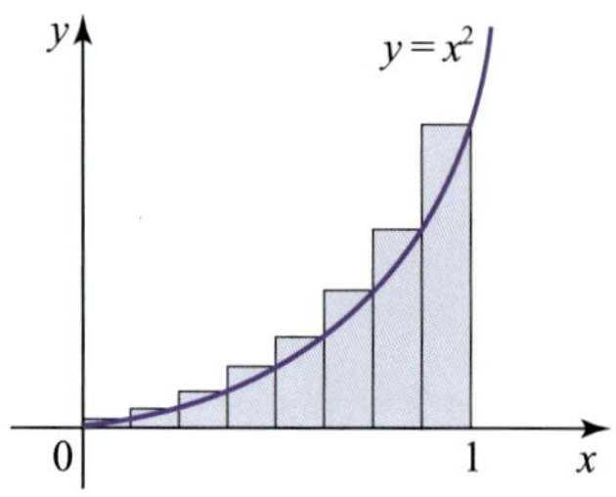

그림 6.1.2

구분구적법을 이용하여 곡선 $y = x^2$과 x축 및 직선 $x = 1$로 둘러싸인 부분의 넓이를 구해 보자. 구간 $[0, 1]$을 n등분하면 각 분점의 x좌표는 각각 $\frac{0}{n}, \frac{1}{n}, \frac{2}{n}, \cdots, \frac{n}{n}$이다. 직사각형의 넓이의 합을 S_n이라 하면

$$\begin{aligned} S_n &= \left(\frac{1}{n}\right)^2 \frac{1}{n} + \left(\frac{2}{n}\right)^2 \frac{1}{n} + \left(\frac{3}{n}\right)^2 \frac{1}{n} + \cdots + \left(\frac{n}{n}\right)^2 \frac{1}{n} \\ &= \frac{1}{n^3}(1^2 + 2^2 + 3^2 + \cdots + n^2) \\ &= \frac{1}{n^3} \times \frac{1}{6} n(n+1)(2n+1) \\ &= \frac{1}{6}\left(1 + \frac{1}{n}\right)\left(2 + \frac{1}{n}\right) \end{aligned}$$

(1) $\sum_{k=1}^{n} k = \frac{n(n+1)}{2}$

(2) $\sum_{k=1}^{n} k^2 = \frac{n(n+1)(2n+1)}{6}$

(3) $\sum_{k=1}^{n} k^3 = \left\{\frac{n(n+1)}{2}\right\}^2$

이므로 S_n의 극한값, 즉 구하는 넓이는 다음과 같다.

$$A = \lim_{n \to \infty} S_n = \lim_{n \to \infty} \frac{1}{6}\left(1 + \frac{1}{n}\right)\left(2 + \frac{1}{n}\right) = \frac{1}{3}$$

정적분의 정의

구분구적법을 이용하여 넓이를 구할 때 사실 함수 $f(x)$의 함숫값은 양수로 가정했다. 그림 6.1.3과 같이 $f(x)$의 함숫값이 음수인 경우도 허용하여 넓이의 개념을 확장할 필요가 있다.

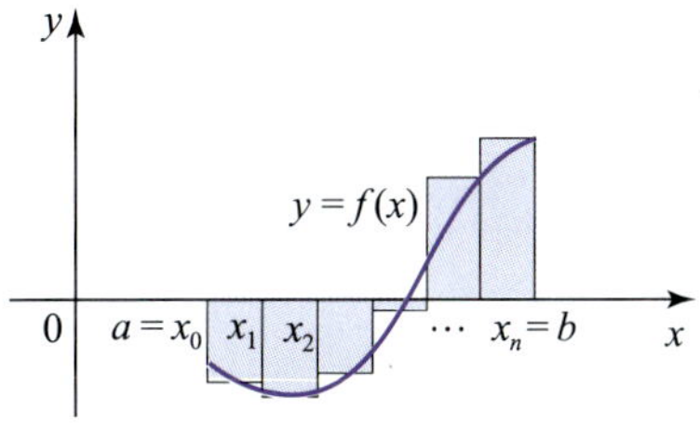

그림 6.1.3

구간 $[a, b]$를 n개의 임의의 소구간으로 분할하여 각 분점의 x좌표를

$$a = x_0 < x_1 < \cdots < x_k < \cdots < x_{n-1} < x_n = b$$

라 하자. 또한, $\Delta x_k = x_k - x_{k-1}$라 하고 각 소구간 $[x_{k-1}, x_k]$에서 임의의 원소를 잡아 x_k^*라 하자.

가장 긴 소구간의 길이 $|P_n| = \max\{\Delta x_1, \Delta x_2, \cdots, \Delta x_n\}$이 0으로 접근할 때의 극한값

$|P_n| \to 0$이면 $n \to \infty$이다.

$$\lim_{|P_n|\to 0} \sum_{k=1}^{n} f(x_k^*)\Delta x_k$$

가 존재하면 함수 $f(x)$는 $x = a$에서 $x = b$까지 적분가능하며 그 극한값을 정적분(definite integral)이라 한다.

정의 6.1.1 정적분

극한값 $\lim_{|P_n|\to 0} \sum_{k=1}^{n} f(x_k^*)\Delta x_k$가 존재할 때 그 값을 $x = a$에서 $x = b$까지의 함수 f의 정적분이라 하고 다음과 같이 표기한다.

$$\int_a^b f(x)\,dx = \lim_{|P_n|\to 0} \sum_{k=1}^{n} f(x_k^*)\Delta x_k$$

여기서 $|P_n| = \max\{\Delta x_1, \Delta x_2, \cdots, \Delta x_n\}$이다.

이때 $[a, b]$를 적분구간, a를 이 정적분의 아래끝(lower limit, 하한), b를 위끝(upper limit, 상한)이라 하고, $f(x)$를 피적분함수, x를 적분변수라고 한다.

그냥 적분이 아닌 정적분이라 부르는 이유는 일정한 값을 갖는 상수로서의 적분이기 때문이다. 값이 양수인 넓이와는 달리 정적분은 음수의 값을 가질 수도 있는데, 함수 $f(x)$의 함숫값이 적분구간에서 양수인 경우 정적분은 곡선 $y = f(x)$ 아래의 넓이와 일치하게 된다.

보통 정적분은 a, b가 $a < b$인 경우에 대하여 계산할 때가 많다. 그러나 $a = b$ 또는 $a > b$일 때도 정적분을 동일하게 정의할 수 있다. 정적분의 정의를 통해 다음과 같은 성질이 성립함을 알 수 있는데, 이는 정적분을 계산하는 데 자주 쓰인다.

정리 6.1.2 정적분의 성질

(1) $\int_a^a f(x)dx = 0$

(2) $\int_a^b f(x)dx = -\int_b^a f(x)dx$

(3) $\int_a^b f(x)dx = \int_a^c f(x)dx + \int_c^b f(x)dx$

(4) $\int_b^a \{f(x) + g(x)\}dx = \int_a^b f(x)dx + \int_a^b g(x)dx$

(5) $\int_a^b kf(x)dx = k\int_a^b f(x)dx$ (단, k는 상수)

예제 6.1

다음 극한을 정적분으로 나타내어라.

(1) $\lim_{n\to\infty}\sum_{k=1}^{n}\frac{k}{n^2+k^2}$

(2) $\lim_{n\to\infty}\frac{1}{\sqrt{n}}\sum_{k=1}^{n}\frac{1}{\sqrt{n+k}}$

풀이

(1) 주어진 식을 변형하면 다음과 같다.

$$\lim_{n\to\infty}\sum_{k=1}^{n}\frac{k}{n^2+k^2} = \lim_{n\to\infty}\sum_{k=1}^{n}\frac{\frac{k}{n}}{1+\left(\frac{k}{n}\right)^2}\times\frac{1}{n}$$

이 식을 $\int_a^b f(x)dx = \lim_{n\to\infty}\sum_{k=1}^{n} f(x_k^*)\Delta x_k$와 비교하면 $x_k^* = \frac{k}{n}$로 볼 수 있다. $n\to\infty$일 때 $k = 1$이면 $\frac{k}{n} = 0$, $k = n$이면 $\frac{k}{n} = 1$이므로 하한과 상한은 각각 0과 1이다. 또한, $\Delta x_k = \frac{b-a}{n} = \frac{1}{n}$이므로 주어진 극한은 다음과 같이 쓸 수 있다.

$$\int_0^1 \frac{x}{1+x^2}dx$$

(2) (1)과 마찬가지로 식을 변형하면

$$\lim_{n\to\infty}\frac{1}{\sqrt{n}}\sum_{k=1}^{n}\frac{1}{\sqrt{n+k}} = \lim_{n\to\infty}\sum_{k=1}^{n}\frac{1}{\sqrt{1+\frac{k}{n}}}\times\frac{1}{n}$$

이므로 $a = 0,\ b = 1,\ f(x) = \dfrac{1}{\sqrt{1+x}},\ \Delta x_k = \dfrac{1}{n}$이다. 따라서 주어진 극한은 다음과 같다.

$$\int_0^1 \frac{1}{\sqrt{1+x}}\,dx$$

연습문제 6.1

1. 구분구적법을 이용하여 주어진 구간에서 곡선 $y=f(x)$ 아래의 넓이를 구하여라.

(1) $f(x) = x,\ [0, 5]$　　(2) $f(x) = 2x + 3,\ [1, 3]$

(3) $f(x) = x^2,\ [1, 3]$　　(4) $f(x) = 1 - x^2,\ [-1, 1]$

(5) $f(x)=\begin{cases} -x & x<0 \\ 2x+1 & x\geq 0 \end{cases},\ [-1,3]$

(6) $f(x) = 2(x + 1)^2,\ [0, 3]$

2. 다음 극한값을 정적분으로 나타내어라.

(1) $\displaystyle\lim_{n\to\infty}\sum_{k=1}^{n}\frac{k}{n^2}$　　(2) $\displaystyle\lim_{n\to\infty}\sum_{k=1}^{n}\left(\frac{2k}{n}-1\right)\frac{1}{n}$

(3) $\displaystyle\lim_{n\to\infty}\sum_{k=1}^{n}\cos\frac{k\pi}{n}\times\frac{1}{n}$　　(4) $\displaystyle\lim_{n\to\infty}\sum_{k=1}^{n}\left(1-\frac{k^2}{n^2}\right)\frac{3}{n}$

(5) $\displaystyle\lim_{n\to\infty}\frac{4}{n}\left\{\left(1+\frac{1}{n}\right)^3+\left(1+\frac{2}{n}\right)^3+\cdots+\left(1+\frac{n}{n}\right)^3\right\}$

(6) $\displaystyle\lim_{n\to\infty}\left(\frac{1}{n+1}+\frac{1}{n+2}+\frac{1}{n+3}+\cdots+\frac{1}{2n}\right)$

(7) $\displaystyle\lim_{n\to\infty}\frac{1}{n}\left(\sin\frac{\pi}{n}+\sin\frac{2\pi}{n}+\cdots+\sin\frac{n\pi}{n}\right)$

3. 정적분의 성질과 도형의 넓이를 이용하여 다음 정적분을 구하여라.

(1) $\displaystyle\int_3^3 \pi x\sin(\pi x^2)\,dx$　　(2) $\displaystyle\int_1^{-2} 2^x\,dx+\int_{-2}^{1} 2^x\,dx$

(3) $f(x)=\begin{cases} -2x & x<0 \\ 2x & x\geq 0 \end{cases}$일 때, $\displaystyle\int_{-2}^{3} f(x)\,dx$

(4) $\displaystyle\int_3^{-4} 7\,dx$　　(5) $\displaystyle\int_{-1}^{3} 3t\,dt-\int_5^3 3t\,dt$

(6) $\displaystyle\int_{-1}^{3} |x-1|\,dx$

4. 주어진 정보와 함수 $f(x)$의 그래프를 보고 정적분을 구하여라.

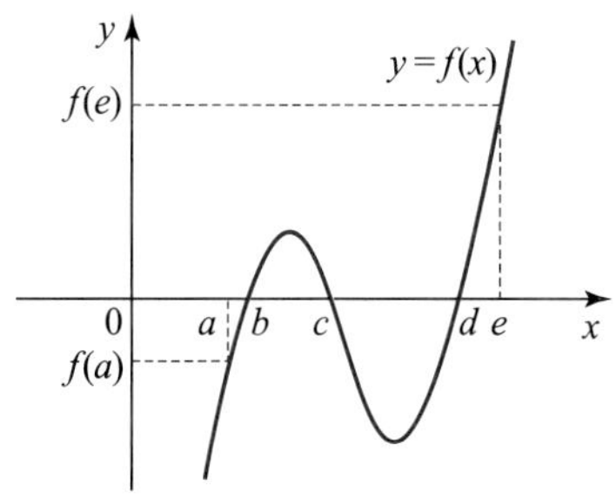

그림 6.1.4

$$\int_a^b f(x)\,dx=-1.2,\quad \int_b^c f(x)\,dx=3.2,$$
$$\int_c^d f(x)\,dx=-16.8,\quad \int_d^e f(x)\,dx=3.8$$

(1) $\displaystyle\int_a^c f(x)\,dx$　　(2) $\displaystyle\int_b^d f(x)\,dx$

(3) $\displaystyle\int_c^d \{-f(x)\}\,dx+\int_d^e f(x)\,dx$

(4) $\displaystyle\int_a^e |f(x)|\,dx$

5. 주어진 피적분함수의 그래프의 개형을 그리고 도형의 넓이를 이용하여 정적분을 구하여라.

(1) $\displaystyle\int_{-2}^{2} |1-x|\,dx$　　(2) $\displaystyle\int_0^5 \sqrt{25-x^2}\,dx$

6.2 정적분의 성질

미분의 개념은 속도 문제로부터, 적분의 개념은 미분과는 관련이 없어 보이는 넓이 문제로부터 나왔다. 캠브리지 대학교의 뉴턴(Newton)의 스승인 아이작 바로우(Isaac Barrow)는 이 두 가지 문제가 실제로 밀접하게 관련되어 있음을 발견하였다. 그는 미분법과 적분법이 서로 역과정임을 깨달았으며, 뉴턴은 이 관계를 개발하였고 그것을 이용하여 미분적분학을 체계적인 수학적 도구로 발전시켰다. 특히 그는 정적분을 합의 극한으로 계산하지 않고 역도함수를 이용하여 쉽게 계산할 수 있음을 알아냈다. 한편, 라이프니츠(Leibniz)도 뉴턴과 독립적으로 그 원리를 발견하였다고 한다.

적분의 평균값 정리

함수 $y = f(x)$가 구간 $[a, b]$에서 적분가능할 때, 함수의 정적분 값을 구간의 길이로 나눈

$$\bar{y} = \frac{1}{b-a}\int_a^b f(x)\,dx$$

를 구간 $[a, b]$에서의 함수 f의 **평균값**이라 한다.

폐구간 $[a, b]$ 위의 모든 연속함수는 그 함수의 평균값과 일치하는 함숫값을 갖는 한 점의 x좌표가 구간 $[a, b]$에 존재함을 보이고자 한다. 이를 위하여 먼저 연속함수를 피적분함수로 하는 정적분의 값이 존재한다는 다음 정리를 소개한다.

정리 6.2.1 연속함수의 정적분

함수 f가 구간 $[a, b]$에서 연속이면 극한값 $\lim\limits_{|P_n|\to 0}\sum\limits_{k=1}^{n} f(x_k^*)\Delta x_k$가 존재한다. 즉, 연속함수 f는 구간 $[a, b]$에서 정적분 $\int_a^b f(x)\,dx$를 갖는다.

정리 6.2.1의 엄밀한 증명은 전공 심화 과정에 속하므로 생략하기로 한다.

정리 6.2.2 적분의 평균값 정리

함수 $f(x)$가 구간 $[a, b]$에서 연속이면

$$f(c) = \frac{1}{b-a}\int_a^b f(x)\,dx$$

를 만족시키는 c가 구간 $[a, b]$에 존재한다.

증명

정리 6.2.1에 의해 정적분 $\int_a^b f(x)\,dx$의 값이 존재한다. 한편, 최대 · 최소의 정리에 의해 구간 $[a, b]$에서 연속함수 $f(x)$의 최댓값 M, 최솟값 m이 존재하여 $m \le f(x) \le M$ 이므로

$$m(b-a) = \int_a^b m dx \le \int_a^b f(x)\,dx \le \int_a^b M dx = M(b-a)$$

이다. 이때 연속함수 $f(x)$에 대한 중간값의 정리로부터 구간 $[a, b]$에 c가 존재하여 다음이 성립한다.

$$f(c) = \frac{1}{b-a}\int_a^b f(x)\,dx$$ ■

최대 · 최소의 정리
폐구간 $[a, b]$에서 연속인 함수 f의 최댓값과 최솟값이 존재한다(정리 2.2.4).

▌미적분학의 기본 정리

역도함수를 이용하여 함수 $f(x)$의 정적분 $\int_a^b f(x)\,dx$를 쉽게 계산할 수 있도록 하는 원리를 미적분학의 기본 정리라고 한다. 이를 설명하기 위해 정적분으로 정의되는 함수부터 알아보자.

정적분 $\int_a^b f(x)\,dx$는 함수가 아닌 하나의 상수이다. 여기서 위끝 b를 변수 x로 두면 함수

$$g(x) = \int_a^x f(t)\,dt$$

를 얻을 수 있다. 이 함수 $g(x)$를 미분하면 피적분함수 f가 됨을 의미하는 다음 미적분학 제1법칙을 얻을 수 있다.

정리 6.2.3 미적분학 제1법칙

$$\frac{d}{dx}\int_a^x f(t)\,dt = f(x)$$

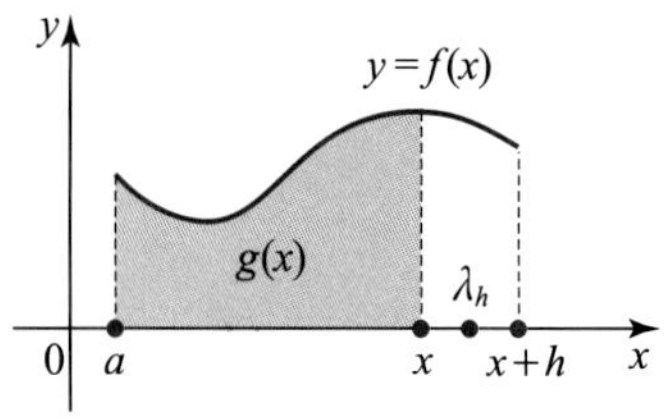

그림 6.2.1

증명

도함수의 정의에 의해 함수 $g(x)=\int_a^x f(t)\,dt$에 대하여 다음이 성립한다.

$$g'(x)=\lim_{h\to 0}\frac{g(x+h)-g(x)}{h}=\lim_{h\to 0}\frac{\int_a^{x+h}f(t)\,dt-\int_a^x f(t)\,dt}{h}$$
$$=\lim_{h\to 0}\frac{\int_x^{x+h}f(t)\,dt}{h}$$

함수 $f(x)$가 연속이므로 적분의 평균값 정리에 의하여

$$\frac{\int_x^{x+h}f(t)\,dt}{h}=f(\lambda_h)$$

인 λ_h가 x와 $x+h$ 사이에 존재한다. $h\to 0$면 $\lambda_h\to x$이므로 다음을 만족한다.

$$g'(x)=\lim_{h\to 0}\frac{\int_x^{x+h}f(t)\,dt}{h}=\lim_{h\to 0}f(\lambda_h)=f(x)$$ ■

이제 정적분을 피적분함수의 역도함수로부터 쉽게 계산할 수 있도록 하는 **미적분학의 기본 정리**를 소개한다.

(1) $\int_a^b g'(t)\,dt=g(b)-g(a)$

(2) $\frac{d}{dx}\int_a^x f(t)\,dt=f(x)$

정리 6.2.4 미적분학 제2법칙(미적분학의 기본 정리)

함수 f가 $[a, b]$에서 연속이고 $F'(x)=f(x)$이면 다음이 성립한다.

$$\int_a^b f(x)\,dx=F(b)-F(a)$$

증명

미적분학 제1법칙과 주어진 조건에 의해 다음과 같다.

$$\frac{d}{dx}\left(\int_a^x f(t)\,dt-F(x)\right)=0$$

정리 4.2.3에 의해 상수 C가 존재하여 다음이 성립한다.

$$\int_a^x f(t)\,dt=F(x)+C$$

또한,

$$\int_a^a f(t)\,dt = F(a) + C = 0$$

에서 $C = -F(a)$이다. 따라서

$$\int_a^x f(t)\,dt = F(x) - F(a)$$

이므로 다음을 만족한다.

$$\int_a^b f(t)\,dt = F(b) - F(a)$$ ■

예제 6.2

$\int_{-2}^{1} x^3\,dx$를 구하여라.

풀이

함수 f를 $f(x) = x^3$이라 하면 함수 f는 $(-\infty, \infty)$에서 연속이다. 함수 g를 $g(x) = \frac{1}{4}x^4$으로 놓으면 $g'(x) = f(x)$이므로 미적분학 제2법칙을 이용하여

$$\int_{-2}^{1} f(x)\,dx = g(1) - g(-2) = \frac{1}{4} \times 1^4 - \frac{1}{4}(-2)^4 = -\frac{15}{4}$$

와 같이 간단히 정적분을 구할 수 있다.

예제 6.3

$\int_1^3 |x^2 - 2x|\,dx$를 구하여라.

풀이

$$1 \le x < 2\text{에서 } |x^2 - 2x| = -(x^2 - 2x)$$

$$2 \le x \le 3\text{에서 } |x^2 - 2x| = x^2 - 2x$$

그러므로 구하는 정적분은 다음과 같다.

$$\int_1^3 |x^2 - 2x|\,dx = \int_1^2 \{-(x^2 - 2x)\}\,dx + \int_2^3 (x^2 - 2x)\,dx$$

$$= -\left[\frac{x^3}{3} - x^2\right]_1^2 + \left[\frac{x^3}{3} - x^2\right]_2^3 = 2$$

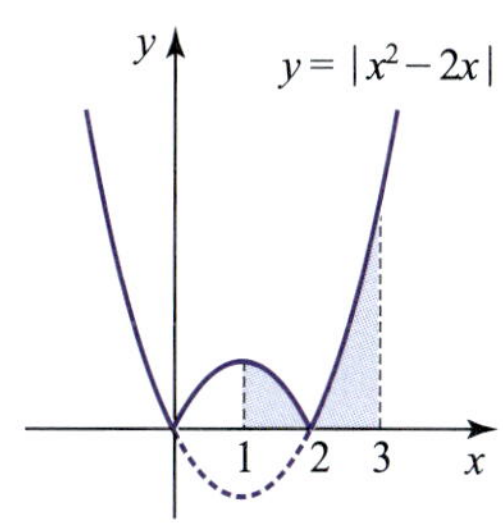

그림 6.2.2

연습문제 6.2

1. 주어진 구간 $[a, b]$에서 함수 f에 대하여 다음 식을 만족하는 c를 구하여라.

$$f(c) = \frac{1}{b-a}\int_a^b f(x)\,dx$$

(1) $f(x) = x,\ [0, 4]$ (2) $f(x) = x^2,\ [-1, 3]$

(3) $f(x) = 2x - 1,\ [-1, 2]$ (4) $f(x) = 2,\ [2, 10]$

2. 다음을 구하여라.

(1) $\dfrac{d}{dx}\displaystyle\int_2^x t^3 - 4t + 3dt$ (2) $\displaystyle\int_2^x \frac{d}{dt}(t^3 - 4t + 3)dt$

(3) $\dfrac{d}{dt}\displaystyle\int_0^t \sin\frac{1}{2}x\,dx$ (4) $\dfrac{d}{dx}\displaystyle\int_x^3 \sqrt{t+3}\,dt$

(5) $\dfrac{d}{dx}\displaystyle\int_1^x (t^2-1)\sin t\,dt$ (6) $\dfrac{d}{dx}\displaystyle\int_2^x (e^t+3)dt$

3. 주어진 부정적분을 이용하여 정적분을 구하여라.

(1) $\displaystyle\int_2^5 \frac{1}{\sqrt{x^2-1}}dx,\ \int \frac{1}{\sqrt{x^2-1}}dx = \ln\left(x+\sqrt{x^2-1}\right)+C$

(2) $\displaystyle\int_e^{2e} \ln x\,dx,\ \int \ln x\,dx = x\ln x - x + C$

4. 부정적분(역도함수)을 이용하여 다음 정적분을 구하여라.

(1) $\displaystyle\int_1^2 (2x+1)dx$ (2) $\displaystyle\int_0^{\frac{\pi}{2}} (e^{2x} - \cos x)dx$

(3) $\displaystyle\int_0^{\pi} |\cos x|\,dx$

5. 함수 $f(x)$의 도함수를 구하여라.

(1) $f(x) = \displaystyle\int_1^x \frac{1}{1+t^3}dt$ (2) $f(x) = \displaystyle\int_{1-3x}^1 \frac{t^3}{1+t^2}dt$

(3) $f(x) = \displaystyle\int_0^{x^2} \sqrt{1+u^3}\,du$ (4) $f(x) = \displaystyle\int_1^{3x} \sin\theta^2\,d\theta$

(5) $f(x) = \displaystyle\int_{2x}^{3x} \frac{t^2-1}{t^2+1}dt$ (6) $f(x) = \displaystyle\int_{\cos x}^{5x} \cos u^2 du$

6. 다음 정적분을 구하고, 넓이의 차이로 정적분 결과를 설명하여라.

$$\int_{-1}^3 x^3\,dx$$

[7~8] 임의의 실수 x에 대하여 다음 등식이 성립할 때, 함수 $f(x)$를 구하여라.

7. $\displaystyle\int_0^x f(t)\,dt = e^{3x} - 2x - 1$

8. $\displaystyle\int_1^x f(t)\,dt = \ln 2x + x - 3$ (단, $x > 0$)

9. 연속함수 $f(x)$가 모든 실수 x에 대하여 $f(x+3) = f(x)$, $\displaystyle\int_1^4 f(x)\,dx = 3$을 만족시킬 때, $\displaystyle\int_1^{13} f(x)\,dx$의 값을 구하여라.

6.3 적분표를 이용한 적분 계산

5장에서 적분의 기본 공식과 적분 기법을 통해 주요 함수들의 부정적분을 알아봤다. 이외에도 직접 계산하기 쉽지 않은 부정적분을 갖는 함수들이 있을 것이다. 이 절에서는 이 중에서 중요한 함수들의 부정적분을 지금까지 배운 함수들의 부정적분과 함께한 적분표를 소개하고 이를 이용한 적분 계산을 학습한다.

알려진 적분 기법과 적분표를 사용하는 적분 계산(integration by tables)으로 더욱 다양한 함수를 적분할 수 있을 것이다.

적분표는 부록 4에 주어져 있는데, 각각의 공식들은 우변을 미분하여 좌변의 피적분함수가 됨을 확인하여 증명할 수 있을 것이다. 이 중 몇 가지 공식을 살펴보자.

① 적분표에서 87번 공식은 다음과 같다.

$$\int e^u du = e^u + C \quad (\text{단, } u\text{는 } x\text{에 관한 임의의 함수})$$

$u = f(x)$로 치환하면 다음을 얻는다.

$$\int f'(x) e^{f(x)} dx = e^{f(x)} + C$$

즉, 위와 같이 x에 관한 임의의 함수 u로 표현한 부정적분은 치환적분법을 이용한 것으로 함수 $u = f(x)$를 변형하여 여러 식을 얻어 적용할 수 있음을 알아두자.

② 적분표에서 10번 공식을 살펴보자.

$$\int \frac{\sqrt{a+bx}}{x} dx = 2\sqrt{a+bx} + a\int \frac{1}{x\sqrt{a+bx}} dx$$

이 공식은 x에 관하여 미분하여 확인할 수 있다. 또는 좌변의 피적분함수에서 $f(x) = \dfrac{\sqrt{a+bx}}{\sqrt{x}}$, $g'(x) = \dfrac{1}{\sqrt{x}}$로 두고 부분적분법을 통해 이 공식이 유도할 수 있다.

이제 예제를 통해 구체적으로 적분표를 이용하는 부정적분 계산들을 살펴보자.

예제 6.4

적분표를 이용하여 다음 부정적분을 구하여라.

(1) $\displaystyle\int \frac{x^2}{\sqrt{x^2+2x-1}} dx$ (2) $\displaystyle\int x^n \cos x \, dx$ (단, $n = 4k-1,\ k > 0$)

풀이

(1) $x^2+2x-1 = (x+1)^2 - 2$이므로 $x+1 = u$로 치환하면 다음과 같다.

$$\begin{aligned}\int \frac{x^2}{\sqrt{x^2+2x-1}} dx &= \int \frac{u^2-2u+1}{\sqrt{u^2-(\sqrt{2})^2}} dx \\ &= \int \frac{u^2}{\sqrt{u^2-(\sqrt{2})^2}} du - 2\int \frac{u}{\sqrt{u^2-(\sqrt{2})^2}} du + \int \frac{1}{\sqrt{u^2-(\sqrt{2})^2}} du\end{aligned}$$

첫 번째와 세 번째 항은 적분표 44번, 45번 공식을 이용할 수 있다. 두 번째 항은 $u^2 - (\sqrt{2})^2 = t$로 치환하면

$$\int \frac{u}{\sqrt{u^2-(\sqrt{2})^2}}du = \frac{1}{2}\int \frac{dt}{\sqrt{t}} = \sqrt{t} + C$$

이므로 구하는 부정적분은 다음과 같다.

$$\int \frac{x^2}{\sqrt{x^2+2x-1}}dx = \frac{x-3}{2}\sqrt{x^2+2x-1} + 2\ln\left|x+1+\sqrt{x^2+2x-1}\right| + C$$

(2) 적분표 78번 공식과 73번 공식을 번갈아가며 이용하면 구하는 부정적분은 다음과 같다.

$$\begin{aligned}\int x^n \cos x\,dx &= x^n \sin x - n\int x^{n-1}\sin x\,dx \\ &= x^n \sin x + nx^{n-1}\cos x - n(n-1)\int x^{n-2}\cos x\,dx \\ &= x^n \sin x + nx^{n-1}\cos x - n(n-1)x^{n-2}\sin x + n(n-1)(n-2)\int x^{n-3}\sin x\,dx \\ &= \sin x\{x^n - n(n-1)x^{n-2} + n(n-1)(n-2)(n-3)x^{n-4} \\ &\qquad - n(n-1)(n-2)(n-3)(n-4)(n-5)x^{n-6} \\ &\qquad + \cdots + n(n-1)\times\cdots\times 4x^3 - n(n-1)\times\cdots\times 4\times 3\times 2x\} \\ &\quad + \cos x\{nx^{n-1} - n(n-1)(n-2)x^{n-3} + n(n-1)(n-2)(n-3)(n-4)x^{n-5} \\ &\qquad - n(n-1)(n-2)(n-3)(n-4)(n-5)(n-7)x^{n-7} \\ &\qquad + \cdots + n(n-1)\times\cdots\times 3x^2 - n(n-1)\times\cdots\times 3\times 2\times 1\}\end{aligned}$$

예제 6.5

적분표를 이용하여 다음 정적분을 구하여라.

(1) $\int_1^e x^3 \ln x\,dx$ (2) $\int_0^{\frac{\pi}{4}} \sin^3 x \cos^3 x\,dx$

풀이

(1) 적분표에서 ln x를 포함하는 형태의 97번 공식을 이용한다.

$$\int x^n \ln x\,dx = x^{n+1}\left\{\frac{\ln x}{n+1} - \frac{1}{(n+1)^2}\right\} + C \ (\text{단, } n \neq -1)$$

구하는 정적분은 위 공식에서 $n = 3$인 경우이므로 다음과 같다.

$$\begin{aligned}\int_1^e x^3 \ln x\,dx &= \left[\frac{x^4}{4^2}(-1+4\ln x)\right]_1^e \\ &= \frac{3}{16}e^4 + \frac{1}{16}\end{aligned}$$

(2) 적분표 67번, 68번 공식을 이용한다. 67번 공식에 의해

$$\begin{aligned}\int_0^{\frac{\pi}{4}} \sin^3 x \cos^3 x\,dx &= -\frac{1}{6}[\sin^2 x \cos^4 x]_0^{\frac{\pi}{4}} + \frac{2}{6}\int_0^{\frac{\pi}{4}} \sin x \cos^3 x\,dx \\ &= -\frac{1}{48} + \frac{1}{3}\int_0^{\frac{\pi}{4}} \sin x \cos^3 x\,dx\end{aligned}$$

이다. 또한, 68번 공식에 의해 다음이 성립한다.

$$\begin{aligned}\int_0^{\frac{\pi}{4}} \sin x \cos^3 x\, dx &= \frac{1}{4}[\sin^2 x \cos^2 x]_0^{\frac{\pi}{4}} + \frac{2}{4}\int_0^{\frac{\pi}{4}} \sin x \cos x\, dx \\ &= \frac{1}{16} + \frac{1}{2}\int_0^{\frac{\pi}{4}} \sin x \cos x\, dx\end{aligned}$$

삼각함수의 배각공식에 의해 $2\sin x \cos x = \sin 2x$이므로

$$\int_0^{\frac{\pi}{4}} \sin x \cos x\, dx = \frac{1}{2}\int_0^{\frac{\pi}{4}} \sin 2x\, dx = -\frac{1}{4}[\cos 2x]_0^{\frac{\pi}{4}} = \frac{1}{4}$$

이다. 따라서 구하는 정적분은 다음과 같다.

$$\int_0^{\frac{\pi}{4}} \sin^3 x \cos^3 x\, dx = -\frac{1}{48} + \frac{1}{3} \times \frac{1}{16} + \frac{1}{3} \times \frac{1}{2} \times \frac{1}{4} = \frac{1}{24}$$

연습문제 6.3

1. 적분표 I을 이용하여 다음 부정적분을 구하여라.

(1) $\int (2x+3)^4 dx$　　(2) $\int \frac{x}{2x+1} dx$

(3) $\int \frac{x^2}{-3x+2} dx$　　(4) $\int \frac{\sqrt{-x+2}}{x} dx$

(5) $\int \frac{1}{\sqrt{x+1}} dx$　　(6) $\int \frac{1}{x\sqrt{2x-1}} dx$

2. 적분표 II를 이용하여 다음 부정적분을 구하여라.

(1) $\int \frac{1}{4+x^2} dx$　　(2) $\int \sqrt{9+x^2}\, dx$

(3) $\int \frac{x^2}{\sqrt{3+x^2}} dx$　　(4) $\int \sqrt{4-x^2}\, dx$

(5) $\int \frac{1}{\sqrt{16-x^2}} dx$　　(6) $\int \frac{1}{\sqrt{x^2-9}} dx$

3. 적분표 III를 이용하여 다음 부정적분을 구하여라(단, a는 상수이다).

(1) $\int \sin 2x\, dx$　　(2) $\int \frac{1}{\sin^3 2x} dx$

(3) $\int \sin 3x \sin 4x\, dx$　　(4) $\int \cos^4 2x\, dx$

(5) $\int \frac{1}{1+\cos ax} dx$　　(6) $\int x^3 \sin ax\, dx$

(7) $\int \tan 3x\, dx$　　(8) $\int \tan^5 x\, dx$

(9) $\int \sec 3x\, dx$　　(10) $\int \csc^3 3x\, dx$

(11) $\int \tan x \sec x\, dx$　　(12) $\int \sec^3 2x\, dx$

4. 적분표 IV를 이용하여 다음 부정적분을 구하여라.

(1) $\int e^{3x} dx$　　(2) $\int 3^x dx$

(3) $\int x^3 e^{2x} dx$　　(4) $\int x^2 \ln 3x\, dx$

(5) $\int e^{2x} \sin 3x\, dx$　　(6) $\int \{\ln(4x)\}^2 dx$

5. 적분표 V를 이용하여 다음 부정적분을 구하여라.

(1) $\int \sinh 2x\, dx$　　(2) $\int \operatorname{csch}^2 x\, dx$

(3) $\int \operatorname{sech} x\, dx$　　(4) $\int \operatorname{sech} x \tanh x\, dx$

6.4 이상적분

지금까지 정적분은 함수가 폐구간 $[a, b]$에서 유계인 경우만 정의됐는데, 적분 구간이 유계가 아니거나 함숫값이 유계가 아닌 경우까지 정적분의 정의를 확장할 수 있다.

유한 구간에서의 이상적분

함수 $f(x)$가 반개구간 $[a, b)$에서 정의되고 a 와 b 사이의 모든 t에 대하여 $[a, t]$에서 적분가능하고 b의 근방에서 유계가 아닐 때, b를 $f(x)$의 특이점(singular point)이라 한다. 이때 a에서 b까지 함수 $f(x)$의 이상적분(improper integral)은 다음과 같이 정의할 수 있다. 반개구간 $(a, b]$ 또는 개구간 (a, b)에서 정의된 함수의 경우도 비슷하게 정의한다.

정의 6.4.1 이상적분

(1) 반개구간 $[a, b)$에서 정의된 함수 $f(x)$의 이상적분을 다음과 같이 정의한다.

$$\int_a^b f(x)\,dx = \lim_{\varepsilon \to 0^+} \int_a^{b-\varepsilon} f(x)\,dx$$

(2) 반개구간 $(a, b]$에서 정의된 함수 $f(x)$의 이상적분을 다음과 같이 정의한다.

$$\int_a^b f(x)\,dx = \lim_{\varepsilon \to 0^+} \int_{a+\varepsilon}^{b} f(x)\,dx$$

(3) 개구간 (a, b)에서 정의된 함수 $f(x)$의 이상적분을 다음과 같이 정의한다.

$$\int_a^b f(x)\,dx = \lim_{\substack{\varepsilon_1 \to 0^+ \\ \varepsilon_2 \to 0^+}} \int_{a+\varepsilon_1}^{b-\varepsilon_2} f(x)\,dx$$

물론 극한값이 존재하지 않는 경우는 이상적분이 정의되지 않는다.

예제 6.6

다음 이상적분을 구하여라.

(1) $\displaystyle\int_0^1 \frac{1}{\sqrt{1-x}}\,dx$ (2) $\displaystyle\int_0^1 \ln x\,dx$

풀이

(1) $f(x)=\dfrac{1}{\sqrt{1-x}}$은 $x=1$에서 특이점을 가지므로 구하는 이상적분은 다음과 같다.

$$\int_0^1 \frac{1}{\sqrt{1-x}}dx = \lim_{\varepsilon\to 0^+}\int_0^{1-\varepsilon}\frac{1}{\sqrt{1-x}}dx$$
$$= \lim_{\varepsilon\to 0^+}\left[-2\sqrt{1-x}\right]_0^{1-\varepsilon} = \lim_{\varepsilon\to 0^+}(-2\sqrt{\varepsilon}+2)=2$$

(2) $f(x)=\ln x$은 $x=0$에서 특이점을 가지므로 구하는 이상적분은 다음과 같다.

$$\int_0^1 \ln x\,dx = \lim_{\varepsilon\to 0^+}\int_{0+\varepsilon}^1 \ln x\,dx$$
$$= \lim_{\varepsilon\to 0^+}[x\ln x - x]_\varepsilon^1 = \lim_{\varepsilon\to 0^+}[1\ln 1 - 1 - \varepsilon\ln\varepsilon + \varepsilon]$$
$$= \lim_{\varepsilon\to 0^+}[-1-\varepsilon\ln\varepsilon+\varepsilon] = -1$$

무한 구간에서의 이상적분

함수 $f(x)$가 무한 구간 (a, ∞), (−∞, b), (−∞, ∞) 등에서 정의되고 해당 적분과 극한값이 존재하는 경우, 이 무한 구간에서의 이상적분은 다음과 같이 정의할 수 있다.

정의 6.4.2 무한 구간에서의 이상적분

(1) $\displaystyle\int_a^\infty f(x)\,dx = \lim_{t\to\infty}\int_a^t f(x)\,dx$

(2) $\displaystyle\int_{-\infty}^b f(x)\,dx = \lim_{t\to-\infty}\int_t^b f(x)\,dx$

(3) $\displaystyle\int_{-\infty}^\infty f(x)\,dx = \lim_{\substack{s\to-\infty \\ t\to\infty}}\int_s^t f(x)\,dx$

예제 6.7

다음 이상적분을 구하여라.

(1) $\displaystyle\int_1^\infty \frac{1}{x^2}dx$　　　(2) $\displaystyle\int_{-\infty}^\infty \frac{1}{1+x^2}dx$

풀이

(1) $\displaystyle\int_1^\infty \frac{1}{x^2}dx = \lim_{t\to\infty}\int_1^t \frac{1}{x^2}dx = \lim_{t\to\infty}\left[-\frac{1}{x}\right]_1^t = \lim_{t\to\infty}\left[-\frac{1}{t}+\frac{1}{1}\right]=1$

(2) $\int_{-\infty}^{\infty} \frac{1}{1+x^2} dx = \lim_{\substack{s \to -\infty \\ t \to \infty}} \int_s^t \frac{1}{1+x^2} dx = \lim_{\substack{s \to -\infty \\ t \to \infty}} [\tan^{-1} x]_s^t$

$$= \lim_{\substack{s \to -\infty \\ t \to \infty}} [\tan^{-1} t - \tan^{-1} s] = \frac{\pi}{2} - \left(-\frac{\pi}{2}\right) = \pi$$

연습문제 6.4

1. 다음 이상적분을 구하여라.

(1) $\int_0^4 \frac{1}{x} dx$ (2) $\int_0^9 \frac{1}{x-1} dx$

(3) $\int_0^4 \frac{1}{x^{\frac{3}{2}}} dx$ (4) $\int_0^9 \frac{1}{(x-1)^{\frac{2}{3}}} dx$

(5) $\int_e^{\infty} \frac{1}{x \ln x} dx$ (6) $\int_{-\infty}^{\infty} \frac{x}{x^2+4} dx$

(7) $\int_{-\infty}^{-2} \frac{1}{(x+1)^3} dx$ (8) $\int_0^{\infty} xe^{-2x} dx$

(9) $\int_0^1 \frac{e^{\sqrt{x}}}{\sqrt{x}} dx$ (10) $\int_0^{\frac{\pi}{2}} \frac{\cos x}{\sqrt{\sin x}} dx$

(11) $\int_0^{\infty} e^{-x} \cos x\, dx$ (12) $\int_0^{\frac{\pi}{2}} \sec x\, dx$

2. $\int_1^{\infty} \frac{1}{x^p} dx$가 수렴하기 위한 실수 p의 범위를 구하여라.

CHAPTER

07

적분의 응용

7.1 곡선의 길이와 절단에 의한 면적

곡선의 길이

구간 $[a, b]$에서의 곡선 $y=f(x)$의 길이 L을 구해 보자. 구간 $[a, b]$를 n분할하여, i번째 소구간 $[x_{i-1}, x_i]$에서 선분 PQ의 길이 Δs_i는

$$\Delta s_i = \sqrt{(\Delta x_i)^2 + \{f(x_i) - f(x_{i-1})\}^2}$$

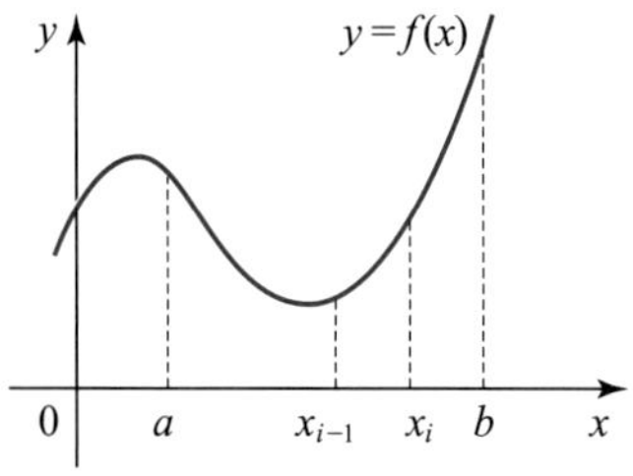

그림 7.1.1

이다(그림 7.1.1). 한편, 평균값 정리에 의해

$$\frac{f(x_i) - f(x_{i-1})}{\Delta x_i} = f'(x_i^*)$$

인 x_i^*가 $[x_{i-1}, x_i]$에 존재한다(그림 7.1.2).

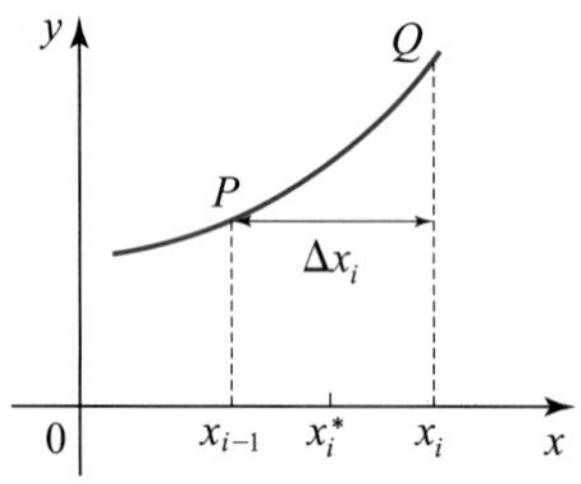

그림 7.1.2

따라서 이 식을 위의 식에 대입하면 다음을 얻는다.

$$\Delta s_i = \sqrt{(\Delta x_i)^2 + \{f'(x_i^*)\Delta x_i\}^2} = \sqrt{1 + \{f'(x_i^*)\}^2}\,\Delta x_i$$

여기서 곡선의 길이 L은 $|P_n| = \max\{\Delta x_1, \Delta x_2, \cdots, \Delta x_n\}$이 0으로 접근할 때의 극한값

$$\lim_{|P_n|\to 0} \sum_{i=1}^{n} \Delta s_i$$

$|P_n| \to 0$이면 $n \to \infty$이다.

로 볼 수 있으므로

$$L = \int_a^b \sqrt{1 + \{f'(x)\}^2}\, dx$$

$L = \int_a^b \sqrt{1+\{f'(x)\}^2}\, dx$

가 된다.

예제 7.1

주어진 구간에서 곡선 $y=f(x)$의 길이를 구하여라.

(1) $f(x) = \ln x - \frac{1}{8}x^2$, $[1, 2]$ (2) $f(x) = x^{\frac{3}{2}}$, $[1, 4]$

풀이

(1) $f'(x) = \frac{1}{x} - \frac{x}{4}$이므로 곡선 $y=f(x)$의 길이 L은 다음과 같다.

$$L = \int_1^2 \sqrt{1 + \left(\frac{1}{x} - \frac{x}{4}\right)^2}\, dx = \int_1^2 \sqrt{\left(\frac{1}{x} + \frac{x}{4}\right)^2}\, dx$$

$$= \left[\ln x + \frac{1}{8}x^2\right]_1^2 = \ln 2 + \frac{3}{8}$$

(2) $f'(x)=\frac{3}{2}x^{\frac{1}{2}}$이므로 곡선 $y=f(x)$의 길이 L은 다음과 같다.

$$L=\int_1^4\sqrt{1+\left(\frac{3}{2}x^{\frac{1}{2}}\right)^2}\,dx=\int_1^4\sqrt{1+\frac{9}{4}x}\,dx$$
$$=\frac{8}{27}\left\{10^{\frac{3}{2}}-\left(\frac{13}{4}\right)^{\frac{3}{2}}\right\}$$

절단에 의한 면적

직교좌표 위의 단일 폐곡선으로 둘러싸인 도형 R에 대하여 직선 $x=t$에 의해 잘린 절단선의 길이를 $C(t)$라 하자. 절단선의 길이가 0이 되는 양 끝점의 x좌표를 각각 a, b라 하고 구간 $[a, b]$를 n분할했을 때 i번째 소구간 $[x_{i-1}, x_i]$의 임의의 원소 x_i^*를 취하여

$$S=\lim_{|P_n|\to 0}\sum_{i=1}^{n}C(x_i^*)\Delta x_i,\quad |P_n|=\max\{\Delta x_1, \Delta x_2, \cdots, \Delta x_n\}$$

이라 하면 정적분의 정의에 의해

$$S=\int_a^b C(x)\,dx$$

이고 이 값은 R의 면적이 됨을 알 수 있다.

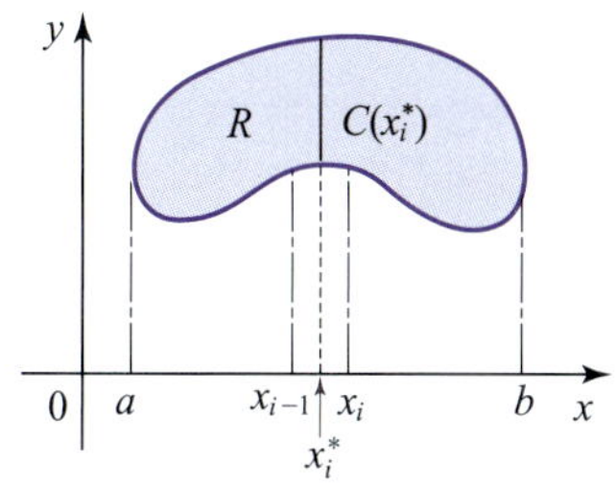

그림 7.1.3

예제 7.2

두 곡선 $y=6-x^2$, $y=x$에 의해 둘러싸인 부분의 넓이를 구하여라.

풀이

$6-x^2=x$에서 $x=-3$ 또는 $x=2$이므로 두 곡선의 교점의 x좌표는 -3, 2이다(그림 7.1.4). 절단선의 길이는 $C(x)=6-x^2-x$이므로 구하는 넓이는 다음과 같다.

$$A=\int_{-3}^{2}(6-x^2-x)dx=\left[6x-\frac{x^3}{3}-\frac{x^2}{2}\right]_{-3}^{2}$$
$$=\frac{125}{6}$$

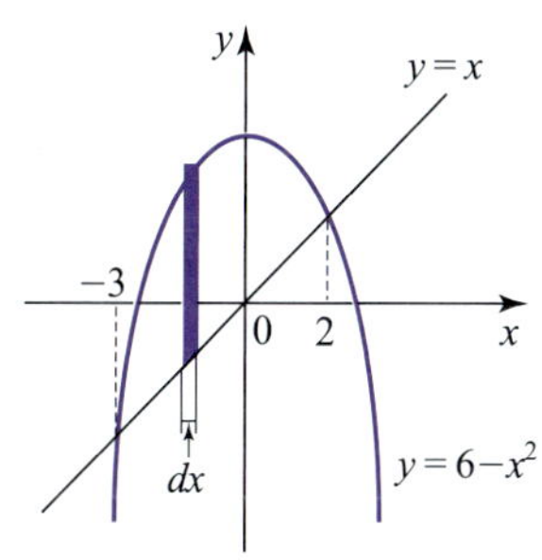

그림 7.1.4

연습문제 7.1

1. 다음 곡선에 대하여 주어진 구간에서 곡선의 길이를 구하여라.

(1) $y=2x,\ [-1,3]$ (2) $y=-4x+1,\ [-2,3]$

(3) $y=3,\ [-10,10]$ (4) $y=\frac{2}{3}x^{\frac{3}{2}}-\frac{1}{2}x^{\frac{1}{2}},\ [1,9]$

(5) $y=x^{\frac{3}{2}}+1,\ [0,1]$ (6) $y=\frac{1}{3}x^3+\frac{1}{4x},\ [1,4]$

2. 주어진 구간에서 곡선과 x축에 의해 둘러싸인 넓이를 구하여라.

(1) $y=2x,\ [0,5]$ (2) $y=x^2,\ [1,5]$

(3) $y=x^2-4,\ [0,4]$ (4) $y=-(x-2)(x+4),\ [0,3]$

(5) $y=\sin x,\ \left[-\frac{\pi}{2},\frac{\pi}{2}\right]$ (6) $y=\sec x,\ \left[0,\frac{\pi}{6}\right]$

3. 주어진 두 곡선에 의해 둘러싸인 넓이를 구하여라.

(1) $y=\sin x,\ y=\cos x,\ \left[\frac{\pi}{4},\frac{5\pi}{4}\right]$

(2) $y=\sqrt{x},\ y=x^2$

(3) $y=x^2-1,\ y=-x^2+1$

(4) $2y^2=2-x,\ y=\frac{1}{2}x+1$

4. 세 점 (0, 0), (2, 3), (5, −3)을 지나는 삼각형의 넓이를 적분을 이용하여 구하여라.

5. 타원 $\frac{x^2}{a^2}+\frac{y^2}{b^2}=1\ (0<b<a)$ 내부의 넓이를 구하여라.

7.2 입체의 부피

단면적 함수로 부피 구하기

이번에는 구간 $[a,b]$에서의 입체의 부피를 구해 보자. 그림 7.2.1과 같이 구간 $[a,b]$에 있는 도형의 x축에 수직한 면으로 자른 단면적을 $A(x)$라 하자. 구간 $[a,b]$를 n분할했을 때 i번째 소구간 $[x_{i-1},x_i]$의 임의의 원소 x_i^*를 취하여 $\lim_{|P_n|\to 0}\sum_{i=1}^{n}A(x_i^*)\Delta x_i$를 구하는데, 이때 $|P_n|=\max\{\Delta x_1,\Delta x_2,\cdots,\Delta x_n\}$이다.

이 극한값이 존재하면 그 값이 입체의 부피가 된다. 즉, 도형의 부피 V는 다음

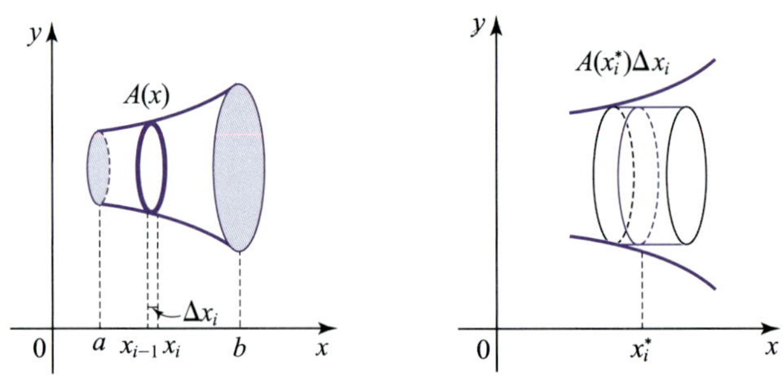

그림 7.2.1

과 같다.

$$V=\int_a^b A(x)\,dx$$

예제 7.3

반지름이 a인 구의 부피를 구하여라.

풀이

그림 7.2.2에서 절단면 $A(x)$는 반지름이 $\sqrt{a^2-x^2}$인 원의 넓이이므로

$$A(x)=\pi(a^2-x^2)$$

이다. 따라서 구의 부피는 다음과 같다.

$$\int_{-a}^{a}\pi(a^2-x^2)dx=\frac{4}{3}\pi a^3$$

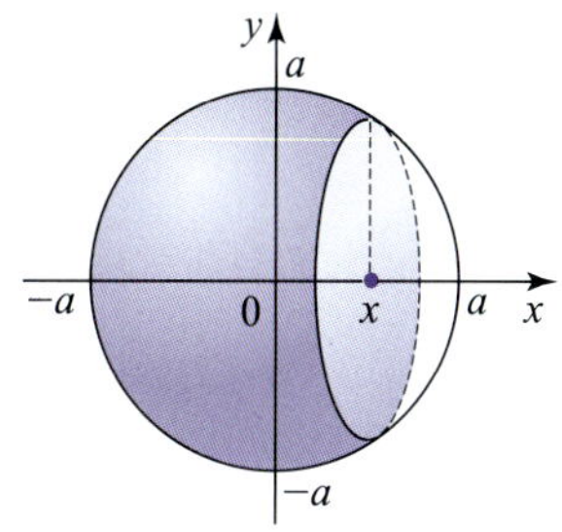

그림 7.2.2

단면적 함수로 회전체의 부피 구하기

구간 $[a, b]$에서 곡선 $y=f(x)$를 구간 $[a, b]$ 부분을 x축을 축으로 회전하여 얻은 입체의 부피를 구해 보자. 이때 입체는 회전체이므로 $A(x)$는 반지름이 $f(x)$인 원이 된다. 따라서 입체의 부피 V는

$$V=\int_a^b \pi\{f(x)\}^2\,dx$$

가 됨을 알 수 있다.

y축을 축으로 회전하여 얻은 입체는 마찬가지로 생각하여 x와 y를 교환하면 된다.

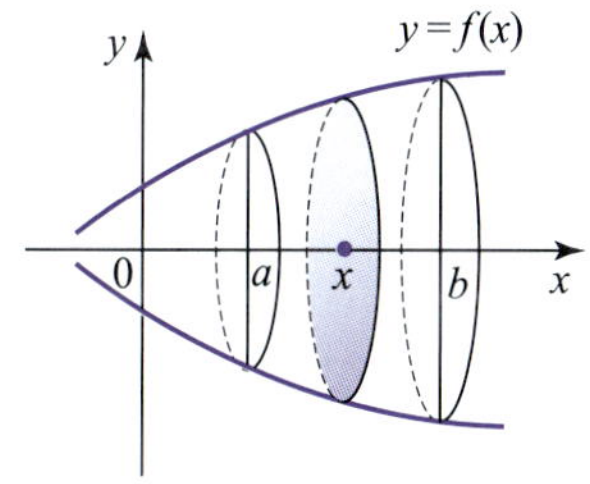

그림 7.2.3

예제 7.4

제1사분면에서 두 곡선 $y=x^2$, $y=x^3$에 의해 둘러싸인 부분을 x축, y축을 축으로 회전하여 얻는 입체의 부피를 각각 구하여라.

풀이

두 곡선의 교점은 (0, 0), (1, 1)이므로 각 입체의 부피는 다음과 같다(그림 7.2.4).

x축 회전: $V=\int_0^1\pi(x^4-x^6)dx=\frac{2}{35}\pi$

y축 회전: $V=\int_0^1\pi\left(y^{\frac{2}{3}}-y\right)dy=\frac{\pi}{10}$

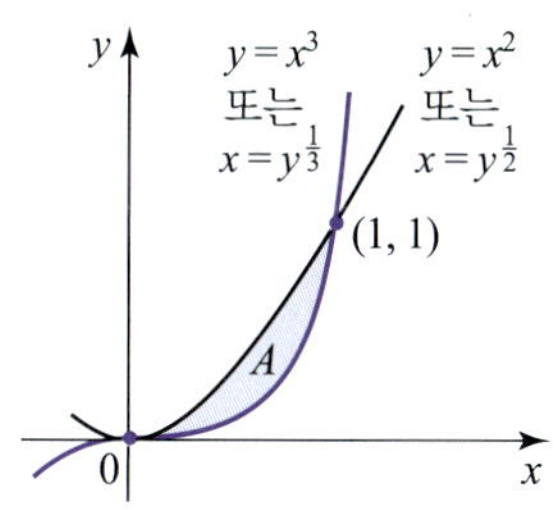

그림 7.2.4

원통 방법으로 회전체의 부피 구하기

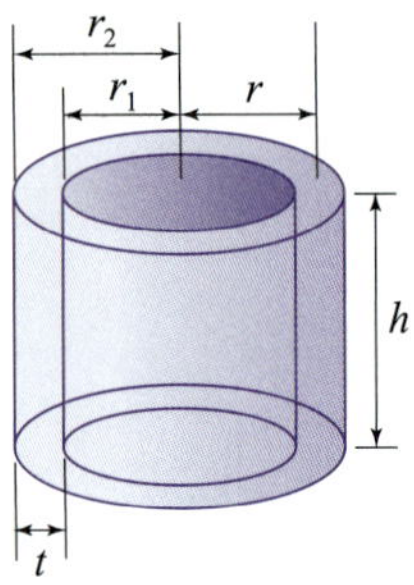

그림 7.2.5

앞에서 입체의 부피를 구할 때 얇게 자른 판들 각각의 부피를 구한 후, 이를 모두 합했다. 특히 회전체의 경우 자른 조각들은 원판(circular disks)이 된다.

지금부터는 **원통 방법**이라는 방법으로 회전체의 부피를 구하고자 한다. 이 방법은 회전체를 **얇은 원통**(thin cylindrical shells)으로 자른 후, 각각의 부피를 합하는 방법인데 때로는 이 방법이 더 편리하다. 원통이란 중심과 높이가 같은 두 개의 원기둥으로 싸인 부분을 말한다(그림 7.2.5).

그림 7.2.5와 같이 안쪽 원기둥의 반지름이 r_1, 바깥쪽 원기둥의 반지름이 r_2일 때,

$$\bar{r} = \frac{r_1 + r_2}{2}$$

를 원통의 평균 반지름이라 하고 $t = r_2 - r_1$을 원통의 두께라고 한다. 이 원통의 부피 V를 계산해 보면 다음과 같다.

$$V = \pi r_2^2 h - \pi r_1^2 h = 2\pi \frac{r_1 + r_2}{2}(r_2 - r_1)h = 2\pi \bar{r} t h$$

즉, 원통의 부피 V는 2π × (평균 반지름) × (두께) × (높이)이다.

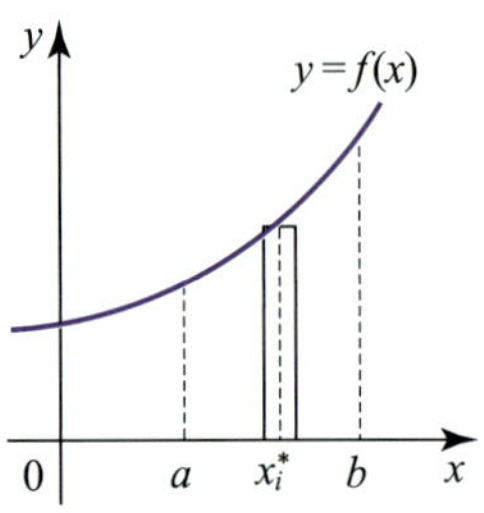

그림 7.2.6

구간 $[a, b]$에서 곡선 $y = f(x)$를 x축이 아닌 y축을 축으로 회전하여 얻은 입체의 부피를 구해 보자.

$[a, b]$를 n분할하여 i번째 소구간 $[x_{i-1}, x_i]$의 중심을 x_i^*라 하고, 높이가 $f(x_i^*)$, 밑변의 길이가 x_i인 직사각형을 y축을 축으로 회전하면 원통이 되는데, 이 원통은 두께는 x_i, 높이는 $f(x_i^*)$, 평균 반지름은 x_i^*이다(그림 7.2.6). 따라서 원통의 부피는

$$2\pi x_i^* f(x_i^*) \Delta x_i$$

이고, 결국 구하는 회전체의 부피는 다음과 같다.

$$\lim_{|P_n| \to 0} \sum_{i=1}^{n} 2\pi x_i^* f(x_i^*) \Delta x_i = \int_a^b 2\pi x f(x)\, dx$$

$$|P_n| = \max\{\Delta x_1, \Delta x_2, \cdots, \Delta x_n\}$$

여기서 $2\pi x f(x)$는 반지름이 x, 높이가 $f(x)$인 원기둥의 옆면의 표면적이 됨을 쉽게 알 수 있다.

회전체의 부피

곡선 $y = f(x)$를

(1) x축 회전하여 얻은 부피

$$V = \int_a^b \pi\{f(x)\}^2 dx$$

(2) y축 회전하여 얻은 부피

$$V = \int_a^b 2\pi x f(x)\, dx$$

예제 7.5

반지름이 r인 공의 중심을 지나는 반지름 a인 구멍을 팔 때 남은 부분의 부피를 구하여라 $(r \geq a)$.

풀이

그림 7.2.7에서와 같이 곡선 $y=\sqrt{r^2-x^2}$을 $x=a$에서 $x=r$까지 y축을 축으로 회전하여 얻은 회전체의 부피의 2배이다. 따라서 원통 방법에 의해 구하는 부피는 다음과 같다.

$$V=2\int_a^r 2\pi x\sqrt{r^2-x^2}\,dx=4\pi\left[-\frac{1}{3}(r^2-x^2)^{\frac{3}{2}}\right]_a^r$$
$$=\frac{4}{3}\pi(r^2-a^2)^{\frac{3}{2}}$$

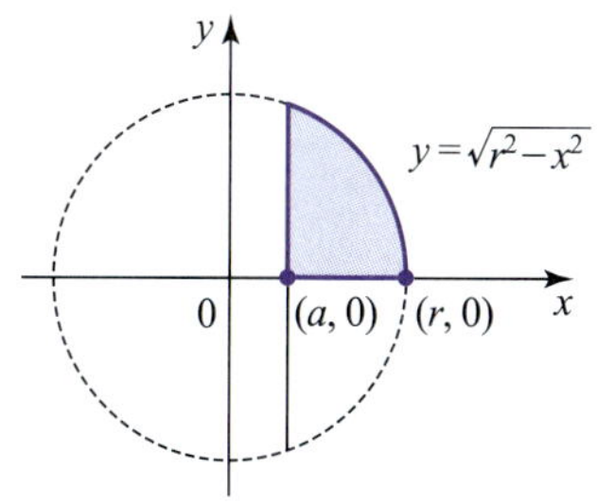

그림 7.2.7

예제 7.6

반지름이 1, 중심이 (2, 0)인 원을 y축을 축으로 회전하여 얻은 도넛의 부피를 구하여라(그림 7.2.8).

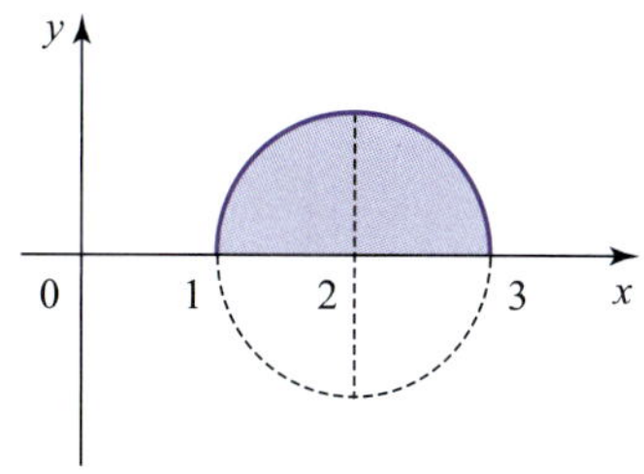

그림 7.2.8

풀이

원의 제1사분면에 있는 부분을 회전하여 얻은 회전체의 2배이므로 $y=\sqrt{1-(x-2)^2}$으로 놓으면 도넛의 부피는 다음과 같다.

$$V=2\int_1^3 2\pi x\sqrt{1-(x-2)^2}\,dx$$

$x-2=\sin u$로 두면 $dx=\cos u\,du$이므로 다음을 얻는다.

$$\int x\sqrt{1-(x-2)^2}\,dx=\int(\sin u+2)\cos^2 u\,du$$
$$=\int(\cos^2 u\sin u+2\cos^2 u)du$$
$$=-\frac{1}{3}\cos^3 u+u+\frac{1}{2}\sin 2u$$

즉,

$$2\pi\int x\sqrt{1-(x-2)^2}\,dx=2\pi\left[-\frac{1}{3}\cos^3 u+u+\frac{1}{2}\sin 2u\right]_{-\frac{\pi}{2}}^{\frac{\pi}{2}}=2\pi^2$$

이므로 구하는 부피는 $V=4\pi^2$이다.

예제 7.7

구간 [1, 4]에서 곡선 $y=\sqrt{x}$와 x축으로 둘러싸인 부분을 y축을 축으로 회전하여 얻는 회전체의 부피 V를 구하여라(그림 7.2.9).

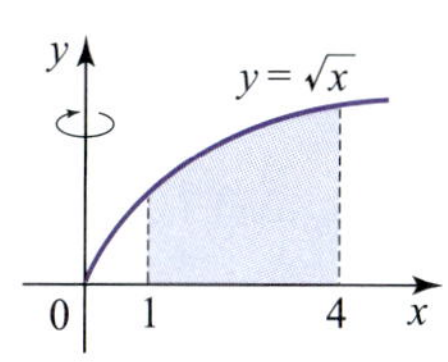

그림 7.2.9

풀이

구하는 부피는 다음과 같다.

$$V=2\pi\int_1^4 x\sqrt{x}\,dx=2\pi\left[\frac{2}{5}x^{\frac{5}{2}}\right]_1^4=\frac{124}{5}\pi$$

연습문제 7.2

1. 밑면이 곡선 $y = -x^2 + 1$과 x축으로 둘러싸인 부분인 입체에 대하여 x축에 수직인 절단면이 다음과 같을 때, 입체의 넓이를 구하여라.

   (1) 절단면이 정삼각형인 입체의 부피

   (2) 절단면이 정사각형인 입체의 부피

   (3) 절단면이 반원인 입체의 부피

2. 단면적 함수로 회전체의 부피 구하기 공식을 이용하여 다음 원기둥, 원뿔, 원뿔대의 부피를 구하여라.

(1)

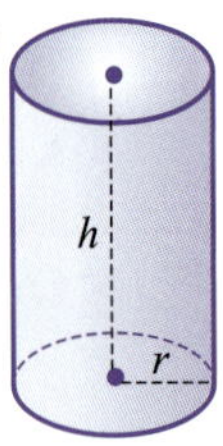

(2)

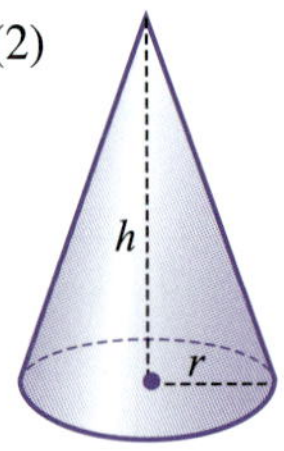

(3)

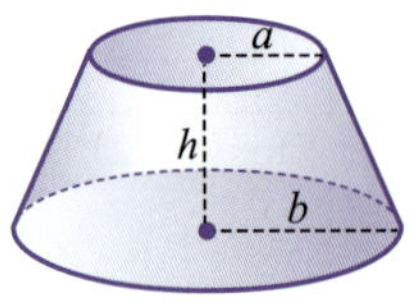

3. 주어진 곡선과 x축, y축으로 둘러싸인 부분을 x축을 축으로 회전하여 얻은 회전체의 부피를 구하여라.

   (1) $y = -2x + 6$　　(2) $y = -x^2 + 4$

   (3) $y = \sin x$ (단, $0 \le x \le \pi$)　(4) $y = e^x$ (단, $1 \le x \le 2$)

4. 주어진 곡선과 x축, y축으로 둘러싸인 부분을 y축을 축으로 회전하여 얻은 회전체의 부피를 구하여라.

   (1) $y = -2x + 6$　　(2) $y = \sqrt{x+1}$

5. 단면적 함수로 회전체의 부피 구하기 공식을 이용하여 다음 세 도형으로 둘러싸인 부분을 y축을 축으로 회전하여 얻은 회전체의 부피를 구하여라.

   (1) $y = x^3,\ x = 1,\ y = 0$

   (2) $x^2 + y^2 = 4,\ x = 0,\ x = 1$

   (3) $y = 2x - 1,\ y = -2x + 3,\ x = 2$

6. 다음 세 도형으로 둘러싸인 부분을 x축으로 회전하여 얻은 회전체의 부피를 구하여라.

   (1) $y^2 = x,\ y = 1,\ x = 0$　　(2) $y = x^2,\ x = 1,\ y = 0$

7. 연습문제 4번과 5번의 문제를 원통 방법을 이용하여 구하여라.

7.3 회전체의 표면적

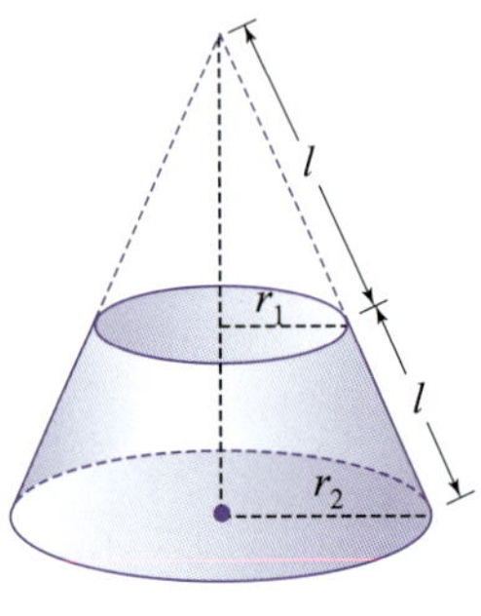

그림 7.3.1

빗변의 길이가 l이고 윗면과 아랫면의 반지름이 각각 r_1, r_2인 직원뿔대의 옆넓이를 알아보자. 직원뿔대를 펼쳤을 때 생긴 큰 부채꼴과 작은 부채꼴의 넓이의 차는

$$\begin{aligned} A &= \frac{1}{2}(l_1 + l) \times 2\pi r_2 - \frac{1}{2} l_1 \times 2\pi r_1 \\ &= \pi\{(r_2 - r_1)l_1 + r_2 l\} \end{aligned}$$

이다. 한편, 두 삼각형의 닮음으로부터

$$\frac{l_1}{r_1} = \frac{l_1 + l}{r_2}$$

을 얻는다. 이로부터

$$(r_2 - r_1)l_1 = r_1 l$$

이므로 직원뿔대의 옆넓이는 다음과 같다.

$$A = \pi(r_1 l_1 + r_1 l) = 2\pi \frac{r_1 + r_2}{2} l = 2\pi \bar{r} l$$

여기서 $\bar{r} = \dfrac{r_1 + r_2}{2}$는 원뿔대의 평균 반지름이다.

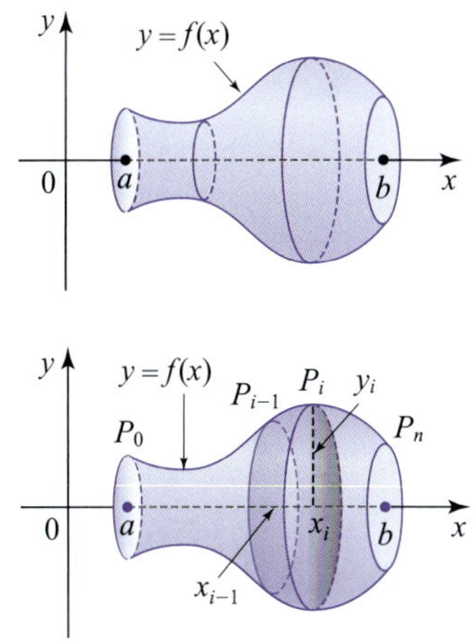

그림 7.3.2

모든 함숫값이 양수이고 도함수가 연속인 함수 f에 대하여 구간 $[a, b]$에서 곡선 $y = f(x)$를 x축을 축으로 회전하여 얻은 회전체의 표면적을 구해 보자. 구간 $[a, b]$를 n개의 소구간으로 분할하여 생긴 i번째 소구간 $[x_{i-1}, x_i]$를 생각하자. 소구간의 길이 $\Delta x_i = x_i - x_{i-1}$이 아주 작을 경우에는 소구간 $[x_{i-1}, x_i]$의 임의의 원소 x_i^*에 대하여 $f(x_i^*)$와 선분 $P_{i-1}P_i$의 회전 반경이 거의 같아지므로 선분 $P_{i-1}P_i$를 x축을 축으로 회전하여 얻은 원뿔대의 표면적 ΔA_i는

$$\Delta A_i = 2\pi f(x_i^*)\Delta s_i$$

이다. 여기서 Δs_i는 선분 $P_{i-1}P_i$의 길이이다. 앞의 곡선의 길이에서 구한 바와 같이 Δs_i는

$$\begin{aligned}\Delta s_i &= \sqrt{(\Delta x_i)^2 + \{f(x_i) - f(x_{i-1})\}^2} \\ &= \sqrt{1 + \{f'(x_i^*)\}^2}\,\Delta x_i\end{aligned}$$

가 된다. 따라서 이 회전체의 표면적 A는 다음과 같다.

$$\begin{aligned}A &= \lim_{|P_n| \to 0} \sum_{i=1}^{n} \Delta A_i \\ &= \lim_{|P_n| \to 0} \sum_{i=1}^{n} 2\pi f(x_i^*) \sqrt{1 + \{f'(x_i)\}^2}\,\Delta x_i \\ &= \int_a^b 2\pi f(x) \sqrt{1 + \{f'(x_i)\}^2}\,dx\end{aligned}$$

여기서 $|P_n| = \max\{\Delta x_1, \Delta x_2, \cdots, \Delta x_n\}$이다.

예제 7.8

구간 $[0, 1]$에서 곡선 $y = x^3$을 x축을 축으로 회전하여 얻은 회전체의 표면적을 구하여라.

풀이

$y' = 3x^2$이므로 회전체의 표면적 A는 다음과 같다.

$$A = \int_0^1 2\pi x^3 \sqrt{1 + 9x^4}\,dx$$

$\sqrt{1 + 9x^4} = u$로 놓으면 $36x^3 dx = 2u\,du$이다. 즉,

$$\int x^3 \sqrt{1 + 9x^4}\,dx = \int \frac{1}{18} u^2\,du = \frac{1}{54} u^3 = \frac{1}{54}\left(\sqrt{1 + 9x^4}\right)^3$$

이므로 구하는 표면적은 다음과 같다.

$$A=\frac{2\pi}{54}\left[\left(1+9x^4\right)^{\frac{3}{2}}\right]_0^1=\frac{1}{27}\left(10^{\frac{3}{2}}-1\right)\pi$$

예제 7.9

$0 \le x \le \sqrt{2}$ 에서 곡선 $y=x^2$을 y축을 축으로 회전하여 얻은 회전체의 표면적을 구하라.

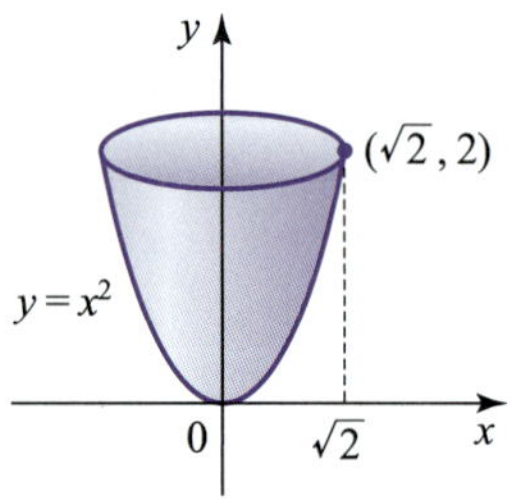

그림 7.3.3

풀이

$x=y^{\frac{1}{2}}$, $0 \le y \le 2$로 변형하면 회전체의 표면적은 다음과 같다.

$$\begin{aligned} A &= \int_0^2 2\pi y^{\frac{1}{2}} \sqrt{1+\left(\frac{1}{2}y^{-\frac{1}{2}}\right)^2}\, dy \\ &= \int_0^2 \pi\sqrt{1+4y}\, dy \\ &= \left[\frac{\pi}{6}(1+4y)^{\frac{3}{2}}\right]_0^2 \\ &= \frac{13}{3}\pi \end{aligned}$$

연습문제 7.3

1. 주어진 구간에서 곡선을 x축을 축으로 회전하여 얻은 회전체의 표면적을 구하여라.

   (1) $y=7x$, $[0, 1]$

   (2) $y=\sqrt{4-x^2}$, $[-1, 1]$

   (3) $y=\sqrt{x}$, $[0, 4]$

   (4) $y=\frac{1}{4}x^4+\frac{1}{8}x^{-2}$, $[1, 2]$

2. 주어진 구간에서 곡선을 y축을 축으로 회전하여 얻은 회전체의 표면적을 구하여라.

   (1) $x=y^3$, $[0, 2]$

   (2) $x=2\sqrt{1-y}$, $[-1, 0]$

   (3) $y=x^2+1$, $[0, 2]$

   (4) $y=1-x^2$, $[0, 1]$

CHAPTER

08

무한급수

8.1 수열의 극한

수열의 극한의 정의

1.7절에서 수열의 정의와 몇몇 특정한 수열에 대하여 살펴봤다. 8.1절에서는 앞으로 급수를 배울 때 필요한 수열의 극한에 대하여 알아본다. 주어진 수열 $\{a_n\}$은 n이 커짐에 따라 어떤 하나의 실수로 끝없이 가까이 가거나, 무한히 커지거나, 감소하거나 또는 진동하는 특징을 갖는다. 다음 몇몇 수열을 통해 수열의 극한에 대하여 알아보자.

수열	n이 무한히 커질 때 수열의 상태
$\{a_n\}$: $1, \frac{1}{2}, \frac{1}{3}, \frac{1}{4}, \cdots, \frac{1}{n}, \frac{1}{n+1}, \cdots$	0으로 무한히 가까워진다.
$\{b_n\}$: $1, 3, 5, 7, \cdots, 2n-1, 2n+1, \cdots$	양의 무한대로 끝없이 커진다.
$\{c_n\}$: $-1, -2, -3, -4, \cdots, -n, -(n+1), \cdots$	음의 무한대로 끝없이 작아진다.
$\{d_n\}$: $1, 0, 1, 0, 1, 0, \cdots$	0과 1로 끝없이 진동한다.

위의 수열 $\{a_n\}$은 0에 끝없이 가까워진다. 이때 수열 $\{a_n\}$은 0에 '수렴한다'고 한다. 또한, 세 수열 $\{b_n\}$, $\{c_n\}$, $\{d_n\}$은 n이 무한히 커질 때 어떤 하나의 값에 수렴하지 않는 수열이며 이때 각각의 수열 $\{b_n\}$, $\{c_n\}$, $\{d_n\}$은 모두 '발산한다'고 한다.

정의 8.1.1 수열의 극한(수렴)

수열 $\{x_n\}$에 대하여 n이 무한히 커질 때, 일반항 x_n이 어떤 값 α에 끝없이 가까워지면 수열 $\{x_n\}$은 α에 **수렴**한다고 하며, 이때 α를 수열 $\{x_n\}$의 **극한** 또는 **극한값**이라 하고 다음과 같이 나타낸다.

$$\lim_{n\to\infty} x_n = \alpha \text{ 또는 } n \to \infty\text{일 때 } x_n \to \alpha$$

정의 8.1.2 수열의 극한(발산, 진동)

수열 $\{x_n\}$에 대하여 n이 무한히 커질 때,

(1) 일반항 x_n이 무한히 커지면 수열 $\{x_n\}$은 **양의 무한대로 발산**한다 하며 다음과 같이 나타낸다.

$$\lim_{n\to\infty} x_n = \infty \text{ 또는 } n \to \infty\text{일 때 } x_n \to \infty$$

(2) 일반항 x_n이 무한히 작아지면 수열 $\{x_n\}$은 **음의 무한대로 발산**한다 하며 다음과 같이 나타낸다.

$$\lim_{n\to\infty} x_n = -\infty \text{ 또는 } n\to\infty\text{일 때 } x_n \to -\infty$$

(3) 일반항 x_n이 수렴하지 않고 양의 무한대로 발산하지 않으며 음의 무한대로 발산하지도 않으면 수열 $\{x_n\}$은 **진동**한다고 한다.

예제 8.1

다음 수열의 수렴 여부를 조사하고, 수렴하면 그 극한을 구하여라.

(1) $x_n = \frac{1}{n}$ (2) $y_n = -n$ (3) $z_n = (-1)^n - (-1)^{n+1}$

풀이

(1) 수열 $\{x_n\}$의 항을 나열하면

$$1, \frac{1}{2}, \frac{1}{3}, \frac{1}{4}, \cdots, \frac{1}{100}, \cdots, \frac{1}{1000}, \cdots$$

이 되어 n이 커질수록 일반항 x_n은 0에 수렴한다. 따라서 수열 $\{x_n\}$은 0에 수렴한다(그림 8.1.1).

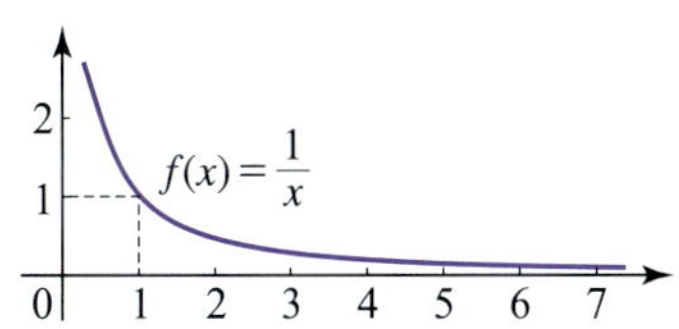

그림 8.1.1 함수 $f(x) = \frac{1}{x}$의 그래프와 수열 $x_n = \frac{1}{n}$

(2) 수열 $\{y_n\}$의 항을 나열하면

$$-1, -2, -3, -4, \cdots, -100, \cdots, -1000, \cdots$$

이 되어 n이 커질수록 일반항 x_n은 무한히 작아진다. 따라서 수열 $\{x_n\}$은 $-\infty$로 발산한다.

(3) 수열 $\{z_n\}$의 항을 나열하면

$$-2, 2, -2, 2, \cdots$$

이 되어 n이 커짐에 따라 -2와 2가 번갈아 나온다. 따라서 수열 $\{z_n\}$은 진동하며 어떤 값에도 수렴하지 않으므로 수열 $\{z_n\}$은 발산(진동)한다.

수열의 극한에 관한 성질

수열의 극한값을 계산하기 위해 일반적으로 수렴하는 수열에 대한 사칙연산과 대소 관계를 이용한다. 다음은 수열의 극한을 계산하기 위한 기본 성질이며, 증명은 해석적인 방법이 사용되므로 생략하기로 한다.

정리 8.1.3 수열의 극한에 관한 기본 성질

수열 $\{a_n\}$, $\{b_n\}$이 수렴하고 극한값이 각각 $\lim_{n\to\infty} a_n = \alpha$, $\lim_{n\to\infty} b_n = \beta$일 때 다음이 성립한다.

(1) $\lim_{n\to\infty} ca_n = c\lim_{n\to\infty} a_n = c\alpha$ (단, c는 상수)

(2) $\lim_{n\to\infty} (a_n \pm b_n) = \lim_{n\to\infty} a_n \pm \lim_{n\to\infty} b_n = \alpha \pm \beta$

(3) $\lim_{n\to\infty} a_n b_n = \lim_{n\to\infty} a_n \lim_{n\to\infty} b_n = \alpha\beta$

(4) $\lim_{n\to\infty} \dfrac{a_n}{b_n} = \dfrac{\lim_{n\to\infty} a_n}{\lim_{n\to\infty} b_n} = \dfrac{\alpha}{\beta}$ (단, $b_n \neq 0$, $\beta \neq 0$)

(5) $a_n < b_n$이면 $\lim_{n\to\infty} a_n \leq \lim_{n\to\infty} b_n$ (예 $a_n = \dfrac{1}{n}$, $b_n = \dfrac{2}{n}$이면 등호 성립)

(6) $a_n \leq b_n \leq c_n$이고 $\lim_{n\to\infty} a_n = \lim_{n\to\infty} c_n = \alpha$이면 $\lim_{n\to\infty} b_n = \alpha$이다.

정리 8.1.3은 수렴하지 않는 수열에 대해서 항상 적용할 수 없지만 이를 이용하면 복잡한 수열의 극한값을 간단한 수열의 합, 차, 실수배, 곱, 몫으로 고쳐서 계산할 수 있다. 수열의 극한에 대한 유형은 $\dfrac{\infty}{\infty}$ 꼴과 $\infty - \infty$ 꼴에 대하여 알아보자.

$\dfrac{\infty}{\infty}$, $\dfrac{-\infty}{\infty}$, $\dfrac{\infty}{-\infty}$, $\dfrac{-\infty}{-\infty}$ 꼴 – 분모와 분자의 수열이 모두 발산하는 경우

분자, 분모를 각각 분모의 최고차항으로 나누어 구한다(예제 8.2).

$\infty - \infty$ 꼴 – 두 항이 모두 양의 무한대로 발산하는 경우

(1) 근호가 있을 때: 분모를 1로 보고 분자를 유리화한 후 분자, 분모를 각각 분모의 최고차항으로 나누어 구한다(예제 8.3(1), (2)).

(2) 근호가 없을 때: 최고차항으로 묶은 후 구한다(예제 8.3(3)).

예제 8.2

다음 수열의 극한을 구하여라.

(1) $\left\{\dfrac{2n+3}{n+1}\right\}$ (2) $\left\{\dfrac{2n^2-3n-10}{3n+5}\right\}$ (3) $\left\{\dfrac{n^2}{2n+1}\right\}$

풀이

(1) 일반항 $\dfrac{2n+3}{n+1}$의 분모의 최고차항으로 분모와 분자를 나눈다. 이 경우 최고차항은 n이므로 구하는 극한은 다음과 같다.

$$\lim_{n\to\infty}\frac{2n+3}{n+1}=\lim_{n\to\infty}\frac{2+\dfrac{3}{n}}{1+\dfrac{1}{n}}=2$$

(2) 일반항 $\dfrac{2n^2-3n-10}{3n+5}$의 분모의 최고차항으로 분모와 분자를 나눈다. 이 경우 최고차항은 n이므로

$$\lim_{n\to\infty}\frac{2n^2-3n-10}{3n+5}=\lim_{n\to\infty}\frac{2n-3-\dfrac{10}{n}}{3+\dfrac{5}{n}}=\infty$$

와 같이 양의 무한대로 발산한다.

(3) 일반항 $\dfrac{n^2}{2n+1}$의 분모의 최고차항은 n^2이다. 따라서

$$\lim_{n\to\infty}\frac{n^2}{2n+1}=\lim_{n\to\infty}\frac{1}{\dfrac{2n+1}{n^2}}=\lim_{n\to\infty}\frac{1}{\dfrac{2}{n}+\dfrac{1}{n^2}}=\infty$$

와 같이 양의 무한대로 발산한다.

예제 8.3

다음 극한을 구하여라.

(1) $\lim\limits_{n\to\infty}\left(\sqrt{n^2+n}-n\right)$ (2) $\lim\limits_{n\to\infty}\dfrac{n}{\sqrt{n^2+1}-n}$ (3) $\lim\limits_{n\to\infty}\left(n^3-3n^2+4n+10\right)$

풀이

(1)
$$\begin{aligned}\lim_{n\to\infty}\sqrt{n^2+n}-n&=\lim_{n\to\infty}\frac{(\sqrt{n^2+n}-n)(\sqrt{n^2+n}+n)}{\sqrt{n^2+n}+n}\\&=\lim_{n\to\infty}\frac{(n^2+n)-n^2}{\sqrt{n^2+n}+n}=\lim_{n\to\infty}\frac{n}{\sqrt{n^2+n}+n}\\&=\lim_{n\to\infty}\frac{\dfrac{n}{n}}{\dfrac{\sqrt{n^2+n}+n}{n}}=\lim_{n\to\infty}\frac{1}{\sqrt{1+\dfrac{1}{n}}+1}=\frac{1}{2}\end{aligned}$$

$$(2)\ \lim_{n\to\infty}\frac{n}{\sqrt{n^2+1}-n}=\lim_{n\to\infty}\frac{n(\sqrt{n^2+1}+n)}{(\sqrt{n^2+1}-n)(\sqrt{n^2+1}+n)}$$

$$=\lim_{n\to\infty}\frac{n(\sqrt{n^2+1}+n)}{n^2+1-n^2}$$

$$=\lim_{n\to\infty}n(\sqrt{n^2+1}+n)=\infty$$

$$(3)\ \lim_{n\to\infty}(n^3-3n^2+4n+10)=\lim_{n\to\infty}n^3\left(1-\frac{3}{n}+\frac{4}{n^2}+\frac{10}{n^3}\right)=\infty$$

등비수열의 극한

(1) 등비수열의 일반항: $a_n=a_1r^{n-1}$

(2) 등비수열의 합: $S_n=\frac{a_1(1-r^n)}{1-r}$

정리 8.1.4 등비수열의 극한

공비가 r인 무한등비수열 $\{r^n\}(r, r^2, r^3, \cdots, r^n, \cdots)$의 수렴성은 다음과 같다.

(1) $r>1$일 때, $\lim_{n\to\infty}r^n=\infty$

(2) $r=1$일 때, $\lim_{n\to\infty}r^n=1$

(3) $|r|<1$일 때, $\lim_{n\to\infty}r^n=0$

(4) $r\le -1$일 때는 진동한다(즉, 발산한다). 실제로 $r<-1$일 때 n이 짝수이면 양의 무한대로, n이 홀수이면 음의 무한대로 발산한다.

예제 8.4

다음 수열의 극한을 구하여라.

(1) $\left\{\frac{3^n-5}{2^n+1}\right\}$ (2) $\left\{\frac{4^{n+2}-5^{n+1}}{2^n+5^n}\right\}$

풀이

(1) 분모에서 밑이 가장 큰 거듭제곱 2^n으로 분모, 분자를 나누면 다음을 얻는다.

$$\lim\frac{3^n-5}{2^n+1}=\lim\frac{\left(\frac{3}{2}\right)^n-5\left(\frac{1}{2}\right)^n}{1+\left(\frac{1}{2}\right)^n}=\infty$$

(2) 분모에서 밑이 가장 큰 거듭제곱 5^n으로 분모, 분자를 나누면 다음을 얻는다.

$$\lim\frac{4^{n+2}-5^{n+1}}{2^n+5^n}=\lim_{n\to\infty}\frac{16\left(\frac{4}{5}\right)^n-5}{\left(\frac{2}{5}\right)^n+1}=-5$$

연습문제 8.1

1. 다음 극한을 구하여라.

(1) $\lim_{n\to\infty} \dfrac{1^2+2^2+\cdots+n^2}{(n+1)^2+(n+2)^2+\cdots+(2n)^2}$

(2) $\lim_{n\to\infty} n(\sqrt{n+1}-\sqrt{n})^2$

(3) $\lim_{n\to\infty} \dfrac{1}{\sqrt{n}(\sqrt{n+5}-\sqrt{n-1})}$

(4) $\lim_{n\to\infty} \dfrac{\sqrt{n+3}-\sqrt{n}}{\sqrt{n+1}-\sqrt{n}}$

(5) $\lim_{n\to\infty} (\sqrt{n^2-3n+1}+n+1)$

(6) $\lim_{n\to\infty} \dfrac{(6n^2-5n)(2n+1)}{(3n+5n+1)(n^2+1)}$

2. 수열 $\frac{1}{2}, \frac{2}{3}, 1, \frac{8}{5}, \frac{8}{3}, \frac{32}{7}, \cdots$의 극한을 구하여라.

3. 일반항이 다음과 같은 수열의 수렴 여부를 조사하여라.

(1) $\dfrac{7n^3+1}{(n+1)(n+3)}$ (2) $\dfrac{(-1)^n n}{2n^2-1}$

4. 수열 $\{a_n\}$에 대하여 $\lim_{n\to\infty}(2n+1)a_n=1$일 때, 극한 $\lim_{n\to\infty} na_n$을 구하여라.

8.2 무한급수의 수렴과 발산

무한급수는 앞에서 배운 수열의 일종이다. 한 수열의 처음 n번째 항까지의 합을 n항으로 가지는 새로운 수열을 생각할 수 있다. 예를 들어 수열

$$1, \frac{1}{2}, \frac{1}{4}, \frac{1}{8}, \cdots$$

의 첫째항부터 n항까지 합을 n항으로 갖는 새로운 수열을 생각하자. 원래 수열의 일반항 a_n에 대하여 새로운 수열을 S_n이라 하면 다음이 성립한다.

$$\begin{aligned} S_1 &= a_1 = 1 \\ S_2 &= a_1 + a_2 = 1 + \frac{1}{2} \\ &\vdots \\ S_n &= a_1 + a_2 + \cdots + a_n = 1 + \frac{1}{2} + \cdots + \frac{1}{2^{n-1}} \end{aligned}$$

이 절에서는 무한히 많은 항의 합 $a_1+a_2+\cdots+a_n+\cdots$에 관해 공부하고자 한다. 무한히 많은 수를 모두 더한다는 것은 불가능하므로 수열의 극한을 이용하여 많은 항의 합을 정의하고 그 성질들을 알아본다.

정의 8.2.1 무한급수

수열 $\{a_n\}$에 대하여 무한수열의 합

$$\sum_{n=1}^{\infty} a_n = a_1 + a_2 + a_3 + \cdots$$

을 수열 $\{a_n\}$의 **무한급수**(infinite series) 또는 간단히 **급수**(series)라고 한다. 또한, S_n을 급수 $\sum_{n=1}^{\infty} a_n$의 n번째 항까지의 **부분합**(partial sum)이라고 한다.

정의 8.2.2 급수의 수렴과 발산

무한급수 $\sum_{n=1}^{\infty} a_n$의 부분합을 각 항으로 하는 수열 $\{S_n\}$이 S에 수렴(convergent)할 때, 이 급수는 S에 **수렴한다**고 하고, S를 **급수의 합**(sum)이라 하며

$$S = \lim_{n \to \infty} S_n = \lim_{n \to \infty} \left(\sum_{k=1}^{n} a_k \right) = \sum_{k=1}^{\infty} a_k$$

와 같이 나타낸다. 이때 수열 $\{S_n\}$이 발산(divergent)할 때, 무한급수는 **발산한다**고 한다.

특별한 경우를 제외하고는 무한 번 합하는 것은 불가능하므로 무한급수는 n번째 항까지 합 S_n의 극한값 $S = \lim_{n \to \infty} S_n$으로 구한다.

예제 8.5

순환소수 0.444444 …를 분수로 나타내어라.

풀이

순환소수로 표현된 무한급수의 합을 구하는 문제이다.

$$0.4444 \cdots = \frac{4}{10} + \frac{4}{10^2} + \frac{4}{10^3} + \cdots$$

이므로 급수의 부분합을 일반항으로 하는 수열 $\{S_n\}$의 각 항은 다음과 같다.

$$S_1 = \frac{4}{10}$$
$$S_2 = \frac{4}{10} + \frac{4}{10^2}$$
$$\vdots$$
$$S_n = \frac{4}{10} + \frac{4}{10^2} + \cdots + \frac{4}{10^n}$$

이때 S_n은 첫째항이 $\frac{4}{10}$, 공비가 $\frac{1}{10}$, 항수가 n인 등비수열의 합이므로

$$S_n = \frac{\frac{4}{10}\left(1-\frac{1}{10^n}\right)}{1-\frac{1}{10}}$$

이다. 따라서 순환소수 0.44444 ⋯를 분수로 나타내면 $\sum_{n=1}^{\infty}\frac{4}{10^n} = \lim_{n\to\infty} S_n = \frac{4}{9}$이다.

예제 8.6

급수 $\sum_{n=1}^{\infty}\left(\frac{1}{3}\right)^n$이 수렴함을 보여라.

풀이

부분합의 수열 $\{S_n\}$에 대하여

$$S_n = \frac{1}{3}+\frac{1}{3^2}+\cdots+\frac{1}{3^n} = \frac{\frac{1}{3}\left\{1-\left(\frac{1}{3}\right)^n\right\}}{1-\frac{1}{3}}$$

이므로 $\lim_{n\to\infty} S_n = \frac{1}{2}$ 이다.

따라서 이 급수는 수렴하고 급수의 합은 $\frac{1}{2}$이다.

정리 8.2.3 무한급수의 수렴과 수열의 극한

무한급수 $\sum_{n=1}^{\infty} a_n$이 수렴하면 $\lim_{n\to\infty} a_n = 0$이다.

증명

급수 $\sum_{n=1}^{\infty} a_n$이 수렴하므로 부분합

$$S_n = a_1 + a_2 + \cdots + a_n,$$
$$S_{n-1} = a_1 + a_2 + \cdots + a_{n-1}$$

으로 이루어진 두 수열 $\{S_n\}$, $\{S_{n-1}\}$은 수렴한다. $\sum_{n=1}^{\infty} a_n = S$로 놓으면 $a_n = S_n - S_{n-1}$ 이므로

$$\lim_{n\to\infty} a_n = \lim_{n\to\infty}(S_n - S_{n-1}) = \lim_{n\to\infty} S_n - \lim_{n\to\infty} S_{n-1} = S - S = 0$$

이다. 따라서 $\lim_{n\to\infty} a_n = 0$이다. ■

정리 8.2.3은 급수 $\sum_{n=1}^{\infty} a_n$이 수렴하면 $\lim_{n\to\infty} a_n = 0$을 의미하는 것이며, $\lim_{n\to\infty} a_n = 0$일 때 $\sum_{n=1}^{\infty} a_n$이 수렴한다고 말할 수는 없다.

정리 8.2.4 따름정리

$\lim_{n\to\infty} a_n \neq 0$ 또는 $\lim_{n\to\infty} a_n$의 값이 존재하지 않으면 무한급수 $\sum_{n=1}^{\infty} a_n$은 발산한다.

정의 8.2.5 기하급수

$a + ar + ar^2 + ar^3 + \cdots + ar^{n-1} + \cdots (a \neq 0)$ 형태의 급수를 **기하급수**(geometric series)라 하며, 여기서 r를 주어진 급수의 공비라고 한다.

예를 들어 다음 세 급수는 기하급수이다.

$$1 - 1 + 1 - 1 + \cdots + (-1)^{n+1} + \cdots$$

$$1 - \frac{1}{2} + \frac{1}{4} - \frac{1}{8} + \cdots + (-1)^{n+1}\frac{1}{2^{n-1}} + \cdots$$

$$1 + 2 + 4 + 8 + \cdots + 2^{n-1} + \cdots$$

다음 정리에서 기하급수의 수렴 판정을 알아보자.

정리 8.2.6 기하급수의 수렴 판정

$|r| < 1$이면 기하급수

$$a + ar + ar^2 + ar^3 + \cdots + ar^{n-1} + \cdots \ (a \neq 0)$$

은 $\frac{a}{1-r}$에 수렴하고, $|r| \geq 1$이면 주어진 급수는 발산한다.

증명

주어진 급수의 n번째 부분합을 S_n이라 하자.

$r = 1$이면 급수는

$$a + a + a + a + \cdots + a + \cdots$$

이므로 $S_n = na$이고 $\lim_{n\to\infty} S_n = \lim_{n\to\infty} na = \pm\infty$ ($\pm$는 a의 부호에 의해 결정된다)이다. $r=-1$이면 급수는

$$a-a+a-a+\cdots$$

이므로 이 급수는 발산한다.

이제 $|r|\neq 1$이라고 가정하자. 이때 $S_n = a+ar+ar^2+ar^3+\cdots+ar^{n-1}$이며 수열 $\{S_n\}$은 등비수열이므로 등비수열의 합의 공식에 의해

$$S_n = \frac{a(1-r^n)}{1-r}$$

이다. 다음 네 가지 경우를 생각하자.

① $|r|<1$일 때, $\lim_{n\to\infty} r^n = 0$이므로 $\lim_{n\to\infty} S_n = \dfrac{a}{1-r}$이다.

② $|r|>1$일 때, $\lim_{n\to\infty} r^n$은 발산하므로 수열 $\{S_n\}$은 발산한다.

③ $r=1$일 때, $S_n = na$이므로 $\lim_{n\to\infty} S_n = \pm\infty$이다.

④ $r=-1$일 때, S_n은 a 또는 0이므로 수열 $\{S_n\}$은 진동, 즉 발산한다. ■

(1) $|r|<1$이면 $\sum_{n=1}^{\infty} ar^{n-1}$은 수렴

(2) $|r|\geq 1$이면 $\sum_{n=1}^{\infty} ar^{n-1}$은 발산

예제 8.7

급수 $1-\frac{2}{3}+\frac{4}{9}-\frac{8}{27}+\cdots+(-1)^{n+1}\left(\frac{2}{3}\right)^{n-1}+\cdots$ 의 합을 구하여라.

풀이

주어진 급수는 첫째항이 1, 공비가 $-\frac{2}{3}$인 기하급수이므로 정리 8.2.6에 의해 그 합은 다음과 같다.

$$\frac{1}{1-\left(-\frac{2}{3}\right)} = \frac{3}{5}$$

예제 8.8

순환소수 0.684684684⋯를 분수로 나타내어라.

풀이

$$0.684684684\cdots = 0.684 + 0.000684 + 0.000000684 + \cdots$$

이므로 주어진 순환소수는 첫째항이 0.684, 공비가 0.001인 기하급수이다. 따라서 정리 8.2.6에 의해 다음을 얻는다.

$$0.684684684\cdots = \frac{0.684}{1-0.001} = \frac{0.684}{0.999} = \frac{684}{999}$$

부분분수

(1) $\frac{1}{AB}=\frac{1}{B-A}\left(\frac{1}{A}-\frac{1}{B}\right)$

(2) $\frac{1}{A_1A_2\cdots A_n}$

$=\frac{1}{A_n-A_1}$

$\left(\frac{1}{A_1A_2\cdots A_{n-1}}-\frac{1}{A_2A_3\cdots A_n}\right)$

예제 8.9

급수 $\sum_{k=1}^{\infty}\frac{1}{k(k+1)}=\frac{1}{1\times 2}+\frac{1}{2\times 3}+\frac{1}{3\times 4}+\cdots$ 이 수렴함을 보이고 그 합을 구하여라.

풀이

주어진 급수의 n번째 부분합 S_n은

$$S_n=\sum_{k=1}^{n}\frac{1}{k(k+1)}=\frac{1}{1\times 2}+\frac{1}{2\times 3}+\cdots+\frac{1}{n\times(n+1)}$$

이고, $\frac{1}{k(k+1)}=\frac{1}{k}-\frac{1}{k+1}$이므로

$$S_n=\sum_{k=1}^{n}\frac{1}{k(k+1)}=\left(1-\frac{1}{2}\right)+\left(\frac{1}{2}-\frac{1}{3}\right)+\left(\frac{1}{3}-\frac{1}{4}\right)+\cdots+\left(\frac{1}{n}-\frac{1}{n+1}\right)$$
$$=1-\frac{1}{n+1}$$

이다. 따라서 $\lim_{n\to\infty}S_n=\lim_{n\to\infty}\left(1-\frac{1}{n+1}\right)=1$이므로 급수 $\sum_{k=1}^{\infty}\frac{1}{k(k+1)}$은 1에 수렴한다.

예제 8.10

조화급수 $\sum_{k=1}^{\infty}\frac{1}{k}=1+\frac{1}{2}+\frac{1}{3}+\cdots+\frac{1}{n}+\cdots$이 발산함을 보여라.

풀이

주어진 급수의 n번째 부분합 S_n에 대하여 $S_1=1$, $S_2=1+\frac{1}{2}$, $S_3=1+\frac{1}{2}+\frac{1}{3}$, $S_4=1+\frac{1}{2}+\frac{1}{3}+\frac{1}{4}$, …이므로

$$S_1<S_2<S_3<\cdots<S_n<\cdots$$

이다.

$$S_{2^1}=S_2=1+\frac{1}{2}$$

$$S_{2^2}=S_4=1+\frac{1}{2}+\frac{1}{3}+\frac{1}{4}>1+\frac{1}{2}+\frac{1}{4}+\frac{1}{4}=1+\frac{2}{2}$$

$$S_{2^3}=S_8=1+\frac{1}{2}+\left(\frac{1}{3}+\frac{1}{4}\right)+\left(\frac{1}{5}+\cdots+\frac{1}{8}\right)$$
$$>1+\frac{1}{2}+\left(\frac{1}{4}+\frac{1}{4}\right)+\left(\frac{1}{8}+\cdots+\frac{1}{8}\right)=1+\frac{3}{2}$$

$$S_{2^4}=S_{16}=1+\frac{1}{2}+\left(\frac{1}{3}+\frac{1}{4}\right)+\left(\frac{1}{5}+\frac{1}{6}+\frac{1}{7}+\frac{1}{8}\right)+\left(\frac{1}{9}+\cdots+\frac{1}{16}\right)$$
$$>1+\frac{1}{2}+\left(\frac{1}{4}+\frac{1}{4}\right)+\left(\frac{1}{8}+\cdots+\frac{1}{8}\right)+\left(\frac{1}{16}+\cdots+\frac{1}{16}\right)=1+\frac{4}{2}$$

$$S_{2^5}=S_{32}=1+\frac{1}{2}+\left(\frac{1}{3}+\frac{1}{4}\right)+\left(\frac{1}{5}+\cdots+\frac{1}{8}\right)+\left(\frac{1}{9}+\cdots+\frac{1}{16}\right)+\left(\frac{1}{17}+\cdots+\frac{1}{32}\right)$$
$$>1+\frac{1}{2}+\left(\frac{1}{4}+\frac{1}{4}\right)+\left(\frac{1}{8}+\cdots+\frac{1}{8}\right)+\left(\frac{1}{16}+\cdots+\frac{1}{16}\right)+\left(\frac{1}{32}+\cdots+\frac{1}{32}\right)$$
$$=1+\frac{5}{2}$$

위와 같은 방법으로 $n \geq 2$일 때, $S_{2^n} > 1 + \frac{n}{2}$이 성립한다. 따라서

$$\lim_{n\to\infty} S_{2^n} \geq \lim_{n\to\infty}\left(1 + \frac{n}{2}\right) = \infty$$

이므로 수열 $\{S_n\}$은 발산하며, 급수 $\sum_{k=1}^{\infty}\frac{1}{k}$도 발산한다.

두 급수 $\sum_{n=1}^{\infty} a_n$과 $\sum_{n=1}^{\infty} b_n$에 대하여 두 급수를 항마다 더할 수도 있고, 한 급수의 모든 항에 상수 c를 곱할 수 있다. 이러한 연산을 통해 새로운 두 급수 $\sum_{n=1}^{\infty}(a_n + b_n)$과 $\sum_{n=1}^{\infty} ca_n$을 얻으며, 다음 정리를 만족한다.

정리 8.2.7 수렴하는 급수에 관한 성질

(1) 두 급수 $\sum_{n=1}^{\infty} a_n$과 $\sum_{n=1}^{\infty} b_n$이 수렴하면 급수 $\sum_{n=1}^{\infty}(a_n \pm b_n)$도 수렴하고 다음을 만족한다.

$$\sum_{n=1}^{\infty}(a_n \pm b_n) = \sum_{n=1}^{\infty} a_n \pm \sum_{n=1}^{\infty} b_n$$

(2) c가 0이 아닌 상수일 때, 급수 $\sum_{n=1}^{\infty} a_n$가 수렴할 필요충분조건은 급수 $\sum_{n=1}^{\infty} ca_n$이 수렴하는 것이다. 이 경우 급수 $\sum_{n=1}^{\infty} a_n$이 수렴하면 $\sum_{n=1}^{\infty} ca_n = c\sum_{n=1}^{\infty} a_n$이다.

(3) m이 임의의 자연수일 때, 급수 $\sum_{n=1}^{\infty} a_n$이 수렴할 필요충분조건은 급수 $\sum_{n=m}^{\infty} a_n$이 수렴하는 것이다.

예제 8.11

급수 $\sum_{n=1}^{\infty}\left(\frac{3}{4^n} - \frac{2}{5^{n-1}}\right)$의 합을 구하여라.

풀이

급수 $\sum_{n=1}^{\infty}\frac{3}{4^n}$은 첫째항이 $\frac{3}{4}$, 공비가 $\frac{1}{4}$인 기하급수이므로 $\frac{\frac{3}{4}}{1-\frac{1}{4}} = 1$에 수렴하고, 급수 $\sum_{n=1}^{\infty}\frac{2}{5^{n-1}}$은 첫째항이 2, 공비가 $\frac{1}{5}$인 기하급수이므로 $\frac{2}{1-\frac{1}{5}} = \frac{5}{2}$에 수렴한다.

따라서 정리 8.2.7(1)에 의해 주어진 급수는 $1 - \frac{5}{2} = -\frac{3}{2}$에 수렴한다.

연습문제 8.2

1. 다음 급수의 수렴 여부를 조사하고, 수렴하면 그 수렴값을 구하여라.

(1) $\sum_{n=1}^{\infty} \frac{2^{n-1}}{4}$ (2) $\sum_{n=1}^{\infty} \left(-\frac{3}{4}\right)^{n-1}$

(3) $\sum_{n=1}^{\infty} (-1)^{n-1} \frac{7}{6^{n-1}}$ (4) $\sum_{n=1}^{\infty} \left(-\frac{5}{2}\right)^{n+1}$

(5) $\sum_{n=1}^{\infty} \frac{1}{(n+2)(n+3)}$ (6) $\sum_{n=1}^{\infty} \frac{1}{9n^2+3n-2}$

2. 다음 순환소수를 분수로 나타내어라.

(1) 0.555555 ⋯ (2) 0.313131 ⋯

(3) 0.5127127127 ⋯

8.3 양항급수의 수렴 판정

정리 8.3.3을 설명하기 위해 다음 정의를 논의하고 양항급수의 수렴 판정 방법에 대하여 알아보자.

정의 8.3.1 실수 전체의 집합의 유계

실수 전체의 집합 R의 공집합이 아닌 부분집합 A에 대하여

(1) 어떤 실수 M이 존재하여 모든 $x \in A$가 $x \le M$을 만족할 때, M을 집합 A의 상계(upper bound)라고 하며, 집합 A의 상계가 존재할 때 집합 A는 위로 유계(bounded above)라고 한다.

(2) 어떤 실수 M이 존재하여 모든 $x \in A$가 $x \ge M$을 만족할 때, M을 집합 A의 하계(lower bound)라고 하며, 집합 A의 하계가 존재할 때 집합 A는 아래로 유계(bounded below)라고 한다.

(3) 집합 A가 위로 유계이며 동시에 아래로 유계일 때, 집합 A는 유계(bounded)라고 한다. A가 공집합일 때는 집합 A는 유계라고 정한다.

- 수열 $\{a_n\}$이 증가수열이거나 감소수열이면 수열 $\{a_n\}$을 **단조수열**(monotone sequence)이라 한다.
- **단조 수렴 정리**(monotone convergence theorem):
유계이고 단조인 수열은 수렴한다.

이 절에서는 급수 $\sum_{n=1}^{\infty} a_n$의 각 항이 양수라고 가정하자. 이러한 급수를 양항급수라 한다. 양항급수의 부분합 $S_n = a_1 + a_2 + a_3 + \cdots + a_n$은 증가하는 단조수열이다.

따라서 급수 $\sum_{n=1}^{\infty} a_n$이 수렴하려면 모든 n에 대하여 $S_n \le M$인 양수 M이 존재해야 한다. 즉, 실수의 집합 $\{S_1, S_2, S_3, \cdots\}$은 위로 유계이어야 한다. 이는 단조 수렴 정리에 의해 단조수열 $\{S_n\}$이 수렴한다는 것을 의미하며, $\lim_{n\to\infty} S_n = S$를 만족하는 S가 존재한다는 것을 뜻한다. 따라서 다음 정리를 얻는다.

정리 8.3.2 부분합의 수열과 양항급수의 수렴

양항급수 $\sum_{n=1}^{\infty} a_n$에 대하여 그 부분합의 수열 $\{S_n\}$이 위로 유계이면 급수 $\sum_{n=1}^{\infty} a_n$은 수렴한다.

예제 8.12

급수 $\sum_{n=1}^{\infty} \frac{1}{n!} = \frac{1}{1!} + \frac{1}{2!} + \frac{1}{3!} + \cdots$의 수렴 여부를 조사하여라.

풀이

주어진 급수는 양항급수이며 다음을 만족한다.

$$\begin{aligned}\sum_{n=1}^{\infty} \frac{1}{n!} &= \frac{1}{1!} + \frac{1}{2!} + \frac{1}{3!} + \cdots \frac{1}{n!} + \cdots \\ &\le 1 + \frac{1}{2} + \frac{1}{2^2} + \frac{1}{2^3} + \cdots \\ &= \frac{1}{1 - \frac{1}{2}} = 2\end{aligned}$$

따라서 주어진 급수의 모든 부분합은 2보다 크지 않으므로 위로 유계이다. 그러므로 정리 8.3.2에 의해 주어진 급수는 수렴한다.

이미 알고 있는 급수의 수렴성과 비교하여 다른 급수의 수렴성을 판정하는 방법을 소개한다. 이 방법을 비교판정법(comparison test)이라 한다.

정리 8.3.3 비교판정법(comparison test)

두 양항급수 $\sum_{n=1}^{\infty} a_n$, $\sum_{n=1}^{\infty} b_n$과 모든 n에 대하여 $a_n \le b_n$이면 다음이 성립한다.

(1) 급수 $\sum_{n=1}^{\infty} b_n$이 수렴하면 급수 $\sum_{n=1}^{\infty} a_n$도 수렴한다.

(2) 급수 $\sum_{n=1}^{\infty} a_n$이 발산하면 급수 $\sum_{n=1}^{\infty} b_n$도 발산한다.

증명

(1) 급수 $\sum_{n=1}^{\infty} b_n$의 부분합의 수열이 위로 유계이므로 급수 $\sum_{n=1}^{\infty} a_n$의 부분합의 수열도 위로 유계이다. 그러므로 정리 8.3.2에 의해 급수 $\sum_{n=1}^{\infty} a_n$은 수렴한다.

(2) 급수 $\sum_{n=1}^{\infty} a_n$이 발산하면 (1)에 의해 급수 $\sum_{n=1}^{\infty} b_n$은 수렴할 수 없다. ■

예제 8.13

급수 $\sum_{n=5}^{\infty} \frac{n}{2^n(n+1)}$의 수렴 여부를 조사하여라.

풀이

모든 자연수 n에 대하여 $\frac{n}{n+1} < 1$이므로 $\frac{n}{2^n(n+1)} < \frac{1}{2^n}$이다. 이때 급수 $\sum_{n=5}^{\infty} \frac{1}{2^n}$이 수렴하므로 비교판정법에 의해 주어진 급수는 수렴한다.

양항급수 $\sum_{n=1}^{\infty} \frac{1}{n^3}$과 이상적분 $\int_1^{\infty} \frac{1}{x^3} dx$를 생각해 보면 양항급수의 수렴성과 이상적분의 존재 여부는 밀접한 관계가 있음을 알 수 있다. 이 관계를 소개하도록 한다.

정리 8.3.4 적분판정법(integral test)

양항급수 $\sum_{n=1}^{\infty} a_n$에서 $f(n) = a_n$이라 할 때, $x \geq 1$에서 $f(x)$는 감소함수이고 연속이면 급수 $\sum_{n=1}^{\infty} a_n$과 이상적분 $\int_1^{\infty} f(x)dx$는 동시에 수렴 또는 발산한다.

증명

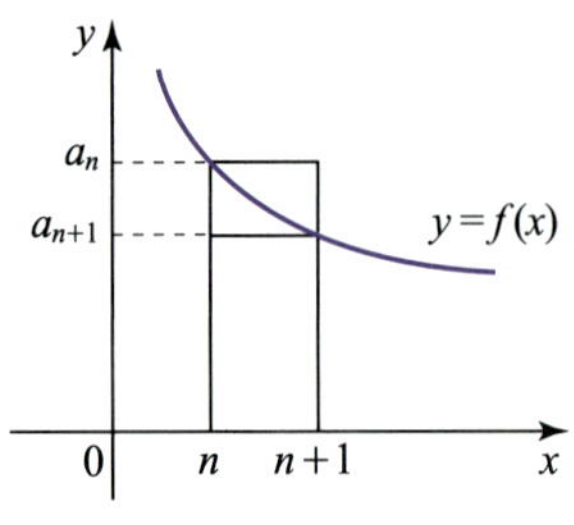

그림 8.3.1

그림 8.3.1과 같이 $a_{n+1} \leq \int_n^{n+1} f(x)dx \leq a_n$이므로 $\sum_{n=2}^{\infty} a_n \leq \int_1^{\infty} f(x)dx \leq \sum_{n=1}^{\infty} a_n$임을 알 수 있다. 따라서 이상적분 $\int_1^{\infty} f(x)dx$가 발산하면 급수 $\sum_{n=1}^{\infty} a_n$도 발산하고, 이상적분 $\int_1^{\infty} f(x)dx$가 수렴하면 급수 $\sum_{n=2}^{\infty} a_n$도 수렴하게 되고 결국 $\sum_{n=1}^{\infty} a_n = a_1 + \sum_{n=2}^{\infty} a_n$도 수렴하게 된다. ■

예제 8.14

급수 $\sum_{n=1}^{\infty} ne^{-n^2}$의 수렴 여부를 조사하여라.

풀이

$f(x) = xe^{-x^2}$이라 하면 함수 f는 $x \geq 1$에서 연속이고,

$$\begin{aligned} f'(x) &= e^{-x^2} - 2x^2 e^{-x^2} \\ &= e^{-x^2}(1-2x^2) < 0 \ (x \geq 1) \end{aligned}$$

이므로 f는 감소함수이다. 이때

$$\int_1^\infty xe^{-x^2}dx = \lim_{n\to\infty}\int_1^n xe^{-x^2}dx = \lim_{n\to\infty}\left[-\frac{1}{2}e^{-x^2}\right]_1^n = \frac{1}{2e}$$

이므로 적분판정법에 의해 주어진 급수는 수렴한다.

예제 8.15

적분판정법을 이용하여 급수 $\sum_{n=1}^{\infty}\frac{1}{n}$의 수렴 여부를 조사하여라.

풀이

$f(x)=\frac{1}{x}$이라 하면 f는 $x\geq 1$에서 연속이고, 감소함수이다. 이때

$$\int_1^\infty \frac{1}{x}dx = \lim_{b\to\infty}\int_1^b \frac{1}{x}dx = \lim_{b\to\infty}[\ln x]_1^b = \lim_{b\to\infty}\ln b = \infty$$

이므로 적분판정법에 의해 주어진 급수는 수렴한다.

> **조화급수(harmonic series)**
>
> $$\sum_{n=1}^{\infty}\frac{1}{n} = 1+\frac{1}{2}+\frac{1}{3}+\cdots$$
>
> 과 같은 급수를 조화급수라 한다.

정리 8.3.5 p-급수판정법(p-series test)

급수

$$\sum_{n=1}^{\infty}\frac{1}{n^p} = \frac{1}{1^p}+\frac{1}{2^p}+\frac{1}{3^p}+\cdots$$

은 $p>1$일 때 수렴하고, $p\leq 1$일 때 발산한다.

증명

$f(x)=\frac{1}{x^p}$이라 하면 $p=1$일 때, p-급수는 조화급수 $\sum_{n=1}^{\infty}\frac{1}{n}$이므로 발산함을 알 수 있다. $p>1$일 때, p-급수는

$$\int_1^\infty \frac{1}{x^p}dx = \lim_{b\to\infty}\int_1^b x^{-p}dx = \lim_{b\to\infty}\left[\frac{x^{1-p}}{1-p}\right]_1^b$$

$$= \lim_{b\to\infty}\frac{b^{1-p}-1}{1-p} = -\frac{1}{1-p}$$

이므로 수렴한다.

$p<1$일 때, p-급수는

$$\int_1^\infty \frac{1}{x^p}dx = \lim_{b\to\infty}\int_1^b x^{-p}dx = \lim_{b\to\infty}\left[\frac{x^{1-p}}{1-p}\right]_1^b = \infty$$

이므로 발산한다. ■

예제 8.16

급수 $\sum_{n=1}^{\infty} \frac{1}{n^{\frac{4}{3}}}$ 은 수렴하지만, 급수 $\sum_{n=1}^{\infty} \frac{1}{\sqrt{n}}$은 발산함을 보여라.

풀이

$\frac{4}{3} > 1$, $\frac{1}{2} < 1$이므로 p-급수판정법에 의해 급수 $\sum_{n=1}^{\infty} \frac{1}{n^{\frac{4}{3}}}$은 수렴하고, 급수 $\sum_{n=1}^{\infty} \frac{1}{\sqrt{n}} = \sum_{n=1}^{\infty} \frac{1}{n^{\frac{1}{2}}}$은 발산한다.

양항급수 $\sum_{n=1}^{\infty} a_n$의 수렴 여부에 대하여 이미 여러 판정법을 소개하였다. 비교판정법은 기하급수, p-급수들을 서로 비교하여 판정할 수 있다. 다음으로 극한비교판정법을 소개한다.

정리 8.3.6 극한비교판정법(limit comparison test)

두 양항급수 $\sum_{n=1}^{\infty} a_n$, $\sum_{n=1}^{\infty} b_n$에 대하여 $0 < \lim_{n \to \infty} \frac{a_n}{b_n} < \infty$일 때, 두 급수 $\sum_{n=1}^{\infty} a_n$, $\sum_{n=1}^{\infty} b_n$은 동시에 수렴하거나 동시에 발산한다.

예제 8.17

급수 $\sum_{n=1}^{\infty} \frac{2n+1}{(n+1)^2}$의 수렴 여부를 조사하여라.

풀이

$a_n = \frac{2n+1}{n^2+2n+1}$, $b_n = \frac{1}{n}$이라 하면 $\sum_{n=1}^{\infty} \frac{a_n}{b_n} = \lim_{n \to \infty} \frac{2n^2+n}{n^2+2n+1} = 2$이고, $\sum_{n=1}^{\infty} \frac{1}{n}$은 발산한다. 따라서 극한비교판정법에 의해 주어진 급수는 발산한다.

예제 8.18

급수 $\sum_{n=1}^{\infty} \frac{1}{2^n - 1}$의 수렴 여부를 조사하여라.

풀이

$a_n = \frac{1}{2^n - 1}$, $b_n = \frac{1}{2^n}$이라 하면 $\lim_{n \to \infty} \frac{a_n}{b_n} = \lim_{n \to \infty} \frac{2^n}{2^n - 1} = 1$이고, $\sum_{n=1}^{\infty} \frac{1}{2^n}$은 수렴한다. 따라서 극한비교판정법에 의해 주어진 급수는 수렴한다.

어떤 급수는 비교판정법으로 수렴성을 판정하지 못할 수 있다. 비교할 만한 임의의 급수를 발견할 수 없기 때문이다. 수렴에 대한 적분판정법도 항상 쓸 수 있는 것이 아니다. 즉, 수렴에 대한 본질적인 판정법이 필요한데, 이를 만족하는 판정법으로 비판정법(ratio test)과 제곱근판정법(root test)이 있다.

정리 8.3.7 양항급수의 비판정법(ratio test)

양항급수 $\sum_{n=1}^{\infty} a_n$에 대하여 $\lim_{n\to\infty} \frac{a_{n+1}}{a_n} = \rho$라 하면 급수 $\sum_{n=1}^{\infty} a_n$은

(1) $0 \le \rho < 1$일 때 수렴한다.

(2) $\rho > 1$일 때 발산한다.

(3) $\rho = 1$이면 수렴성을 판정할 수 없다.

증명

(1) $\rho < k < 1$인 수 k를 택하면 $n \ge N$인 모든 자연수 n에 대하여 $\frac{a_{n+1}}{a_n} < k$가 되는 수 N이 존재한다. N에 대하여

$$\begin{aligned} &a_{N+1} < ka_N \\ &a_{N+2} < ka_{N+1} < k^2 a_N \\ &a_{N+3} < ka_{N+2} < k^3 a_N \\ &\quad\vdots \\ &a_{N+m} < ka_{N+m-1} < k^m a_N \\ &\quad\vdots \end{aligned}$$

이므로 급수 $a_N + a_{N+1} + a_{N+2} + a_{N+3} + \cdots$의 각 항은 급수 $a_N(1 + k + k^2 + \cdots)$의 각 항보다 작고, $0 < k < 1$이므로 비교판정법에 의해 급수 $\sum_{n=N}^{\infty} a_n$은 수렴한다. 따라서 유한 개의 항을 더한 급수 $a_1 + a_2 + a_3 + \cdots + a_N + a_{N+1} + a_{N+2} + \cdots$도 수렴한다.

(2) $\rho > 1$이면 $n > N$인 모든 자연수 n에 대하여 $\frac{a_{n+1}}{a_n} > 1$인 자연수 N이 존재한다. 즉, 다음을 만족한다.

$$a_N < a_{N+1} < a_{N+2} < \cdots$$

따라서 $\lim_{n\to\infty} a_n \ne 0$이므로 급수 $\sum_{n=N}^{\infty} a_n$은 발산하고, 급수 $\sum_{n=1}^{\infty} a_n$도 발산한다.

(3) $\rho = 1$일 때, p-급수 $\sum_{n=1}^{\infty} \frac{1}{n^p}$에 대하여

$$\rho = \lim_{n\to\infty}\frac{a_{n+1}}{a_n} = \lim_{n\to\infty}\frac{n^p}{(n+1)^p} = \lim_{n\to\infty}\left(\frac{1}{1+\frac{1}{n}}\right)^p$$

이고, p-급수는 $p > 1$일 때 수렴하고, $p \le 1$일 때 발산하므로 $\rho = 1$일 때 비판정법으로 급수의 수렴성을 판정할 수 없다. 그러므로 이 경우에는 다른 판정법을 써야 한다. ■

예제 8.19

급수 $\sum_{n=1}^{\infty}\frac{2^n+5}{3^n}$의 수렴 여부를 조사하여라.

풀이

$\rho = \lim_{n\to\infty}\frac{a_{n+1}}{a_n} = \lim_{n\to\infty}\left(\frac{1}{3}\times\frac{2^{n+1}+5}{2^n+5}\right) = \frac{2}{3} < 1$이므로 비판정법에 의해 주어진 급수는 수렴한다.

예제 8.20

급수 $\sum_{n=1}^{\infty}\frac{n^n}{n!}$의 수렴 여부를 조사하여라.

풀이

$\rho = \lim_{n\to\infty}\frac{a_{n+1}}{a_n} = \lim_{n\to\infty}\frac{(n+1)^n}{n^n}\lim_{n\to\infty}\left(1+\frac{1}{n}\right)^n = e > 1$이므로 비판정법에 의해 주어진 급수는 발산한다.

정리 8.3.8 양항급수의 n제곱근 판정법(nth root test)

양항급수 $\sum_{n=1}^{\infty}a_n$에 대하여 $\lim_{n\to\infty}\sqrt[n]{a_n} = \rho$라 하면 급수 $\sum_{n=1}^{\infty}a_n$은

(1) $0 \le \rho < 1$일 때 수렴한다.

(2) $\rho > 1$일 때 발산한다.

(3) $\rho = 1$이면 수렴성을 판정할 수 없다.

증명

(2)와 (3)은 정리 8.3.7(2), (3)과 같은 방법으로 보일 수 있으므로 (1)만 증명하기로 한다.

(1) $0 \le \rho < k < 1$일 때, $n \ge N$인 모든 자연수 n에 대하여 $\sqrt[n]{a_n} < k$인 N이 존재한

다. 따라서 $n \geq N$인 모든 자연수 n에 대하여 $a_n < k^n$이다. 이때 $k < 1$이므로 급수 $\sum_{n=1}^{\infty} k^n$은 수렴한다. 비교판정법에 의해 급수 $\sum_{n=1}^{\infty} a_n$은 수렴한다. ■

예제 8.21

급수 $\sum_{n=1}^{\infty}\left(\frac{4n-5}{2n+1}\right)^n$의 수렴 여부를 조사하여라.

풀이

$\rho = \lim_{n\to\infty}(a_n)^{\frac{1}{n}} = \lim_{n\to\infty}\frac{4n-5}{2n+1} = 2 > 1$이므로 n제곱근판정법에 의해 주어진 급수는 발산한다.

예제 8.22

급수 $\sum_{n=1}^{\infty}\frac{1}{n^n}$의 수렴 여부를 조사하여라.

풀이

$\rho = \lim_{n\to\infty}(a_n)^{\frac{1}{n}} = \lim_{n\to\infty}\frac{1}{n} = 0 < 1$이므로 n제곱근판정법에 의해 주어진 급수는 수렴한다.

연습문제 8.3

1. 다음 급수의 수렴 여부를 조사하여라.

(1) $\sum_{n=1}^{\infty}\left(\frac{1}{2^n}+\frac{1}{4^n}\right)$　　(2) $\sum_{n=2}^{\infty}\left(\frac{1}{2^n-1}-\frac{1}{10^{n-1}}\right)$

(3) $\sum_{n=1}^{\infty}\frac{1}{n+6}$　　(4) $\sum_{n=1}^{\infty}\frac{1}{5n+2}$

(5) $\sum_{n=1}^{\infty}\frac{1}{9n^2+1}$　　(6) $\sum_{n=1}^{\infty}\frac{1}{\sqrt{n+5}}$

(7) $\sum_{n=1}^{\infty}\frac{1}{\sqrt[3]{2n-1}}$　　(8) $\sum_{n=1}^{\infty}\frac{n}{\ln(n+1)}$

(9) $\sum_{n=1}^{\infty}\left(1+\frac{1}{n}\right)^n$　　(10) $\sum_{n=1}^{\infty}\frac{\tan^{-1}n}{1+n^2}$

(11) $\sum_{n=1}^{\infty}7n^{-p}$ (단, $p > 1$)　　(12) $\sum_{n=1}^{\infty}n^2\sin^2\frac{1}{n}$

2. 비판정법 또는 n제곱근판정법을 이용하여 다음 급수의 수렴 여부를 조사하여라.

(1) $\sum_{n=5}^{\infty}\frac{3^n}{n!}$　　(2) $\sum_{n=2}^{\infty}\frac{1}{5n}$

(3) $\sum_{n=1}^{\infty}\frac{n!}{n^3}$　　(4) $\sum_{n=1}^{\infty}\left(\frac{5n+4}{2n-1}\right)^n$

(5) $\sum_{n=1}^{\infty}\left(\frac{n}{100}\right)^n$　　(6) $\sum_{n=1}^{\infty}\frac{n}{5^n}$

8.4 절대수렴과 조건부수렴

이제 양항급수의 수렴뿐만 아니라 양과 음의 항을 모두 가지고 있는 급수의 수렴으로 확장해 보자.

정의 8.4.1 교대급수

모든 자연수 n에 대하여 $a_n > 0$일 때,

$$\sum_{n=1}^{\infty}(-1)^{n+1}a_n = a_1 - a_2 + a_3 - a_4 + \cdots$$

또는

$$\sum_{n=1}^{\infty}(-1)^{n}a_n = -a_1 + a_2 - a_3 + a_4 - \cdots$$

와 같은 급수를 교대급수(alternating series)라고 한다.

정리 8.4.2 교대급수판정법

모든 자연수 n에 대하여 $a_n \geq a_{n+1} > 0$이고 $\lim_{n\to\infty} a_n = 0$이면 교대급수 $\sum_{n=1}^{\infty}(-1)^{n+1}a_n$은 수렴한다.

증명

수열 $\{a_n\}$의 $2n$항까지의 부분합은

$$S_{2n} = (a_1 - a_2) + \cdots + (a_{2n-1} - a_{2n}) \geq 0$$

이므로 수열 $\{S_{2n}\}$은 증가하고,

$$S_{2n} = a_1 - (a_2 - a_3) - \cdots < a_1$$

이므로 $\lim_{n\to\infty} S_{2n} \leq a_1$이다. 따라서 수열 $\{S_n\}$은 위로 유계이므로 수렴하고, 극한값 $\lim_{n\to\infty} S_{2n} = S$가 존재한다. 한편, 수열 $\{a_n\}$의 $2n + 1$항까지의 부분합 S_{2n+1}에 대하여

$$\lim_{n\to\infty} S_{2n+1} = \lim_{n\to\infty} S_{2n} + a_{2n+1} = S + \lim_{n\to\infty} a_{2n+1} = S$$

이므로 $\lim_{n\to\infty} S_n = S$가 되어 급수 $\sum_{n=1}^{\infty}(-1)^{n+1}a_n$은 수렴한다. ■

예제 8.23

교대조화급수 $\sum_{n=1}^{\infty}(-1)^{n+1}\frac{1}{n}=1-\frac{1}{2}+\frac{1}{3}-\frac{1}{4}+\cdots$의 수렴 여부를 조사하여라.

풀이

$$a_n=\frac{1}{n}>\frac{1}{n+1}=a_{n+1},\ \lim_{n\to\infty}a_n=\lim_{n\to\infty}\frac{1}{n}=0$$

이므로 교대급수판정법에 의해 주어진 급수는 수렴한다.

예제 8.24

교대급수 $\sum_{n=1}^{\infty}(-1)^{n+1}\frac{n+3}{n(n+1)}$의 수렴 여부를 조사하여라.

풀이

$\lim_{n\to\infty}a_n=\lim_{n\to\infty}\frac{n+3}{n(n+1)}=0$이고,

$$\frac{a_{k+1}}{a_k}=\frac{k+4}{(k+1)(k+2)}\times\frac{k(k+1)}{k+3}=\frac{k^2+4k}{k^2+5k+6}=\frac{k^2+4k}{(k^2+4k)+(k+6)}<1$$

이므로 $a_n>a_{n+1}$이다. 따라서 교대급수판정법에 의해 주어진 급수는 수렴한다.

앞에서 조화수열 $\sum_{n=1}^{\infty}\frac{1}{n}$은 발산하지만 교대조화수열 $\sum_{n=1}^{\infty}(-1)^{n+1}\frac{1}{n}$은 수렴함을 알아봤다. 이와 같은 급수를 좀 더 깊이 있게 다루고자 한다.

정의 8.4.3 절대수렴과 조건수렴

급수 $\sum_{n=1}^{\infty}a_n$에 대하여 급수 $\sum_{n=1}^{\infty}|a_n|$이 수렴할 때 급수 $\sum_{n=1}^{\infty}a_n$은 **절대수렴**(absolutely converge)한다고 하고, $\sum_{n=1}^{\infty}a_n$은 수렴하지만 급수 $\sum_{n=1}^{\infty}|a_n|$이 수렴하지 않을 때 급수 $\sum_{n=1}^{\infty}a_n$은 **조건수렴**(conditionally converge)한다고 한다.

예제 8.25

다음 급수의 절대수렴, 조건수렴, 발산 여부를 조사하여라.

(1) $\sum_{n=1}^{\infty}\frac{(-1)^n}{4^n}$ (2) $\sum_{n=1}^{\infty}\frac{(-1)^n}{n}$ (3) $\sum_{n=1}^{\infty}\frac{(-1)^n n}{n+3}$

풀이

(1) 급수 $\sum_{n=1}^{\infty}\frac{1}{4^n}$ 이 수렴하므로 $\sum_{n=1}^{\infty}\frac{(-1)^n}{4^n}$ 은 절대수렴한다.

(2) 급수 $\sum_{n=1}^{\infty}\frac{1}{n}$ 은 수렴하지 않지만 교대조화급수 $\sum_{n=1}^{\infty}\frac{(-1)^n}{n}$ 은 수렴하므로 급수 $\sum_{n=1}^{\infty}\frac{(-1)^n}{n}$ 은 조건수렴한다.

(3) $\lim_{n\to\infty}\frac{n}{n+3}=1\neq 0$이므로 주어진 급수는 발산한다.

정리 8.4.4 절대수렴하는 급수의 수렴성

절대수렴하는 급수는 수렴한다. 즉, 급수 $\sum_{n=1}^{\infty}|a_n|$이 수렴하면 급수 $\sum_{n=1}^{\infty}a_n$은 수렴한다.

증명

임의의 자연수 n에 대하여 $-|a_n|\le a_n\le |a_n|$이므로 $0\le a_n+|a_n|\le 2|a_n|$이다.
급수 $\sum_{n=1}^{\infty}|a_n|$이 수렴하므로 급수 $\sum_{n=1}^{\infty}2|a_n|$도 수렴하고, 비교판정법에 의해 급수 $\sum_{n=1}^{\infty}(a_n+|a_n|)$도 수렴한다. 이때 $a_n=(a_n+|a_n|)-|a_n|$이므로 $\sum_{n=1}^{\infty}a_n=\sum_{n=1}^{\infty}(a_n+|a_n|)-\sum_{n=1}^{\infty}|a_n|$이다. 따라서 급수 $\sum_{n=1}^{\infty}a_n$은 수렴한다. ■

정리 8.4.5 정리 8.4.4의 따름정리

급수 $\sum_{n=1}^{\infty}a_n$이 발산하면 급수 $\sum_{n=1}^{\infty}|a_n|$은 발산한다.

예제 8.26

급수 $\sum_{n=1}^{\infty}\frac{\sin n}{n^2}$ 의 수렴 여부를 조사하여라.

풀이

임의의 자연수 n에 대하여 $|\sin n|\le 1$이므로 $\left|\frac{\sin n}{n^2}\right|\le\frac{1}{n^2}$ 이다. 따라서 급수 $\sum_{n=1}^{\infty}\left|\frac{\sin n}{n^2}\right|$ 은 수렴하므로 정리 8.4.4에 의해 주어진 급수는 수렴한다.

이제 절대수렴 여부를 조사하는 데 중요한 정리를 소개한다. 이 정리는 멱급수

의 수렴구간을 구할 때 이용한다.

정리 8.4.6 비판정법(ratio test)

급수 $\sum_{n=1}^{\infty} a_n$의 각 항이 0이 아닐 때,

$$\lim_{n\to\infty}\left|\frac{a_{n+1}}{a_n}\right| = \rho$$

라 하면 급수 $\sum_{n=1}^{\infty} a_n$은

(1) $0 \le \rho < 1$일 때 절대수렴한다.

(2) $\rho > 1$일 때 발산한다.

(3) $\rho = 1$이면 수렴성을 판정할 수 없다.

예제 8.27

다음 급수의 절대수렴 여부를 조사하여라.

(1) $\sum_{n=1}^{\infty} \frac{(-1)^n \cdot n}{2^n}$　　　(2) $\sum_{n=1}^{\infty} \frac{(-3)^n}{n^2}$

풀이

(1) $\rho = \lim_{n\to\infty}\left|\frac{a_{n+1}}{a_n}\right| = \lim_{n\to\infty}\frac{(n+1)2^n}{n2^{n+1}} = \lim_{n\to\infty}\frac{n+1}{2n} = \frac{1}{2} < 1$이므로 비판정법에 의해 주어진 급수는 절대수렴한다.

(2) $\rho = \lim_{n\to\infty}\left|\frac{a_{n+1}}{a_n}\right| = \lim_{n\to\infty}\frac{3^{n+1}n^2}{3^n(n+1)^2} = \lim_{n\to\infty}\frac{3n^2}{(n+1)^2} = 3 > 1$이므로 비판정법에 의해 주어진 급수는 발산한다.

정리 8.4.7 *n*제곱근 판정법(*n*th root test)

급수 $\sum_{n=1}^{\infty} a_n$에 대하여 $\lim_{n\to\infty}\sqrt[n]{|a_n|} = \rho$라 하면 급수 $\sum_{n=1}^{\infty} a_n$은

(1) $0 \le \rho < 1$일 때 절대수렴한다.

(2) $\rho > 1$일 때 발산한다.

(3) $\rho = 1$이면 수렴성을 판정할 수 없다.

예제 8.28

급수 $\sum_{n=1}^{\infty} \frac{(-1)^n (2n^3-1)^n}{n^{3n}}$ 의 절대수렴 여부를 조사하여라.

풀이

$\rho = \lim_{n\to\infty} (|a_n|)^{\frac{1}{n}} = \lim_{n\to\infty} \left(2 - \frac{1}{n^3}\right) = 2 > 1$이므로 n제곱근판정법에 의해 주어진 급수는 발산한다.

예제 8.29

급수 $\sum_{n=1}^{\infty} \frac{(-n)^n}{3^{n^2}}$ 의 절대수렴 여부를 조사하여라.

풀이

$\rho = \lim_{n\to\infty} (|a_n|)^{\frac{1}{n}} = \lim_{n\to\infty} \frac{n}{3^n} = 0 < 1$ 이므로 n제곱근판정법에 의해 주어진 급수는 절대수렴한다.

연습문제 8.4

1. 교대급수판정법을 이용하여 다음 급수의 수렴 여부를 조사하여라.

(1) $\sum_{n=1}^{\infty} \frac{(-1)^{n+1}}{2n+1}$ (2) $\sum_{n=1}^{\infty} (-1)^{n+1} \frac{n}{3^n}$

(3) $\sum_{n=1}^{\infty} (-1)^{n+1} \frac{n+1}{3n+1}$ (4) $\sum_{n=1}^{\infty} (-1)^{n+1} e^{-n}$

2. 비판정법을 이용하여 다음 급수의 절대수렴 여부를 조사하여라.

(1) $\sum_{n=1}^{\infty} \left(-\frac{3}{5}\right)^n$ (2) $\sum_{n=1}^{\infty} (-1)^{n+1} \frac{3^n}{n^2}$

(3) $\sum_{n=1}^{\infty} (-1)^n \frac{n^3}{e^n}$

3. 다음 급수의 절대수렴, 조건수렴, 발산 여부를 조사하여라.

(1) $\sum_{n=1}^{\infty} (-1)^{n+1} \frac{1}{3n}$ (2) $\sum_{n=1}^{\infty} (-1)^n \frac{4^n}{n^2}$

(3) $\sum_{n=1}^{\infty} \frac{\cos n\pi}{n}$ (4) $\sum_{n=1}^{\infty} (-1)^{n+1} \left(\frac{n+2}{3n-1}\right)^n$

(5) $\sum_{n=1}^{\infty} (-1)^{n+1} \frac{n+2}{n(n+3)}$ (6) $\sum_{n=1}^{\infty} (-1)^n \frac{1}{n \ln n}$

(7) $\sum_{n=1}^{\infty} \sin \frac{n\pi}{2}$ (8) $\sum_{n=1}^{\infty} \left(-\frac{1}{\ln n}\right)^n$

8.5 멱급수

지금까지 실수의 무한급수에 대하여 논의했다. 이 절에서는 함수의 급수를 알아본다.

정의 8.5.1 멱급수

상수 a에 대하여 x를 실변수로 가지는 급수 $\sum_{n=1}^{\infty} a_n (x-a)^n$을 $(x-a)$에 대한 **멱급수**(power series)라고 한다. 특히 $a=0$일 때 $\sum_{n=1}^{\infty} a_n x^n$을 x에 대한 멱급수(power series)라고 한다.

예를 들어 다음 세 급수는 멱급수이다.

$$\sum_{n=0}^{\infty} x^n = 1 + x + x^2 + \cdots$$

$$\sum_{n=0}^{\infty} \frac{x^n}{n!} = 1 + x + \frac{x^2}{2!} + \frac{x^3}{3!} + \cdots$$

$$\sum_{n=0}^{\infty} (-1)^n \frac{x^{2n}}{(2n)!} = 1 - \frac{x^2}{2!} + \frac{x^4}{4!} - \frac{x^6}{6!} + \cdots$$

멱급수 $\sum_{n=1}^{\infty} a_n x^n$에 대한 중요한 문제는 주어진 멱급수가 수렴하도록 하는 x의 값을 구하는 것이다.

예제 8.30

다음의 멱급수가 수렴하도록 하는 x의 값을 구하여라.

(1) $\sum_{n=0}^{\infty} n!x^n$ (2) $\sum_{n=0}^{\infty} \frac{x^n}{n!}$ $\sum_{n=0}^{\infty} (x-1)^n$

풀이

(1) $a_n = n!x^n$으로 놓으면

$$\lim_{n\to\infty}\left|\frac{a_{n+1}}{a_n}\right| = \lim_{n\to\infty}\left|\frac{(n+1)!x^{n+1}}{n!x^n}\right| = \lim_{n\to\infty}(n+1)|x|$$

이므로 비판정법에 의해 주어진 멱급수는 $x=0$일 때만 수렴한다.

(2) $a_n = \frac{x^n}{n!}$으로 놓으면 모든 실수 x에 대하여 주어진 멱급수는 절대수렴함을 알 수 있다.

(3) $a_n = (x-1)^n$으로 놓으면 비판정법에 의해 주어진 멱급수는 구간 $(0, 2)$에서 절대수렴하고, $(-\infty, 0) \cup (2, \infty)$에서 발산함을 알 수 있다. 이때 $x=0$, $x=2$에서 주어진 멱급수는 발산한다.

정리 8.5.2 멱급수의 비판정법

멱급수 $\sum_{n=0}^{\infty} a_n(x-a)^n$에 대하여 $\lim_{n\to\infty}\left|\frac{a_{n+1}}{a_n}\right|=\rho$라 하면 급수 $\sum_{n=0}^{\infty} a_n(x-a)^n$은

(1) $\rho=+\infty$인 경우 $x=a$일 때만 수렴한다.

(2) $\rho=0$인 경우 모든 실수 x에서 수렴한다.

(3) $\rho\in(0,\infty)$인 경우 $r=\frac{1}{\rho}$이라 할 때 구간 $(a-r,\ a+r)$에서 절대수렴하고, 구간 $(-\infty,\ a-r)\cup(a+r,\ \infty)$에서는 발산한다. 이때 $x=a-r$, $x=a+r$에서는 수렴 여부를 각각 조사해야 한다.

증명

$b_n=a_n(x-a)^n$으로 놓고 $\left|\frac{b_{n+1}}{b_n}\right|$의 극한이 다음과 같다고 하자.

$$\lim_{n\to\infty}\left|\frac{b_{n+1}}{b_n}\right|=\lim_{n\to\infty}\left|\frac{a_{n+1}(x-a)^{n+1}}{a_n(x-a)^n}\right|=\lim_{n\to\infty}\left|\frac{a_{n+1}}{a_n}\right||x-a|=\rho|x-a|=l$$

(1) $\rho=+\infty$이고 $x\neq a$이면 $l=\infty$이다. 비판정법에 의해 주어진 멱급수는 $x=a$일 때만 a_0에 수렴한다.

(2) $\rho=0$이면 $l=0<1$이므로 비판정법에 의해 주어진 멱급수는 모든 실수 x에서 수렴한다.

(3) $\rho\in(0,\infty)$이면 비판정법에 의해 $l=\rho|x-a|<1$일 때 주어진 멱급수는 절대수렴하고, $l=\rho|x-a|>1$일 때 발산한다. 따라서 주어진 멱급수는 구간 $(a-r,\ a+r)$에서 절대수렴하고, 구간 $(-\infty,\ a-r)\cup(a+r,\ \infty)$에서는 발산한다. ■

정의 8.5.3 수렴반경과 수렴구간

정리 8.5.2(3)에서 r을 멱급수 $\sum_{n=1}^{\infty} a_n(x-a)^n$의 **수렴반경**(radius of convertgence)이라 하며, 정리 8.5.2(1)의 경우 $r=0$이고 정리 8.5.2(2)의 경우 $r=\infty$이다. 멱급수 $\sum_{n=1}^{\infty} a_n(x-a)^n$이 수렴하도록 하는 x의 집합을 멱급수 $\sum_{n=1}^{\infty} a_n(x-a)^n$의 **수렴구간**(interval of convergence)이라 한다.

즉, 멱급수의 수렴구간은 네 집합 $(a-r,\ a+r)$, $[a-r,\ a+r)$, $(a-r,\ a+r]$, $[a-r,\ a+r]$ 중 하나이다. 끝점 $x=a\pm r$에서의 수렴성은 각 멱급수에 대입하

여 판정할 수 있다.

예제 8.31

급수 $\sum_{n=0}^{\infty} \frac{(-3)^n x^n}{\sqrt{n+1}}$의 수렴반경과 수렴구간을 구하여라.

풀이

$a_n = \frac{(-3)^n x^n}{\sqrt{n+1}}$으로 놓으면

$$\lim_{n\to\infty}\left|\frac{a_{n+1}}{a_n}\right| = \lim_{n\to\infty}\left|\frac{(-3)^{n+1}x^{n+1}}{\sqrt{n+2}} \times \frac{\sqrt{n+1}}{(-3)^n x^n}\right|$$
$$= \lim_{n\to\infty} 3\sqrt{\frac{1+\frac{1}{n}}{1+\frac{2}{n}}}\,|x| = 3|x|$$

이므로 비판정법에 의해 $3|x| < 1$이면 수렴하고 $3|x| > 1$이면 발산한다. 따라서 수렴반경은 $r = \frac{1}{3}$이다. 구간 $\left(-\frac{1}{3}, \frac{1}{3}\right)$에서 주어진 급수는 수렴하지만 끝점 $x = -\frac{1}{3}, \frac{1}{3}$에서 수렴 여부를 판정해야 한다.

$x = -\frac{1}{3}$일 때, 주어진 급수는

$$\sum_{n=0}^{\infty} \frac{(-3)^n \left(-\frac{1}{3}\right)^n}{\sqrt{n+1}} = \sum_{n=0}^{\infty} \frac{1}{\sqrt{n+1}} = \frac{1}{\sqrt{1}} + \frac{1}{\sqrt{2}} + \cdots$$

이고 이 급수는 $p = \frac{1}{2}$인 p-급수이므로 발산한다.

$x = \frac{1}{3}$일 때, 주어진 급수는

$$\sum_{n=0}^{\infty} \frac{(-3)^n \left(\frac{1}{3}\right)^n}{\sqrt{n+1}} = \sum_{n=0}^{\infty} \frac{(-1)^n}{\sqrt{n+1}}$$

이고 교대급수판정법에 의해 수렴한다.

따라서 주어진 멱급수의 수렴구간은$\left(-\frac{1}{3}, \frac{1}{3}\right]$이다.

예제 8.32

급수 $\sum_{n=1}^{\infty} \frac{(-1)^n (x-2)^n}{4^n \sqrt{n}}$의 수렴반경과 수렴구간을 구하여라.

풀이

$a_n = \frac{(-1)^n (x-2)^n}{4^n \sqrt{n}}$으로 놓으면

$$\lim_{n\to\infty}\left|\frac{a_{n+1}}{a_n}\right| = \lim_{n\to\infty}\left|\frac{\dfrac{(-1)^{n+1}(x-2)^{n+1}}{4^{n+1}\sqrt{n+1}}}{\dfrac{(-1)^n(x-2)^n}{4^n\sqrt{n}}}\right|$$

$$= \lim_{n\to\infty}\sqrt{\frac{n}{n+1}}\left|\frac{x-2}{4}\right| = \frac{1}{4}|x-2|$$

이므로 비판정법에 의해 $\frac{1}{4}|x-2|<1$, 즉 $|x-2|<4$이면 수렴하고 $|x-2|>4$이면 발산한다. 따라서 수렴반경은 $r=4$이다. 구간 $(-2, 6)$에서 주어진 급수는 수렴하지만 끝점 $x=-2$, $x=6$에서 수렴 여부를 판정해야 한다.

$x=-2$일 때, 주어진 급수는 $\sum_{n=1}^{\infty}\frac{1}{\sqrt{n}}$이고 이 급수는 $p=\frac{1}{2}$인 p-급수이므로 발산한다.

$x=6$일 때, 주어진 급수는 $\sum_{n=1}^{\infty}\frac{(-1)^n}{\sqrt{n}}$이므로 수렴하는 교대급수이다.

따라서 주어진 멱급수의 수렴구간은 $(-2, 6]$이다.

예제 8.33

급수 $\sum_{n=1}^{\infty}\frac{(-1)^n x^{2n-1}}{(2n+1)!}$의 수렴반경과 수렴구간을 구하여라.

풀이

$a_n=\frac{(-1)^n x^{2n-1}}{(2n+1)!}$으로 놓으면

$$\lim_{n\to\infty}\left|\frac{a_{n+1}}{a_n}\right| = \lim_{n\to\infty}\left|\frac{\dfrac{(-1)^{n+1}x^{2n+1}}{(2n+3)!}}{\dfrac{(-1)^n x^{2n-1}}{(2n+1)!}}\right| = \lim_{n\to\infty}\left|\frac{-x^2}{(2n+3)(2n+2)}\right| = 0$$

이므로 비판정법에 의해 주어진 급수는 모든 실수 x에서 절대수렴한다.

예제 8.34

급수 $\sum_{n=1}^{\infty}\frac{(x-5)^n}{n^2}$의 수렴반경 및 수렴구간을 구하여라.

풀이

$a_n=\frac{(x-5)^n}{n^2}$ 으로 놓으면

$$\lim_{n\to\infty}\left|\frac{a_{n+1}}{a_n}\right| = \lim_{n\to\infty}\left|\frac{(x-5)^{n+1}n^2}{(n+1)^2(x-5)^n}\right| = \lim_{n\to\infty}|x-5|\left(\frac{n}{n+1}\right)^2 = |x-5|$$

이므로 비판정법에 의해 주어진 급수는 $|x-5|<1$이면 수렴하고 $|x-5|>1$이면 발산한다. 따라서 수렴반경은 $r=1$이다. 구간 $(4, 6)$에서 주어진 급수는 수렴하지만 끝점 $x=4$, 6에서 수렴 여부를 판정해야 한다.

$x=4$일 때 주어진 급수는 $\sum_{n=1}^{\infty}\frac{(-1)^n}{n^2}$이므로 절대수렴하고, $x=6$일 때 주어진 급수는 $\sum_{n=1}^{\infty}\frac{1}{n^2}$이므로 수렴하는 p-급수이다.

따라서 주어진 멱급수의 수렴구간은 $[4, 6]$이다.

연습문제 8.5

[1~8] 다음 급수의 수렴구간과 수렴반경을 구하여라.

1. $\sum_{n=0}^{\infty}\frac{x^n}{n+1}$

2. $\sum_{n=0}^{\infty}(-1)^n\frac{x^n}{n!}$

3. $\sum_{n=1}^{\infty}\frac{5^n x^n}{n^2}$

4. $\sum_{n=1}^{\infty}\frac{x^n}{n(n+1)}$

5. $\sum_{n=1}^{\infty}(-1)^n\frac{x^n}{\sqrt{n}}$

6. $\sum_{n=0}^{\infty}(-1)^n\frac{x^{2n+1}}{(2n+1)!}$

7. $\sum_{n=1}^{\infty}\frac{3^n x^n}{n!}$

8. $\sum_{n=0}^{\infty}\frac{x^n}{1+n^2}$

8.6 테일러 급수와 맥클로린 급수

주어진 함수를 멱급수로 나타내는 방법을 알아보기 전에 급수의 부분합으로 이루어진 다항식을 살펴보자.

정의 8.6.1 테일러 다항식과 맥클로린 다항식

함수 $f(x)$가 $x=a$에서 n번 미분가능할 때, 다항식

$$p_n(x)=f(a)+f'(a)(x-a)+\frac{f''(a)}{2!}(x-a)^2+\frac{f^{(3)}(a)}{3!}(x-a)^3+\cdots+\frac{f^{(n)}(a)}{n!}(x-a)^n$$

을 $x=a$에서 함수 $f(x)$의 n차 테일러 다항식이라 한다. 특히 $a=0$일 때 f의 n차 테일러 다항식을 맥클로린 다항식이라 한다.

예제 8.35

$x=\frac{\pi}{3}$에서 함수 $\sin x$의 테일러 다항식 $p_1(x)$, $p_2(x)$를 구하여라.

풀이

$f(x) = \sin x$로 놓으면

$$f\left(\frac{\pi}{3}\right)=\sin\frac{\pi}{3}=\frac{\sqrt{3}}{2},$$
$$f'(x)=\cos x,\ f'\left(\frac{\pi}{3}\right)=\cos\frac{\pi}{3}=\frac{1}{2},$$
$$f''(x)=-\sin x,\ f''\left(\frac{\pi}{3}\right)=-\sin\frac{\pi}{3}=-\frac{\sqrt{3}}{2}$$

이므로 테일러 다항식 $p_1(x)$, $p_2(x)$는 다음과 같다.

$$p_1(x)=f\left(\frac{\pi}{3}\right)+f'\left(\frac{\pi}{3}\right)\left(x-\frac{\pi}{3}\right)=\frac{\sqrt{3}}{2}+\frac{1}{2}\left(x-\frac{\pi}{3}\right),$$
$$p_2(x)=f\left(\frac{\pi}{3}\right)+f'\left(\frac{\pi}{3}\right)\left(x-\frac{\pi}{3}\right)+\frac{f''\left(\frac{\pi}{3}\right)}{2!}\left(x-\frac{\pi}{3}\right)^2$$
$$=\frac{\sqrt{3}}{2}+\frac{1}{2}\left(x-\frac{\pi}{3}\right)-\frac{\sqrt{3}}{2!\cdot 2}\left(x-\frac{\pi}{3}\right)^2$$

예제 8.36

함수 e^x의 n차 맥클로린 다항식을 구하여라.

풀이

$f(x) = e^x$으로 놓으면 $f(x)=f'(x)=\cdots=e^x$이므로 $f(0)=f'(0)=\cdots=1$이다. 따라서 함수 e^x의 n차 맥클로린 다항식은 다음과 같다.

$$p_n(x)=1+x+\frac{1}{2!}x^2+\frac{1}{3!}x^3+\cdots+\frac{1}{n!}x^n$$

예제 8.37

함수 $\ln(x+1)$의 n차 맥클로린 다항식을 구하여라.

풀이

$f(x) = \ln(x+1)$로 놓으면

$$f(x)=\ln(x+1),\qquad f(0)=\ln 1=0$$
$$f'(x)=\frac{1}{x+1},\qquad f'(0)=1$$
$$f''(x)=-\frac{1}{(x+1)^2},\qquad f''(0)=-1$$

$$f^{(3)}(x) = \frac{2}{(x+1)^3}, \qquad f^{(3)}(0) = 2$$

$$f^{(4)}(x) = -\frac{3 \times 2}{(x+1)^4}, \qquad f^{(4)}(0) = -3!$$

$$\vdots$$

$$f^{(n)}(x) = (-1)^{n+1}\frac{(n-1)!}{(x+1)^n}, \qquad f^{(n)}(0) = (-1)^{n+1}(n-1)!$$

따라서 함수 $\ln(x+1)$의 $2n$차 맥클로린 다항식은 다음과 같다.

$$p_n(x) = x - \frac{1}{2}x^2 + \frac{1}{3}x^3 - \cdots + (-1)^{n+1}\frac{1}{n}x^n$$

예제 8.38

함수 $\cos x$의 n차 맥클로린 다항식을 구하여라.

풀이

$f(x) = \cos x$로 놓으면

$$f(x) = \cos x, \qquad f(0) = 1$$

$$f'(x) = -\sin x, \qquad f'(0) = 0$$

$$f''(x) = -\cos x, \qquad f''(0) = -1$$

$$f^{(3)}(x) = \sin x, \qquad f^{(3)}(0) = 0$$

$$f^{(4)}(x) = \cos x, \qquad f^{(4)}(0) = 1$$

따라서 함수 $\cos x$의 $2n$차 맥클로린 다항식은 다음과 같다.

$$p_{2n}(x) = 1 - \frac{1}{2!}x^2 + \frac{1}{4!}x^4 - \frac{1}{6!}x^6 + \cdots + (-1)^n\frac{1}{(2n)!}x^{2n}$$

함수 $f(x)$의 n차 테일러 다항식에서 $n \to \infty$이면 이 다항식은 멱급수가 된다. 즉, 다음과 같다.

$$\lim_{n \to \infty} p_n(x) = \lim_{n \to \infty}\sum_{k=0}^{n}\frac{f^{(k)}(a)}{k!}(x-a)^k = \sum_{k=0}^{\infty}\frac{f^{(k)}(a)}{k!}(x-a)^k$$

이와 같은 멱급수를 $x = a$에서 함수 $f(x)$의 **테일러 급수**라 한다. **맥클로린 급수**도 마찬가지로 정의할 수 있다.

정의 8.6.2 테일러 급수와 맥클로린 급수

함수 $f(x)$가 $x = a$에서 무한 번 미분가능할 때, 급수

$$f(a)+f'(a)(x-a)+\frac{f''(a)}{2!}(x-a)^2+\frac{f^{(3)}(a)}{3!}(x-a)^3+\cdots+\frac{f^{(n)}(a)}{n!}(x-a)^n+\cdots$$

을 $x=a$에서 함수 $f(x)$의 테일러 급수라고 한다. 특히 $a=0$일 때 테일러 급수를 맥클로린 급수라고 한다.

예제 8.39

함수 $\ln(x+1)$의 맥클로린 급수를 구하여라.

풀이

$f(x)=\ln(x+1)$로 놓으면

$$f(x)=\ln(x+1), \qquad f(0)=\ln 1=0$$

$$f'(x)=\frac{1}{x+1}, \qquad f'(0)=1$$

$$f''(x)=-\frac{1}{(x+1)^2}, \qquad f''(0)=-1$$

$$f^{(3)}(x)=\frac{2}{(x+1)^3}, \qquad f^{(3)}(0)=2$$

$$f^{(4)}(x)=-\frac{3\times 2}{(x+1)^4}, \qquad f^{(4)}(0)=-3!$$

$$\vdots$$

$$f^{(n)}(x)=(-1)^{n+1}\frac{(n-1)!}{(x+1)^n}, \qquad f^{(n)}(0)=(-1)^{n+1}(n-1)!$$

따라서 함수 $\ln(x+1)$의 맥클로린 급수는 다음과 같다.

$$x-\frac{1}{2}x^2+\frac{1}{3}x^3-\cdots+(-1)^n\frac{1}{n+1}x^{n+1}+\cdots$$

같은 방법으로 함수 $\cos x$의 맥클로린 급수를 구하면 다음과 같다.

$$1-\frac{1}{2!}x^2+\frac{1}{4!}x^4-\frac{1}{6!}x^6+\cdots+(-1)^n\frac{1}{(2n)!}x^{2n}+\cdots$$

예제 8.40

함수 e^x의 맥클로린 급수를 구하여라.

풀이

$f(x)=e^x$으로 놓으면 $f(x)=f'(x)=\cdots=e^x$이므로 $f(0)=f'(0)=\cdots=1$이다.

따라서 함수 e^x의 맥클로린 급수는 다음과 같다.

$$1+x+\frac{1}{2!}x^2+\frac{1}{3!}x^3+\cdots+\frac{1}{n!}x^n+\cdots$$

예제 8.41

$x = 1$에서 함수 $f(x) = \frac{1}{x}$의 테일러 급수를 구하여라.

풀이

$f(x) = \frac{1}{x}$로 놓으면

$$\begin{aligned}
f(x) &= \frac{1}{x}, & f(1) &= 1 \\
f'(x) &= -\frac{1}{x^2}, & f'(1) &= -1 \\
f''(x) &= \frac{2}{x^3}, & f''(1) &= 2! \\
f^{(3)}(x) &= -\frac{3\times 2}{x^4}, & f^{(3)}(1) &= -3! \\
f^{(4)}(x) &= \frac{4\times 3\times 2}{x^5}, & f^{(4)}(1) &= 4! \\
&\vdots \\
f^{(k)}(x) &= (-1)^k \frac{k!}{x^{k+1}}, & f^{(k)}(1) &= (-1)^k k!
\end{aligned}$$

따라서 $x = 1$에서 함수 $f(x) = \frac{1}{x}$의 테일러 급수는 다음과 같다.

$$\sum_{k=0}^{\infty} \frac{(-1)^k k!}{k!}(x-1)^k = 1-(x-1)+(x-1)^2-(x-1)^3+\cdots$$

함수 $f(x)$와 $x = a$에서 함수 $f(x)$의 n차 테일러 다항식과의 차 $R_n(x)$를 구해 보자. 함수 $f(x)$와 $x = a$에서 함수 $f(x)$의 n차 테일러 다항식이 같다면 $R_n(x) = 0$일 것이다. 이때 $R_n(x)$를 $x = a$에서 함수 $f(x)$의 n차 **나머지**라고 부른다. 다음 정리의 증명은 생략한다.

정리 8.6.3 테일러 정리

함수 $f(x)$가 $x = a$을 포함하는 구간 I에서 $n + 1$번 미분가능할 때, 함수 $f(x)$와 $x = a$에서 함수 $f(x)$의 n차 테일러 다항식 $p_n(x)$의 차를 $R_n(x)$라 하면

$$R_n(x) = f(x) - p_n(x) = \frac{f^{(n+1)}(c)}{(n+1)!}(x-a)^{n+1}$$

이 되도록 하는 c가 a와 x 사이에 존재한다.

테일러 정리에 의해 함수 $f(x)$를

$$f(x)=\sum_{k=0}^{n}\frac{f^{(k)}(a)}{k!}(x-a)^k+\frac{f^{(n+1)}(c)}{(n+1)!}(x-a)^{n+1}$$

으로 나타낼 수 있다. 물론 $a=0$이면 함수 $f(x)$는 맥클로린 다항식으로 표시된다.

테일러 정리에서 $\lim_{n\to\infty}R_n(x)=0$이면

$$\lim_{n\to\infty}(f(x)-P_n(x))=f(x)-\lim_{n\to\infty}P_n(x)=0$$

이므로 함수 $f(x)$는 멱급수로 전개됨을 알 수 있다.

정리 8.6.4 함수 $f(x)$가 멱급수로 전개될 조건

$x=a$에서 함수 $f(x)$의 n차 나머지 $R_n(x)$에 대하여 $\lim_{n\to\infty}R_n(x)=0$이면 함수 $f(x)$를 다음과 같이 나타낼 수 있다.

$$f(x)=\sum_{n=0}^{\infty}\frac{f^{(n)}(a)}{k!}(x-a)^n$$

예제 8.42

함수 e^x은 모든 실수 x에 대하여 멱급수로 전개됨을 보여라.

풀이

모든 실수 x에 대하여 다음이 성립한다.

$$e^x=1+x+\frac{1}{2!}x^2+\frac{1}{3!}x^3+\cdots+\frac{1}{n!}x^n+\frac{e^c}{(n+1)!}x^{n+1}\ (\text{단, } 0<c<x)$$

따라서 $\lim_{n\to\infty}R_n(x)=\lim_{n\to\infty}\frac{e^c}{(n+1)!}x^{n+1}=0$이므로 다음과 같이 멱급수로 전개된다.

$$e^x=1+x+\frac{1}{2!}x^2+\frac{1}{3!}x^3+\cdots+\frac{1}{n!}x^n+\cdots$$

예제 8.43

자연상수 e가 무리수임을 보여라.

풀이

예제 8.43의 결과에서 함수 e^x은 모든 실수 x에 대하여 멱급수로 전개가 됨을 알 수 있다.

$$e^x=1+x+\frac{1}{2!}x^2+\frac{1}{3!}x^3+\cdots+\frac{1}{n!}x^n+\cdots$$

여기서 $x=1$을 대입하면

$$e^1 = 1 + 1 + \frac{1}{2!} + \frac{1}{3!} + \cdots + \frac{1}{n!} + \cdots = \sum_{n=0}^{\infty} \frac{1}{n!}$$

이고, 이를 이용하여 자연상수 e가 무리수임을 증명하자.

$e = \frac{q}{p}\,(p, q \in Z,\ \ p \neq 0)$인 유리수라 가정하자. 양변에 $p!$을 곱하면 $e \times p!$은 자연수가 될 것이므로

$$e \times p! = p! + p! + \frac{p!}{2} + \cdots + \frac{p!}{p!} + \sum_{n=p+1}^{\infty} \frac{p!}{n!}$$

위 식의 우변도 자연수이다.

따라서 $p! + p! + \frac{p!}{2} + \cdots + \frac{p!}{p!}$이 자연수이므로

$$\sum_{n=p+1}^{\infty} \frac{p!}{n!} = \frac{p!}{(p+1)!} + \frac{p!}{(p+2)!} + \cdots$$

도 자연수이어야 한다. 그런데 이 값은

$$\sum_{n=p+1}^{\infty} \frac{p!}{n!} = \frac{p!}{(p+1)!} + \frac{p!}{(p+2)!} + \cdots < \frac{1}{p+1} + \frac{1}{(p+1)^2} + \frac{1}{(p+1)^3} + \cdots = \frac{1}{p} \leq 1$$

이므로 1보다 작은 수이며, 이는 $\sum_{n=p+1}^{\infty} \frac{p!}{n!}$이 자연수라는 것에 모순이다. 따라서 e는 유리수가 아니므로 무리수이다.

예제 8.44

함수 $\sin x$는 모든 실수 x에 대하여 멱급수로 전개됨을 보여라.

풀이

함수 $\sin x$의 n차 나머지는 $R_n(x) = \frac{f^{n+1}(c)}{(n+1)!}x^{n+1}$이므로 $|f^{(n+1)}(c)| \leq 1$에서

$$0 \leq \lim_{n\to\infty} |R_n(x)| = \lim_{n\to\infty} \left| \frac{f^{n+1}(c)}{(n+1)!} x^{n+1} \right| = 0$$

이다. 따라서

$$\sin x = x - \frac{1}{3!}x^3 + \frac{1}{5!}x^5 - \frac{1}{7!}x^7 + \cdots$$

과 같이 멱급수로 전개된다.

다음은 중요한 몇몇 맥클로린 급수와 수렴구간을 나열한 것이다.

맥클로린 급수	수렴구간
$e^x = \sum_{n=0}^{\infty} \frac{x^n}{n!} = 1 + x + \frac{x^2}{2!} + \frac{x^3}{3!} + \cdots$	$-\infty < x < \infty$
$\sin x = \sum_{n=0}^{\infty} (-1)^n \frac{x^{2n+1}}{(2n+1)!} = x - \frac{x^3}{3!} + \frac{x^5}{5!} - \cdots$	$-\infty < x < \infty$
$\cos x = \sum_{n=0}^{\infty} (-1)^n \frac{x^{2n}}{(2n)!} = 1 - \frac{x^2}{2!} + \frac{x^4}{4!} - \frac{x^6}{6!} + \cdots$	$-\infty < x < \infty$
$\ln(1+x) = \sum_{n=0}^{\infty} (-1)^n \frac{x^{n+1}}{n+1} = x - \frac{x^2}{2} + \frac{x^3}{3} - \frac{x^4}{4} + \cdots$	$-1 < x \le 1$
$\arctan x = \sum_{n=0}^{\infty} (-1)^n \frac{x^{2n+1}}{2n+1} = x - \frac{x^3}{3} + \frac{x^5}{5} - \cdots$	$-1 \le x \le 1$
$\frac{1}{1-x} = \sum_{n=0}^{\infty} x^n = 1 + x + x^2 + x^3 + x^4 + \cdots$	$-1 < x < 1$
$\sinh x = \sum_{n=0}^{\infty} \frac{x^{2n+1}}{(2n+1)!} = x + \frac{x^3}{3!} + \frac{x^5}{5!} + \frac{x^7}{7!} + \cdots$	$-\infty < x < \infty$
$\cosh x = \sum_{n=0}^{\infty} \frac{x^{2n}}{(2n)!} = 1 + \frac{x^2}{2!} + \frac{x^4}{4!} + \frac{x^6}{6!} + \cdots$	$-\infty < x < \infty$

예제 8.45

자연상수 e의 값을 오차범위 0.5×10^{-4} 이하가 되도록 구하여라.

풀이

모든 x에 대하여 다음이 성립한다.

$$e^x = 1 + x + \frac{1}{2!}x^2 + \frac{1}{3!}x^3 + \cdots + \frac{1}{n!}x^n + \frac{e^c}{(n+1)!}x^{n+1} \quad (\text{단, } 0 < c < x)$$

$x = 1$을 대입하면

$$e = 1 + 1 + \frac{1}{2!} + \frac{1}{3!} + \cdots + \frac{1}{n!} + \frac{e^c}{(n+1)!}$$

이고, $0 < c < 1$이므로 $|R_n(1)| = \left|\frac{e^c}{(n+1)!}\right| = \frac{e^c}{(n+1)!}$이다. 이때 $c < 1$이므로 $e^c < e^1$이고, 따라서 $|R_n(1)| < \frac{e}{(n+1)!}$이다.

$e < 3$이므로 $|R_n(1)| < \frac{3}{(n+1)!}$이다. 따라서 $|R_n(1)| < \frac{3}{(n+1)!} < 0.5 \times 10^{-4} = 0.00005$가 되는 n을 택하면 충분할 것이다. $n = 8$이면 위 식을 만족하므로 e의 근삿값은 다음과 같다.

$$e \approx 1 + 1 + \frac{1}{2!} + \frac{1}{3!} + \cdots + \frac{1}{8!} \approx 2.7183$$

예제 8.46

$\arctan x$를 멱급수로 전개하여 π의 근삿값을 구하여라.

풀이

모든 실수 x에 대하여 다음이 성립한다.

$$\arctan x = x - \frac{1}{3}x^3 + \frac{1}{5}x^5 - \frac{1}{7}x^7 + \cdots \text{ (단, } -1 \le x \le 1)$$

$x = 1$을 대입하면

$$\frac{\pi}{4} = \arctan 1 = 1 - \frac{1}{3} + \frac{1}{5} - \frac{1}{7} + \cdots$$

이므로 π의 근삿값은 다음과 같다.

$$\pi = 4\left(1 - \frac{1}{3} + \frac{1}{5} - \frac{1}{7} + \cdots\right) \approx 3.1415$$

연습문제 8.6

1. 다음 함수의 맥클로린 급수를 구하여라.

   (1) e^{-x} (2) $\dfrac{1}{1+x}$

   (3) $\ln(1+x)$ (4) $\cosh\dfrac{x}{2}$

2. $x = a$에서 다음 함수의 테일러 급수를 구하여라.

   (1) $\dfrac{1}{x}$, $a = -1$ (2) $\ln x$, $a = 1$

   (3) $\sin \pi x$, $a = \dfrac{1}{2}$ (4) $\sinh x$, $a = \ln 4$

8.7 멱급수의 미적분

다항식 $a_0 + a_1x + a_2x^2 + a_3x^3 + \cdots + a_nx^n$의 도함수는 각각의 항을 미분하여 얻을 수 있다. 적분도 마찬가지이다. 이와 같이 멱급수의 미적분에 대하여 생각해 보자. 즉, 멱급수 $\sum_{n=1}^{\infty} a_nx^n$을 항별로 미분하거나 적분하면 새로운 멱급수를 얻을 수 있다. 이때 멱급수의 수렴반경이 r이면 새로 얻는 급수의 수렴반경도 r일까? 이 질문은 매우 중요한 의미를 갖는다. 다음 정리를 증명 없이 예제에 도입하여 그 의미를 살펴보자.

정리 8.7.1 멱급수의 도함수와 적분에 관한 성질

멱급수 $\sum_{n=0}^{\infty} a_n(x-a)^n$의 수렴반경 r이고, 임의의 $x \in (a-r, a+r)$에 대하여 $f(x) = \sum_{n=0}^{\infty} a_n(x-a)^n$이라 하자.

(1) 급수 $\sum_{n=0}^{\infty} \frac{d}{dx} a_n(x-a)^n = \sum_{n=1}^{\infty} na_n(x-a)^{n-1}$의 수렴반경은 r이고, 임의의 $x \in (a-r, a+r)$에 대하여 $f'(x) = \sum_{n=0}^{\infty} \frac{d}{dx} a_n(x-a)^n$이다.

(2) 급수 $\sum_{n=0}^{\infty} \left(\int a_n(x-a)^n dx \right) = \sum_{n=0}^{\infty} \frac{a_n}{n+1}(x-a)^{n+1}$의 수렴반경은 r이고, 임의의 $x \in (a-r, a+r)$에 대하여 $\int f(x)\,dx = \sum_{n=0}^{\infty} \left(\int a_n(x-a)^n dx \right) + C$이다.

(3) $\alpha, \beta \in (a-r, a+r)$에 대하여 급수 $\sum_{n=0}^{\infty} \left(\int_{\alpha}^{\beta} a_n(x-a)^n dx \right)$는 절대수렴하고 $\int_{\alpha}^{\beta} f(x)\,dx = \sum_{n=0}^{\infty} \left(\int_{\alpha}^{\beta} a_n(x-a)^n dx \right)$이다.

예제 8.47

두 함수 $\sin x$, $\cos x$로 정리 8.7.1을 설명하여라.

풀이

$\frac{d}{dx}\sin x = \cos x$, $\int \cos x\,dx = \sin x + C$ 이고, 다음이 성립한다.

$$\sin x = x - \frac{1}{3!}x^3 + \frac{1}{5!}x^5 - \frac{1}{7!}x^7 + \cdots \quad (\text{단, } -\infty < x < \infty)$$

$$\cos x = 1 - \frac{1}{2!}x^2 + \frac{1}{4!}x^4 - \frac{1}{6!}x^6 + \cdots \quad (\text{단, } -\infty < x < \infty)$$

따라서

$$\begin{aligned}\frac{d}{dx}\sin x &= \frac{d}{dx}\left(x - \frac{1}{3!}x^3 + \frac{1}{5!}x^5 - \frac{1}{7!}x^7 + \cdots\right)\\ &= \left(1 - 3\times\frac{1}{3!}x^2 + 5\times\frac{1}{5!}x^4 - 7\times\frac{1}{7!}x^6 + \cdots\right)\\ &= \left(1 - \frac{1}{2!}x^2 + \frac{1}{4!}x^4 - \frac{1}{6!}x^6 + \cdots\right)\\ &= \cos x\end{aligned}$$

와 같이 정리 8.7.1(1)이 성립함을 알 수 있다. 마찬가지로

$$\begin{aligned}\int \cos x\,dx &= \int \left(1 - \frac{1}{2!}x^2 + \frac{1}{4!}x^4 - \frac{1}{6!}x^6 + \cdots\right)dx \\ &= \left(x - \frac{1}{3\times 2!}x^3 + \frac{1}{4\times 4!}x^5 - \frac{1}{7\times 6!}x^7 + \cdots\right) + C \\ &= \left(x - \frac{1}{3!}x^3 + \frac{1}{5!}x^5 - \frac{1}{7!}x^7 + \cdots\right) + C \\ &= \sin x + C\end{aligned}$$

이므로 정리 8.7.1(2)도 성립함을 알 수 있다.

예제 8.48

$\int_0^1 e^{-x^2}dx$ 를 구하여라.

풀이

피적분함수 e^{-x^2}의 부정적분을 알 수 없으므로 위 정적분을 직접 계산할 수는 없다. 정리 8.7.1(3)을 이용하여 정적분을 구해 보자.

$e^x = 1 + x + \frac{1}{2!}x^2 + \frac{1}{3!}x^3 + \cdots + \frac{1}{n!}x^n + \cdots$에서 x 대신 $-x^2$을 대입하면

$$e^{-x^2} = 1 - x^2 + \frac{1}{2!}x^4 - \frac{1}{3!}x^6 + \frac{1}{4!}x^8 - \cdots$$

이다. 따라서 구하는 정적분은 다음과 같다.

$$\begin{aligned}\int_0^1 e^{-x^2}dx &= \int_0^1 \left[1 - x^2 + \frac{1}{2!}x^4 - \frac{1}{3!}x^6 + \frac{1}{4!}x^8 - \cdots\right]dx \\ &= \left[x - \frac{1}{3}x^3 + \frac{1}{5\times 2!}x^5 - \frac{1}{7\times 3!}x^7 + \frac{1}{9\times 4!}x^9 - \cdots\right]_0^1 \\ &= 1 - \frac{1}{3} + \frac{1}{5\times 2!} - \frac{1}{7\times 3!} + \frac{1}{9\times 4!} - \cdots\end{aligned}$$

예제 8.49, 예제 8.50과 같이 테일러 급수가 중요한 한 가지 이유는 지금까지 적분할 수 없는 함수들을 적분할 수 있게 해 준다는 것이다.

예제 8.49

정리 8.7.1을 이용하여 함수 $\arctan x$의 맥클로린 급수를 구하여라.

풀이

$\int \frac{1}{1+x^2}dx = \arctan x + C$이므로 $\frac{1}{1+x^2}$의 맥클로린 급수를 먼저 구한 다음 정리 8.7.1(2)를 이용하면 원하는 급수를 구할 수 있다.

$$\frac{1}{1-x} = 1 + x + x^2 + x^3 + x^4 + \cdots$$

에서 x 대신 $-x^2$을 대입하면

$$\frac{1}{1+x^2} = 1 - x^2 + x^4 - x^6 + x^8 - \cdots$$

이다. 따라서

$$\arctan x + C = \int \frac{1}{1+x^2}dx = \int (1 - x^2 + x^4 - x^6 + x^8 - \cdots)dx$$

$$\arctan x = x - \frac{x^3}{3} + \frac{x^5}{5} - \frac{x^7}{7} + \frac{x^9}{9} - \cdots - C$$

이고, $x = 0$을 대입하면 $\arctan 0 = 0$이므로 $C = 0$이다. 따라서 구하는 맥클로린 급수는 다음과 같다.

$$\arctan x = x - \frac{x^3}{3} + \frac{x^5}{5} - \frac{x^7}{7} + \frac{x^9}{9} - \cdots$$

연습문제 8.7

1. 맥클로린 급수를 이용하여 다음을 증명하여라.

(1) $\frac{d}{dx}e^x = e^x$, $\int e^x dx = e^x + C$

(2) $\frac{d}{dx}\cos x = -\sin x$, $\int \sin x\, dx = -\cos x + C$

(3) $\frac{d}{dx}\ln(1+x) = \frac{1}{1+x}$, $\int \frac{1}{1+x}dx = \ln(1+x) + C$

2. 다음 함수의 맥클로린 급수의 처음 4항을 구하여라.

(1) $e^{-x^2}\cos x$

(2) $\frac{\sin x}{e^x}$

(3) $\sin^2 x$

(4) $x^2 e^{4x}\sqrt{1+x}$

CHAPTER

09

행렬

9.1 행렬의 정의와 기본 성질

여러 개의 수나 문자를 직사각형 모양으로 배열하여 괄호로 묶은 것을 **행렬**(matrix)이라 하고, 행렬을 구성하는 각각의 수나 문자를 **성분**이라고 한다. 행렬은 연립방정식에서 미지수를 나타내는 문자와 기호를 제외하고, 방정식의 계수와 상수항만을 사용하여 만든 직사각형 모양의 배열로 생각할 수도 있다.

$$\begin{matrix} 2x+3y=9 \\ 5x-y=6 \end{matrix} \rightarrow \begin{bmatrix} 2 & 3 & 9 \\ 5 & -1 & 6 \end{bmatrix}$$

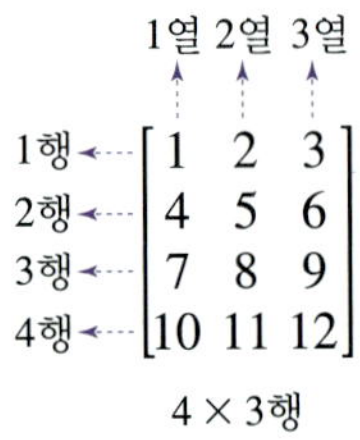

그림 9.1.1

행렬은 수의 배열에 불과하지만 여러 분야에 활용되는 상당히 유용한 개념이다. 행렬의 가로줄을 **행**이라 하고, 위에서부터 차례로 제1행, 제2행, 제3행, …이라고 한다. 또한, 세로줄을 **열**이라고 하고, 왼쪽에서부터 차례로 제1열, 제2열, 제3열, …이라고 한다.

행이 m개이고 열이 n개인 행렬을 $m \times n$ 행렬이라 한다. 특히 행의 수와 열의 수가 같은 $m \times m$행렬을 **정사각행렬**이라 한다.

$A=\begin{bmatrix} 2 & 3 & -5 \\ 4 & 0 & 7 \\ -3 & 2 & 5 \end{bmatrix}$은 3×3 행렬이며, 3행 2열의 성분은 2이다.

행렬은 알파벳 대문자로 나타내며 행렬의 성분은 소문자로 나타낸다. 예를 들어

$$A=\begin{bmatrix} a & b & c \\ d & e & f \\ g & h & i \end{bmatrix}, \quad B=\begin{bmatrix} 1 & 2 \\ 3 & 4 \end{bmatrix}$$

와 같이 나타낸다. 일반적으로 행렬의 성분은 스칼라로 가정하며, 다른 언급이 없는 한 모든 스칼라는 실수로 가정한다.

행렬 A의 i행 j열의 성분을 a_{ij}로 나타내며 일반적인 $m \times n$행렬은 다음과 같이 나타낸다.

$$A=\begin{bmatrix} a_{11} & a_{12} & \cdots & a_{1n} \\ a_{21} & a_{22} & \cdots & a_{2n} \\ \vdots & \vdots & \vdots & \vdots \\ a_{m1} & a_{m2} & \cdots & a_{mn} \end{bmatrix}$$

기호를 좀 더 간결하게 쓰기 위해 위 행렬을

$$[a_{ij}]_{m \times n} \text{ 또는 } [a_{ij}]$$

와 같이 나타낸다.

행렬의 간단한 형태인 영행렬, 대각행렬, 단위행렬을 알아보자.

• 영행렬: 성분이 모두 0인 행렬로서 보통 O로 나타낸다.
• 대각행렬: 임의의 n차 정사각행렬 A의 주대각선(↘) 성분 이외의 모든 성분이 0인 행렬이다.
• 단위행렬 I: 임의의 n차 정사각행렬 A로서 대각행렬인 동시에 모든 주대각선 성분이 1인 행렬이다.

2 × 3 영행렬: $\begin{bmatrix} 0 & 0 & 0 \\ 0 & 0 & 0 \end{bmatrix}$

3차 대각행렬: $\begin{bmatrix} a & 0 & 0 \\ 0 & b & 0 \\ 0 & 0 & c \end{bmatrix}$

4차 단위행렬: $I = \begin{bmatrix} 1 & 0 & 0 & 0 \\ 0 & 1 & 0 & 0 \\ 0 & 0 & 1 & 0 \\ 0 & 0 & 0 & 1 \end{bmatrix}$

예제 9.1

다음 그림은 두 도시 1, 2 사이에 개설된 통신선로를 나타낸 것이다. a_{ij} = (도시 i에서 도시 j로 개설된 선로의 개수)로 나타낼 때, a_{ij}를 성분으로 가지는 행렬을 구하여라.

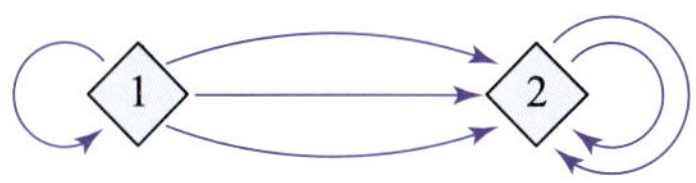

그림 9.1.2

풀이

그림 9.1.2에 의해 두 도시 사이의 통신 선로의 개수를 성분으로 하는 행렬은 $\begin{bmatrix} 1 & 3 \\ 0 & 2 \end{bmatrix}$이다.

> **정의 9.1.1 행렬의 상등**
>
> 두 행렬의 크기가 같고 대응하는 성분이 서로 같을 때 두 행렬은 같다(equal)고 한다.

예제 9.2

등식 $\begin{bmatrix} 5 & a+b \\ 9 & a-b \end{bmatrix} = \begin{bmatrix} c-d & 5 \\ c+d & -1 \end{bmatrix}$을 만족시키는 네 실수 a, b, c, d의 합 $a+b+c+d$의 값을 구하여라.

풀이

대응하는 각 성분이 일치하므로 다음이 성립한다.

$$a+b=5, \quad a-b=-1, \quad c+d=9, \quad c-d=5$$

이로부터 $a=2$, $b=3$, $c=7$, $d=2$이므로 $a+b+c+d=14$이다.

행렬의 연산

행렬의 연산에 대하여 알아보자.

> 크기가 다른 두 행렬은 더하거나 뺄 수 없다.

정의 9.1.2 행렬의 합과 차, 스칼라 곱

두 행렬 A, B의 크기가 같고, k가 임의의 실수일 때,

(1) 두 행렬의 합 $A+B$: A와 B의 대응하는 성분끼리 더하여 얻어지는 행렬

(2) 두 행렬의 차 $A-B$: A와 B의 대응하는 성분끼리 빼어 얻어지는 행렬

(3) 행렬의 스칼라 곱 kA: 행렬 A의 각 성분에 k를 곱한 것으로 만들어진 행렬

예제 9.3

두 행렬 $A=\begin{bmatrix} a & b \\ c & d \end{bmatrix}$, $B=\begin{bmatrix} x & y \\ z & w \end{bmatrix}$와 실수 k에 대하여 세 행렬 $A+B$, $A-B$, kA를 구하여라.

풀이

$$A+B=\begin{bmatrix} a+x & b+y \\ c+z & d+w \end{bmatrix},\ A-B=\begin{bmatrix} a-x & b-y \\ c-z & d-w \end{bmatrix},\ kA=\begin{bmatrix} ka & kb \\ kc & kd \end{bmatrix}$$

정리 9.1.3 행렬의 합과 차, 스칼라 곱 연산의 성질

$m \times n$행렬의 집합을 M이라 할 때, 세 행렬 $A, B, C(\in M)$와 임의의 두 실수 k, c에 대하여 다음이 성립한다.

(1) $A+B \in M$

(2) $A+B=B+A$ (교환법칙)

(3) $(A+B)+C=A+(B+C)$ (결합법칙)

(4) $A+O=O+A=A$인 영행렬 O가 존재한다(항등원 O가 존재).

(5) $A+X=X+A=O$인 행렬 X가 집합 M에 존재한다(역원 X가 존재).

(6) $1A=A$, $(-1)A=-A$, $0A=O$, $kO=O$

(7) ① 결합법칙: $(kc)A=k(cA)$

② 분배법칙: $(k+c)A=kA+cA$, $k(A+B)=kA+kB$

예제 9.4

세 행렬 $A=\begin{bmatrix}-2 & 1\\ 4 & 3\end{bmatrix}$, $B=\begin{bmatrix}0 & -1\\ 2 & 3\end{bmatrix}$, $C=\begin{bmatrix}4 & 1\\ 0 & 1\end{bmatrix}$에 대하여 등식 $2X+B=2A-C$를 만족시키는 행렬 X를 구하여라.

풀이

세 행렬 A, B, C 모두 2×2행렬이므로 행렬 X도 2×2행렬이다.

$2X+B=2A-C$로부터 다음을 만족한다.

$$X=\frac{1}{2}(2A-C-B)=\frac{1}{2}\begin{bmatrix}-8 & 2\\ 6 & 2\end{bmatrix}=\begin{bmatrix}-4 & 1\\ 3 & 1\end{bmatrix}$$

행렬의 곱셈

이번에는 행렬의 곱셈에 대하여 알아보자.

> **정의 9.1.4 행렬의 곱셈**
>
> $m\times k$행렬 A와 $k\times n$행렬 B에 대하여 행렬 A의 i행의 각 성분과 행렬 B의 j열의 각 성분을 순서대로 곱하여 더한 것을 (i, j) 성분으로 하는 $m\times n$행렬을 두 행렬 A와 B의 곱이라고 하고 AB로 나타낸다.

행렬의 정의에 의해 두 행렬의 곱 AB는 행렬 A의 열의 개수와 행렬 B의 행의 개수가 같을 때만 곱셈이 가능하며, 일반적으로 교환법칙이 성립하지 않는다. 즉, $AB\neq BA$이다.

다음 예를 살펴보자.

$A=\begin{bmatrix}a & b\\ c & d\end{bmatrix}$, $B=\begin{bmatrix}p & q\\ r & s\end{bmatrix}$라 하면 행렬 AB는 다음과 같다.

$$AB=\begin{bmatrix}a & b\\ c & d\end{bmatrix}\begin{bmatrix}p & q\\ r & s\end{bmatrix}=\begin{bmatrix}ap+br & aq+bs\\ cp+dr & cq+ds\end{bmatrix}$$

한편, $A=\begin{bmatrix}a_{11} & a_{12} & a_{13}\\ a_{21} & a_{22} & a_{23}\end{bmatrix}$, $B=\begin{bmatrix}b_{11} & b_{12}\\ b_{21} & b_{22}\\ b_{31} & b_{32}\end{bmatrix}$이면 행렬 AB는 다음과 같다.

$$AB=\begin{bmatrix}a_{11}b_{11}+a_{12}b_{21}+a_{13}b_{31} & a_{11}b_{12}+a_{12}b_{22}+a_{13}b_{32}\\ a_{21}b_{11}+a_{22}b_{21}+a_{23}b_{31} & a_{21}b_{12}+a_{22}b_{22}+a_{23}b_{32}\end{bmatrix}$$

$$\begin{bmatrix}a_{11} & a_{12} & a_{13}\\ a_{21} & a_{22} & a_{23}\end{bmatrix}\begin{bmatrix}b_{11} & b_{12}\\ b_{21} & b_{22}\\ b_{31} & b_{32}\end{bmatrix}=\begin{bmatrix}a_{11}b_{11}+a_{12}b_{21}+a_{13}b_{31} & a_{11}b_{12}+a_{12}b_{22}+a_{13}b_{32}\\ a_{21}b_{11}+a_{22}b_{21}+a_{23}b_{31} & a_{21}b_{12}+a_{22}b_{22}+a_{23}b_{32}\end{bmatrix}$$

또한, n차 단위행렬 I와 n차 정사각행렬 A에 대하여

$$AI = IA = A$$

를 만족한다.

예제 9.5

다음 행렬의 곱셈을 구하여라.

(1) $\begin{bmatrix} 1 & 2 \\ 3 & 0 \\ -2 & 4 \end{bmatrix}\begin{bmatrix} 2 & 1 \\ 1 & 0 \end{bmatrix}$ (2) $\begin{bmatrix} 1 \\ 3 \\ -2 \end{bmatrix}\begin{bmatrix} 2 & 1 & 3 \end{bmatrix}$ (3) $\begin{bmatrix} 1 & 2 \\ 3 & 0 \\ -2 & 4 \end{bmatrix}\begin{bmatrix} 2 & 1 & 0 \\ 1 & 0 & 3 \end{bmatrix}$

풀이

(1) $\begin{bmatrix} 1 & 2 \\ 3 & 0 \\ -2 & 4 \end{bmatrix}\begin{bmatrix} 2 & 1 \\ 1 & 0 \end{bmatrix} = \begin{bmatrix} 4 & 1 \\ 6 & 3 \\ 0 & -2 \end{bmatrix}$

(2) $\begin{bmatrix} 1 \\ 3 \\ -2 \end{bmatrix}\begin{bmatrix} 2 & 1 & 3 \end{bmatrix} = \begin{bmatrix} 2 & 1 & 3 \\ 6 & 3 & 9 \\ -4 & -2 & -6 \end{bmatrix}$

(3) $\begin{bmatrix} 1 & 2 \\ 3 & 0 \\ -2 & 4 \end{bmatrix}\begin{bmatrix} 2 & 1 & 0 \\ 1 & 0 & 3 \end{bmatrix} = \begin{bmatrix} 4 & 1 & 6 \\ 6 & 3 & 0 \\ 0 & -2 & 12 \end{bmatrix}$

예제 9.6

두 행렬 $A = \begin{bmatrix} 1 & 2 \\ 3 & 0 \end{bmatrix}$, $B = \begin{bmatrix} 0 & 1 \\ 1 & 0 \end{bmatrix}$에 대하여 AB와 BA를 비교하여라.

풀이

$AB = \begin{bmatrix} 2 & 1 \\ 0 & 3 \end{bmatrix}$, $BA = \begin{bmatrix} 3 & 0 \\ 1 & 2 \end{bmatrix}$이다. 따라서 $AB \neq BA$이다.

정리 9.1.5 행렬 곱셈의 성질

합과 곱이 정의되는 세 행렬 A, B, C와 실수 k에 대하여 다음이 성립한다.

(1) $(AB)C = A(BC)$ (결합법칙)

(2) $A(B+C) = AB + AC$, $(A+B)C = AC + BC$ (분배법칙)

(3) $k(AB) = (kA)B = A(kB)$

정의 9.1.6 역행렬

주어진 행렬 정사각행렬 A에 대하여

$$AB = BA = I$$

를 만족시키는 행렬 B가 존재할 때, B를 A의 역행렬이라고 하고 $B = A^{-1}$로 나타낸다.

크기가 $n \times n$인 임의의 정사각행렬 A의 거듭제곱은

$$AA = A^2,\ \ A^2A = A^3,\ \cdots,\ A^{r-1}A = A^r\ \ (r\text{은 양의 정수})$$

이다. 또한, 두 양의 정수 r, s와 실수 k에 대하여 다음이 성립한다.

$$A^rA^s = A^{r+s},\ \ (A^r)^s = A^{rs},\ \ (kA)^r = k^rA^r$$

예제 9.7

두 행렬 $A = \begin{bmatrix} 1 & 2 \\ 3 & 0 \end{bmatrix}$, $B = \begin{bmatrix} 0 & 1 \\ 1 & 0 \end{bmatrix}$에 대하여 $(AB)^2$과 A^2B^2을 비교하여라.

풀이

$(AB)^2$, A^2B^2은 다음과 같다.

$$(AB)^2 = (AB)(AB) = \begin{bmatrix} 2 & 1 \\ 0 & 3 \end{bmatrix}\begin{bmatrix} 2 & 1 \\ 0 & 3 \end{bmatrix} = \begin{bmatrix} 4 & 5 \\ 0 & 9 \end{bmatrix}$$

$$A^2B^2 = \begin{bmatrix} 7 & 2 \\ 3 & 6 \end{bmatrix}\begin{bmatrix} 1 & 0 \\ 0 & 1 \end{bmatrix} = \begin{bmatrix} 7 & 2 \\ 3 & 6 \end{bmatrix}$$

그러므로 $(AB)^2 \neq A^2B^2$임을 알 수 있다.

예제 9.8

두 행렬 $A = \begin{bmatrix} 1 & 1 \\ 1 & 1 \end{bmatrix}$, $B = \begin{bmatrix} 1 & 1 \\ -1 & -1 \end{bmatrix}$을 이용하여 명제

$$A = O\ \text{또는}\ B = O \Rightarrow AB = O$$

의 역이 성립하지 않음을 보여라.

풀이

$AB = \begin{bmatrix} 0 & 0 \\ 0 & 0 \end{bmatrix}$, 즉 $AB = O$이다. 이때 $A \neq O$이고 $B \neq O$이므로 반례가 존재하여 역이 성립하지 않는다.

연습문제 9.1

1. 등식 $\begin{bmatrix} x^2 & 4 & y+3 \\ z^3+1 & -1 & w^2-3w \end{bmatrix} = \begin{bmatrix} 16 & 4 & -3 \\ -7 & -1 & 4 \end{bmatrix}$를 만족시키는 모든 네 실수 x, y, z, w의 값을 구하여라.

2. A가 2×3행렬, B가 5×2행렬, C가 3×1행렬, D가 3×5행렬일 때, 행렬의 곱셈이 가능한 것을 모두 고르고, 곱셈이 가능한 것에 대하여 행렬의 크기를 구하여라.

(1) AB (2) BA (3) AC (4) CA

(5) BCA (6) DBA (7) $DBAC$ (8) $ACBD$

3. 세 행렬

$$A = \begin{bmatrix} 2 & 1 & 3 \\ 6 & 3 & 9 \\ -4 & -2 & -6 \end{bmatrix},\ B = \begin{bmatrix} 4 & 1 & 6 \\ 6 & 3 & 0 \\ 0 & -2 & 12 \end{bmatrix},\ C = \begin{bmatrix} 4 & 1 & 0 \\ 6 & 3 & 1 \\ 0 & -2 & 1 \end{bmatrix}$$

과 0이 아닌 실수 k에 대하여 다음이 성립함을 보여라.

(1) $(AB)C = A(BC)$ (2) $A(B+C) = AB + AC$

(3) $k(AB) = (kA)B = A(kB)$

4. 두 행렬 $A = \begin{bmatrix} 2 & 5 \\ 1 & 3 \end{bmatrix}$, $B = \begin{bmatrix} 3 & -5 \\ -1 & 2 \end{bmatrix}$에 대하여 AB, BA를 구하고 두 행렬 A, B의 관계를 설명하여라.

5. 행렬 $A = \begin{bmatrix} \cos\frac{\pi}{3} & -\sin\frac{\pi}{3} \\ \sin\frac{\pi}{3} & \cos\frac{\pi}{3} \end{bmatrix}$에 대하여 $A + A^2 + A^3 + A^4 + A^5 + A^6$을 간단히 하여라.

6. 행렬 A의 역행렬이 존재하고 $ABA^{-1} = C$일 때, 행렬 B를 A, A^{-1}, C로 나타내어라.

9.2 행렬과 연립일차방정식의 해

연립일차방정식

두 양의 정수 n, m에 대하여 n개의 미지수 x_1, x_2, $\cdots$, x_n을 가진 m개의 연립일차방정식 형태는 다음과 같다.

$$\begin{aligned} a_{11}x_1 + a_{12}x_2 + a_{13}x_3 + \cdots + a_{1n}x_n &= b_1 \\ a_{21}x_1 + a_{22}x_2 + a_{23}x_3 + \cdots + a_{2n}x_n &= b_2 \\ \vdots \qquad\qquad\qquad & \ \vdots \quad \vdots \\ a_{m1}x_1 + a_{m2}x_2 + a_{m3}x_3 + \cdots + a_{mn}x_n &= b_m \end{aligned}$$

특히 위 연립일차방정식에서 b_1, $\cdots$, b_m이 모두 0일 때, 이 연립일차방정식을 동차(homogeneous)라 하고, $b_1, \cdots, b_m$ 중 0이 아닌 값이 존재하면 비동차(nonhomogeneous)라 한다.

일차방정식의 항에는 미지수의 곱이나 제곱근, 미지수의 삼각함수, 지수함수, 로그함수 등이 없음에 주의한다.

- **일차방정식의 예**

$4x + 3y = 10$

$2x + \frac{\pi}{2}y + \cos\frac{\pi}{4}z = 3$

$x_1 + 5x_2 - 3x_3 = \ln 2$

- **일차방정식이 아닌 예**

$4x + 3yz = 10$

$\sin x + \frac{\pi}{2}y^2 + e^z = 1$

$\frac{1}{x_1} + 3x_2 - 3x_3 = 1$

비동차연립일차방정식의 예	동차연립일차방정식의 예
$x-2y+3z+2w=1$ $2x+y-2z-w=-2$ $2x-y+3z=2$	$2x-32y+z+2w=0$ $x+2y-z-2w=0$ $x-2y+3w=0$

예제 9.9

다음 연립일차방정식을 풀고 그림으로 나타내어라.

(1) $\begin{cases} x+y=4 \\ x-y=2 \end{cases}$ (2) $\begin{cases} x+2y=3 \\ 2x+4y=6 \end{cases}$ (3) $\begin{cases} x+\ \ y=1 \\ 2x+2y=4 \end{cases}$

풀이

(1) 주어진 연립일차방정식은 해는 $x = 3$, $y = 1$로 단 하나의 해를 갖는다. 이 연립일차방정식을 그래프로 그리면 그림 9.2.1(a)처럼 한 점에서 만나는 두 직선이 된다.

(2) 주어진 연립일차방정식은 무수히 많은 해를 가진다. 해집합을 매개변수로 나타내면

$$x = 3 - 2s, \quad y = s \quad (\text{단, } s\text{는 실수})$$

가 된다. 이 연립일차방정식을 그래프로 그리면 9.2.1(b)처럼 일치하는 두 직선이 된다.

(3) 두 미지수 x, y의 방정식의 합이 1이면서 2가 될 수 없으므로 이 연립일차방정식은 해를 갖지 않는다. 이 연립일차방정식을 그래프로 그리면 9.2.1(c)처럼 평행한 두 직선이 된다.

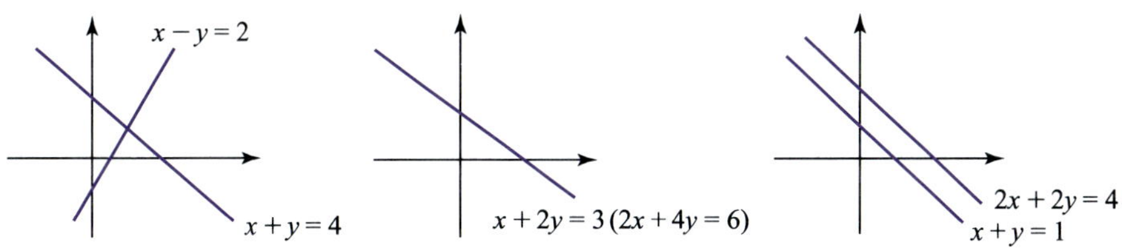

(a) 만나는 두 직선 (b) 일치하는 두 직선 (c) 평행한 두 직선

그림 9.2.1

예제 9.9의 결과는 연립일차방정식의 해집합의 기본적인 세 유형을 보여 준다.

정리 9.2.1 연립일차방정식의 해의 유형

미지수가 n개인 연립일차방정식은 다음 세 가지 경우 중 반드시 하나에 속한다.

(1) 유일한 해(단 하나의 해)를 갖는다.

(2) 무한히 많은 해를 갖는다.
(3) 해를 갖지 않는다.

즉, 적어도 한 개의 해가 존재하면 해를 갖는(consistent) 연립일차방정식이고, 해가 존재하지 않는다면 해가 없는(inconsistent) 연립일차방정식이다. 만약 연립일차방정식이 해를 가지면 이 해는 유일한 해(단 하나의 해) 혹은 무한히 많은 해 중 하나이다. 212쪽에서 소개한 연립일차방정식이 동차일 때에는 $x_j = 0(j = 1, \cdots, n)$인 해, 즉 미지수의 값이 모두 0인 해를 항상 갖는데, 이 해를 **자명한 해**(trivial solution)라고 한다. 반면, 자명하지 않은 해, 즉 적어도 하나의 미지수의 값은 0이 아닌 해를 **비자명한 해**(non-trivial solution)라고 한다.

연립일차방정식은 다음과 같은 기본 연산에 의해 동등한 연립일차방정식으로 변환할 수 있다. 즉, 같은 해를 갖는 연립일차방정식으로 변환할 수 있다.

① 0이 아닌 상수를 한 방정식에 곱한다.
② 두 방정식을 교환한다.
③ 하나의 방정식에 0이 아닌 상수를 곱하여 다른 방정식에 더한다.

연립일차방정식을 해를 구하는 기본적인 방법은 위 세 가지 연산을 통해 미지수를 체계적으로 소거하는 것이다. 다음 예제에서 이 세 가지 기본 연산을 어떻게 적용하는지 알아보자.

예제 9.10

연립일차방정식의 기본 연산을 이용하여 다음 연립일차방정식을 풀어라.

$$2x_1 - 2x_2 + 6x_3 = 16$$
$$x_1 + x_2 + x_3 = 6$$
$$4x_1 - 2x_2 + 5x_3 = 15$$

풀이

첫째 방정식과 둘째 방정식을 교환한다.

$$x_1 + x_2 + x_3 = 6$$
$$2x_1 - 2x_2 + 6x_3 = 16$$
$$4x_1 - 2x_2 + 5x_3 = 15$$

둘째 방정식과 셋째 방정식에서 변수 x_1을 소거하기 위해, 첫째 방정식에 -2를 곱하여 둘째 방정식에 더한다.

$$\begin{aligned} x_1 + x_2 + x_3 &= 6 \\ -4x_2 + 4x_3 &= 4 \\ 4x_1 - 2x_2 + 5x_3 &= 15 \end{aligned}$$

첫째 방정식에 −4를 곱하여 셋째 방정식에 더한다.

$$\begin{aligned} x_1 + x_2 + x_3 &= 6 \\ -4x_2 + 4x_3 &= 4 \\ -6x_2 + x_3 &= -9 \end{aligned}$$

둘째 방정식에 $-\frac{1}{4}$을 곱한다.

$$\begin{aligned} x_1 + x_2 + x_3 &= 6 \\ x_2 - x_3 &= -1 \\ -6x_2 + x_3 &= -9 \end{aligned}$$

셋째 방정식에서 변수 x_2를 소거하기 위해, 둘째 방정식에 6를 곱하여 셋째 방정식에 더한다.

$$\begin{aligned} x_1 + x_2 + x_3 &= 6 \\ x_2 - x_3 &= -1 \\ -5x_3 &= -15 \end{aligned}$$

셋째 방정식에 $-\frac{1}{5}$을 곱하여 x_3의 값을 구한다.

$$\begin{aligned} x_1 + x_2 + x_3 &= 6 \\ x_2 - x_3 &= -1 \\ x_3 &= 3 \end{aligned}$$

첫째 방정식에서 변수 x_2를 소거하기 위해, 둘째 방정식에 −1을 곱하여 첫째 방정식에 더한다.

$$\begin{aligned} x_1 \quad + 2x_3 &= 7 \\ x_2 - x_3 &= -1 \\ x_3 &= 3 \end{aligned}$$

셋째 방정식에 −2를 곱하여 첫째 방정식에 더하고, 셋째 방정식을 둘째 방정식에 더한다.

$$\begin{aligned} x_1 &= 1 \\ x_2 &= 2 \\ x_3 &= 3 \end{aligned}$$

따라서 $x_1 = 1,\ x_2 = 2,\ x_3 = 3$이다.

$m \times (n+1)$ **첨가행렬(augmented matrix)**

$$\begin{bmatrix} a_{11}a_{12} & \cdots & a_{1n} & \vdots & b_1 \\ a_{21}a_{22} & \cdots & a_{2n} & \vdots & b_2 \\ & \cdots & & \vdots & \\ & \cdots & & \vdots & \\ a_{m1}a_{m2} & \cdots & a_{mn} & \vdots & b_m \end{bmatrix}$$

예제 9.10에서 구한 해를 살펴보자. 연립일차방정식의 해를 결정하는 것은 변수의 계수들과 상수들이다. 실제로 212쪽에서 소개한 연립일차방정식은 다음과 같이 계수만을 가지고 첨가행렬을 만든 후 기본 연산을 수행하여 풀 수 있다.

$$\begin{bmatrix} a_{11}a_{12} & \cdots & a_{1n} & \vdots & b_1 \\ a_{21}a_{22} & \cdots & a_{2n} & \vdots & b_2 \\ & \cdots & & \vdots & \\ & \cdots & & \vdots & \\ a_{m1}a_{m2} & \cdots & a_{mn} & \vdots & b_m \end{bmatrix}$$

예제 9.11

다음 연립일차방정식을 첨가행렬로 표현하여라.

$$\begin{aligned} 2x_1 - 2x_2 + 6x_3 &= 16 \\ x_1 + x_2 + x_3 &= 6 \\ 4x_1 - 2x_2 + 5x_3 &= 15 \end{aligned}$$

풀이

주어진 연립일차방정식을 첨가행렬로 나타내면 다음과 같다.

$$\begin{bmatrix} 2 & -2 & 6 & \vdots & 16 \\ 1 & 1 & 1 & \vdots & 6 \\ 4 & -2 & 5 & \vdots & 15 \end{bmatrix}$$

예제 9.12

다음 첨가행렬을 연립일차방정식으로 표현하여라.

(1) $\begin{bmatrix} 12 & -3 & -2 & \vdots & 6 \\ 0 & 2 & 13 & \vdots & 6 \\ 1 & -2 & 0 & \vdots & 13 \end{bmatrix}$ (2) $\begin{bmatrix} 2 & 0 & \vdots & 10 \\ 5 & -3 & \vdots & 1 \end{bmatrix}$

풀이

(1) $\begin{cases} 12x_1 - 3x_2 - 2x_3 = 6 \\ 2x_2 + 13x_3 = 6 \\ x_1 - 2x_2 = 13 \end{cases}$ (2) $\begin{cases} 2x_1 = 10 \\ 5x_1 - 3x_2 = 1 \end{cases}$

가우스 소거법, 가우스-조르단 소거법

앞에서 연립일차방정식에 적용한 세 가지 기본 연산을 첨가행렬에 시행할 때, 이

연산들을 **기본행연산**(elementary row operation)이라 부른다.

연립일차방정식에 적용한 세 기본 연산	기본행연산
① 0이 아닌 상수를 한 방정식에 곱한다. ② 두 방정식을 교환한다. ③ 하나의 방정식에 0이 아닌 상수를 곱하여 다른 방정식에 더한다.	① 0이 아닌 상수를 한 행에 곱한다. ② 두 행을 교환한다. ③ 하나의 행에 0이 아닌 상수를 곱하여 다른 행에 더 한다.

첨가행렬의 행은 일차방정식을 표현하기 때문에 연립일차방정식에 적용한 세 가지 기본 연산은 기본행연산(elementary row operation)과 동등하다.

한 행렬에 기본 연산을 연속으로 적용하여 다른 행렬을 얻을 때, 이 두 행렬을 행동치(row equivalent)라고 한다. 첨가행렬에 기본행연산을 사용하는 해법으로 가우스 소거법(Gaussian elimination), 가우스-조르단 소거법이 있다.

정의 9.2.2 행사다리꼴 행렬과 기약행사다리꼴 행렬

다음 세 조건

① 각 행에서 처음으로 0이 아닌 성분은 1이다.

② 적어도 하나의 성분이 0이 아닌 행의 첫 번째 1의 위치는 위 행의 첫 번째 1의 오른쪽에 나타난다.

③ 모든 성분이 0인 행은 행렬의 제일 아래쪽에 위치한다.

을 만족하는 행렬을 **행사다리꼴 행렬**(row echelon form matrix)이라 한다.
다음 조건도 추가로 만족하는 경우 **기약행사다리꼴 행렬**(reduced row echelon form matrix)이라 부른다.

④ 행의 첫 번째 1이 속하는 열의 다른 성분은 모두 0이다.

다음은 행사다리꼴 행렬이다.

$$\begin{bmatrix} 1 & 5 & 1 & 6 \\ 0 & 1 & 1 & 8 \\ 0 & 0 & 1 & 5 \end{bmatrix} \quad \begin{bmatrix} 1 & 1 & 3 & 7 \\ 0 & 1 & 2 & 0 \\ 0 & 0 & 1 & 2 \\ 0 & 0 & 0 & 1 \end{bmatrix} \quad \begin{bmatrix} 1 & 2 & 6 & 8 \\ 0 & 1 & 3 & 4 \\ 0 & 0 & 1 & 3 \\ 0 & 0 & 0 & 0 \end{bmatrix}$$

또한, 다음은 기약행사다리꼴 행렬이다.

$$\begin{bmatrix} 1 & 0 & 0 \\ 0 & 1 & 0 \\ 0 & 0 & 1 \end{bmatrix} \quad \begin{bmatrix} 1 & 0 & 0 & 2 \\ 0 & 1 & 0 & 8 \\ 0 & 0 & 1 & 3 \end{bmatrix} \quad \begin{bmatrix} 0 & 1 & 6 & 0 & 0 \\ 0 & 0 & 0 & 1 & 0 \\ 0 & 0 & 0 & 0 & 1 \\ 0 & 0 & 0 & 0 & 0 \end{bmatrix}$$

가우스 소거법은 행렬에 연속으로 기본행연산을 수행하여 첨가행렬이 행동치인 행사다리꼴로 만드는 방법이다. 그리고 **가우스-조르단 소거법**은 행렬에 연속으로 기본행연산을 수행하여 첨가행렬이 행동치인 기약행사다리꼴로 만드는 방법이다.

첨가행렬에 이용한 행연산을 추적하기 위해 다음 표기법을 사용하기로 한다.

기호	의미
R_{ij}	i행과 j행을 교환한다.
kR_i	i행의 모든 성분에 $k(\neq 0)$를 곱한다.
$kR_i + R_j$	i행의 각 성분에 $k(\neq 0)$배 하여 j행의 대응하는 성분에 더한다.

첨가행렬이 기본행연산에 의해 행동치인 첨가행렬로 바뀌어도 연립일차방정식의 해집합에는 변함이 없다. 이 성질을 이용하여 다음 예제를 풀어 보자.

예제 9.13

가우스-조르단 소거법의 원리를 알고 싶다면 선형대수학 책을 참조하기 바란다. 여기서는 가우스-조르단 소거법을 이용하여 역행렬을 구하는 기법만 소개한다.

예제 9.11의 연립일차방정식을

(1) 가우스 소거법을 이용하여 풀어라.

(2) 가우스-조르단 소거법을 이용하여 풀어라.

풀이

(1) 첨가행렬에 기본행연산을 적용하여 다음을 얻는다.

$$\left[\begin{array}{ccc:c} 2 & -2 & 6 & 16 \\ 1 & 1 & 1 & 6 \\ 4 & -2 & 5 & 15 \end{array}\right] \xrightarrow[R_{12}]{} \left[\begin{array}{ccc:c} 1 & 1 & 1 & 6 \\ 2 & -2 & 6 & 16 \\ 4 & -2 & 5 & 15 \end{array}\right]$$

$$\xrightarrow[-2R_1+R_2]{} \left[\begin{array}{ccc:c} 1 & 1 & 1 & 6 \\ 0 & -4 & 4 & 4 \\ 4 & -2 & 5 & 15 \end{array}\right]$$

$$\xrightarrow[-4R_1+R_3]{} \left[\begin{array}{ccc:c} 1 & 1 & 1 & 6 \\ 0 & -4 & 4 & 4 \\ 0 & -6 & 1 & -9 \end{array}\right]$$

$$\xrightarrow[-\frac{1}{4}R_2]{} \left[\begin{array}{ccc:c} 1 & 1 & 1 & 6 \\ 0 & 1 & -1 & -1 \\ 0 & -6 & 1 & -9 \end{array}\right]$$

$$\xrightarrow[6R_2+R_3]{} \left[\begin{array}{ccc:c} 1 & 1 & 1 & 6 \\ 0 & 1 & -1 & -1 \\ 0 & 0 & -5 & -15 \end{array}\right]$$

$$\xrightarrow[-\frac{1}{5}R_3]{} \left[\begin{array}{ccc:c} 1 & 1 & 1 & 6 \\ 0 & 1 & -1 & -1 \\ 0 & 0 & 1 & 3 \end{array}\right]$$

마지막 행렬은 행사다리꼴이고, 다음 연립일차방정식으로 나타낼 수 있다.

$$\begin{aligned} x_1 + x_2 + x_3 &= 6 \\ x_2 - x_3 &= -1 \\ x_3 &= 3 \end{aligned}$$

둘째 방정식에 $x_3 = 3$을 대입하면 $x_2 = 2$를 얻는다. 이 두 값을 첫째 방정식에 대입하면 마지막으로 $x_1 = 1$을 얻는다.

(2) 기약행사다리꼴을 얻기 위해서 (1)의 마지막 행렬에서 시작하자. 둘째와 셋째 방정식의 처음으로 0이 아닌 성분이 1이므로 둘째와 셋째 열의 나머지 성분을 다음과 같이 0으로 만든다.

$$\left[\begin{array}{ccc|c} 1 & 1 & 1 & 6 \\ 0 & 1 & -1 & -1 \\ 0 & 0 & 1 & 3 \end{array}\right] \xrightarrow[-R_2+R_1]{} \left[\begin{array}{ccc|c} 1 & 0 & 2 & 7 \\ 0 & 1 & -1 & -1 \\ 0 & 0 & 1 & 3 \end{array}\right]$$

$$\xrightarrow[-2R_3+R_1]{} \left[\begin{array}{ccc|c} 1 & 0 & 0 & 1 \\ 0 & 1 & -1 & -1 \\ 0 & 0 & 1 & 3 \end{array}\right]$$

$$\xrightarrow[R_3+R_2]{} \left[\begin{array}{ccc|c} 1 & 0 & 0 & 1 \\ 0 & 1 & 0 & 2 \\ 0 & 0 & 1 & 3 \end{array}\right]$$

마지막 행렬은 기약행사다리꼴이다.

$$\begin{bmatrix} 1 & 0 & 0 \\ 0 & 1 & 0 \\ 0 & 0 & 1 \end{bmatrix} \begin{bmatrix} x_1 \\ x_2 \\ x_3 \end{bmatrix} = \begin{bmatrix} 1 \\ 2 \\ 3 \end{bmatrix}$$

따라서 위 행렬로부터 연립일차방정식의 해는 $x_1 = 1$, $x_2 = 2$, $x_3 = 3$임을 알 수 있다.

9.3 역행렬과 연립일차방정식의 풀이

가우스-조르단 소거법을 이용하여 역행렬 구하기

행렬 A가 $n \times n$ 정사각행렬, I는 $n \times n$ 단위행렬일 때, 다음 과정을 거쳐 A의 역행렬을 구할 수 있다.

> 역행렬은 정사각행렬에서만 정의할 수 있다.

① 첨가행렬 $[A \,\vdots\, I]$를 만든다.

② 행렬 A가 단위행렬 I가 될 때까지 첨가행렬 $[A \,\vdots\, I]$에 기본행연산을 수행한다.

③ 그 결과가 $[I \,\vdots\, B]$이면 $B = A^{-1}$임을 확인할 수 있다.

> 기본행연산에 의해
> $$[A \,\vdots\, I] \to [BA \,\vdots\, BI] \to [I \,\vdots\, B]$$
> 이며 $BA = I$이므로 $B = A^{-1}$이다.

예제 9.14

다음 행렬의 역행렬을 구하여라.

(1) $A=\begin{bmatrix}1 & 2\\3 & 4\end{bmatrix}$ (2) $A=\begin{bmatrix}1 & -1 & 0\\2 & 0 & 1\\-3 & 2 & 1\end{bmatrix}$

풀이

첨가행렬을 만든 후 다음과 같이 기본행연산을 시행하면 역행렬을 얻을 수 있다.

(1) 첨가행렬 $[A \vdots I]$에 기본행연산을 적용하여 다음을 얻는다.

$$\left[\begin{array}{cc:cc}1 & 2 & 1 & 0\\3 & 4 & 0 & 1\end{array}\right]\xrightarrow[-3R_1+R_2]{}\left[\begin{array}{cc:cc}1 & 2 & 1 & 0\\0 & -2 & -3 & 1\end{array}\right]$$

$$\xrightarrow[-\frac{1}{2}R_2]{}\left[\begin{array}{cc:cc}1 & 2 & 1 & 0\\0 & -2 & \frac{3}{2} & -\frac{1}{2}\end{array}\right]$$

$$\xrightarrow[-2R_2+R_1]{}\left[\begin{array}{cc:cc}1 & 0 & -2 & 0\\0 & 1 & \frac{3}{2} & -\frac{1}{2}\end{array}\right]$$

따라서 A의 역행렬은 다음과 같다.

$$A^{-1}=\begin{bmatrix}-2 & 1\\ \frac{3}{2} & -\frac{1}{2}\end{bmatrix}$$

(2) 첨가행렬 $[A \vdots I]$에 기본행연산을 적용하여 다음을 얻는다.

$$\left[\begin{array}{ccc:ccc}1 & -1 & 0 & 1 & 0 & 0\\2 & 0 & 1 & 0 & 1 & 0\\-3 & 2 & 1 & 0 & 0 & 1\end{array}\right]\xrightarrow[\substack{-2\times R_1+R_2\\+3\times R_1+R_3}]{}\left[\begin{array}{ccc:ccc}1 & -1 & 0 & 1 & 0 & 0\\0 & 2 & 1 & -2 & 1 & 0\\0 & -1 & 1 & 0 & 0 & 1\end{array}\right]$$

$$\xrightarrow[\frac{1}{2}R_2]{}\left[\begin{array}{ccc:ccc}1 & -1 & 0 & 1 & 0 & 0\\0 & 1 & \frac{1}{2} & -1 & \frac{1}{2} & 0\\0 & -1 & 1 & 3 & 0 & 1\end{array}\right]$$

$$\xrightarrow[\substack{R_2+R_1\\R_2+R_3}]{}\left[\begin{array}{ccc:ccc}1 & 0 & \frac{1}{2} & 0 & \frac{1}{2} & 0\\0 & 1 & \frac{1}{2} & -1 & \frac{1}{2} & 0\\0 & 0 & \frac{3}{2} & 2 & \frac{1}{2} & 1\end{array}\right]$$

$$\xrightarrow[\frac{2}{3}R_3]{}\left[\begin{array}{ccc:ccc}1 & 0 & \frac{1}{2} & 0 & \frac{1}{2} & 0\\0 & 1 & \frac{1}{2} & -1 & \frac{1}{2} & 0\\0 & 0 & 1 & \frac{4}{3} & \frac{1}{3} & \frac{2}{3}\end{array}\right]$$

$$\xrightarrow[-\frac{1}{2}R_3+R_2]{-\frac{1}{2}R_3+R_1} \left[\begin{array}{ccc:ccc} 1 & 0 & 0 & -\frac{2}{3} & \frac{1}{3} & -\frac{1}{3} \\ 0 & 1 & 0 & -\frac{5}{3} & \frac{1}{3} & -\frac{1}{3} \\ 0 & 0 & 1 & -\frac{5}{2} & \frac{1}{3} & \frac{2}{3} \end{array}\right]$$

따라서 A의 역행렬은 다음과 같다.

$$A^{-1} = \begin{bmatrix} -\frac{2}{3} & \frac{1}{3} & -\frac{1}{3} \\ -\frac{5}{3} & \frac{1}{3} & -\frac{1}{3} \\ \frac{4}{3} & \frac{1}{3} & \frac{2}{3} \end{bmatrix}$$

역행렬을 이용한 연립방정식의 풀이

앞서 소개한 것처럼 행렬 이론의 역사적 발단은 연립일차방정식을 풀기 위해서였다. 이제 행렬을 이용하여 연립일차방정식

$$ax + by = p$$
$$cx + dy = q$$

을 풀어 보자. 우선 연립일차방정식을 다음과 같이 행렬로 나타낸다.

$$\begin{matrix} ax + by = p \\ cx + dy = q \end{matrix} \Rightarrow \begin{bmatrix} a & b \\ c & d \end{bmatrix}\begin{bmatrix} x \\ y \end{bmatrix} = \begin{bmatrix} p \\ q \end{bmatrix} \Rightarrow AX = B$$

여기서 $\begin{bmatrix} a & b \\ c & d \end{bmatrix}$를 계수행렬이라 한다.

이때 세 행렬 A, X, B는 각각 $\begin{bmatrix} a & b \\ c & d \end{bmatrix}$, $\begin{bmatrix} x \\ y \end{bmatrix}$, $\begin{bmatrix} p \\ q \end{bmatrix}$이며, 이 식에서 행렬 X를 찾으면 된다.

A^{-1}가 존재할 때, $AX = B$의 양변에 A^{-1}를 곱하여 해를 구할 수 있다. 즉, 다음과 같다.

$$A^{-1}AX = A^{-1}B \Leftrightarrow X = A^{-1}B$$

예제 9.15

역행렬을 이용하여 다음 연립일차방정식을 풀어라.

$$x + 2y = 1$$
$$3y = 2$$

풀이

우선 계수행렬 $A = \begin{bmatrix} 1 & 2 \\ 0 & 3 \end{bmatrix}$의 역행렬을 구해야 한다. 가우스-조르단 소거법으로 역행렬을 구

하면 다음과 같다.

$$A^{-1}=\begin{bmatrix}1 & -\frac{2}{3}\\ 0 & \frac{1}{3}\end{bmatrix}$$

따라서 다음을 얻는다.

$$\begin{bmatrix}x\\ y\end{bmatrix}=A^{-1}\begin{bmatrix}1\\ 2\end{bmatrix}=\begin{bmatrix}1 & -\frac{2}{3}\\ 0 & \frac{1}{3}\end{bmatrix}\begin{bmatrix}1\\ 2\end{bmatrix}=\begin{bmatrix}-\frac{1}{3}\\ \frac{2}{3}\end{bmatrix}$$

즉, 주어진 연립일차방정식의 해는 $x=-\frac{1}{3}$, $y=\frac{2}{3}$이다.

예제 9.16

역행렬을 이용하여 다음 연립일차방정식을 풀어라.

$$\begin{aligned} x-\ y\quad\ &=0\\ 2x+\quad z&=2\\ -3x+2y+z&=1\end{aligned}$$

풀이

우선 계수행렬 $A=\begin{bmatrix}1 & -1 & 0\\ 2 & 0 & 1\\ -3 & 2 & 1\end{bmatrix}$의 역행렬을 구해야 한다. 예제 9.15(2)에 의해 A의 역행렬은 다음과 같다.

$$A^{-1}=\frac{1}{3}\begin{bmatrix}-2 & 1 & -1\\ -5 & 1 & -1\\ 4 & 1 & 2\end{bmatrix}$$

따라서 다음을 얻는다.

$$\begin{bmatrix}x\\ y\\ z\end{bmatrix}=A^{-1}\begin{bmatrix}0\\ 2\\ 1\end{bmatrix}=\frac{1}{3}\begin{bmatrix}-2 & 1 & -1\\ -5 & 1 & -1\\ 4 & 1 & 2\end{bmatrix}\begin{bmatrix}0\\ 2\\ 1\end{bmatrix}=\begin{bmatrix}\frac{1}{3}\\ \frac{1}{3}\\ \frac{4}{3}\end{bmatrix}$$

즉, 주어진 연립일차방정식의 해는 $x=-\frac{1}{3}$, $y=\frac{1}{3}$, $z=\frac{4}{3}$이다.

정리 9.3.1 역행렬에 관한 성질

두 행렬 A, B의 역행렬이 존재할 때, 실수 k에 대하여 다음이 성립한다.

(1) $A=B^{-1} \Leftrightarrow B=A^{-1}$ (2) $(A^{-1})^{-1}=A,\ I^{-1}=I$

(3) $(AB)^{-1} = B^{-1}A^{-1}$ (4) $(kA)^{-1} = \frac{1}{k}A^{-1}$ (단, $k \neq 0$)

(5) $(A^n)^{-1} = (A^{-1})^n$, $A^m(A^n)^{-1} = A^{m-n}$ (단, $m > n$)

(6) $(B^{-1}AB)^n = B^{-1}A^nB$, $(BAB^{-1})^n = BA^nB^{-1}$

증명

(2) $(A^{-1})^{-1} = A$를 증명하려면 $A^{-1}A = I$를 보이면 되는데, 이는 자명하다.

(3) $(AB)^{-1} = B^{-1}A^{-1}$를 증명하려면 $(AB)(B^{-1}A^{-1}) = I$임을 보이면 된다.

$$\begin{aligned}(AB)(B^{-1}A^{-1}) &= A(BB^{-1})A^{-1} = AIA^{-1}\\ &= AA^{-1} = I\end{aligned}$$

따라서 $(AB)^{-1} = B^{-1}A^{-1}$가 성립한다.

(6) $(B^{-1}AB)^n$은 $B^{-1}AB$를 n번 반복하여 곱하는 것이다. 따라서 다음을 얻는다.

$$\begin{aligned}(B^{-1}AB)^n &= (B^{-1}AB)(B^{-1}AB)\cdots(B^{-1}AB)\\ &= B^{-1}A(BB^{-1})A(BB^{-1})A\cdots(BB^{-1})AB\\ &= B^{-1}AIAIA\cdots AIAB = B^{-1}AAA\cdots AAB\\ &= B^{-1}A^nB\end{aligned}$$

■

연습문제 9.3

1. 다음 행렬의 역행렬을 구하여라.

(1) $\begin{pmatrix} 1 & 2 \\ -1 & 3 \end{pmatrix}$ (2) $\begin{pmatrix} 5 & 7 \\ 4 & 5 \end{pmatrix}$

(3) $\begin{pmatrix} -2 & -4 \\ 2 & 4 \end{pmatrix}$ (4) $\begin{pmatrix} 0 & 2 \\ \frac{1}{2} & 2 \end{pmatrix}$

2. 다음 행렬의 역행렬을 구하여라.

(1) $\begin{pmatrix} 0 & 2 & 1 \\ 1 & 2 & 3 \\ 0 & 1 & 3 \end{pmatrix}$ (2) $\begin{pmatrix} -1 & 0 & 1 \\ -2 & 2 & 1 \\ 1 & 3 & 2 \end{pmatrix}$

(3) $\begin{pmatrix} 1 & 1 & 2 \\ -1 & 2 & -1 \\ 0 & 1 & 1 \end{pmatrix}$ (4) $\begin{pmatrix} 5 & 1 & -1 \\ 2 & 1 & 0 \\ 1 & 1 & 0 \end{pmatrix}$

3. 역행렬을 이용하여 다음 연립일차방정식을 풀어라.

(1) $x + 3y = 5$, $-2x + y = 3$

(2) $x + y = 2$, $2x - 3y = 4$

(3) $2y + z = 2$, $x + 2y + 3z = 1$, $y + 3z = -3$

(4) $-x + z = 5$, $-2x + 2y + z = 2$, $x + 3y + 2z = 4$

9.4 행렬식

행렬식

임의의 2 × 2행렬 $A = \begin{bmatrix} a & b \\ c & d \end{bmatrix}$의 역행렬을 구해 보자. A의 역행렬을 $B = \begin{bmatrix} x & y \\ z & w \end{bmatrix}$라 하면 $AB = I$가 성립한다. 즉,

$$\begin{bmatrix} ax+bz & ay+bw \\ cx+dz & cy+dw \end{bmatrix} = \begin{bmatrix} 1 & 0 \\ 0 & 1 \end{bmatrix}$$

을 만족한다. 두 행렬이 같다는 정의를 이용하여 각각의 성분들을 비교하면 다음 네 개의 식

$$ax+bz=1,\ ay+bw=0,\ cx+dz=0,\ cy+dw=1$$

을 얻는데, 이 식들로부터 x, y, z, w를 계산하면 된다. 실제로 $ad - bc \neq 0$인 경우

$$x = \frac{d}{ad-bc},\quad y = \frac{-b}{ad-bc},\quad z = \frac{-c}{ad-bc},\quad w = \frac{a}{ad-bc}$$

가 되어 A의 역행렬 B는 다음과 같다.

$$B = A^{-1} = \frac{1}{ad-bc}\begin{bmatrix} d & -b \\ -c & a \end{bmatrix}$$

여기서 $ad - bc$를 행렬 A의 행렬식이라 한다.

위에서 2차 정사각행렬의 역행렬과 행렬식을 유도함으로써 행렬식을 정의하는 동기를 살펴봤다. 이제 1, 2, 3차 정사각행렬의 행렬식을 정의하여 이를 역행렬과 함께 논의해 보고자 한다. 이 논의는 임의의 n차 정사각행렬의 역행렬로 확장할 수 있다.

정사각행렬 $A = [a_{ij}]$의 행렬식을 $\det(A)$ 또는 $|A|$로 표기한다.

$$\det(A) = \begin{vmatrix} a_{11} & a_{12} & \cdots & a_{1n} \\ a_{21} & a_{22} & \cdots & a_{2n} \\ \vdots & \vdots & & \vdots \\ a_{n1} & a_{n2} & \cdots & a_{nn} \end{vmatrix}$$

행렬식의 정의를 위해 먼저 주어진 정사각행렬 $A = [a_{ij}]$에서 a_{ij}가 속한 행과 열을 제외한 나머지 성분들의 행렬을 M_{ij}라 할 때, 스칼라 A_{ij}를 다음과 같이 정의한다.

$$A_{ij} = (-1)^{i+j}\det(M_{ij})$$

정의 9.4.1 행렬식

(1) 1차 정사각행렬 $A = [a_{11}]$의 행렬식은 a_{11}이다.

(2) 2차 정사각행렬 $A = \begin{bmatrix} a_{11} & a_{12} \\ a_{21} & a_{22} \end{bmatrix}$의 행렬식은 $a_{11}A_{11} + a_{12}A_{12}$이다. 즉, 다음과 같다.

$$\det(A) = \begin{vmatrix} a_{11} & a_{12} \\ a_{21} & a_{22} \end{vmatrix}$$
$$= a_{11}|a_{22}| - a_{12}|a_{21}|$$
$$= a_{11}a_{22} - a_{12}a_{21}$$

(3) 3차 정사각행렬 $A = \begin{bmatrix} a_{11} & a_{12} & a_{13} \\ a_{21} & a_{22} & a_{23} \\ a_{31} & a_{32} & a_{33} \end{bmatrix}$의 행렬식은 $a_{11}A_{11} + a_{12}A_{12} + a_{13}A_{13}$이다. 즉, 다음과 같다.

$$\det(A) = \begin{vmatrix} a_{11} & a_{12} & a_{13} \\ a_{21} & a_{22} & a_{23} \\ a_{31} & a_{32} & a_{33} \end{vmatrix}$$
$$= a_{11}\begin{vmatrix} a_{22} & a_{23} \\ a_{32} & a_{33} \end{vmatrix} - a_{12}\begin{vmatrix} a_{21} & a_{23} \\ a_{31} & a_{33} \end{vmatrix} + a_{13}\begin{vmatrix} a_{21} & a_{22} \\ a_{31} & a_{32} \end{vmatrix}$$
$$= a_{11}a_{22}a_{33} - a_{11}a_{23}a_{32} + a_{12}a_{23}a_{31} - a_{12}a_{21}a_{33} + a_{13}a_{21}a_{32} - a_{13}a_{22}a_{31}$$

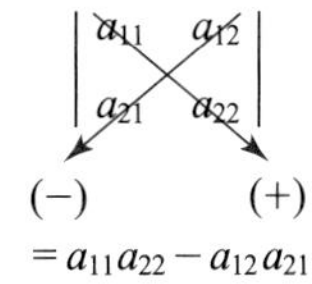

그림 9.4.1

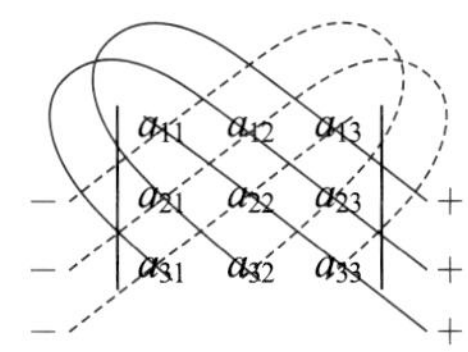

그림 9.4.2

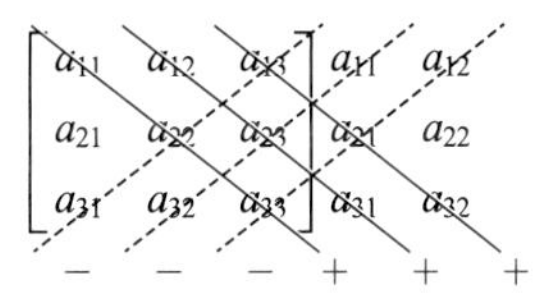

그림 9.4.3

예제 9.17

다음 행렬의 행렬식을 구하여라.

$$A = \begin{bmatrix} 2 & 5 & 4 \\ 3 & 1 & 2 \\ 5 & 4 & 6 \end{bmatrix}$$

풀이

주어진 행렬의 행렬식은 다음과 같다.

$$\det(A) = \begin{vmatrix} 2 & 5 & 4 \\ 3 & 1 & 2 \\ 5 & 4 & 6 \end{vmatrix}$$
$$= 2\begin{vmatrix} 1 & 2 \\ 4 & 6 \end{vmatrix} - 5\begin{vmatrix} 3 & 2 \\ 5 & 6 \end{vmatrix} + 4\begin{vmatrix} 3 & 1 \\ 5 & 4 \end{vmatrix}$$
$$= 2(6-8) - 5(18-10) + 4(12-5)$$
$$= -16$$

이제 행렬식으로 연립일차방정식의 해를 구하는 정리를 소개한다.

▌행렬식과 역행렬 그리고 연립방정식의 해(크래머의 법칙)

정리 9.4.2 역행렬

(1) 1차 정사각행렬의 역행렬은 다음과 같다.

$$[a_{11}]^{-1} = \left[\frac{1}{a_{11}}\right]$$

(2) 2차 정사각행렬의 역행렬은 다음과 같다.

$$\begin{bmatrix} a_{11} & a_{12} \\ a_{21} & a_{22} \end{bmatrix}^{-1} = \frac{1}{a_{11}a_{22} - a_{12}a_{21}} \begin{bmatrix} a_{22} & -a_{12} \\ -a_{21} & a_{11} \end{bmatrix}$$

이제 3차 정사각행렬의 역행렬을 나타내 보자. 2차 정사각행렬의 경우도 마찬가지로 해석할 수 있다.

▌3 × 3행렬의 역행렬

3차 정사각행렬 $A = \begin{bmatrix} a_{11} & a_{12} & a_{13} \\ a_{21} & a_{22} & a_{23} \\ a_{31} & a_{32} & a_{33} \end{bmatrix}$의 역행렬은

$$A^{-1} = \frac{1}{\det(A)} \begin{bmatrix} A_{11} & A_{21} & A_{31} \\ A_{12} & A_{22} & A_{32} \\ A_{13} & A_{23} & A_{33} \end{bmatrix}$$

이다. 여기서 $\det(A) \neq 0$이다. 이 조건은 임의의 $n \times n$ 정사각행렬에도 적용된다. 따라서 다음 정리가 성립한다.

정리 9.4.3 역행렬이 존재할 조건

정사각행렬 A에 대하여 $\det(A) \neq 0$은 역행렬 A^{-1}가 존재하기 위한 필요충분조건이다.

예제 9.19

다음 행렬의 역행렬이 있는지 조사하고, 존재하면 역행렬을 구하라.

(1) $A=\begin{bmatrix}1 & 2\\ 3 & 4\end{bmatrix}$ (2) $A=\begin{bmatrix}2 & 3\\ 4 & 6\end{bmatrix}$

풀이

(1) $|A|=4-6=-2\neq 0$이므로 A의 역행렬이 존재하며, 정리 9.4.2에 의해 A의 역행렬은 다음과 같다.

$$A^{-1}=-\frac{1}{2}\begin{bmatrix}4 & -2\\ -3 & 1\end{bmatrix}$$

(2) $|A|=0$ 이므로 A의 역행렬은 존재하지 않는다.

정리 9.4.4 크래머의 법칙

역행렬이 존재하는 n차 정사각행렬 A에 대하여 $\mathbf{b}\in R^n$이고, A의 j번째 열을 $\mathbf{b}$로 치환해 놓은 행렬을 A_j라 하자. 만약 $\mathbf{x}$가 연립연립일차방정식 $A\mathbf{x}=\mathbf{b}$의 해일 때, $\mathbf{x}$의 j번째 성분 x_j는 다음과 같이 주어진다.

$$x_j=\frac{\det(A_j)}{\det(A)}$$

예제 9.19

크래머의 법칙을 이용하여 다음 연립일차방정식을 풀어라.

$$\begin{aligned} x_1+2x_2+\ x_3&=5\\ 2x_1+2x_2+\ x_3&=6\\ x_1+2x_2+3x_3&=9 \end{aligned}$$

풀이

크래머의 법칙을 이용하기 위해 네 행렬 A, A_1, A_2, A_3의 행렬식을 구하면 다음과 같다.

$$\det(A)=\begin{vmatrix}1 & 2 & 1\\ 2 & 2 & 1\\ 1 & 2 & 3\end{vmatrix}=-4,\quad \det(A_1)=\begin{vmatrix}5 & 2 & 1\\ 6 & 2 & 1\\ 9 & 2 & 3\end{vmatrix}=-4,$$

$$\det(A_2)=\begin{vmatrix}1 & 5 & 1\\ 2 & 6 & 1\\ 1 & 9 & 3\end{vmatrix}=-4,\quad \det(A_3)=\begin{vmatrix}1 & 2 & 5\\ 2 & 2 & 6\\ 1 & 2 & 9\end{vmatrix}=-8$$

따라서 다음을 얻는다.

$$x_1 = \frac{-4}{-4} = 1, \quad x_2 = \frac{-4}{-4} = 1, \quad x_3 = \frac{-8}{-4} = 2$$

연습문제 9.4

1. 다음 행렬의 행렬식의 값을 구하고 역행렬의 존재 여부를 조사하여라.

(1) $\begin{pmatrix} 1 & 2 \\ -1 & 3 \end{pmatrix}$ (2) $\begin{pmatrix} 5 & 7 \\ 4 & 5 \end{pmatrix}$

(3) $\begin{pmatrix} -2 & -4 \\ 2 & 4 \end{pmatrix}$ (4) $\begin{pmatrix} 0 & 2 \\ \frac{1}{2} & 2 \end{pmatrix}$

(5) $\begin{pmatrix} 0 & 2 & 1 \\ 1 & 2 & 3 \\ 0 & 1 & 3 \end{pmatrix}$ (6) $\begin{pmatrix} -1 & 0 & 1 \\ -2 & 2 & 1 \\ 1 & 3 & 2 \end{pmatrix}$

(7) $\begin{pmatrix} 1 & 1 & 2 \\ -1 & 2 & -1 \\ 0 & 1 & 1 \end{pmatrix}$ (8) $\begin{pmatrix} 5 & 1 & -1 \\ 2 & 1 & 0 \\ 1 & 1 & 0 \end{pmatrix}$

2. 연습문제 1번에서 역행렬이 존재하는 행렬을 모두 찾아, 그 역행렬을 9.4절에서 다룬 방법으로 구하여라.

3. 크래머의 법칙을 이용하여 다음 연립일차방정식을 풀어라.

(1) $x + 3y = 5,\ -2x + y = 3$

(2) $x + y = 2,\ 2x - 3y = 4$

(3) $2y + z = 2,\ x + 2y + 3z = 1,\ y + 3z = -3$

(4) $-x + z = 5,\ -2x + 2y + z = 2,\ x + 3y + 2z = 4$

CHAPTER

10

벡터

10.1 벡터의 정의와 기본 성질

공간좌표

평면 위에 있는 각 점을 순서쌍 (x, y)으로 표현하는 것과 같이 공간 내의 한 점은 순서쌍 (x, y, z)로 표현한다. 공간 내의 점을 표시하는 **3차원 xyz 직교좌표계**는 다음과 같다.

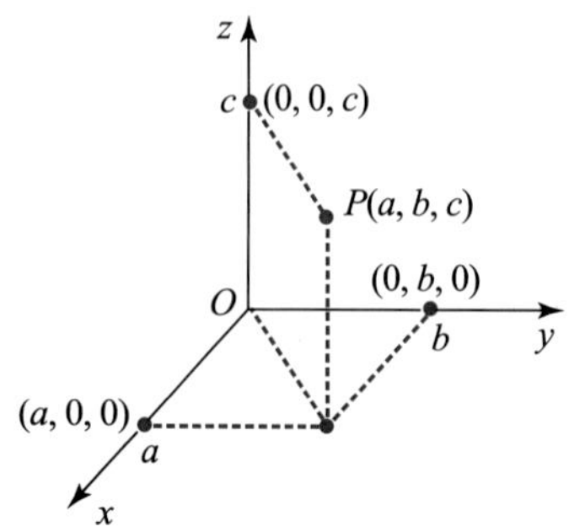

그림 10.1.1

그림 10.1.1과 같이 공간에서 세 직선 Ox, Oy, Oz가 각각 수직으로 만나는데, 이 세 직선을 각각 **x축**, **y축**, **z축**이라 한다. 점 O를 원점으로 하고 x축과 y축을 포함한 무한평면을 **xy평면**, y축과 z축을 포함한 무한평면을 **yz평면**, x축과 z축을 포함한 무한평면을 **zx평면**이라고 한다. 점 P가 yz평면, zx평면, xy평면과 떨어져 있는 거리(각 평면들에 대한 방향에 따라 양의 부호 또는 음의 부호를 가진다)를 각각 점 P의 **x좌표**, **y좌표**, **z좌표**라고 한다. 점 P의 x좌표, y좌표, z좌표가 각각 a, b, c일 때 점 P는 3차원 xyz 직교좌표계에서 세 수의 순서쌍

$$(a, \ b, \ c)$$

로 표시되며, 이러한 세 수의 순서쌍을 **공간좌표**라 한다. 또한, 이와 같은 좌표계를 가진 공간을 **직교좌표공간**이라고 한다.

좌표공간에서 두 점 $P(x_1, y_1, z_1)$, $Q(x_2, y_2, z_2)$ 사이의 거리 d는 피타고라스 정리에 의해 다음과 같다.

$$d = \sqrt{(x_2 - x_1)^2 + (y_2 - y_1)^2 + (z_2 - z_1)^2}$$

예제 10.1

두 점 $(-3, 2, -4)$, $(-4, 3, 1)$ 사이의 거리를 구하여라.

풀이

구하는 거리는 다음과 같다.

$$\sqrt{\{-4-(-3)\}^2+(3-2)^2+\{1-(-4)\}^2}=\sqrt{27}=3\sqrt{3}$$

벡터의 정의

우리는 길이, 넓이, 부피, 무게와 같이 측정 가능한 양들이나 크기로 표현되는 것을 실생활에서 다룬다. 이외에도 측정 가능한 여러 종류의 양들이 있는데, 예를 들어 힘, 속도, 가속도 등과 같이 크기뿐만 아니라 방향 개념도 포함된 것들이다. **벡터**(vector)는 바로 이와 같은 것들을 표현하기 위한 물리량이므로 크기와 방향을 갖는 양이다. 한편, 길이, 넓이 등과 같이 벡터가 아닌 측정값을 **스칼라**(scalar)라고 부른다.

- **스칼라**: 길이, 질량, 넓이, 시간, 속력과 같이 크기만을 갖는 양
- **벡터**: 이동이나 힘, 속도, 가속도처럼 크기와 방향을 갖는 양

벡터 AB는 점 A로부터 점 B로의 방향과 선분 AB로 주어진다. 이때 A와 B를 각각 **시점**(initial point, 출발점)과 **종점**(terminal point)이라 부르며, 벡터 AB를 선분 AB와 구분하기 위해

$$\vec{V}=\overrightarrow{AB}$$

로 나타낸다. 한편, 3차원 공간 $\mathbb{R}^3$에서의 원점 $O(=(0,\ 0,\ 0))$를 시점으로 하고 종점을 A로 하는 벡터 $\overrightarrow{OA}$를 점 A의 **위치벡터**라고 한다(그림 10.1.3(b), 그림 10.1.2).

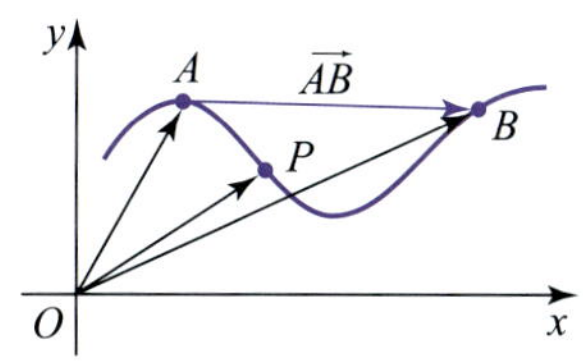

그림 10.1.2

그림 10.1.2에서 $\overrightarrow{OP}$는 위치벡터이고, $\overrightarrow{AB}$는 시점과 종점이 주어진 벡터이다.

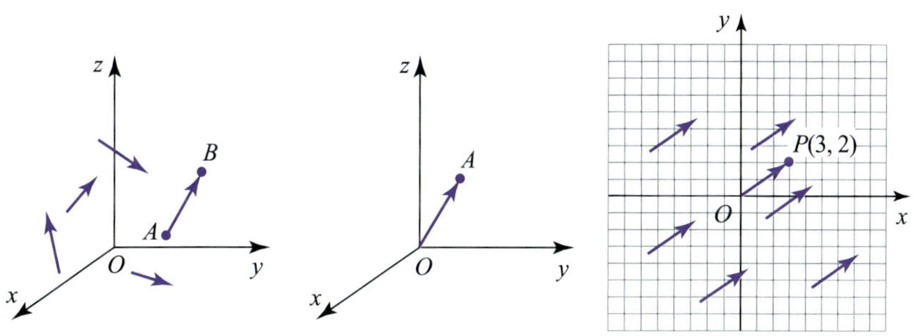

(a) 벡터들 (b) 위치벡터 (c) 동일한 벡터들

그림 10.1.3

3차원 공간(혹은 2차원 평면)에서 어떤 물체의 위치를 표시하는 방법은 좌표축을 사용하여 순서쌍 $(a,\ b,\ c)$를 이용하는 것이다. 벡터의 표시 방법도 점의 표현과 동일하지만, 벡터는 점의 위치뿐 아니라 원점과 그 점을 직선으로 연결함으로써 방향과 크기를 알 수 있다.

그림 10.1.3(c)의 벡터들처럼 같은 크기와 같은 방향을 가지는 벡터를 동일한 벡터로 간주한다. 즉, 그림 10.1.4와 같이 두 벡터 $\overrightarrow{AB}$와 $\overrightarrow{CD}$의 크기와 방향이 각각 같을 때 서로 **동일한 벡터**라 부르며, $\overrightarrow{AB}=\overrightarrow{CD}$로 표시한다. 즉, 벡터 $\overrightarrow{AB}$를 평행이동하여 $\overrightarrow{CD}$와 겹치게 할 수 있는 경우이다.

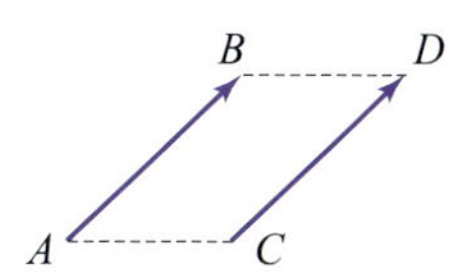

그림 10.1.4

그러므로 각 벡터는 시점이 원점이 되도록 평행이동하면 하나의 위치벡터와 같

고 그러한 위치벡터의 종점은 공간 $\mathbb{R}^3$ 위의 한 점을 나타내므로 이 한 점을 벡터로 간주한다. 즉, $\mathbb{R}^3$ 위의 벡터들의 전체집합은 $\mathbb{R}^3$과 일치하게 된다. 이런 관점에서 앞으로는 위치벡터와 $\mathbb{R}^3$ 위 점의 표기를 구별하지 않고 점 또는 벡터라 부르기로 한다.

예제 10.2

위치벡터 $\vec{V}=(1, 2, 3)$의 시점과 종점을 각각 말하여라.

풀이

벡터 $\vec{V}=(1, 2, 3)$의 시점은 $(0, 0, 0)$, 종점은 $(1, 2, 3)$이다.

일반적으로 벡터는 임의의 n차원에 속하는 $\vec{V}=(a_1, a_2, \cdots, a_n)$으로 나타낼 수 있으며, 이를 n차원 벡터라고 부른다. 그러나 3차원보다 높은 차원의 벡터는 그림으로 표현할 수 없으므로 여기서는 2차원과 3차원으로 제한한다. 또한, 3차원 벡터 $\vec{V}=(a, b, c)$에서 $c=0$인 벡터 $(a, b, 0)$은 2차원 벡터 (a, b)로 생각할 수 있다.

벡터의 연산

3차원 공간벡터의 합, 차, 스칼라 곱을 알아보자. 두 벡터 $\vec{U}=(u_1, u_2, u_3)$, $\vec{V}=(v_1, v_2, v_3)$에 대하여 다음과 같이 벡터의 덧셈과 뺄셈을 정의한다.

- 벡터의 덧셈: $\vec{U}+\vec{V}=(u_1+v_1, u_2+v_2, u_3+v_3)$
- 벡터의 뺄셈: $\vec{U}-\vec{V}=\vec{U}+(-1)\vec{V}=(u_1, u_2, u_3)+(-v_1, -v_2, -v_3)$

$$=(u_1-v_1, u_2-v_2, u_3-v_3)$$

벡터의 연산은 다음과 같이 기하학적으로 해석할 수 있다.

(1) 벡터의 덧셈

① 주어진 두 벡터를 인접한 두 변으로 하는 평행사변형에서 대각선 방향의 벡터가 덧셈 벡터가 된다.

② 벡터 $\vec{A}$의 시점이 벡터 $\vec{B}$의 종점이 되도록 평행이동한 후 벡터 $\vec{B}$의 시점과 벡터 $\vec{A}$의 종점을 이은 벡터가 두 벡터 $\vec{A}$, $\vec{B}$의 덧셈 벡터가 된다.

(2) 벡터 $-\vec{V}$란 벡터 $\vec{V}$와 크기는 같지만 방향이 반대인 벡터이다.

(3) $\vec{U}-\vec{V}=\vec{U}+(-\vec{V})$이므로 $\vec{U}$와 $-\vec{V}$를 이웃하는 변으로 하는 평행사변형의 대각선 방향의 벡터가 두 벡터 $\vec{U}$, $\vec{V}$의 뺄셈 벡터가 된다. 즉, 뺄셈 벡터의 시점은 벡터 $\vec{V}$의 종점이며, 종점은 벡터 $\vec{U}$의 종점이다.

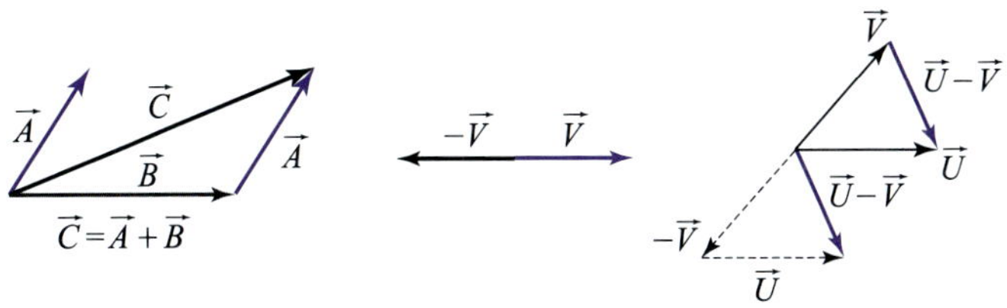

그림 10.1.5

벡터의 덧셈은 다음과 같이 교환법칙과 결합법칙이 성립한다.

$$\vec{U}+\vec{V}=\vec{V}+\vec{U},\ \ (\vec{U}+\vec{V})+\vec{W}=\vec{U}+(\vec{V}+\vec{W})$$

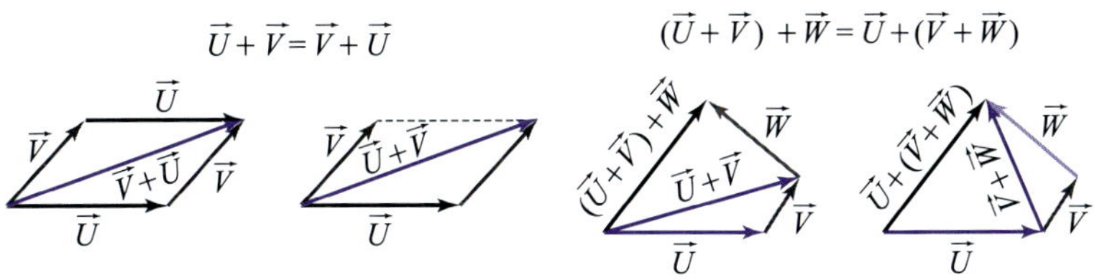

그림 10.1.6

시점이 $A=(a_1, a_2, a_3)$이고 종점이 $B=(b_1, b_2, b_3)$인 벡터 $\overrightarrow{AB}$를 위치벡터를 이용하여 표현하면 $\overrightarrow{OA}+\overrightarrow{AB}=\overrightarrow{OB}$이므로 다음과 같이 나타낼 수 있다(그림 10.1.7).

$$\overrightarrow{AB}=\overrightarrow{OB}-\overrightarrow{OA}=(b_1-a_1,\ b_2-a_2,\ b_3-a_3)$$

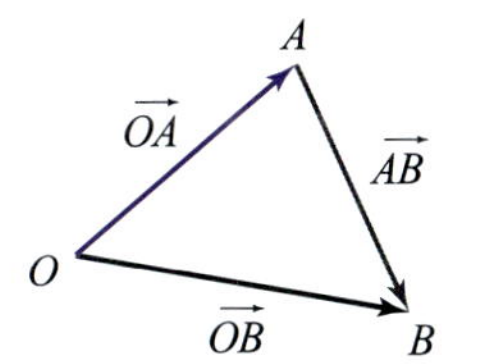

그림 10.1.7

그러므로 다음과 같은 성질을 갖는다.

임의의 두 벡터 $\overrightarrow{AB}$와 $\overrightarrow{CD}$가 같을 필요충분조건은 $\overrightarrow{OB}-\overrightarrow{OA}=\overrightarrow{OD}-\overrightarrow{OC}$ 이다.

벡터 $\vec{V}=(a, b, c)$의 크기란 벡터의 길이를 뜻하며, 다음과 같이 $\|\vec{V}\|$로 나타낸다.

$$\|\vec{V}\|=\sqrt{a^2+b^2+c^2}$$

이 결과는 피타고라스 정리로부터 쉽게 알 수 있다.

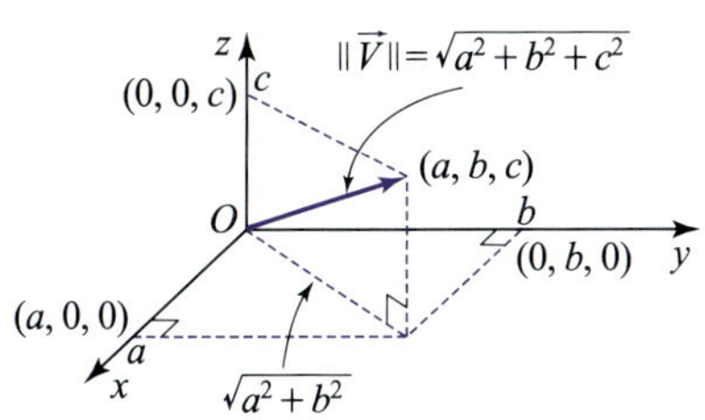

그림 10.1.8

따라서 두 점 $A=(a_1, a_2, a_3)$과 $B=(b_1, b_2, b_3)$에 대하여 벡터 $\vec{V}=\overrightarrow{AB}$의 크기는 다음과 같다.

$$\|\vec{V}\|=\|\overrightarrow{AB}\|=\sqrt{(b_1-a_1)^2+(b_2-a_2)^2+(b_3-a_3)^2}$$

예제 10.3

두 위치벡터 $\overrightarrow{OP}$, $\overrightarrow{OQ}$를 $\overrightarrow{OP}=P$, $\overrightarrow{OQ}=Q$로 나타낸다.

세 점 $P=(1, 2, 3)$, $Q=(3, 4, 5)$, $R=(1, 3, 5)$에 대하여 세 벡터 $\overrightarrow{PQ}$, $\overrightarrow{PR}$, $\overrightarrow{QP}$를 구하여라.

풀이

$$\overrightarrow{PQ}=Q-P=(3-1, 4-2, 5-3)=(2, 2, 2)$$
$$\overrightarrow{PR}=R-P=(1-1, 3-2, 5-3)=(0, 1, 2)$$
$$\overrightarrow{QP}=P-Q=(1-3, 2-4, 3-5)=(-2, -2, -2)$$

예제 10.4

네 점 $A=(1, 3, 7)$, $B=(-1, 0, 13)$, $C=(-2, -5, 7)$, $D=(-4, -8, 13)$에 대하여 두 벡터 $\overrightarrow{AB}$와 $\overrightarrow{CD}$는 같은 벡터임을 보여라.

풀이

$\overrightarrow{AB}=(-2, -3, 6)$, $\overrightarrow{CD}=(-2, -3, 6)$이므로 두 벡터 $\overrightarrow{AB}$와 $\overrightarrow{CD}$는 같은 벡터이다.

예제 10.5

$\overrightarrow{AB}+\overrightarrow{BC}=\overrightarrow{AC}$, $\overrightarrow{OA}-\overrightarrow{OB}=\overrightarrow{BA}$임을 보여라.

풀이

세 점 A, B, C를 각각 (a_1, a_2, a_3), (b_1, b_2, b_3), (c_1, c_2, c_3)이라 하면

$$\overrightarrow{AB}=(b_1-a_1, b_2-a_2, b_3-a_3),$$
$$\overrightarrow{BC}=(c_1-b_1, c_2-b_2, c_3-b_3)$$

이다. 따라서

$$\begin{aligned}\overrightarrow{AB}+\overrightarrow{BC}&=(b_1-a_1, b_2-a_2, b_3-a_3)+(c_1-b_1, c_2-b_2, c_3-b_3)\\&=(c_1-a_1, c_2-a_2, c_3-a_3)=\overrightarrow{AC}\end{aligned}$$

이다. 마찬가지로 다음이 성립한다.

$$\overrightarrow{OA} - \overrightarrow{OB} = (a_1, a_2, a_3) - (b_1, b_2, b_3)$$
$$= (a_1 - b_1, a_2 - b_2, a_3 - b_3) = \overrightarrow{BA}$$

예제 10.6

두 벡터 U, V에 대하여 두 벡터 P, Q가 다음과 같을 때,

$$P = -U + 3V, \quad Q = 2U - 5V$$

세 벡터 U, V, $U - 4V$를 각각 P와 Q로 나타내어라.

풀이

P, Q로부터 $2P + Q = V$, 즉 $V = 2P + Q$이다. 한편, $P = -U + 3(2P + Q)$이므로

$$U = 5P + 3Q$$

이다. 이로부터 다음을 얻는다.

$$U - 4V = (5P + 3Q) - 4(2P + Q) = -3P - Q$$

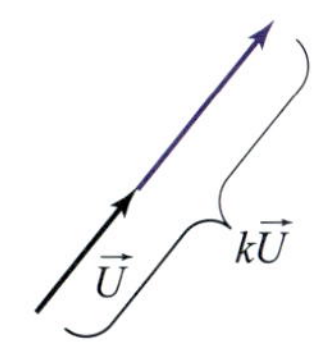

그림 10.1.9

이제 벡터의 스칼라 곱 연산을 알아보자(그림 10.1.9, 그림 10.1.10). 벡터 $U = (u_1, u_2, u_3)$과 스칼라(실수) k에 대하여

$$kU = (ku_1, ku_2, ku_3)$$

이다. 그러므로 다음의 관계도 알 수 있다.

$$\frac{U}{k} = \frac{1}{k}U = \left(\frac{u_1}{k}, \frac{u_2}{k}, \frac{u_3}{k}\right) \ (\text{단}, k \neq 0)$$

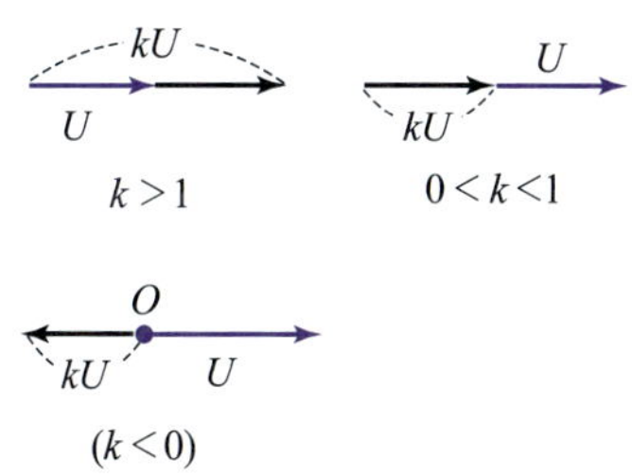

그림 10.1.10

예제 10.7

벡터 $U = (1, 2, 3)$에 대하여 벡터 $-7U$의 크기를 구하여라.

풀이

$$\|-7U\| = 7\|U\| = 7\sqrt{1^2 + 2^2 + 3^3} = 7\sqrt{14}$$

임의의 벡터 $U = (u_1, u_2, u_3)$를 자신의 길이 $\|U\|$로 나눈(즉, $\frac{1}{\|U\|}$를 곱한) 벡터

$$\frac{U}{\|U\|} = \left(\frac{u_1}{\|U\|}, \frac{u_2}{\|U\|}, \frac{u_3}{\|U\|}\right)$$

의 길이를 계산하면 다음과 같이 1이다.

> 벡터 U에 임의의 실수 k를 곱한 벡터의 크기는 $\|kU\| = |k|\|U\|$이다. 여기서 k의 절댓값 $|k|$를 택한 이유는
>
> $$\|-2U\| = \|2U\| = 2\|U\|$$
>
> 에서 볼 수 있듯이 $\|U\|$는 벡터 U의 길이이므로 항상 양수이어야 하기 때문이다.

$$\left\| \frac{U}{\|U\|} \right\| = \frac{1}{\|U\|} \|U\| = 1$$

이와 같이 크기가 1인 벡터를 **단위벡터**라 한다.

예제 10.8

벡터 $U = (1, 2, 3)$에 대하여

(1) 벡터 U의 길이를 구하여라.

(2) 벡터 U와 같은 방향의 단위벡터를 구하여라.

풀이

(1) $\|U\| = \sqrt{1^2 + 2^2 + 3^2} = \sqrt{14}$

(2) 구하는 단위벡터는 $\frac{U}{\|U\|} = \left(\frac{1}{\sqrt{14}}, \frac{2}{\sqrt{14}}, \frac{3}{\sqrt{14}} \right)$이며, 실제로 이 벡터의 크기는 다음과 같이 1이다.

$$\left\| \frac{U}{\|U\|} \right\| = \sqrt{\frac{1}{14} + \frac{4}{14} + \frac{9}{14}} = 1$$

R^3의 단위벡터 중 가장 기본이 되는 벡터는

$$(1, 0, 0), \quad (0, 1, 0), \quad (0, 0, 1)$$

이다. 이들은 각각 i, j, k로 나타내고, 서로 수직인 위치에 있으며 **기본 단위벡터**(elementary unit vector)라고 부른다.

예제 10.9

3차원 벡터 $U = (a, b, c)$를 기본 단위벡터로 나타내어라.

풀이

벡터 $U = (a, b, c)$를 기본 단위벡터 i, j, k로 나타내면 다음과 같다.

$$(a, b, c) = a(1, 0, 0) + b(0, 1, 0) + c(0, 0, 1) = ai + bj + ck$$

예제 10.10

다음 물음에 답하여라.

(1) 성분으로 표시된 벡터 $U = (1, 2, 3)$를 기본 단위벡터의 합으로 표시하여라.

(2) 기본 단위벡터의 합으로 표시된 벡터 $V = 3i + k$를 성분으로 표시하여라.

풀이

(1) $U = (1, 2, 3) = i + 2j + 3k$

(2) $V = 3i + k = (3, 0, 1)$

임의의 2차원 평면벡터 U는

$$U = u_1 i + u_2 j$$

로 표시할 수 있으며, 이때 u_1, u_2는 각각 벡터 U의 x성분과 y성분이다.

정리 10.1.1 평면벡터의 크기와 방향

2차원 평면벡터 U가 X축의 양의 방향과 이루는 사잇각을 θ라 하면

(1) $u_1 = \|U\|\cos\theta$, $u_2 = \|U\|\sin\theta$이다.

(2) 벡터 U의 크기는 $\|U\| = \sqrt{u_1^2 + u_2^2}$이며, 방향은 $\theta = \arctan\dfrac{u_2}{u_1}$이다.

증명

(1) 그림 10.1.11로부터 쉽게 알 수 있다.

(2) (1)에 의해

$$\begin{aligned}\sqrt{u_1^2 + u_2^2} &= \sqrt{(\|U\|\cos\theta)^2 + (\|U\|\sin\theta)^2} \\ &= \sqrt{\|U\|^2(\cos^2\theta + \sin^2\theta)} = \|U\|\end{aligned}$$

이다. 또한, 그림 10.1.11의 삼각형에서 $\tan\theta = \dfrac{\text{높이}}{\text{밑변}} = \dfrac{u_2}{u_1}$이므로 다음이 성립한다.

$$\theta = \arctan\frac{u_2}{u_1}$$ ■

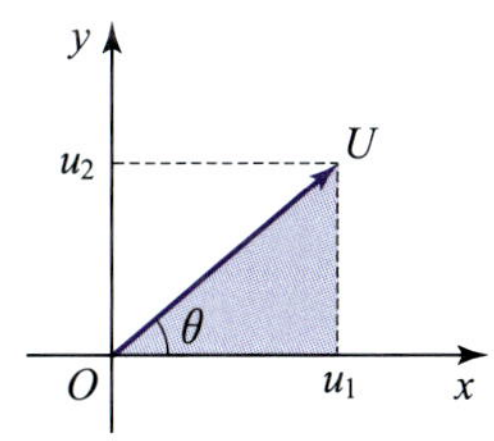

그림 10.1.11

2차원에서와 유사하게 임의의 3차원 공간벡터 U는

$$U = u_1 i + u_2 j + u_3 k$$

로 표시할 수 있으며, 이때 u_1, u_2, u_3은 각각 벡터 U의 x성분, y성분, z성분이다.

정리 10.1.2 공간벡터의 크기와 방향

3차원 공간벡터 U를 xy평면으로 사영한 벡터가 X축의 양의 방향과 이루는 사잇각을 ϕ라 하고, 벡터 U가 z축과 이루는 사잇각을 θ라고 하자. 그러면

(1) $u_1 = \|U\| \sin\theta \cos\phi$, $u_2 = \|U\| \sin\theta \sin\phi$, $u_3 = \|U\| \cos\theta$이다.

(2) 벡터 U의 크기는 $\|U\| = \sqrt{u_1^2 + u_2^2 + u_3^2}$이다.

증명

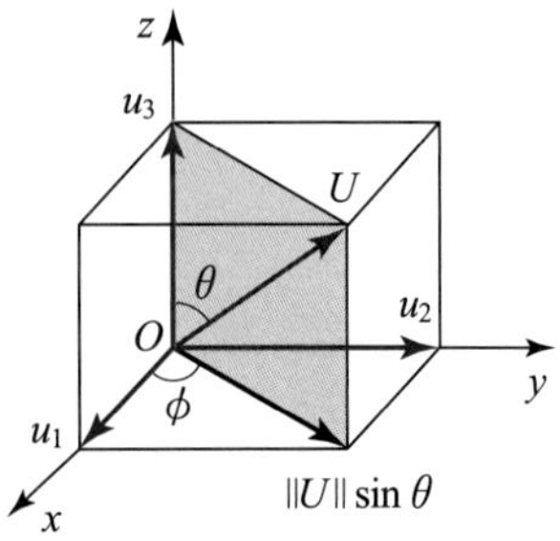

그림 10.1.12

(1) 그림 10.1.12로부터 알 수 있다.

(2) (1)에 의해 다음을 얻는다.

$$\sqrt{u_1^2 + u_2^2 + u_3^2} = \sqrt{(\|U\| \sin\theta \cos\phi)^2 + (\|U\| \sin\theta \sin\phi)^2 + (\|U\| \cos\theta)^2}$$
$$= \sqrt{\|U\|^2 \{\sin^2\theta(\cos^2\phi + \sin^2\phi) + \cos^2\theta\}} = \|U\|$$ ■

정리 10.1.3 공간벡터의 위치관계

영벡터가 아닌 U와 V가 있을 때,

(1) U와 V가 일치($U = V$)할 필요충분조건은 각각의 성분이 일치하는 것이다.

(2) U와 V가 평행($U \mathbin{/\!/} V$)일 필요충분조건은 $U = kV$($k \neq 0$: 스칼라)인 것이다.

증명

(1) $U = (u_1, u_2, u_3)$, $V = (v_1, v_2, v_3)$이라 하면 다음을 얻는다.

$$U = V \Leftrightarrow U - V = 0 \Leftrightarrow (u_1 - v_1, u_2 - v_2, u_3 - v_3) = (0, 0, 0)$$
$$\Leftrightarrow u_1 = v_1, u_2 = v_2, u_3 = v_3$$

(2) 영벡터가 아닌 두 벡터 U와 V가 같은 **방향**이거나 반대 **방향**일 때 U와 V는 서로 **평행**하다고 하며 기호로 $U \mathbin{/\!/} V$로 나타낸다. 따라서 벡터 스칼라곱의 정의에 의하여

$$U \mathbin{/\!/} V \quad \Leftrightarrow \quad U = kV \quad (k \neq 0\text{: 스칼라})$$

이 성립한다. 특히. $k > 0$이면 U와 V의 방향이 같고, 만약 $k < 0$이면 U와 V의 방향이 정반대이다. ■

예제 10.11

두 벡터 $U = (1, -2, 3)$, $V = (-2, 4, -6)$은 서로 평행임을 보여라.

풀이

$-2U = V$이므로 $U /\!/ V$이다.

연습문제 10.1

1. 한 변의 길이가 1인 정사각형 $ABCD$에서 $\overrightarrow{AB} = U$, $\overrightarrow{BC} = V$, $\overrightarrow{AC} = W$라 할 때, 다음 벡터의 크기를 구하여라.

   (1) $U + V + W$ (2) $U - V + W$ (3) $-U - V + W$

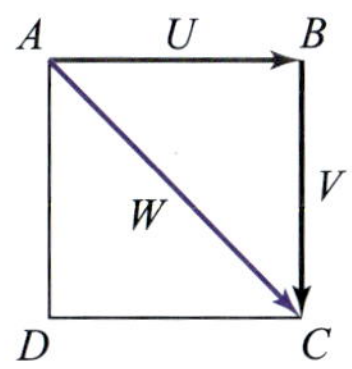

2. 세 벡터 $\overrightarrow{OA} = 2U + V$, $\overrightarrow{OB} = U - V$, $\overrightarrow{OC} = 4U + mV$에 대하여 세 점 A, B, C는 한 직선 위에 있다고 하자. 벡터 U와 V가 평행이 아니고, 또한 각각 영벡터가 아닐 때, 실수 m의 값을 구하여라.

3. 세 점 $A(1, 5, -2)$, $B(2, 4, 1)$, $C(a, 3, b + 2)$가 한 직선 위에 있을 때, a, b의 값을 구하여라.

10.2 벡터의 곱

이전 절에서 벡터의 합과 차, 스칼라 곱을 정의하였다. 이제 벡터의 곱셈에 대하여 알아보자. 벡터의 곱셈에는 내적과 외적의 두 가지 방법이 있다.

벡터의 내적

정의 10.2.1 벡터의 내적

두 벡터 $U = (u_1, u_2, u_3)$과 $V = (v_1, v_2, v_3)$에 대하여 U와 V의 **내적**(inner product, dot product)은 기호 $U \cdot V$로 나타내며 다음과 같이 정의한다.

$$U \cdot V = u_1v_1 + u_2v_2 + u_3v_3$$

정리 10.2.2 내적 공식 ①

두 벡터 U와 V가 이루는 사잇각을 θ라 할 때, 다음이 성립한다.

$$U \cdot V = \|U\|\|V\| \cos\theta$$

증명

U와 V를 두 변으로 하는 삼각형을 생각하면 나머지 한 변은 $U - V$로 표시할 수

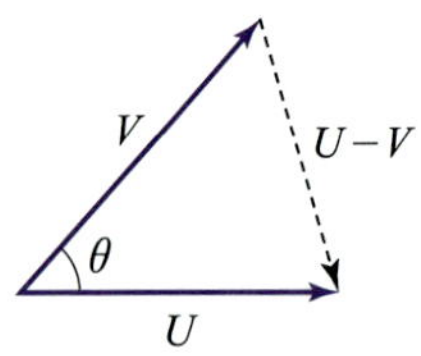

그림 10.2.1

있다(그림 10.2.1). 이때 코사인법칙에 의해 다음을 얻는다.

$$\|U-V\|^2=\|U\|^2+\|V\|^2-2\|U\|\|V\|\cos\theta$$

U와 V의 성분을 이용하여 $\|U-V\|$, $\|U\|$, $\|V\|$를 구하면

$$\|U-V\|^2=(u_1-v_1)^2+(u_2-v_2)^2+(u_3-v_3)^2$$
$$\|U\|^2=u_1^2+u_2^2+u_3^2,\ \ \|V\|^2=v_1^2+v_2^2+v_3^2$$

이다. 이를 첫 번째 식에 대입하여 정리하면 다음이 성립한다.

$$u_1v_1+u_2v_2+u_3v_3=\|U\|\|V\|\cos\theta$$ ■

내적이란 어떤 물체에 힘 $\vec{f}$를 가하여 물체를 힘의 방향과 $\theta(0\le\theta\le\pi)$의 각을 이루는 방향으로 물체를 $\|\vec{s}\|$만큼 움직일 때 힘이 물체에 대하여 한 일 w이며, 다음과 같다.

$$w=\|\vec{f}\|\|\vec{s}\|\cos\theta$$

이 값이 바로 두 벡터 $\vec{f}$와 $\vec{s}$의 내적이다.

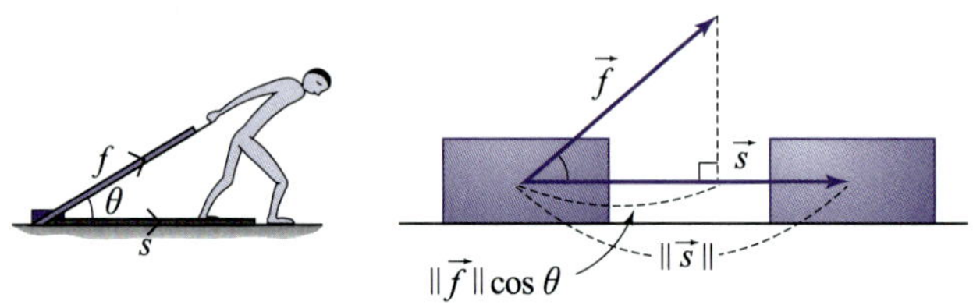

그림 10.2.2

그러므로 최소의 힘을 사용하여 물건을 움직이려면 지면과 평행한 방향에서 끌어당겨야 한다($\theta=0$이면 $\cos\theta=1$). 다시 말해 물건을 옮기려는 방향과 동일한 방향에서 힘을 주어 당겨야 한다.

정리 10.2.2에서

$$U\cdot V=u_1v_1+u_2v_2+u_3v_3=\|U\|\|V\|\cos\theta$$

이므로 두 벡터가 이루는 사잇각 θ에 대한 코사인 값을 내적으로 표현할 수 있다.

정리 10.2.3 내적 공식 ②

두 벡터 U, V가 이루는 사잇각 θ에 대하여

(1) $\cos\theta=\dfrac{U\cdot V}{\|U\|\|V\|}=\dfrac{u_1v_1+u_2v_2+u_3v_3}{\sqrt{u_1^2+u_2^2+u_3^2}\ \sqrt{v_1^2+v_2^2+v_3^2}}$ 이다.

(2) 벡터의 길이는 다음과 같이 자기 자신의 내적으로 나타낼 수 있다.

$$\|U\| = \sqrt{U \cdot U}$$

증명

(2) $U \cdot U = \|U\|\|U\|\cos\theta$이며, 여기서 θ는 U와 자기 자신 U가 이루는 사잇각이므로 $\theta = 0$이다. 따라서 $\cos\theta = \cos 0 = 1$이므로 다음이 성립한다.

$$U \cdot U = \|U\|\|U\| = \|U\|^2$$ ■

예제 10.12

두 벡터가 이루는 사잇각 구하여라.

(1) $U = (3, -1, -2)$, $V = (2, -3, 1)$

(2) $U = (-1, 1, 0)$, $V = (2, 0, 0)$

풀이

두 벡터 U와 V가 이루는 사잇각 θ에 대하여

(1) $\cos\theta = \dfrac{U \cdot V}{\|U\|\|V\|} = \dfrac{3 \times 2 + (-1) \times (-3) + (-2) \times 1}{\sqrt{14} \times \sqrt{14}} = \dfrac{7}{14} = \dfrac{1}{2}$

즉, $\theta = 60°$이다.

(2) $\cos\theta = \dfrac{-2}{\sqrt{2} \times 2} = -\dfrac{1}{\sqrt{2}}$이므로 $\theta = 135°$이다.

예제 10.13

벡터 $U = (1, 2, 3)$에 대하여 $\|U\|$와 $U \cdot U$를 구하여라.

풀이

$\|U\| = \sqrt{14}$이고, $U \cdot U = (1, 2, 3) \cdot (1, 2, 3) = 1 + 4 + 9 = 14$이다.

정리 10.2.4 내적의 기본 성질

(1) 내적의 결과는 실수(스칼라)이다.

(2) 내적은 교환법칙, 결합법칙, 분배법칙을 만족한다.

① $U \cdot V = V \cdot U$

② $kU \cdot V = k(U \cdot V) = U \cdot kV$

③ $U \cdot (V+W) = U \cdot V + U \cdot W$

④ $(U+V) \cdot W = U \cdot W + V \cdot W$

증명

(1) 세 벡터 U, V, W를 각각 (u_1, u_2, u_3), (v_1, v_2, v_3), (w_1, w_2, w_3)이라 하자. 내적의 정의로부터 $U \cdot V = u_1v_1 + u_2v_2 + u_3v_3$이 되어 실수들의 곱과 합으로 표시된다.

(2) ① $U \cdot V = u_1v_1 + u_2v_2 + u_3v_3 = v_1u_1 + v_2u_2 + v_3u_3 = V \cdot U$

나머지도 유사하게 확인할 수 있는데, ④만 증명해 보자.

④ $$\begin{aligned}(U+V) \cdot W &= (u_1+v_1,\ u_2+v_2,\ u_3+v_3) \cdot (w_1,\ w_2,\ w_3) \\ &= (u_1+v_1)w_1 + (u_2+v_2)w_2 + (u_3+v_3)w_3 \\ &= (u_1w_1 + u_2w_2 + u_3w_3) + (v_1w_1 + v_2w_2 + v_3w_3) \\ &= U \cdot W + V \cdot W\end{aligned}$$ ■

(2) ①은 사잇각 θ를 이용하여 확인할 수도 있다.

$$\begin{aligned}U \cdot V &= \|U\|\|V\|\cos\theta \\ &= \|V\|\|U\|\cos(-\theta) = V \cdot U\end{aligned}$$

이때 θ는 U와 V가 이루는 사잇각이므로 V가 U와 이루는 사잇각은 $-\theta$이다.

내적을 이용하여 벡터의 기하학적 관계를 알 수 있다.

정리 10.2.5 벡터의 수직과 평행

영벡터가 아닌 두 벡터 U와 V에 대하여 다음이 성립한다.

(1) U와 V가 수직($U \perp V$)일 필요충분조건은 $U \cdot V = 0$이다.

(2) U와 V가 평행($U \,/\!/\, V$)일 필요충분조건은 $U \cdot V = \pm\|U\|\|V\|$이다.

증명

(1) $U \perp V \Leftrightarrow \theta = 90° \Leftrightarrow \cos\theta = 0 \Leftrightarrow U \cdot V = \|U\|\|V\|\cos\theta = 0$

(2) $U /\!/ V \Leftrightarrow \theta = 0°$ 또는 $180° \Leftrightarrow \cos\theta = \pm 1$

$\Leftrightarrow U \cdot V = \|U\|\|V\|\cos\theta = \pm\|U\|\|V\|$ ■

예제 10.14

세 점 P, Q, R로 이루어진 삼각형의 한 내각이 θ일 때, 삼각형의 넓이를 벡터의 내적으로 나타내어라.

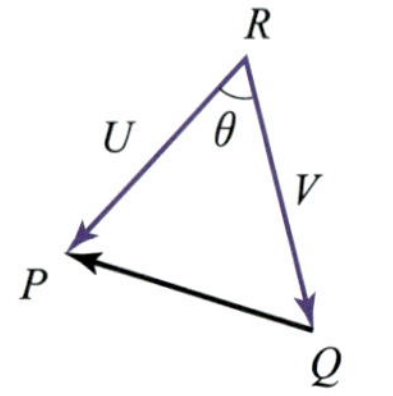

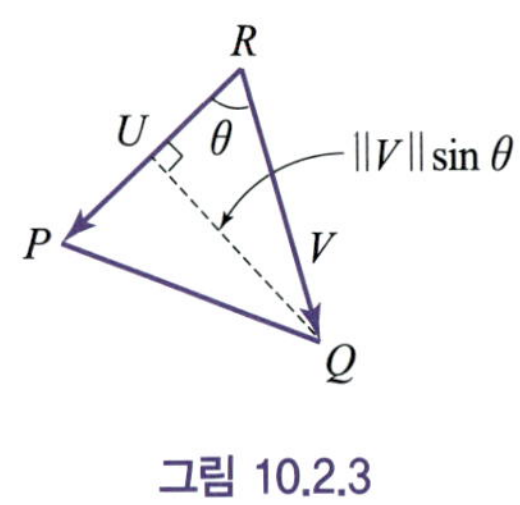

그림 10.2.3

풀이

그림 10.2.3과 같이 $\overrightarrow{RP} = U$, $\overrightarrow{RQ} = V$라 하고, 삼각형의 밑변의 길이를 $\|U\|$로 하면 높이는 $\|U\|\sin\theta$이므로 넓이 A는

$$A = \frac{1}{2}\|U\|\|V\|\sin\theta$$

이다. $\cos\theta = \dfrac{U \cdot V}{\|U\|\|V\|}$이고 $0 < \theta < 180°$이므로

$$\sin\theta = \sqrt{1-\cos^2\theta} = \sqrt{1-\frac{(U\cdot V)^2}{\|U\|^2\|V\|^2}} = \sqrt{\frac{\|U\|^2\|V\|^2-(U\cdot V)^2}{\|U\|^2\|V\|^2}}$$

이다. 따라서 삼각형의 넓이 A를 다음과 같이 나타낼 수 있다.

$$\begin{aligned} A &= \frac{1}{2}\|U\|\|V\|\sin\theta = \frac{1}{2}\|U\|\|V\|\sqrt{\frac{\|U\|^2\|V\|^2-(U\cdot V)^2}{\|U\|^2\|V\|^2}} \\ &= \frac{1}{2}\sqrt{\|U\|^2\|V\|^2-(U\cdot V)^2} \end{aligned}$$

예제 10.15

세 꼭짓점이 $P(2, -3, -1)$, $Q(-1, 2, 2)$, $R(2, 3, 3)$인 삼각형의 넓이를 구하여라.

풀이

$U = \overrightarrow{RP}$, $V = \overrightarrow{RQ}$라 하면 $U = (0, -6, -4)$, $V = (-3, 5, -1)$이다. 또한,
$\|U\| = \sqrt{52} = 2\sqrt{13}$, $\|V\| = \sqrt{35}$이고 $U \cdot V = -26$이므로 구하는 넓이는 다음과 같다.

$$A = \frac{1}{2}\sqrt{\|U\|^2\|V\|^2-(U\cdot V)^2} = \frac{1}{2}\sqrt{52\times 35-26^2} = \frac{1}{2}\sqrt{1144} \approx 16.91$$

벡터의 외적

정의 10.2.6 벡터의 외적

두 벡터 $U = (u_1, u_2, u_3)$과 $V = (v_1, v_2, v_3)$과 세 단위벡터 i, j, k에 대하여 U와 V의 **외적**(outer product, cross product)은 기호 $U \times V$로 나타내며, 다음과 같은 3×3 행렬식으로 정의한다.

$$U \times V = \begin{vmatrix} i & j & k \\ u_1 & u_2 & u_3 \\ v_1 & v_2 & v_3 \end{vmatrix}$$

이 행렬식을 풀어 쓰면 다음과 같다.

$$U \times V = \begin{vmatrix} u_2 & u_3 \\ v_2 & v_3 \end{vmatrix} i - \begin{vmatrix} u_1 & u_3 \\ v_1 & v_3 \end{vmatrix} j + \begin{vmatrix} u_1 & u_2 \\ v_1 & v_2 \end{vmatrix} k$$
$$= (u_2v_3 - u_3v_2)i - (u_1v_3 - u_3v_1)j + (u_1v_2 - u_2v_1)\,k$$

참고

행렬식 계산에 의하여

$$V \times U = \begin{vmatrix} i & j & k \\ v_1 & v_2 & v_3 \\ u_1 & u_2 & u_3 \end{vmatrix} = -\begin{vmatrix} i & j & k \\ u_1 & u_2 & u_3 \\ v_1 & v_2 & v_3 \end{vmatrix} = -U \times V$$

임을 알 수 있다. 다음 예제를 통하여 확인하여 보자.

예제 10.16

예제 10.16으로부터 다음을 알 수 있다.
$U \times V = -V \times U$

두 벡터 $U = (1, 2, 3)$, $V = (1, 3, 5)$에 대하여 $U \times V$와 $V \times U$를 구하여라.

풀이

정의 10.2.6의 행렬식에 대입하면 다음을 얻는다.

$$U \times V = \begin{vmatrix} i & j & k \\ 1 & 2 & 3 \\ 1 & 3 & 5 \end{vmatrix} = i(2\times5 - 3\times3) - j(1\times5 - 1\times3) + k(1\times3 - 1\times2)$$
$$= i - 2j + k = (1, -2, 1),$$

$$V \times U = \begin{vmatrix} i & j & k \\ 1 & 3 & 5 \\ 1 & 2 & 3 \end{vmatrix} = i(3\times3 - 2\times5) - j(1\times3 - 1\times5) + k(1\times2 - 1\times3)$$
$$= -i + 2j - k = (-1, 2, -1)$$

정리 10.2.7 외적 공식

두 벡터 U에서 V 방향으로 이루는 사잇각을 θ라 할 때, U와 V의 외적은

$$U \times V = (\|U\|\|V\|\sin\theta)E$$

와 같다. 여기서 E는 U와 V에 의해 만들어지는 평면에 수직이면서 그림 10.2.5에서의 $U \times V$방향으로의 단위벡터이다.

증명

$U = (u_1, u_2, u_3)$, $V = (v_1, v_2, v_3)$에 대하여 다음 두 가지를 보이면 된다.

(i) $\|U \times V\| = \|(u_2v_3 - u_3v_2)i - (u_1v_3 - u_3v_1)j + (u_1v_2 - u_2v_1)k\|$
$= \|U\|\|V\|\sin\theta$

(ii) 벡터 $(u_2v_3 - u_3v_2)i - (u_1v_3 - u_3v_1)j + (u_1v_2 - u_2v_1)k$는 벡터 U와 수직인 동시에 벡터 V와도 수직이다. 단, 아래 참고에서와 같이 오른손 법칙에 따라 벡터 E가 결정된다.

먼저 (i)을 위하여 다음을 계산한다.

$$\begin{aligned}
&\|(u_2v_3 - u_3v_2)i - (u_1v_3 - u_3v_1)j + (u_1v_2 - u_2v_1)k\|^2 \\
&= (u_2v_3 - u_3v_2)^2 + (u_1v_3 - u_3v_1)^2 + (u_1v_2 - u_2v_1)^2 \\
&= u_2^2v_3^2 - 2u_2v_3u_3v_2 + u_3^2v_2^2 + u_1^2v_3^2 - 2u_1v_3u_3v_1 \\
&\quad + u_3^2v_1^2 + u_1^2v_2^2 - 2u_1v_2u_2v_1 + u_2^2v_1^2 \\
&= (u_1^2 + u_2^2 + u_3^2)(v_1^2 + v_2^2 + v_3^2) - (u_1v_1 + u_2v_2 + u_3v_3)^2 \\
&= \|U\|^2\|V\|^2 - |U \cdot V|^2 \\
&= \|U\|^2\|V\|^2 - (\|U\|\|V\|\cos\theta)^2 \\
&= \|U\|^2\|V\|^2(1 - \cos^2\theta) \\
&= \|U\|^2\|V\|^2\sin^2\theta = (\|U\|\|V\|\sin\theta)^2
\end{aligned}$$

이므로 다음과 같다.

$$\|(u_2v_3 - u_3v_2)i - (u_1v_3 - u_3v_1)j + (u_1v_2 - u_2v_1)k\| = \|U\|\|V\|\sin\theta$$

(ii)를 위하여 내적의 성질인 정리 10.2.5로부터 다음을 계산한다.

$U \times V = (u_2v_3 - u_3v_2,\ -(u_1v_3 - u_3v_1),\ u_1v_2 - u_2v_1)$에서

$$\begin{aligned}
(U \times V) \cdot U &= (u_2v_3 - u_3v_2,\ -(u_1v_3 - u_3v_1),\ u_1v_2 - u_2v_1) \cdot (u_1, u_2, u_3) \\
&= u_1u_2v_3 - u_1u_3v_2 - u_2u_1v_3 + u_2u_3v_1 + u_3u_1v_2 - u_3u_2v_1 \\
&= 0
\end{aligned}$$

그리고 마찬가지로 $(U \times V) \cdot V = 0$임을 알 수 있다. ■

참고

외적의 정의에서 나오는 벡터 E는 $U \times V$의 방향만 제시할 뿐 $U \times V$의 크기에는 영향을 미치지 않는다. 실제로 $U \times V = (\|U\|\|V\|\sin\theta)E$의 방향은 그림 10.2.5와 같이 오른손 나사 방향으로 볼 수 있다.

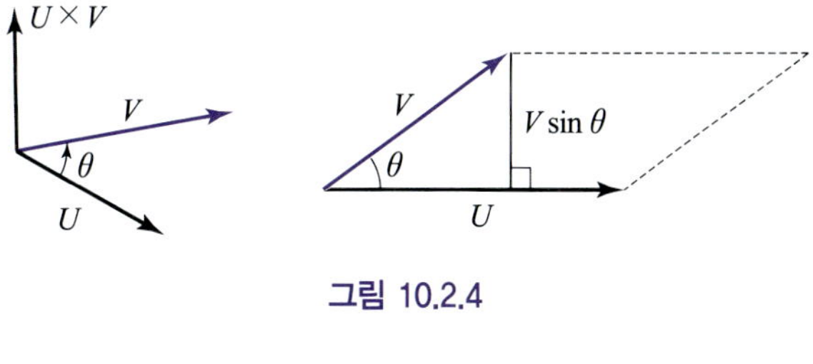

그림 10.2.4

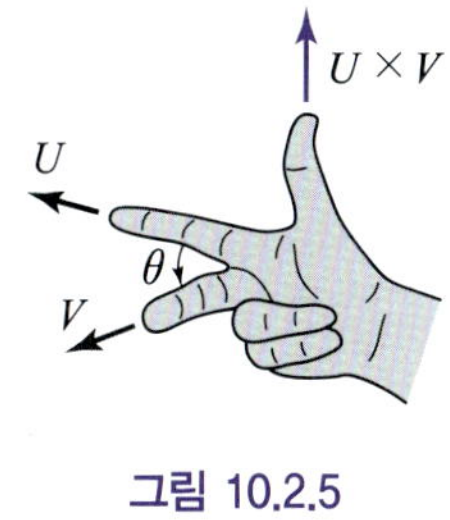

그림 10.2.5

위 정리 10.2.7로부터 외적벡터의 크기와 방향은 다음과 같이 결정됨을 알 수 있다.

정리 10.2.8 외적의 기본 성질

두 벡터 U, V에 대하여

(1) U에서 V 방향으로 잰 사잇각이 $0 \le \theta \le \pi$일 때, 외적의 크기는 다음과 같다.

$$\|U \times V\| = \|U\|\|V\|\sin\theta$$

(2) 외적 벡터 $U \times V$는 벡터 U 그리고 V와 수직으로 $\{U, V, U \times V\}$를 순서대로 오른손으로 표현할 수 있는 방향을 갖는다.

(위 그림 10.2.4와 10.2.5를 참조)

정리 10.2.9 외적의 기하학적 의미

두 벡터 U, V에 대하여 다음이 성립한다.

(1) $U \times U = \vec{0}$

(2) $U /\!/ V \Leftrightarrow U \times V = \vec{0}$

증명

(1) $\|U \times U\| = \|U\|\|U\|\sin\theta$에서 θ는 벡터 U가 U와 이루는 사잇각이므로 $\theta = 0$이다. 이때 $\sin\theta = 0$이므로 $U \times U = \vec{0}$이다.

$U /\!/ V$ 일 필요충분조건은 $U = kV$(k는 0이 아닌 실수)이므로 다음을 얻는다.

$$\begin{aligned} U /\!/ V &\Leftrightarrow U = kV \\ &\Leftrightarrow \|U \times V\| = \|U\|\|V\|\sin\theta E = |k|\|V\|\|V\|\sin 0 E = 0 \\ &\Leftrightarrow U \times V = \vec{0} \end{aligned}$$

■

넓이와 부피

벡터의 내적과 외적을 적절히 이용하면 도형의 넓이나 부피를 쉽게 구할 수 있다.

정리 10.2.10 외적을 이용한 도형의 넓이

(1) 두 벡터 U와 V를 이웃하는 두 변으로 하는 평행사변형의 넓이는 $\|U \times V\|$이다.

(2) 두 벡터 U와 V를 두 변으로 하는 삼각형의 넓이는 $\frac{1}{2}\|U \times V\|$이다.

증명

(1) 그림 10.2.6과 같이 평행사변형의 한 변 $\|U\|$를 밑변의 길이라 하고, 두 벡터 U, V가 이루는 사잇각을 θ라 하면 높이는

$$\text{높이} = \|V\| \sin\theta$$

이다. 따라서 평행사변형의 넓이는 다음과 같다.

$$\|U\|\|V\| \sin\theta = \|U \times V\|$$

(2) 삼각형의 넓이는 평행사변형의 넓이의 절반이므로 삼각형의 넓이는 $\frac{1}{2}\|U \times V\|$이다. ■

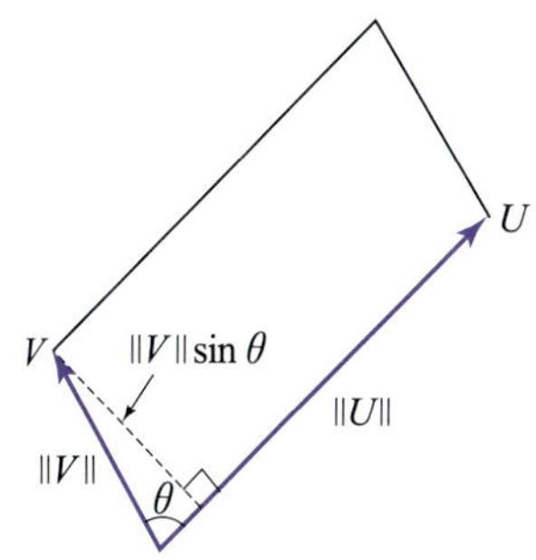

그림 10.2.6

예제 10.17

세 점 $P = (3, -2, 1)$, $Q = (7, -3, 4)$, $R = (5, 1, 0)$을 꼭짓점으로 하는 삼각형의 넓이를 구하여라.

풀이

$\overrightarrow{PQ} = (4, -1, 3)$, $\overrightarrow{PR} = (2, 3, -1)$이므로

$$\overrightarrow{PQ} \times \overrightarrow{PR} = \begin{vmatrix} i & j & k \\ 4 & -1 & 3 \\ 2 & 3 & -1 \end{vmatrix} = -8i + 10j + 14k$$

이다. 따라서 삼각형의 넓이는 다음과 같다.

$$\frac{1}{2}\|\overrightarrow{PQ} \times \overrightarrow{PR}\| = \frac{1}{2}\sqrt{64 + 100 + 196}$$

$$= \frac{1}{2} \times \sqrt{360} \approx 9.49$$

정리 10.2.11 내적과 외적을 이용한 도형의 부피

세 벡터 U, V, W를 각 변으로 하는 평행육면체의 부피는 $|U \cdot (V \times W)|$이다.

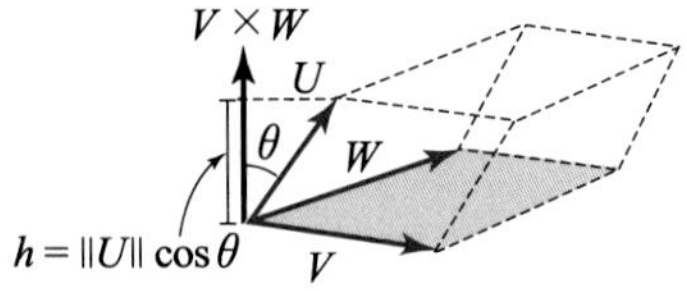

그림 10.2.7

증명

평행육면체의 부피는 밑넓이 × 높이이다. 이때 그림 10.2.7과 같이 밑면은 두 벡터 V, W를 각 변으로 하는 평행사변형이므로 밑넓이는

$$\| V \times W \|$$

이다. U와 V가 이루는 사잇각을 θ라 하면 높이는

$$\| U \| \, |\cos \theta|$$

이므로 평행육면체의 부피는 다음과 같다.

$$\| U \| |\cos\theta| \| V \times W \| = |U \cdot (V \times W)|$$ ■

예제 10.18

세 벡터 (1, −1, 0), (2, 3, −1), (−1, 0, 2)에 의해 만들어지는 평행육면체의 부피를 구하여라.

풀이

$U = (1, -1, 0)$, $V = (2, 3, -1)$, $W = (-1, 0, 2)$라 하면 정리 10.2.9에 의해 구하는 부피는 $|U \cdot (V \times W)|$이다.

$$V \times W = \begin{vmatrix} i & j & k \\ 2 & 3 & -1 \\ -1 & 0 & 2 \end{vmatrix} = 6i - 3j + 3k = (6, -3, 3)$$

이므로 주어진 평행육면체의 부피는 다음과 같다.

$$|U \cdot (V \times W)| = |(1, -1, 0) \cdot (6, -3, 3)| = 6 + 3 = 9$$

연습문제 10.2

1. 세 점을 꼭짓점으로 하는 삼각형의 넓이를 구하여라.

(1) (3, −1, 2), (4, 2, 6), (−1, −2, 5)

(2) (1, 2, 0), (5, −1, 3), (2, −1, 4)

2. 두 위치벡터에 의해 만들어지는 평행사변형의 넓이를 구하여라.

(1) (3, −1, 2), (4, 2, 6)　　(2) (5, −1, 3), (2, −1, 4)

3. 세 위치벡터에 의해 만들어지는 평행육면체의 부피를 구하여라.

(1) (3, 1, 2), (1, 2, 2), (1, 3, 5)

(2) (−1, 4, 0), (5, 2, 3), (4, 3, 2)

4. 한 변의 길이가 1인 정삼각형 ABC에서 다음 내적의 값을 구하여라.

(1) $\overrightarrow{AB} \cdot \overrightarrow{AC}$　　(2) $\overrightarrow{AB} \cdot \overrightarrow{BC}$

(3) $\overrightarrow{AB} \cdot (\overrightarrow{BC} + \overrightarrow{CA})$

[5~9] 세 벡터 $\vec{U}$, $\vec{V}$, $\vec{W}$에 대하여 물음에 답하여라.

5. $\|\vec{U}\| = 2$, $\|\vec{V}\| = 3$이고 $\vec{U}$와 $\vec{V}$가 이루는 사잇각이 120°일 때, $2\vec{U} - 3\vec{V}$를 구하여라.

6. $\vec{U}+\vec{V}+\vec{W}=\vec{0}$이고, $\|\vec{U}\|=3$, $\|\vec{V}\|=5$, $\|\vec{W}\|=7$일 때, $\vec{U}$와 $\vec{V}$가 이루는 사잇각의 크기를 구하여라.

7. $\vec{U}=(1, 2)$, $\vec{V}=(x, 1)$에 대하여 $\vec{U}+2\vec{V}$와 $2\vec{U}-\vec{V}$가 평행일 때와 수직일 때의 x의 값을 각각 구하여라.

8. $\|\vec{V}\|=2\|\vec{U}\|\neq 0$이고 $(\vec{U}+\vec{V})\perp(5\vec{U}-2\vec{V})$일 때, $\vec{U}$와 $\vec{V}$가 이루는 사잇각의 크기를 구하여라.

9. $\vec{U}=(x^2-1, 2, x+1)$가 $\vec{V}=(x-2, -5, -6x-1)$과 $\vec{W}=(x+25, 35x, -36x-11)$에 동시에 수직이 되도록 하는 x의 값을 구하여라.

10.3 공간 내 직선의 방정식

한 점을 지나고 주어진 벡터에 평행한 직선의 방정식

점 $A=(x_1, y_1, z_1)$을 지나고 벡터 $\vec{V}=(l, m, n)$에 평행한 직선 L의 방정식은 두 가지 형태로 표현할 수 있다.

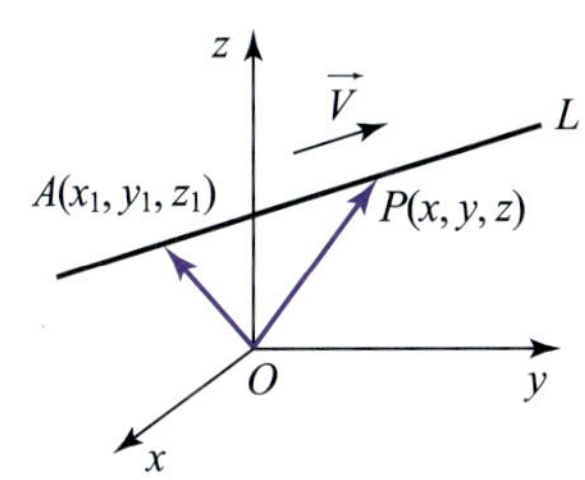

그림 10.3.1

- 벡터방정식: 직선 L 위의 임의의 점 P에 대하여 $\overrightarrow{OP}=\overrightarrow{OA}+t\vec{V}$ (t는 실수)이다.
- 좌표공간에서의 방정식: 직선 L 위의 임의의 점 $P(x, y, z)$에 대하여 벡터방정식 $\overrightarrow{OP}=\overrightarrow{OA}+t\vec{V}$에 의해

$$(x, y, z)=(x_1, y_1, z_1)+t(l, m, n)$$

이므로 다음을 만족한다.

$$x=lt+x_1, \quad y=mt+y_1, \quad z=nt+z_1$$

위 관계식을 매개변수 t에 의한 매개변수방정식이라고 부른다. 이 식을

$$\frac{x-x_1}{l}=\frac{y-y_1}{m}=\frac{z-z_1}{n} \quad (=t)$$

과 같이 변형할 수 있는데, 이를 대칭방정식이라고 한다. 이때 벡터 (l, m, n)을 이 직선의 방향벡터라고 한다.

예제 10.19

점 (1, 2, 3)을 지나고 벡터 $\vec{V}=(2, 3, 4)$에 평행한 직선의 방정식을 구하여라.

풀이

직선 위의 임의의 점을 (x, y, z)라고 하면 직선의 방정식은

$$\frac{x-1}{2}=\frac{y-2}{3}=\frac{z-3}{4}$$

이다. 이를 매개변수 t로 표현하면 다음과 같다.

$$x=2t+1,\quad y=3t+2,\quad z=4t+3$$

❙ 두 점을 지나는 직선의 방정식

두 점 $A=(x_1, y_1, z_1)$과 $B=(x_2, y_2, z_2)$를 지나는 직선 L의 방정식은 다음과 같이 두 가지 형태로 표현할 수 있다.

- 벡터방정식: 직선 L 위의 임의의 점 P에 대하여

$$\overrightarrow{OP}=\overrightarrow{OA}+t(\overrightarrow{OB}-\overrightarrow{OA})\quad (t\text{는 실수})$$

이다. 이는 $\overrightarrow{OP}=\overrightarrow{OA}+t\overrightarrow{AB}=\overrightarrow{OA}+t(\overrightarrow{OB}-\overrightarrow{OA})$와 같이 유도할 수 있다.

- 좌표공간에서의 방정식: 직선 L 위의 임의의 점 $P(x, y, z)$에 대하여 매개변수 t에 의한 매개변수방정식은 다음과 같다.

$$x=x_1+t(x_2-x_1)$$
$$y=y_1+t(y_2-y_1)$$
$$z=z_1+t(z_2-z_1)$$

위 관계식을 변형하여 다음과 같은 직선의 방정식을 만든다.

$$\frac{x-x_1}{x_2-x_1}=\frac{y-y_1}{y_2-y_1}=\frac{z-z_1}{z_2-z_1}\quad (=t)$$

예제 10.20

두 점 (1, 2, 3)과 (4, 3, 1)을 지나는 직선의 방정식을 구하여라.

풀이

$\frac{x-1}{4-1}=\frac{y-2}{3-2}=\frac{z-3}{1-3}$이므로 구하는 직선의 방정식은 다음과 같다.

$$\frac{x-1}{3}=y-2=\frac{z-3}{-2}$$

두 직선의 위치 관계

정리 10.3.1 직선의 위치 관계

대칭방정식으로 표현된 두 직선

$$f_1 : \frac{x-x_1}{l_1} = \frac{y-y_1}{m_1} = \frac{z-z_1}{n_1},$$

$$f_2 : \frac{x-x_2}{l_2} = \frac{y-y_2}{m_2} = \frac{z-z_2}{n_2}$$

에 대하여

(1) 두 직선이 평행($f_1 /\!/ f_2$)일 필요충분조건은 $\frac{l_1}{l_2} = \frac{m_1}{m_2} = \frac{n_1}{n_2}$이다.

(2) 두 직선이 수직($f_1 \perp f_2$)일 필요충분조건은 $l_1 l_2 + m_1 m_2 + n_1 n_2 = 0$이다.

증명

직선 f_1의 방향벡터를 U라 하고 직선 f_2의 방향벡터를 V라 하면 $U = (l_1,\ m_1,\ n_1)$, $V = (l_2,\ m_2,\ n_2)$이다.

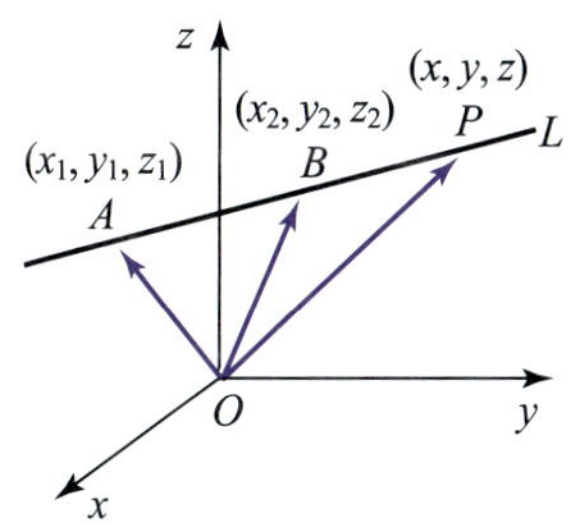

그림 10.3.2

(1) 실수 t에 대하여 다음이 성립한다.

$$\begin{aligned} f_1 /\!/ f_2 &\Leftrightarrow U /\!/ V \Leftrightarrow (l_1,\ m_1,\ n_1) = t(l_2,\ m_2,\ n_2) \\ &\Leftrightarrow l_1 = tl_2,\ m_1 = tm_2,\ n_1 = tn_2 \\ &\Leftrightarrow \frac{l_1}{l_2} = \frac{m_1}{m_2} = \frac{n_1}{n_2}\ (= t) \end{aligned}$$

(2) 벡터의 수직과 내적의 성질에 의해 다음을 얻는다.

$$\begin{aligned} f_1 \perp f_2 &\Leftrightarrow U \perp V \\ &\Leftrightarrow U \cdot V = 0 \\ &\Leftrightarrow l_1 l_2 + m_1 m_2 + n_1 n_2 = 0 \end{aligned}$$

■

예제 10.21

점 (1, 2, 3)을 지나고 직선 L: $6(x+3) = 3(y-2) = -2(z+1)$에 평행한 직선의 방정식을 구하여라.

풀이

직선 L의 방정식의 각 항을 6으로 나누면

$$\frac{x+3}{1}=\frac{y-2}{2}=\frac{z+1}{-3}$$

이므로 직선 L의 방향벡터는 (1, 2, −3)이다. 따라서 구하는 직선의 방정식은 다음과 같다.

$$\frac{x-1}{1}=\frac{y-2}{2}=\frac{z-3}{-3}$$

연습문제 10.3

1. 점 (3, −2, 1)을 지나고 직선 $2x-6=2-y=z+1$과 평행한 직선의 방정식을 구하여라.

2. 점 $A=(-1, 2, 3)$을 지나고 x축, y축, z축의 양의 방향과 각각 60°, 45°, 60°의 각을 이루는 직선의 방정식을 구하여라.

3. 두 점 $A=(1, 2, 3)$, $B=(3, 1, -1)$을 지나는 직선과 두 점 $C=(2, -1, 2)$, $D=(1, -3, 5)$를 지나는 직선의 교점을 구하여라.

4. 두 직선 $x-1=\frac{y-2}{2}=\frac{z-3}{-2}$과 $x-1=\frac{y-2}{-4}=z+1$이 이루는 예각을 구하여라.

10.4 공간 내 평면의 방정식

한 점을 지나고 주어진 벡터에 수직인 평면의 방정식

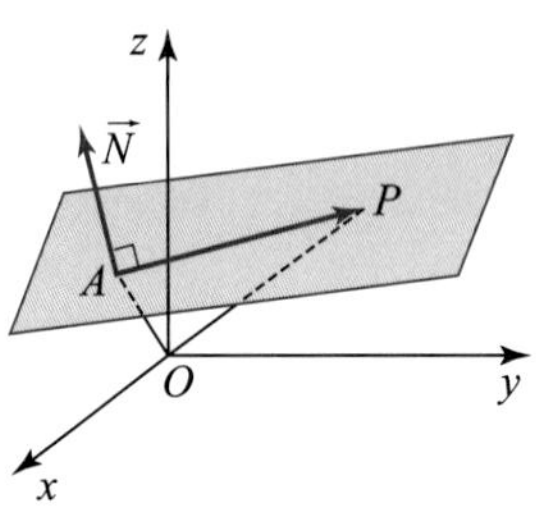

그림 10.4.1

점 $A=(x_1,\ y_1,\ z_1)$을 지나고 벡터 $\vec{N}=(a, b, c)$에 수직인 평면의 방정식을 다음과 같은 두 가지 형태로 표현할 수 있다.

- 벡터방정식 : 평면 위의 임의의 점 P에 대하여

$$\vec{N}\cdot\overrightarrow{AP}=\vec{N}\cdot(\overrightarrow{OP}-\overrightarrow{OA})=0$$

이다.

- 좌표공간에서의 방정식: 평면 위의 임의의 점 $P=(x, y, z)$에 대하여 다음이 성립한다.

$$\begin{aligned}\vec{N}\cdot\overrightarrow{AP}&=(a, b, c)\cdot(x-x_1,\ y-y_1,\ z-z_1)\\&=a(x-x_1)+b(y-y_1)+c(z-z_1)=0\end{aligned}$$

이 성립한다. 즉, 다음을 만족한다.

$$a(x-x_1)+b(y-y_1)+c(z-z_1)=0$$

이때 벡터 $\vec{N}$을 평면의 **법선벡터**(normal vector)라고 한다. 즉, 어떤 평면에 수직인 벡터를 법선벡터라 하며, 주어진 평면의 방정식이

$$\alpha x+\beta y+\gamma z+\delta=0$$

일 때, 이 평면의 법선벡터는 $\vec{N}=(\alpha, \beta, \gamma)$가 된다.

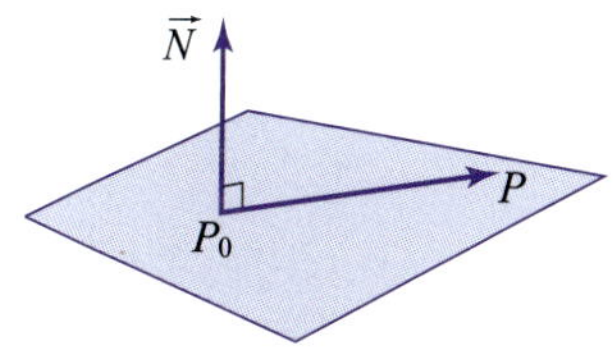

그림 10.4.2

예제 10.22

점 $A=(1, 2, 3)$을 지나고 벡터 $\vec{N}=(3, 1, 8)$에 수직인 평면의 방정식을 구하여라.

풀이

구하는 평면의 방정식은

$$1(x-3)+2(y-1)+3(z-8)=0$$

즉, $x+2y+3z-29=0$이다.

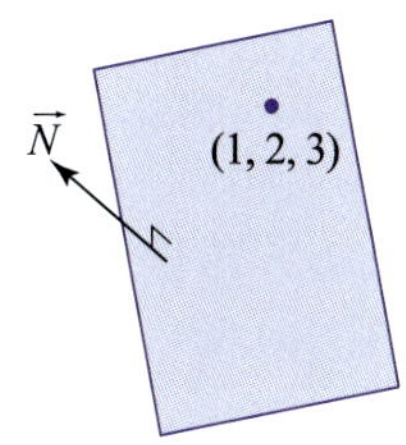

그림 10.4.3

❙ 세 점을 지나는 평면의 방정식

세 점 $A=(x_1, y_1, z_1)$, $B=(x_2, y_2, z_2)$, $C=(x_3, y_3, z_3)$을 지나는 평면의 방정식을 다음과 같은 두 가지 형태로 표현할 수 있다(단, A, B, C는 한 직선 위에 있지 않다).

- **벡터방정식**: 평면 위의 임의의 점 P에 대하여 다음과 같다.

$$\overrightarrow{OP}=\overrightarrow{OA}+s(\overrightarrow{OB}-\overrightarrow{OA})+t(\overrightarrow{OC}-\overrightarrow{OA}) \quad (s, t\text{는 실수})$$

실제로 $\overrightarrow{AP}$, $\overrightarrow{AB}$, $\overrightarrow{AC}$는 한 평면에 있고, $\overrightarrow{AB}$와 $\overrightarrow{AC}$는 서로 평행하지 않으므로

$$\overrightarrow{AP}=s\overrightarrow{AB}+t\overrightarrow{AC} \quad (s, t\text{는 실수})$$

로 표시된다. 이때

$$\overrightarrow{AP}=\overrightarrow{OP}-\overrightarrow{OA},\ \overrightarrow{AB}=\overrightarrow{OB}-\overrightarrow{OA},\ \overrightarrow{AC}=\overrightarrow{OC}-\overrightarrow{OA}$$

이므로 위 식에 대입하면

$$\overrightarrow{OP}-\overrightarrow{OA}=s(\overrightarrow{OB}-\overrightarrow{OA})+t(\overrightarrow{OC}-\overrightarrow{OA})$$

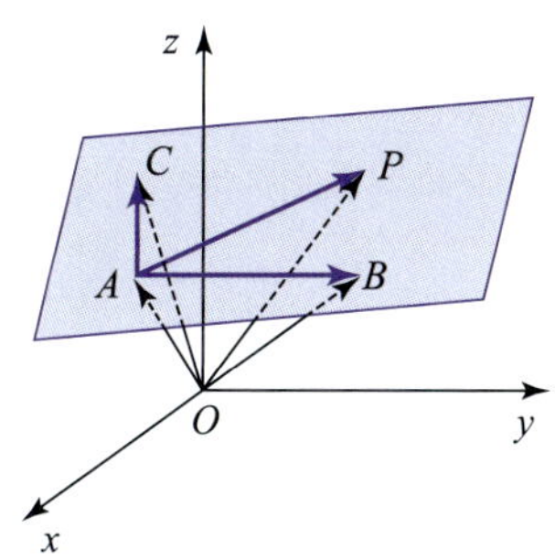

그림 10.4.4

즉,

$$\overrightarrow{OP} = \overrightarrow{OA} + s(\overrightarrow{OB} - \overrightarrow{OA}) + t(\overrightarrow{OC} - \overrightarrow{OA})$$

를 얻는다.

한편, 점 P의 좌표를 (x, y, z)라고 하면

$$\begin{aligned}(x, y, z) = (x_1, y_1, z_1) &+ s(x_2 - x_1, y_2 - y_1, z_2 - z_1) \\ &+ t(x_3 - x_1, y_3 - y_1, z_3 - z_1)\end{aligned}$$

이 되어 각 성분을 비교하면 다음 형태의 평면의 방정식을 만들 수 있다.

- **좌표공간에서의 방정식**: 평면 위의 임의의 점 $P = (x, y, z)$에 대하여 매개변수 t에 의한 매개변수방정식은 다음과 같다.

$$\begin{aligned} x &= x_1 + s(x_2 - x_1) + t(x_3 - x_1) \\ y &= y_1 + s(y_2 - y_1) + t(y_3 - y_1) \\ z &= z_1 + s(z_2 - z_1) + t(z_3 - z_1) \end{aligned}$$

예제 10.23

세 점 $A = (1, 2, 3)$, $B = (2, 2, 1)$, $C = (-3, 1, 0)$을 지나는 평면의 방정식을 구하여라.

풀이

두 실수 s, t에 대하여

$$\begin{aligned} x &= 1 + s(2-1) + t(-3-1) = 1 + s - 4t \\ y &= 2 + s(2-2) + t(1-2) = 2 - t \\ z &= 3 + s(1-3) + t(0-3) = 3 - 2s - 3t \end{aligned}$$

이 성립한다. 이제 x와 z에 관한 두 식을 연립하면

$$2x + z = 5 - 11t$$

이다. 한편, y에 관한 관계식으로부터 $t = 2 - y$이므로

$$2x + z = 5 - 11(2 - y)$$

즉, 다음과 같은 평면의 방정식을 얻는다.

$$2x + z + 11y = -17$$

두 평면의 위치 관계

정리 10.4.1 평면의 위치 관계

두 평면

$$S_1:\ a_1x+b_1y+c_1z+d_1=0, \quad S_2:\ a_2x+b_2y+c_2z+d_2=0$$

에 대하여

(1) 두 평면이 평행($S_1 \mathbin{/\!/} S_2$)일 필요충분조건은 $\dfrac{a_1}{a_2}=\dfrac{b_1}{b_2}=\dfrac{c_1}{c_2}$이다.

(2) 두 평면이 수직($S_1 \perp S_2$)일 필요충분조건은 $a_1a_2+b_1b_2+c_1c_2=0$이다.

증명

두 평면의 법선벡터를 각각 $\overrightarrow{N_1}$, $\overrightarrow{N_2}$라 하면 $\overrightarrow{N_1}=(a_1, b_1, c_1)$, $\overrightarrow{N_2}=(a_2, b_2, c_2)$이다.

(1) 실수 k에 대하여 다음이 성립한다.

$$\begin{aligned} S_1 \mathbin{/\!/} S_2 &\Leftrightarrow \overrightarrow{N_1} \mathbin{/\!/} \overrightarrow{N_2} \\ &\Leftrightarrow (a_1, b_1, c_1) \mathbin{/\!/} (a_2, b_2, c_2) \\ &\Leftrightarrow (a_1, b_1, c_1)=k(a_2, b_2, c_2) \\ &\Leftrightarrow \frac{a_1}{a_2}=\frac{b_1}{b_2}=\frac{c_1}{c_2}\ (=k) \end{aligned}$$

(2) 벡터의 수직과 내적의 성질에 의해 다음을 얻는다.

$$\begin{aligned} S_1 \perp S_2 &\Leftrightarrow \overrightarrow{N_1} \perp \overrightarrow{N_2} \\ &\Leftrightarrow (a_1, b_1, c_1)\cdot(a_2, b_2, c_2)=0 \\ &\Leftrightarrow a_1a_2+b_1b_2+c_1c_2=0 \end{aligned}$$

■

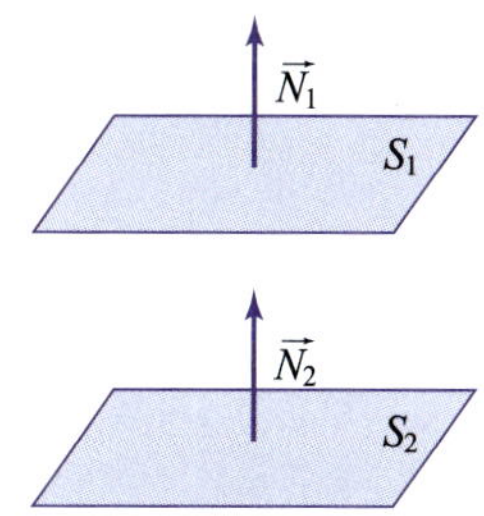

$S_1 \mathbin{/\!/} S_2$

그림 10.4.5

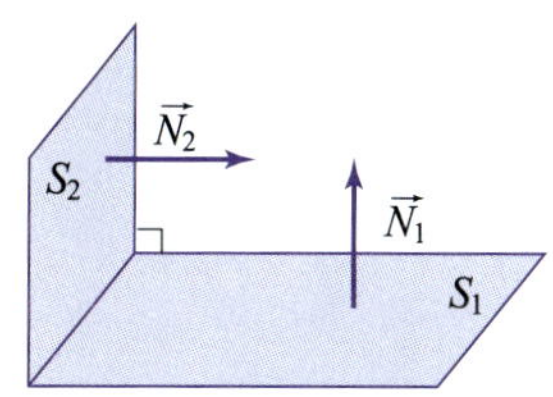

$S_1 \perp S_2$

그림 10.4.6

예제 10.24

두 평면 $6x+ay+3z+7=0$과 $2x+3y+bz+5=0$이 평행하도록 하는 두 상수 a, b의 값을 구하여라. 또한, 두 평면이 수직이 되도록 하는 두 상수 a, b의 관계식을 구하여라.

풀이

두 평면이 평행하려면

$$\frac{6}{2}=\frac{a}{3}=\frac{3}{b}$$

을 만족해야 하므로 다음을 얻는다.

$$a=9,\ b=1$$

또한, 두 평면이 수직이려면

$$6\times 2+3a+3b=0$$

을 만족해야 하므로 다음을 얻는다.

$$a+b=-4$$

예제 10.25

한 점 $A=(3,\ -2,\ 4)$를 지나고 벡터 $\vec{N}=(1,\ 2,\ 3)$에 수직인 평면의 방정식을 구하여라.

풀이

구하는 평면의 방정식은

$$1(x-3)+2(y+2)+3(z-4)=0$$

이 되어 $x+2y+3z-11=0$이다.

정리 10.4.2 점과 평면 사이의 거리

점 $P=(x_1,\ y_1,\ z_1)$과 평면 $ax+by+cz+d=0$ 사이의 거리 h는 다음과 같다.

$$h=\frac{|ax_1+by_1+cz_1+d|}{\sqrt{a^2+b^2+c^2}}$$

정리 10.4.3 두 평면이 이루는 각

두 평면

$$S_1:\ a_1x+b_1y+c_1z+d_1=0,$$
$$S_2:\ a_2x+b_2y+c_2z+d_2=0$$

이 이루는 사잇각 θ에 대하여 다음이 성립한다.

$$\cos\theta=\frac{\vec{N_1}\cdot\vec{N_2}}{\|\vec{N_1}\|\|\vec{N_2}\|}=\frac{a_1a_2+b_1b_2+c_1c_2}{\sqrt{a_1^2+b_1^2+c_1^2}\sqrt{a_2^2+b_2^2+c_2^2}}$$

여기서 $\vec{N_1}$, $\vec{N_2}$는 각각 평면 S_1과 평면 S_2의 법선벡터이다.

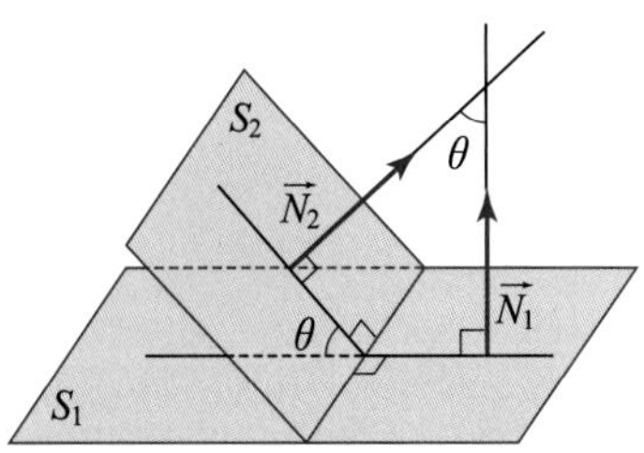

그림 10.4.7

증명

두 평면의 법선벡터는 $\vec{N_1}=(a_1, b_1, c_1)$와 $\vec{N_2}=(a_2, b_2, c_2)$이므로 두 평면이 이루는 사잇각은 두 벡터 $\vec{N_1}$, $\vec{N_2}$가 이루는 사잇각과 같다. 따라서 내적을 이용하여 다음을 얻을 수 있다.

$$\cos\theta=\frac{\vec{N_1}\cdot\vec{N_2}}{\|\vec{N_1}\|\|\vec{N_2}\|}=\frac{a_1a_2+b_1b_2+c_1c_2}{\sqrt{a_1^2+b_1^2+c_1^2}\sqrt{a_2^2+b_2^2+c_2^2}}$$ ■

예제 10.26

두 평면 $3x-2y-z+4=0$과 $2x+y-3z+2=0$이 이루는 사잇각의 크기를 구하여라.

풀이

두 평면의 법선벡터는 각각 $(3, -2, -1)$, $(2, 1, -3)$이므로 두 평면이 이루는 사잇각 θ에 대하여 다음이 성립한다.

$$\cos\theta=\frac{3\times2+(-2)+(-1)\times(-3)}{\sqrt{9+4+1}\sqrt{4+1+9}}=\frac{1}{2}$$

따라서 $\theta=60°$이다.

연습문제 10.4

1. 두 평면 $2x-2y+z-3=0$, $5x-4y-3z+1=0$이 이루는 사잇각의 크기를 구하여라.

2. 다음 두 평면이 이루는 사잇각의 크기를 구하여라.

$$3x-3y+2z=4,\ 2x+4y+3z=1$$

3. 직선 $l: \frac{x+1}{3}=\frac{y-2}{-5}=\frac{z+3}{4}$과 평면 $S: 4x-5y-3z=1$이 이루는 사잇각의 크기를 구하여라.

4. 다음 두 평면에 대하여 물음에 답하여라.

$$ax+2y+cz+15=0,\ 2x+3y-4z+1=0$$

(1) 두 평면이 평행하도록 하는 두 상수 a, c의 값을 구하여라.

(2) 두 평면이 수직이 되도록 하는 두 상수 a, c의 관계식을 구하여라.

5. 점 $A(4, 3, 5)$를 지나고 두 평면 $x+4y+z+3=0$, $4x+y-2z-3=0$과 동시에 수직인 평면의 방정식을 구하여라.

6. 평면 $2x+2y+z=7$과 직선 $x-1=\frac{y+1}{4}=-z-2$의 교점의 좌표를 구하여라.

CHAPTER

11

복소수와 극좌표

11.1 극좌표

우리는 지금까지 평면 위의 점을 표시할 때 직교좌표계를 사용했다. 이 장에서는 이와 다른 극좌표계를 소개한다. 사실 미적분학의 많은 문제는 극좌표계를 사용하면 훨씬 쉽게 풀린다. 특히 중적분의 계산은 한결 간편해진다. 극좌표계를 도입하기 위해 평면 위의 기준점 O를 취하고 이것을 **극**(pole) 또는 **원점**(origin)이라 부르자. 이 원점을 중심으로 그림 11.1.1과 같이 반직선을 그려 이를 **극축**(polar axis)이라고 부른다. 평면 위의 임의의 점 P에서 O까지 거리를 r이라 하고 θ를 극축과 선분 OP가 이루는 각이라 할 때, 순서쌍 (r, θ)를 점 P에 대응하는 극좌표라고 한다. 이때 r을 **동경**(radial distance), θ를 **편각**(polar angle)이라 한다. 편각 θ는 극축으로부터 반시계 방향으로 재면 양이고, 시계 방향으로 재면 음으로 정한다.

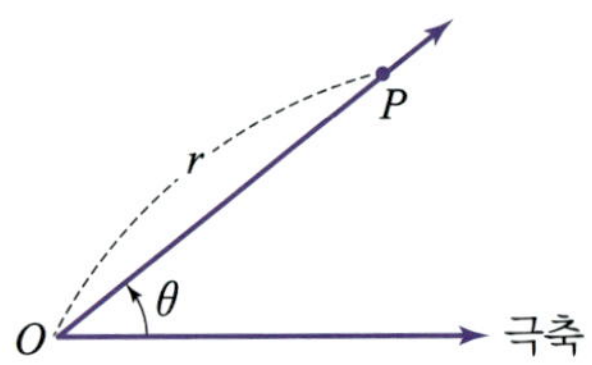

그림 11.1

직교좌표계의 경우 좌표평면 위의 각 점 P에 좌표 (x, y)가 단 하나가 대응하지만, 극좌표계의 경우 한 점 P에 여러 개의 극좌표가 대응한다. 평면 위의 한 점에 대응하는 극좌표 (r, θ)는 다음과 같이 여러 형태로 나타낼 수 있다.

$$(r, \theta + 2k\pi) \quad \text{또는} \quad (-r, \theta + \pi + 2k\pi) \ (\text{단, } k\text{는 정수})$$

예제 11.1

극좌표로 표현된 다음 점을 나타내어라.

(1) $\left(3, \frac{5\pi}{3}\right)$ (2) $\left(2, -\frac{\pi}{4}\right)$ (3) $(3, 0)$ (4) $\left(-2, \frac{\pi}{4}\right)$

풀이

평면 위에 각 점을 나타내면 다음과 같다.

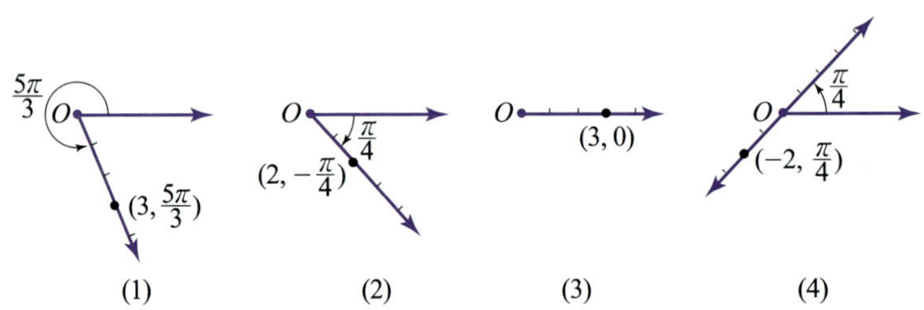

그림 11.1.2

극좌표와 직교좌표 사이의 변환

직교좌표 형태를 극좌표 형태로 또는 직교좌표 방정식을 극좌표 방정식으로 변환하면 편리할 때가 있고, 반대로 극좌표 형태를 직교좌표 형태로 또는 극좌표 방정식을 직교좌표 방정식으로 변환하면 편리할 때가 있다. 변환을 위해 직교좌표에서 원점은 극좌표의 원점과 같고 양의 방향으로의 x축은 극좌표에서 극축과 같음을 기억하자.

정리 11.1.1 극좌표에서 직교좌표로의 변환

극좌표 (r, θ)로 표현된 점 P의 직교좌표 (x, y)는 다음과 같다.

$$x = r\cos\theta, \quad y = r\sin\theta$$

증명

그림 11.1.3을 이용하여 직교좌표 (x, y)를 구해 보자.

(i) $r = 0$이면 θ와 무관하게 점 P는 원점이고, 직교좌표는 $(0, 0)$이다. 따라서 $r = 0$일 때 정리는 성립한다.

(ii) $r > 0$이면 점 P는 θ를 편각으로 갖는 변에 놓이고 r은 O에서 P까지 거리와 같다. 그러므로

$$\cos\theta = \frac{x}{r}, \ \sin\theta = \frac{y}{r}$$

에서 $x = r\cos\theta$, $y = r\sin\theta$를 얻는다.

(iii) $r < 0$이면 점 (r, θ)는 $(-r, \theta + \pi)$로 표현할 수 있다. $-r > 0$이므로

$$\cos(\theta+\pi) = -\cos\theta = \frac{x}{-r}, \ \sin(\theta+\pi) = -\sin\theta = \frac{y}{-r}$$

에서 $x = r\cos\theta$, $y = r\sin\theta$를 얻는다. ■

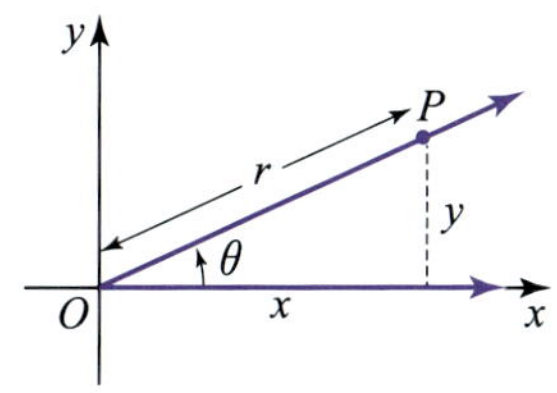

그림 11.1.3

정리 11.1.1로부터 다음을 알 수 있다. 이때 n은 임의의 정수이다.

$$r = \sqrt{x^2 + y^2},$$

$$\theta = \arctan\frac{y}{x} + 2n\pi \ \ (x > 0),$$

$$\theta = \arctan\frac{y}{x} + (2n+1)\pi \ \ (x < 0)$$

예제 11.2

직교좌표 $(-2, 2\sqrt{3})$을 극좌표로 나타내어라.

풀이

$r^2 = x^2 + y^2 = (-2)^2 + (2\sqrt{3})^2 = 4 + 12 = 16$이므로 $r = 4$이다.

또한, $\tan\theta = \dfrac{y}{x} = \dfrac{2\sqrt{3}}{-2} = -\sqrt{3}$ 이므로 $0 \le \theta < 2\pi$에서 $\theta = \dfrac{2\pi}{3}$이다.

따라서 일반적인 극좌표의 형태는 다음과 같다.

$$\left(4,\ \frac{2\pi}{3} + 2n\pi\right)\ (\text{단, } n\text{은 정수})$$

이 점은 $\left(-4,\ \dfrac{5\pi}{3} + 2n\pi\right)$ (n은 정수)로 나타낼 수도 있다.

예제 11.3

다음 극좌표를 직교좌표로 나타내어라.

$x = r\cos\theta,\ y = r\sin\theta$를 이용한다.

(1) $\left(6,\ \dfrac{\pi}{4}\right)$ (2) $\left(-2,\ \dfrac{5\pi}{4}\right)$ (3) $\left(-4,\ -\dfrac{\pi}{4}\right)$

풀이

(1) $x = 6\cos\dfrac{\pi}{4} = \dfrac{6}{\sqrt{2}} = 3\sqrt{2}$, $y = 6\sin\dfrac{\pi}{4} = \dfrac{6}{\sqrt{2}} = 3\sqrt{2}$ 이므로 점 $\left(6,\ \dfrac{\pi}{4}\right)$의 직교좌표는 $(3\sqrt{2},\ 3\sqrt{2})$이다.

(2) $x = -2\cos\dfrac{5\pi}{4} = -2\left(-\dfrac{\sqrt{2}}{2}\right) = \sqrt{2}$, $y = -2\sin\dfrac{5\pi}{4} = -2\left(-\dfrac{\sqrt{2}}{2}\right) = \sqrt{2}$ 이므로 점 $\left(-2,\ \dfrac{5\pi}{4}\right)$의 직교좌표는 $(\sqrt{2},\ \sqrt{2})$이다.

(3) $x = -4\cos\left(-\dfrac{\pi}{4}\right) = -4\left(\dfrac{\sqrt{2}}{2}\right) = -2\sqrt{2}$, $y = -4\sin\left(-\dfrac{\pi}{4}\right) = -4\left(-\dfrac{\sqrt{2}}{2}\right) = 2\sqrt{2}$ 이므로 점 $\left(-4,\ -\dfrac{\pi}{4}\right)$의 직교좌표는 $(-2\sqrt{2},\ 2\sqrt{2})$이다.

극좌표와 직교좌표 사이의 변환 공식은 방정식을 변환할 때도 이용할 수 있다.

예제 11.4

극좌표 방정식 $r = 4\sin\theta$를 직교좌표 방정식으로 나타내어라.

풀이

$x = r\cos\theta,\ y = r\sin\theta$를 적용하기 위해 양변에 r을 곱하면 $r^2 = 4r\sin\theta$이므로 구하는 직교좌표 방정식은 다음과 같다.

$$x^2 + y^2 = 4y$$

이 방정식은 $x^2 + (y-2)^2 = 2^2$이므로 점 $(0,\ 2)$가 중심이고 반지름이 2인 원의 방정식이다.

예제 11.5

직교좌표 방정식 $2xy = 5$를 극좌표 방정식으로 나타내어라.

풀이

$2xy = 5$에 $x = r\cos\theta$, $y = r\sin\theta$를 대입하면 $2(r\cos\theta)(r\sin\theta) = 5$이다. 즉, $2r^2\cos\theta\sin\theta = 5$이므로 배각공식을 이용하여 간단히 하면 다음을 얻는다.

$$r^2\sin 2\theta = 5$$

배각공식

$$2\cos\theta\sin\theta = \sin 2\theta$$

극방정식과 그래프

극좌표로 표현된 방정식을 극방정식(polar equation)이라 하고 $f(r, \theta) = 0$의 형태로 나타낸다. 그리고 극방정식을 만족하는 극좌표계 점들의 집합을 극방정식의 그래프라 한다.

예제 11.6

다음 식의 그래프를 그려라.

(1) $r\cos\theta = -2$　　(2) $r\sin\theta = 3$　　(3) $\theta = \frac{\pi}{4}$

풀이

$x = r\cos\theta$, $y = r\sin\theta$이므로 극방정식을 직교좌표 방정식으로 변환하면 다음과 같다.

(1) $x = -2$

(2) $y = 3$

(3) $\frac{y}{x} = \tan\frac{\pi}{4} = 1$이므로 $y = x$이다.

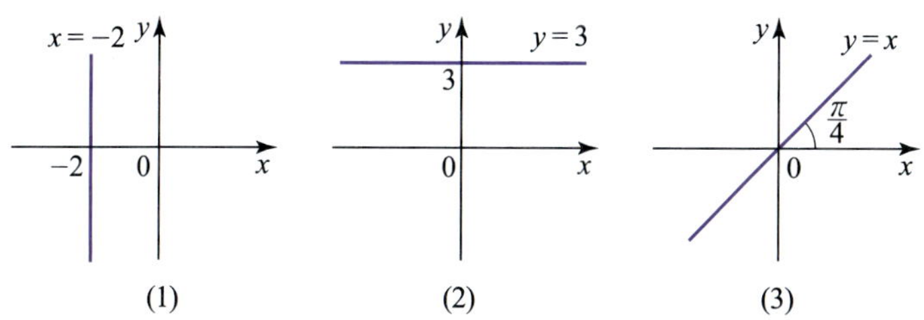

그림 11.1.4

예제 11.7

다음 식의 그래프를 그려라.

(1) $r = 3$　　(2) $r = -2\cos\theta$

풀이

(1) 극방정식의 그래프를 그리기 위해 θ의 값을 대입하여 r의 값을 구하면 다음 표를 얻는다.

θ	0	$\frac{\pi}{6}$	$\frac{\pi}{3}$	$\frac{\pi}{2}$	$\frac{2\pi}{3}$	$\frac{5\pi}{6}$	π	$\frac{7\pi}{6}$	$\frac{4\pi}{3}$	$\frac{3\pi}{2}$	$\frac{5\pi}{3}$	$\frac{11\pi}{6}$	2π
r	3	3	3	3	3	3	3	3	3	3	3	3	3

위 극좌표들을 이용하여 그래프를 추적하면 다음과 같다.

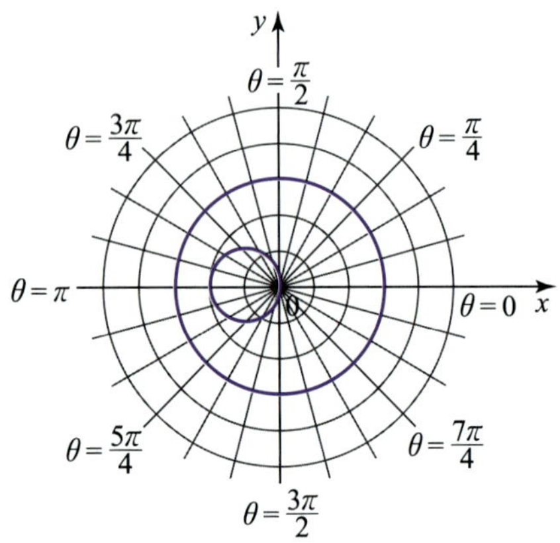

그림 11.1.5

다른 방법으로 그래프를 추적할 수도 있다. $r = 3$에서 $r^2 = 9$이므로 $x^2 + y^2 = 9$를 얻는다. 따라서 극방정식 $r = 3$의 그래프는 중심이 점 (0, 0)이고 반지름이 3인 원이다.

(2) $r = -2\cos\theta$에 $x = r\cos\theta$를 대입하면 $r = -2 \times \frac{x}{r}$이다. 따라서 $r^2 = -2x$이고, $r^2 = x^2 + y^2$이므로 다음을 얻는다.

$$(x+1)^2 + y^2 = 1$$

이 방정식은 점 $(-1, 0)$이 중심이고 반지름이 1인 원의 방정식이다(그림 11.1.6).

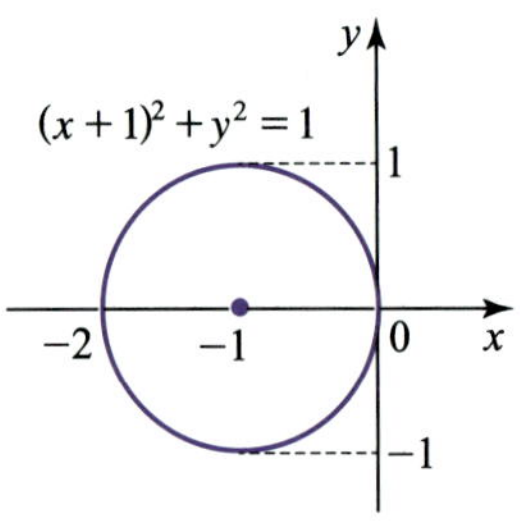

그림 11.1.6

극방정식의 그래프에서 점 (r, θ)는 점 $(r, -\theta)$와 극축(x축)에 대하여 대칭이고, $(r, \pi - \theta)$와는 직선 $\theta = \frac{\pi}{2}$ (y축)에 대하여 대칭이며, 점 $(-r, \theta)$와 원점에 대하여 대칭이다. 따라서 다음 정리를 얻을 수 있다.

정리 11.1.2 극방정식의 그래프의 대칭

(1) 극축(x축)에 대하여 대칭

$f(r, \theta) = f(r, -\theta)$를 만족하면 극방정식 $f(r, \theta)$의 그래프는 극축에 대하여 대칭이다.

(2) 직선 $\theta=\frac{\pi}{2}$(y축)에 대하여 대칭

$f(r, \theta)=f(r, \pi-\theta)$를 만족하면 극방정식 $f(r, \theta)$의 그래프는 직선 $\theta=\frac{\pi}{2}$에 대하여 대칭이다.

(3) 원점에 대하여 대칭

$f(r, \theta)=f(-r, \theta)$를 만족하면 극방정식 $f(r, \theta)$의 그래프는 원점에 대하여 대칭이다.

위 대칭성은 그래프의 특성을 조사하는 충분조건일 뿐 필요조건은 아니다. 즉, 어떤 극방정식의 그래프는 정리 11.1.2의 조건을 만족하지 않지만 극축, 직선 $\theta=\frac{\pi}{2}$ 또는 원점에 대하여 대칭일 수 있다. 예를 들어 극방정식 $r=\sin 2\theta$의 그래프는 극축, 직선 $\theta=\frac{\pi}{2}$ 또는 원점에 대하여 대칭이지만 정리 11.1.2의 세 조건을 만족하지 않는다.

예제 11.8

극방정식 $r=2\cos 2\theta$의 그래프를 그려라.

풀이

먼저 대칭성을 조사한다.

- 극축: $r=2\cos 2(-\theta)=2\cos 2\theta$이므로 그래프는 극축에 대하여 대칭이다.
- 직선 $\theta=\frac{\pi}{2}$: $r=2\cos 2(\pi-\theta)=2\cos(2\pi-2\theta)=2\cos(-2\theta)=2\cos 2\theta$이므로 그래프는 직선 $\theta=\frac{\pi}{2}$에 대하여 대칭이다.
- 원점: 이 그래프는 극축과 직선 $\theta=\frac{\pi}{2}$에 대하여 대칭이므로 원점에 대하여 대칭이다.

따라서 극축과 직선 $\theta=\frac{\pi}{2}$에 대하여 대칭이므로 $0\le\theta\le\frac{\pi}{2}$인 θ의 값에 대해서만 값을 조사하면 된다.

θ의 값을 대입하여 r의 값을 구하면 다음 표를 얻는다.

θ	0	$\frac{\pi}{6}$	$\frac{\pi}{4}$	$\frac{\pi}{3}$	$\frac{\pi}{2}$
r	2	1	0	−1	−2

다음과 같이 위 극좌표들을 이용하여 그래프의 일부를 얻은 후, 이 그래프를 극축과 직선 $\theta=\frac{\pi}{2}$에 대하여 대칭시켜 완성된 그래프를 얻는다.

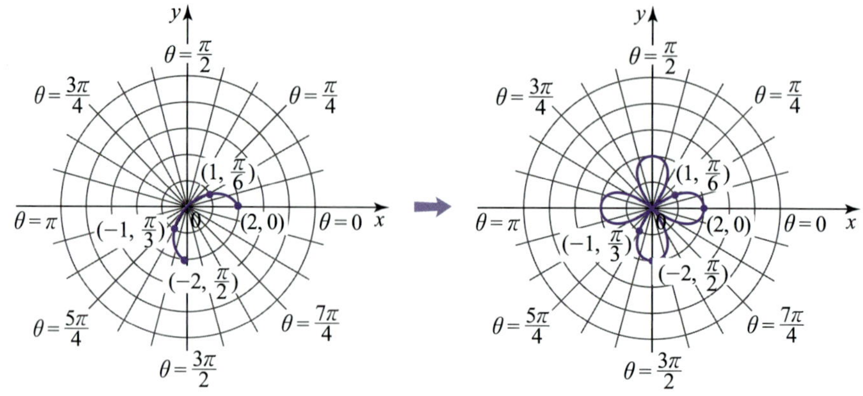

그림 11.1.7

예제 11.9

극방정식 $r^2 = 4\sin 2\theta$의 그래프를 그려라.

풀이

먼저 대칭성을 조사하면 이 그래프는 원점에 대하여 대칭이다.

이때 $\frac{\pi}{2} < \theta < \pi$에서 $\sin 2\theta < 0$이므로 $0 \le \theta \le \frac{\pi}{2}$인 θ의 값에 대해서만 값을 조사하면 된다. θ의 값을 대입하여 r의 값을 구하면 다음 표를 얻는다.

θ	0	$\frac{\pi}{6}$	$\frac{\pi}{4}$	$\frac{\pi}{3}$	$\frac{\pi}{2}$
r^2	0	$2\sqrt{3}$	4	$2\sqrt{3}$	0
r	0	± 1.9	± 2	± 1.9	0

다음과 같이 위 극좌표들을 이용하여 그래프의 일부를 얻은 후, 이 그래프를 원점에 대하여 대칭시켜 완성된 그래프를 얻는다.

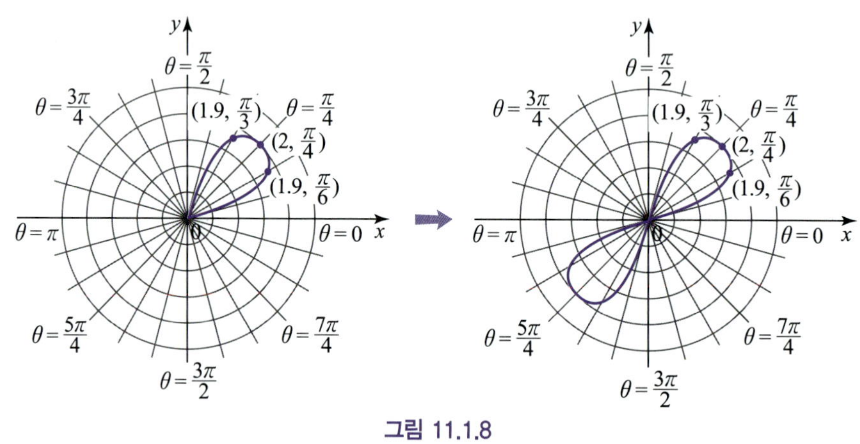

그림 11.1.8

그림 11.1.8과 같은 곡선을 연주형(lemniscate)이라 한다.

연습문제 11.1

1. 다음 극좌표를 직교좌표로 나타내어라.

(1) $\left(3, \frac{\pi}{2}\right)$ (2) $(-2, 3\pi)$

(3) $\left(-1, -\frac{\pi}{3}\right)$ (4) $(-2, -\pi)$

2. 다음 직교좌표를 극좌표로 나타내어라.

(1) $(3, 0)$ (2) $(-2, 0)$

(3) $(1, -1)$ (4) $(\sqrt{3}, 1)$

3. 다음 극방정식을 직교좌표 방정식으로 나타내어라.

(1) $r\cos\theta = 2$ (2) $\cos\theta = \sin\theta$

(3) $r^2 = \cos\theta$ (4) $r = \dfrac{5}{\sin\theta - 2\cos\theta}$

4. 다음 직교좌표 방정식을 극방정식으로 나타내어라.

(1) $x = 7$ (2) $x - y = 3$

(3) $x^2 - y^2 = 1$ (4) $xy = 2$

5. 다음 극방정식의 그래프를 그려라.

(1) $r = 2 + 2\cos\theta$ (2) $r = 2 - 2\sin\theta$

(3) $r = 2\cos 2\theta$ (4) $r = 5\sin 3\theta$

(5) $r^2 = 2\cos\theta + 3\sin\theta$ (6) $r = \theta$

11.2 복소수의 사칙연산

제곱하여 -1이 되는 수를 문자 i로 나타내며, 이 수 i를 **허수단위**(imaginary unit)라 하고 $i = \sqrt{-1}$을 의미한다. 임의의 두 실수 x, y에 대하여

$$z = x + yi$$

의 꼴로 나타내는 수를 **복소수**(complex number)라 한다. 여기서 x를 복소수 z의 **실수부분**(real part), y를 z의 **허수부분**(imaginary part)이라 하고, 다음과 같이 나타낸다.

$$\text{Re } z = x, \quad \text{Im } z = y$$

복소수 $z = x + yi$에서 $y = 0$이면 z는 실수이므로 복소수의 집합 $\mathbb{C}$는 실수 전체의 집합 $\mathbb{R}$을 포함한다. 즉, $\mathbb{R} \subset \mathbb{C}$이다. $y \neq 0$이고 $x = 0$이면 z는 실수가 아닌 허수부분만 남는데, 이런 복소수를 **순허수**(pure imaginary number)라 한다.

두 복소수 $z_1 = x_1 + y_1 i$, $z_2 = x_2 + y_2 i$에 대하여 $z_1 = z_2$, 즉 $x_1 + y_1 i = x_2 + y_2 i$는 $x_1 = x_2$, $y_1 = y_2$로 정의한다. 특히 다음이 성립한다.

$$x_1 + y_1 i = 0 \Leftrightarrow x_1 = y_1 = 0$$

예를 들어 두 실수 x, y에 대하여 $(2x + 1) - 4i = 5 + (y - 1)i$이면 $2x + 1 = 5$, $-4 = y - 1$이다. 그러므로 $x = 2$, $y = -3$이다.

복소수 $z = x + yi$를 순서쌍 $z = (x, y)$로 나타내기도 한다. 그러면 복소수 $(x, 0)$

$i = 0 + i = (0, 1)$로 쓸 수 있다.

은 실수와 같고, 복소수 $(0, y)$는 순허수가 된다.

두 복소수 $z_1 = (x_1, y_1)$, $z_2 = (x_2, y_2)$의 덧셈은 다음과 같이 정의한다.

$$z_1 + z_2 = (x_1, y_1) + (x_2, y_2) = (x_1 + x_2, y_1 + y_2)$$

따라서

$$(x_1, y_1) + (0, 0) = (x_1 + 0, y_1 + 0) = (x_1, y_1)$$

$$(x_1, y_1) + (-x_1, -y_1) = (x_1 - x_1, y_1 - y_1) = (0, 0)$$

이므로 복소수의 덧셈에 대한 항등원(additive identity)은

$$0 = (0, 0)$$

이다. 복소수 z_1의 덧셈에 대한 역원(additive inverse)은

$$-z_1 = (-x_1, -y_1)$$

이다. 따라서 두 복소수 z_1, z_2의 뺄셈은 다음과 같이 정의한다.

$$z_1 - z_2 = z_1 + (-z_2) = (x_1, y_1) - (x_2, y_2) = (x_1 - x_2, y_1 - y_2)$$

$i = (0, 1)$이므로

$$\begin{aligned} i^2 &= (0, 1)(0, 1) \\ &= (-1, 0) \\ &= -1 + 0i \\ &= -1 \end{aligned}$$

임을 알 수 있다.

또한, 두 복소수 $z_1 = (x_1, y_1)$, $z_2 = (x_2, y_2)$의 곱셈은 다음과 같다.

$$z_1 z_2 = (x_1, y_1)(x_2, y_2) = (x_1 x_2 - y_1 y_2,\ x_1 y_2 + x_2 y_1)$$

$(x_1, y_1)(1, 0) = (x_1 \cdot 1 - y_1 \cdot 0,\ x_1 \cdot 0 + 1 \cdot y_1) = (x_1, y_1)$이므로 복소수의 곱셈에 대한 항등원(multiplicative identity)은

$$1 = (1, 0)$$

이다. 0이 아닌 복소수 $z = (x, y)$에 대하여 $zz^{-1} = 1$이 되는 z^{-1}가 존재한다. 이 z^{-1}를 z의 곱셈에 대한 역원(multiplicative inverse)이라 한다. $z^{-1} = (u, v)$라 하면 u, v를 구하기 위해

$$(x, y)(u, v) = (1, 0) \Leftrightarrow (xu - yv,\ yu + xv) = (1, 0)$$

을 만족하는 u, v에 대한 연립방정식

$$\begin{aligned} xu - yv &= 1 \\ yu + xv &= 0 \end{aligned}$$

을 풀어야 한다. 따라서 다음을 얻는다.

$$u = \frac{x}{x^2 + y^2},\quad v = -\frac{y}{x^2 + y^2}$$

$$\text{즉,}\quad z^{-1} = \left(\frac{x}{x^2 + y^2},\ \frac{-y}{x^2 + y^2}\right)$$

$z_1=(x_1, y_1)$을 $z_2=(x_2, y_2)$로 나누는 것은 $z_2(z_2 \neq 0)$의 역원을 z_1에 곱하는 것과 같다. 즉,

$$\frac{z_1}{z_2}=z_1z_2^{-1},\ z_2^{-1}=\left(\frac{x_2}{x_2^2+y_2^2},\ \frac{-y_2}{x_2^2+y_2^2}\right)$$

이므로 다음과 같다.

$$\begin{aligned}\frac{z_1}{z_2}=z_1z_2^{-1}=(x_1, y_1)&\left(\frac{x_2}{x_2^2+y_2^2},\ -\frac{y_2}{x_2^2+y_2^2}\right)\\ &=\left(\frac{x_1x_2}{x_2^2+y_2^2}+\frac{y_1y_2}{x_2^2+y_2^2},\ \frac{-x_1y_2}{x_2^2+y_2^2}+\frac{x_2y_1}{x_2^2+y_2^2}\right)\\ &=\left(\frac{x_1x_2+y_1y_2}{x_2^2+y_2^2},\ \frac{-x_1y_2+x_2y_1}{x_2^2+y_2^2}\right)\end{aligned}$$

예제 11.10

다음을 계산하여라.

(1) $(3, -5)+(2, 3)$ (2) $(2, 3)-(1, -4)$

(3) $(2+i)(3-2i)$ (4) $\dfrac{3+2i}{1-i}$

풀이

(1) $(3-5i)+(2+3i)=(3+2)+\{(-5)+3\}i=5-2i$

(2) $(2+3i)-(1-4i)=(2-1)+\{3-(-4)\}i=1+7i$

(3) $(2+i)(3-2i)=2\times 3+\{2\times(-2)+1\times 3\}i+i\times(-2i)$

$=6-i-2i^2=6-i+2=8-i$

(4) $\dfrac{3+2i}{1-i}=\dfrac{(3+2i)(1+i)}{(1-i)(1+i)}=\dfrac{3+5i+2i^2}{1^2-i^2}=\dfrac{1+5i}{2}$

복소수에서도 실수와 같은 연산 법칙이 성립한다.

정리 11.2.1 복소수의 연산 법칙

두 복소수 z_1, z_2에 대하여 다음이 성립한다.

(1) $z_1+z_2=z_2+z_1$, $z_1z_2=z_2z_1$ (교환법칙)

(2) $z_1+(z_2+z_3)=(z_1+z_2)+z_3$, $z_1(z_2z_3)=(z_1z_2)z_3$ (결합법칙)

(3) $z_1(z_2+z_3)=z_1z_2+z_1z_3$ (분배법칙)

연습문제 11.2

1. 다음을 계산하여라.

(1) (2, 3) + (2, −4) (2) (0, 3) − (4, −2)

(3) $(1 + 3i)(1 - 3i)$ (4) $\dfrac{-3+4i}{2-3i}$

(5) $(i - 1)^4$ (6) $i^7 + i^2$

2. 다음 등식이 성립하도록 하는 두 실수 x, y의 값을 구하여라.

(1) $2x + 5i = -3 - (2y - 3)i$

(2) $(2x + 3y) + (4x + y)i = -10$

3. 다음 복소수의 덧셈, 곱셈에 대한 역원을 각각 구하여라.

(1) (2, 3) (2) $-i$ (3) $\dfrac{1-i}{1+i}$

11.3 복소평면

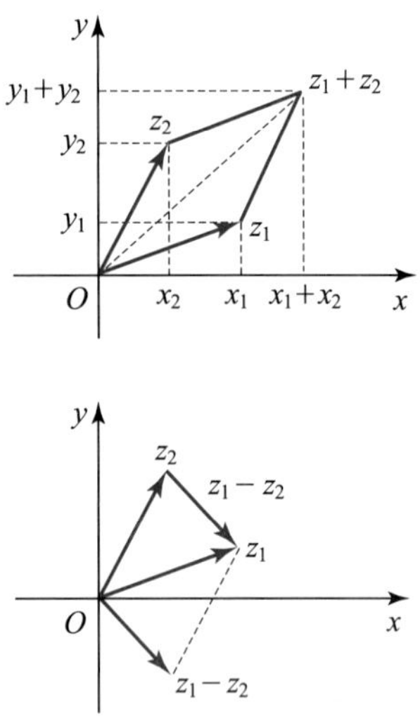

그림 11.3.1

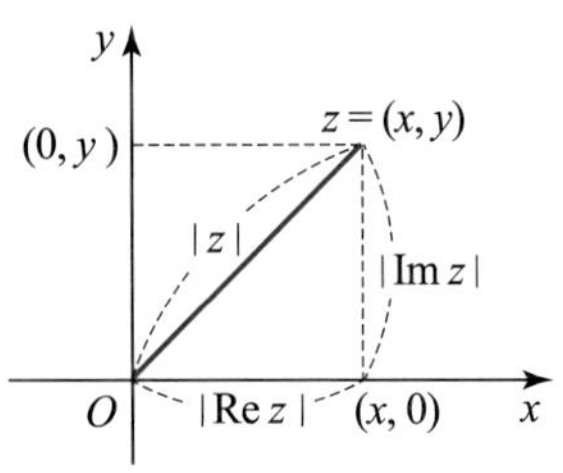

그림 11.3.2

한 복소수 $z = x + yi$는 평면 위의 점인 직교좌표 (x, y)에 대응하고, 역으로 평면 위의 각 점은 하나의 복소수에 대응한다. 그래서 평면 위의 점들의 집합을 **복소평면**(complex plane) 또는 가우스평면이라 한다. x축 위에 놓인 점 $(x, 0)$은 $z = x + 0i = x$, 즉 실수이므로 x축을 **실수축**(real axis)이라 하고, y축 위에 놓인 점 $(0, y)$는 $z = 0 + yi = yi$, 즉 순허수이므로 y축을 **허수축**(imaginary axis)이라 한다.

두 복소수

$$z_1 = x_1 + y_1 i,\quad z_2 = x_2 + y_2 i$$

의 합 $z_1 + z_2$, 차 $z_1 - z_2$는 실수부분, 허수부분을 계산하여 관찰하면 그림 11.3.1과 같이 복소평면 위에 나타낼 수 있다.

복소수 $z = x + yi$의 절댓값(absolute value)은

$$|z| = \sqrt{x^2 + y^2}$$

과 같이 나타내는데, 이는 원점과 점 (x, y) 사이의 거리이다(그림 11.3.2).

두 복소수 $z_1 = x_1 + y_1 i$, $z_2 = x_2 + y_2 i$ 사이의 거리는 다음과 같다.

$$|z_1 - z_2| = \sqrt{(x_1 - x_2)^2 + (y_1 - y_2)^2}$$

복소수 $x + yi$의 **켤레복소수**(complex conjugate)를 $x - yi$로 정의하며 $\overline{x + yi}$로 나타낸다. 즉, $z = x + yi$의 켤레복소수는 $\bar{z} = \overline{x + yi} = x - yi$이다. z와 $\bar{z}$는 복소평면 위에서 x축에 대하여 대칭이다.

$$z\bar{z} = (x+yi)(x-yi) = x^2 + y^2$$

이므로

$$|z|^2 = z\bar{z}$$

이고, 다음과 같은 성질이 성립한다.

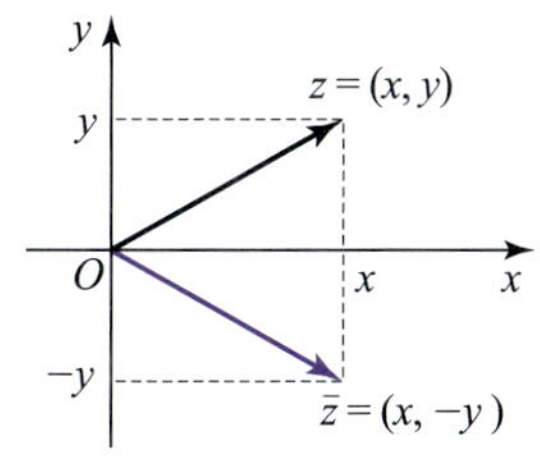

그림 11.3.3

$$\overline{z_1 + z_2} = \overline{z_1} + \overline{z_2},$$

$$\overline{z_1 z_2} = \overline{z_1}\,\overline{z_2},$$

$$\overline{\left(\frac{z_1}{z_2}\right)} = \frac{\overline{z_1}}{\overline{z_2}}$$

또한, 다음을 만족한다.

$$|z_1 z_2| = |z_1||z_2|,$$

$$\left|\frac{z_1}{z_2}\right| = \frac{|z_1|}{|z_2|} \ (\text{단}, z_2 \neq 0)$$

예제 11.11

다음 등식이 성립함을 보여라.

$$|z| = |\bar{z}|$$

풀이

$z = x + yi$ (x, y는 실수)라 하면

$$|z| = \sqrt{x^2+y^2}, \quad |\bar{z}| = |x - yi| = \sqrt{x^2+y^2}$$

이므로 $|z| = |\bar{z}|$이다.

연습문제 11.3

1. 다음 복소수의 절댓값을 구하여라.

(1) (2, 3)　　(2) (0, 3)

(3) 4　　(4) $-3+4i$

2. $z_1 + z_2$, $z_1 - z_2$를 복소평면 위에 나타내어라.

(1) $z_1 = 5 + 2i$, $z_2 = -3 + 3i$

(2) $z_1 = 2$, $z_2 = 3i$

3. 다음 등식이 성립함을 보여라.

(1) $\overline{z_1 + z_2} = \overline{z_1} + \overline{z_2}$　　(2) $\overline{z_1 z_2} = \overline{z_1}\,\overline{z_2}$

(3) $\overline{\left(\frac{z_1}{z_2}\right)} = \frac{\overline{z_1}}{\overline{z_2}}$

4. 다음 부등식이 성립함을 보여라.

$$|z_1 + z_2| \leq |z_1| + |z_2|$$

5. 복소평면 위에 다음 식을 만족하는 점의 집합을 그려라.

(1) $|z - (1+i)| = 2$　　(2) $|z - (2+2i)| \leq 2$

11.4 복소수의 극형식

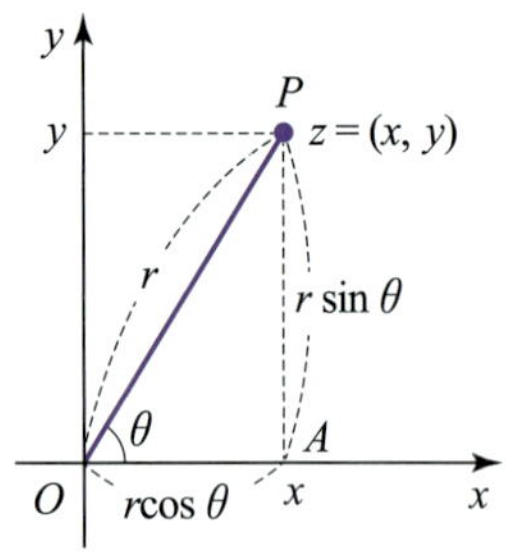

그림 11.4.1

복소평면 위에서 0이 아닌 복소수 $z = x + yi$를 나타내는 점을 P, 점 $(x, 0)$을 A, 원점을 O라 하고, $\overline{OP} = r$, $\angle AOP = \theta$라 하면

$$x = r\cos\theta, \quad y = r\sin\theta$$

이다(그림 11.4.1). 여기서 복소수 z는

$$z = r\cos\theta + ir\sin\theta$$

이며, 이를 복소수의 **극형식**(polar form)이라 한다. $r = |z|$이고 θ는 z의 한 **편각**(argument of z)이라 하고

$$\theta = \arg z$$

로 나타낸다. 이 $\arg z$는 θ가 갖는 모든 값을 나타내지만, 특히 $-\pi < \theta \le \pi$인 것을 $\arg z$의 **주치**(principal value)라 하고

$$\operatorname{Arg} z = \theta \, (-\pi < \theta \le \pi)$$

로 표기한다. 따라서 $\arg z = \operatorname{Arg} z + 2n\pi \ (n = 0, \pm1, \pm2, \cdots)$이다.

예제 11.12

복소평면 위에 $z = 1 + i$에 대응하는 점을 나타내고, z를 극형식으로 나타내어라.

풀이

$z = 1 + i$에 대응하는 점의 직교좌표는 (1, 1)이다. 이때

$$r = \sqrt{x^2 + y^2} = \sqrt{1^2 + 1^2} = \sqrt{2}$$

$$\sin\theta = \frac{y}{r} = \frac{1}{\sqrt{2}}, \ \cos\theta = \frac{x}{r} = \frac{1}{\sqrt{2}}$$

이므로 $\theta = \frac{\pi}{4}$, $r = \sqrt{2}$이다. 따라서 z의 극형식은 다음과 같다.

$$z = \sqrt{2}\left(\cos\frac{\pi}{4} + \sin\frac{\pi}{4} i\right)$$

$e^{i\theta}$, $\exp(i\theta)$를 다음과 같이 정의하는 것을 **오일러 공식**이라 한다.

$$e^{i\theta} = \cos\theta + i\sin\theta$$

> (1) $\cos(\theta_1 + \theta_2) = \cos\theta_1\cos\theta_2 - \sin\theta_1\sin\theta_2$
> (2) $\sin(\theta_1 + \theta_2) = \sin\theta_1\cos\theta_2 + \cos\theta_1\sin\theta_2$

오일러 공식에 의하면 극형식의 복소수 $z = r(\cos\theta + i\sin\theta)$를 $z = re^{i\theta}$과 같이 **지수형식**(exponential form)으로 나타낼 수 있다.

지수형식의 두 복소수 $z_1 = r_1 e^{i\theta_1}$, $z_2 = r_2 e^{i\theta_2}$에 대하여

$$\begin{aligned} e^{i\theta_1} e^{i\theta_2} &= (\cos\theta_1 + i\sin\theta_1)(\cos\theta_2 + i\sin\theta_2) \\ &= (\cos\theta_1\cos\theta_2 - \sin\theta_1\sin\theta_2) + i(\sin\theta_1\cos\theta_2 + \cos\theta_1\sin\theta_2) \\ &= \cos(\theta_1+\theta_2) + i\sin(\theta_1+\theta_2) \\ &= e^{i(\theta_1+\theta_2)} \end{aligned}$$

이므로

$$z_1 z_2 = r_1 e^{i\theta_1} \times r_2 e^{i\theta_2} = r_1 r_2 e^{i\theta_1} e^{i\theta_2} = r_1 r_2 e^{i(\theta_1+\theta_2)},$$

$$\frac{z_1}{z_2} = \frac{r_1 e^{i\theta_1}}{r_2 e^{i\theta_2}} = \frac{r_1}{r_2} \times \frac{e^{i\theta_1} e^{-i\theta_2}}{e^{i\theta_2} e^{-i\theta_2}} = \frac{r_1}{r_2} e^{i(\theta_1-\theta_2)}$$

이다. 또한, $z = re^{i\theta}$일 때, $z^{-1} = \frac{1}{z} = \frac{1}{r} e^{-i\theta}$이고 $z^n = (re^{i\theta})^n = r^n (e^{i\theta})^n = r^n e^{in\theta}$을 만족시킨다. 여기서 $r = 1$이면

$$(e^{i\theta})^n = e^{in\theta} \ (n = 0, \pm 1, \pm 2, \cdots)$$

이다. 즉,

$$(\cos\theta + i\sin\theta)^n = \cos n\theta + i\sin n\theta$$

이며, 이를 드 무아브르 공식(de Moivre's formula)이라 한다.

드 무아브르 공식

$(\cos\theta + i\sin\theta)^n = \cos n\theta + i\sin n\theta$

예제 11.13

$(1+i)^5$을 $x + yi$의 꼴로 나타내어라.

풀이

드 무아브르 공식을 적용하기 위해 주어진 복소수 $1+i$의 극형식을 구하면

$$1 + i = \sqrt{2}\left(\cos\frac{\pi}{4} + i\sin\frac{\pi}{4}\right)$$

이다. 따라서 드 무아브르 공식에 의해 다음을 얻는다.

$$\begin{aligned} (1+i)^5 &= \left\{\sqrt{2}\left(\cos\frac{\pi}{4} + i\sin\frac{\pi}{4}\right)\right\}^5 \\ &= (\sqrt{2})^5\left(\cos\frac{\pi}{4} + i\sin\frac{\pi}{4}\right)^5 \\ &= 4\sqrt{2}\left(\cos\frac{5\pi}{4} + i\sin\frac{5\pi}{4}\right) = -4 - 4i \end{aligned}$$

2가 아닌 정수 n과 복소수 ω에 대하여 $z^n = \omega$를 만족하는 복소수 z를 ω의 복소 n제곱근(complex nth root)이라 한다. $n = 2$이면 방정식 $z^2 = \omega$의 해를 ω의 복

소 제곱근이라 하고, $n = 3$이면 방정식 $z^3 = \omega$의 해를 ω의 **복소 세제곱근**이라 한다.

이를 일반화해 보자. 0이 아닌 복소수 $\omega = r(\cos\theta + i\sin\theta)$에 대하여 n차 방정식 $z^n = \omega$를 만족하는 $z_k = \sqrt[n]{r}\left\{\cos\left(\frac{\theta}{n} + \frac{2k\pi}{n}\right) + i\sin\left(\frac{\theta}{n} + \frac{2k\pi}{n}\right)\right\}$로 주어지는 n개의 서로 다른 복소 n제곱근이 존재한다. 여기서 $k = 0, 1, 2, \cdots, n-1$이다.

예를 들어 $z^3 = 1$을 만족하는 복소수 z를 구해 보자. $z = \cos\theta + i\sin\theta$라 하고 $z^3 = 1$에 대입하여 드 무아브르 공식을 이용하면

$$(\cos\theta + i\sin\theta)^3 = 1$$
$$\cos 3\theta + i\sin 3\theta = 1$$

이다. 그러므로

$$\cos 3\theta = 1, \quad \sin 3\theta = 0$$

이고 따라서

$$3\theta = 2k\pi, \text{ 즉 } \theta = \frac{2k\pi}{3}$$

가 된다. 그리고 $k = 3$과 $k = 0$인 경우, $k = 4$와 $k = 1$인 경우 등은 동일한 세제곱근이 나오므로 $k = 0, 1, 2$일 때만으로도 서로 다른 복소 세제곱근을 구할 수 있다(그림 11.4.2).

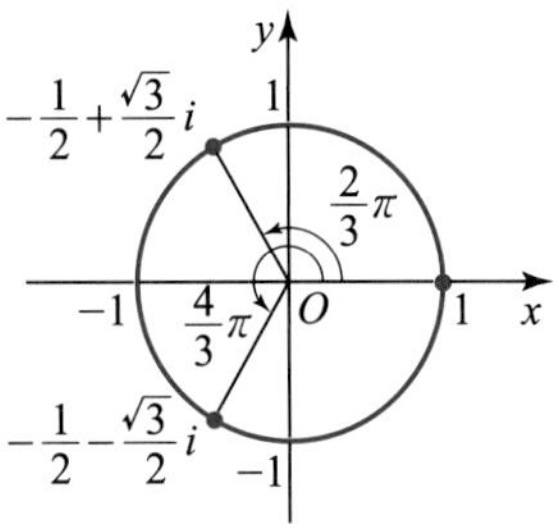

그림 11.4.2

일반적으로 방정식 $z^n = 1$의 근은 다음과 같다.

$$z_k = \cos\frac{2k\pi}{n} + i\sin\frac{2k\pi}{n} \quad (\text{단, } k = 0, 1, 2, \cdots, n-1)$$

연습문제 11.4

1. 다음 복소수를 극형식으로 나타내어라.

(1) 3 (2) $3i$

(3) $\sqrt{3} + i$ (4) $\sqrt{3} - i$

2. 다음 복소수의 편각의 주치를 구하여라.

(1) $(1-i)(-1+\sqrt{3}i)$ (2) $\dfrac{1+\sqrt{3}i}{1+i}$

3. 다음을 간단히 하여라.

(1) $(\cos 20° + \sin 20°)^6$ (2) $(1-i)^5$

(3) $-(\sqrt{3}+i)^{-10}$ (4) $\left(\dfrac{1+i}{\sqrt{3}+i}\right)^6$

4. 다음 방정식을 풀어라.

(1) $z^8 = 1$ (2) $z^3 = i$

CHAPTER

12

다변수 함수

12.1 다변수 함수

다변수 함수

두 개의 독립변수 x, y에 대응하여 하나의 변수 z가 정해지는 함수 f를

$$z = f(x, y)$$

로 나타낸다. 마찬가지로 세 개의 독립변수 x, y, z에 대응하여 하나의 변수 w가 정해지는 함수 g를 생각하여

$$w = g(x, y, z)$$

로 나타낼 수 있다. 이 장에서는 이와 같이 두 개 이상의 독립변수를 갖는 함수들을 다룰 것인데, 위 두 함수 f와 g를 정의역에 해당하는 독립변수의 개수에 따라 각각 2변수 함수, 3변수 함수라 한다.

이를 일반화하여 다변수 함수를 다음과 같이 정의한다.

정의 12.1.1 다변수 함수

일반적으로 n개의 독립변수 $x_1, x_2, \cdots, x_n$에 하나의 변수 y가 대응하는 함수 f를

$$y = f(x_1, x_2, \cdots, x_n)$$

으로 나타내고 이를 **n변수 함수**(function of n variables)라 한다. 정의역에 해당하는 두 개 이상의 독립변수를 갖는 함수를 통틀어 **다변수 함수**(function of several variables)라 한다.

예제 12.1

함수 $f(x, y) = x^2 - 2xy + 3y^2$에 대하여 다음 함숫값을 구하여라.

(1) $f(3, 0)$ (2) $f(-1, 2)$

풀이

(1) $f(3, 0) = 3^2 - 2\times3\times0 + 3\times0^2 = 9 - 0 + 0 = 9$

(2) $f(-1, 2) = (-1)^2 - 2\times(-1)\times2 + 3\times2^2 = 1 + 4 + 12 = 17$

예제 12.2

다음 2변수 함수의 정의역을 구하여라.

(1) $f(x, y)=\dfrac{x-y}{xy}$ (2) $f(x)=\sqrt{x-y^2}$

풀이

(1) $xy \neq 0$이어야 하므로 정의역은 다음과 같다.

$$\{(x, y) | x \neq 0,\ y \neq 0\}$$

즉, x축과 y축을 제외한 $\mathbb{R}^2$ 위의 모든 점의 집합이다.

(2) $x - y^2 \geq 0$이어야 하므로 정의역은 다음과 같다.

$$\{(x, y) | y^2 \leq x\}$$

즉, 포물선 $x = y^2$을 포함한 오른쪽 영역이다(그림 12.1.1).

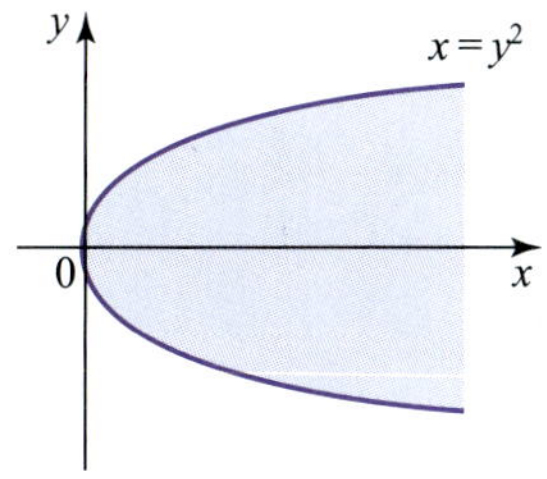

그림 12.1.1

2변수 함수의 그래프

2변수 함수 $z=f(x, y)$의 그래프는 좌표공간의 $(x, y, f(x, y))$ 형태의 점들의 집합으로 다음과 같다.

$$\{(x, y, z) \in \mathbb{R}^3 \mid z = f(x, y)\}$$

예제를 통해 2변수 함수의 그래프를 그려 보자.

예제 12.3

좌표공간에 다음 2변수 함수의 그래프를 그려라.

(1) $f(x, y) = 4 - x - y$ (2) $g(x, y) = x^2 + y^2$

풀이

(1) $z=f(x, y)$라 하면 함수 f의 그래프는 다음과 같은 평면이다.

$$\{(x, y, z) \mid z = 4 - x - y\}$$

이를 좌표공간에 나타내면 다음과 같다. 정의역은 xy평면 전체이다.

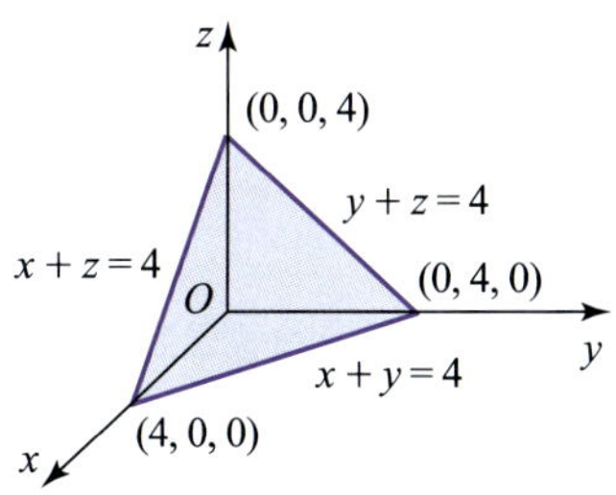

그림 12.1.2

(2) 함수 $z = g(x, y) = x^2 + y^2$의 그래프는 다음과 같다. 정의역은 xy평면 전체이다.

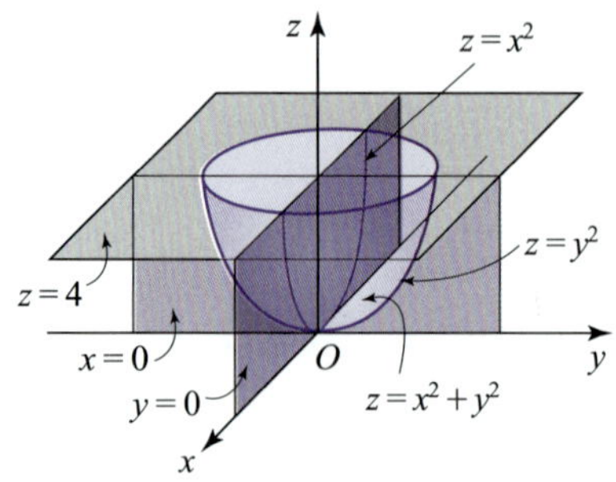

그림 12.1.3

❙ 등위집합

다변수 함수에서 같은 함숫값을 갖는 원소들을 모아 놓은 집합을 생각해 보자, 이러한 집합은 정의역의 부분집합으로 **등위집합**(level set)이라 하며, 다음과 같이 정의한다.

정의 12.1.2 c-등위집합

다변수 함수 $f(x_1, x_2, \dots, x_n)$에서 함숫값으로 c를 갖는 정의역의 원소들의 집합

$$\{(x_1, x_2, \dots, x_n) \mid f(x_1, x_2, \dots, x_n) = c\}$$

를 **c-등위집합**(c-level set)이라 한다.

등위집합의 예로서 등고선은 해수면을 기준으로 고도가 같은 평면 위의 점들을 연결한 선이다. 즉, 해발 높이를 함숫값으로 하는 2변수 함수의 등위집합이다. 등고선처럼 평면에서 어떤 종류의 곡선들은 2변수 함수 $z = f(x, y)$의 등위집합이 된다. 반면, 3변수 함수 $w = f(x, y, z)$의 등위집합은 좌표공간에서의 적당한 곡면이 됨을 알 수 있다. 예제를 통해 좀 더 살펴보자.

예제 12.4

다음 2변수 함수에 대하여 좌표공간에 주어진 함숫값으로의 등위집합을 그려라.

(1) $z = x^2 + 2y^2$, $z = 1, 2, 3$

(2) $z = xy$, $z = -1, -0.5, 0, 0.5, 1$

풀이

(1)

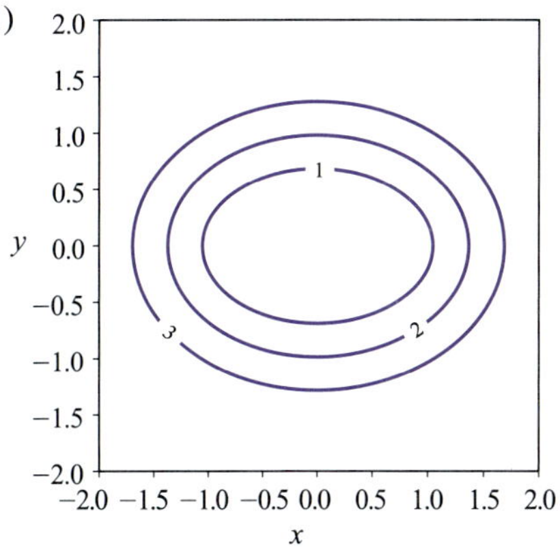

그림 12.1.4

(2)

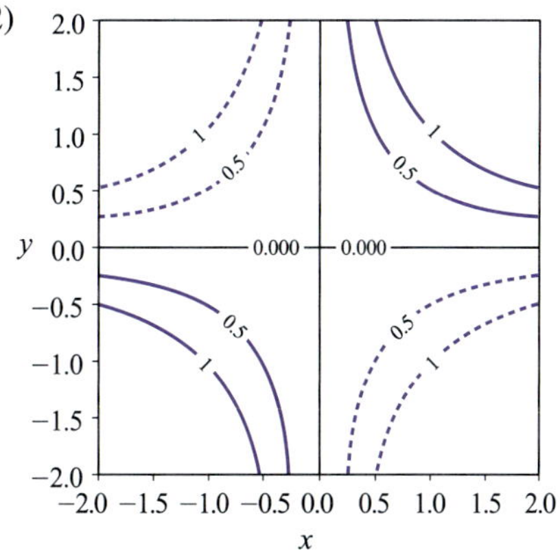

그림 12.1.5

예제 12.5

방정식 $x^2 - 6x + y^2 + 6y + z^2 - 8z + 30 = 0$의 자취를 적당한 함수의 등위집합으로 이해하여 그림으로 나타내어라.

풀이

주어진 방정식을 변형하면 다음과 같다.

$$(x-3)^2 + (y+3)^2 + (z-4)^2 = 4$$

따라서 이 자취는 함수

$$w = (x-3)^2 + (y+3)^2 + (z-4)^2$$

의 4-등위집합으로 볼 수 있다. 즉, 중심이 (3, −3, −4)이고 반지름이 2인 구면으로 위 방정식의 자취를 좌표공간에 그리면 다음과 같다.

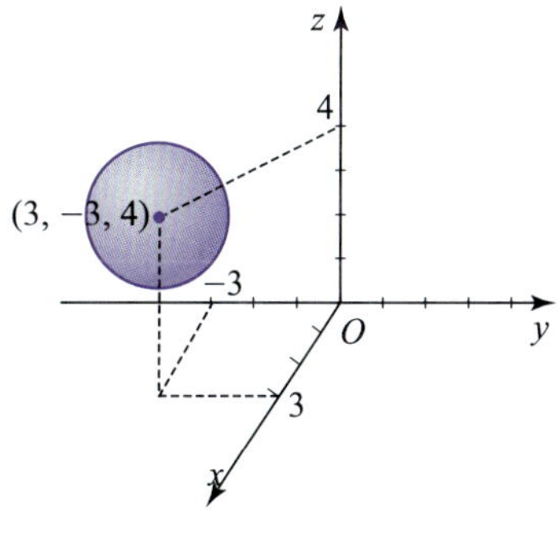

그림 12.1.6

2변수 함수의 극한과 연속

일변수 함수 $y = f(x)$의 경우 x가 a에 충분히 가까이 접근할 때 $f(x)$가 일정한 값 A에 접근하면 A를 $x = a$에서의 함수 $f(x)$의 극한이라 하고 기호로

$$\lim_{x \to a} f(x) = A$$

와 같이 나타냈다. 2변수 함수 $f(x, y)$의 경우도 xy평면 위의 점 (x, y)가 (a, b)에 충분히 가까이 접근할 때 $f(x, y)$가 일정한 값 A에 접근하면 A를 점 (a, b)에서의 함수 $f(x, y)$의 극한이라 하고 기호로

$$\lim_{(x,y) \to (a,b)} f(x, y) = A$$

와 같이 나타낸다. 이를 좀 더 정확히 나타내면 다음과 같다.

> 임의의 양수 ϵ에 대하여 적당한 양수 $\delta(\epsilon)$이 존재하여
> $0 < \sqrt{(x-a)^2 + (y-b)^2} < \delta(\epsilon)$이면 $|f(x, y) - A| < \epsilon$이 성립한다.

이 개념은 일변수 함수에 대한 극한 정의(부록 정의 2.3.1)를 2변수 함수로 확장한 것이다. 특히 일변수 함수에서의 $x \to a$은 a의 왼쪽과 오른쪽의 두 방향에서만 접근하는 것을 뜻하지만 2변수 함수에서의 $(x, y) \to (a, b)$는 평면 위에서 점 (a, b)로 모든 방향에서, 즉 무한히 많은 다양한 경로로 접근한다는 것을 뜻한다. 따라서 이러한 많은 경로 중 어떤 경로를 통해서든 같은 값으로 수렴할 때 그 다변수 함수는 극한값을 갖는다고 하는데, 위 정의는 이러한 것을 엄밀한 수학적 언어로 표현한 것이다. 따라서 극한값의 존재성을 증명하기 위해 이 정의를 사용해야 하지만, 논의 과정이 쉽지 않아 여기서는 소개만 하기로 한다.

2변수 함수의 극한값이 존재하지 않는 경우를 다음 예제에서 살펴보자.

예제 12.6

극한 $\displaystyle\lim_{(x,y) \to (0,0)} \frac{x^2 - y^2}{x^2 + y^2}$은 존재하지 않음을 보여라.

풀이

점 (x, y)가 x축을 따라 점 $(0, 0)$에 접근하는 경우, 즉 $y = 0$일 경우

$$\lim_{(x,y) \to (0,0)} \frac{x^2 - y^2}{x^2 + y^2} = \lim_{x \to 0} = \frac{x^2}{x^2} = 1$$

이 된다. 한편, 점 (x, y)가 y축을 따라 점 $(0, 0)$에 접근하는 경우, 즉 $x = 0$일 경우

$$\lim_{(x,y)\to(0,0)} \frac{x^2 - y^2}{x^2 + y^2} = \lim_{y\to 0} \frac{-y^2}{y^2} = -1$$

이 된다. 따라서 주어진 극한은 존재하지 않는다.

2변수 함수의 연속

2변수 함수의 연속은 일변수 함수와 마찬가지로 점 (a, b)에서 2변수 함수 $f(x, y)$의 극한값 $\lim_{(x,y)\to(a,b)} f(x, y)$가 존재하고 그 극한값이 함수값 $f(a, b)$와 일치하면, 즉

$$\lim_{(x,y)\to(a,b)} f(x, y) = f(a, b)$$

이면 $f(x, y)$는 점 (a, b)에서 연속이라고 한다.

예제 12.7

함수 $f(x, y) = \begin{cases} \dfrac{x^2}{x^2 + y^2}, & (x, y) \neq (0, 0) \\ 0, & (x, y) = (0, 0) \end{cases}$ 은 점 $(0, 0)$에서 연속이 아님을 보여라.

풀이

점 (x, y)가 x축을 따라 점 $(0, 0)$에 접근하는 경우, 즉 $y = 0$일 경우

$$\lim_{(x,y)\to(0,0)} \frac{x^2}{x^2 + y^2} = \lim_{x\to 0} \frac{x^2}{x^2} = 1$$

이 된다. 한편, 점 (x, y)가 직선 $y = x$를 따라 점 $(0, 0)$로 접근하는 경우

$$\lim_{(x,y)\to(0,0)} f(x, y) = \lim_{(x,y)\to(0,0)} \frac{x^2}{x^2 + y^2} = \lim_{x\to 0} \frac{x^2}{2x^2} = \frac{1}{2}$$

이 된다. 따라서 주어진 극한이 존재하지 않는다. 그러므로 함수 $f(x, y)$는 점 $(0, 0)$에서 연속이 아니다.

연습문제 12.1

1. 좌표공간에 다음 함수의 그래프를 그려라.

(1) $f(x) = x^2$　　(2) $f(x, y) = x - y$

(3) $f(x, y) = y^2 - x^2$　　(4) $f(x, y) = \sqrt{9 - x^2 - y^2}$

2. 다음 2변수 함수에 대하여 좌표공간에 주어진 함숫값으로 의 등위집합을 그려라.

(1) $z = x + y,\ \ z = 1, 2, 3$

(2) $z = x^2 + (y - 3)^2,\ \ z = 1, 4, 9$

(3) $w = x + y + z,\ \ w = 1, 2, 3$

(4) $w = x^2 + y^2 + (z-2)^2,\ \ w = 1, 4, 9$

3. 다음 극한의 존재 여부를 조사하여라.

(1) $\displaystyle\lim_{(x,y)\to(0,0)} \frac{3x^2+y^2}{x^2-3y^2}$ (2) $\displaystyle\lim_{(x,y)\to(0,0)} \frac{x^4-y^4}{x^2+y^2}$

(3) $\displaystyle\lim_{(x,y)\to(0,0)} \frac{xy}{x^2+y^2}$ (4) $\displaystyle\lim_{(x,y)\to(0,0)} \frac{xy^2}{x^2+y^4}$

4. 다음 함수가 점 (0, 0)에서 연속인지 조사하여라.

(1) $f(x, y) = \begin{cases} \dfrac{xy}{\sqrt{x^2+y^2}}, & (x, y) \neq (0,0) \\ 0 \ \ , & (x, y) = (0,0) \end{cases}$

(2) $f(x, y) = \begin{cases} \dfrac{y^2}{x^2+y^2}, & (x, y) \neq (0,0) \\ 0 \ \ , & (x, y) = (0,0) \end{cases}$

(3) $f(x, y) = \begin{cases} \dfrac{x^2y^2}{x^2+y^2}, & (x, y) \neq (0,0) \\ 0 \ \ , & (x, y) = (0,0) \end{cases}$

(4) $f(x, y) = \begin{cases} \dfrac{xy^2}{x^2+y^4}, & (x, y) \neq (0,0) \\ 0 \ \ , & (x, y) = (0,0) \end{cases}$

12.2 다변수 함수의 미분

편미분

2변수 함수 $f(x, y)$의 독립변수 x 또는 y의 변화에 따른 순간변화율을 생각해 보자. 이때 다른 변수는 변하지 않으므로 상수로 취급할 수 있다. 이러한 상황에서의 미분계수를 편미분계수라 하는데, 정의는 다음과 같다.

정의 12.2.1 편미분계수(편도함수)

2변수 함수 $z = f(x, y)$의 그래프 위의 점 (x_0, y_0)에 대하여 극한

$$\lim_{h\to 0} \frac{f(x_0+h, y_0) - f(x_0, y_0)}{h}$$

이 존재하는 경우, 이 극한을 함수 $f(x, y)$의 점 (x_0, y_0)에서의 x에 관한 편미분계수라 한다. 마찬가지로 y에 관해서도 극한

$$\lim_{k\to 0} \frac{f(x_0, y+k) - f(x_0, y_0)}{k}$$

이 존재하는 경우, 이 극한을 함수 $f(x, y)$의 점 (x_0, y_0)에서의 y에 관한 편미분계수라 한다.

편미분계수들이 적당한 정의역에 속한 점 (x, y)들에 대하여 존재하는 경우, 그 편미분계수들은 하나의 새로운 함수를 구성하는데, 이 함수를 함수 $f(x, y)$의 x에

관한 편도함수(y에 관한 편도함수)라 하고 다음 기호 중 하나로 나타낸다.

$$f(x, y),\ f_x,\ \frac{\partial f}{\partial x},\ \frac{\partial}{\partial x}f(x, y),\ \frac{\partial z}{\partial x},\ z_x,\ D_x f(x, y)$$

$$f_y(x, y),\ f_y,\ \frac{\partial f}{\partial y},\ \frac{\partial}{\partial y}f(x, y),\ \frac{\partial z}{\partial y},\ z_y,\ D_y f(x, y)$$

기호 $\frac{\partial f}{\partial x}$는 'round f round x'라고 읽는다.

일반적으로 편미분을 쉽게 하는 방법은 $f_x(x, y)$를 구하는 경우 $f(x, y)$에서 y를 상수로 보고 x에 대하여 일변수 함수의 미분법을 적용하는 것이다. 마찬가지로 $f_y(x, y)$를 구하는 경우 x를 상수로 보고 y에 대하여 일변수 함수의 미분법을 적용한다.

또한, 2변수 함수 $f(x, y)$, $g(x, y)$에 대하여 다음 정리가 성립함을 보일 수 있다.

정리 12.2.2 편미분계수에 관한 성질

$$(f \pm g)_x = f_x \pm g_x,\ (f \pm g)_y = f_y \pm g_y$$
$$(fg)_x = f_x g + f g_x,\ (fg)_y = f_y g + f g_y$$
$$\left(\frac{f}{g}\right)_x = \frac{f_x g - f g_x}{g^2},\ \left(\frac{f}{g}\right)_y = \frac{f_y g - f g_y}{g^2}$$

편미분계수의 기하학적 의미

좌표공간에서 2변수 함수 $z = f(x, y)$의 그래프와 평면 $y = b$가 만나는 부분은 일반적으로

$$z = f(x, b)$$

와 같은 곡선의 방정식으로 나타낼 수 있다. 이때 편미분계수 $f_x(a, b)$는 곡선 $z = f(x, b)$의 $x = a$에서의 접선의 기울기이다. 마찬가지로 $f_y(a, b)$는 곡선 $z = f(a, y)$의 $y = b$에서의 접선의 기울기이다.

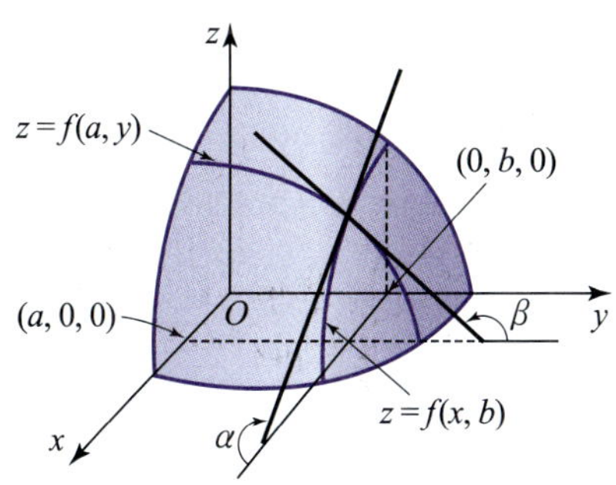

그림 12.2.1

그림 12.2.1에서 다음이 성립한다.

$$f_x(a, b) = \tan\alpha,\ f_y(a, b) = \tan\beta$$

❙ n계 편도함수

2변수 함수 $z = f(x, y)$의 편도함수 $f_x(x, y)$, $f_y(x, y)$는 또 하나의 2변수 함수이므로 이 함수의 편도함수가 존재하면 이것을 함수 $z = f(x, y)$의 2계 **편도함수**(second-order partial derivative)라 한다.

$$\frac{\partial}{\partial x}\left(\frac{\partial z}{\partial x}\right) = \frac{\partial^2 z}{\partial x^2},\ (z_x)_x = z_{xx},\ (f_x)_x = f_{xx}$$

$$\frac{\partial}{\partial y}\left(\frac{\partial z}{\partial x}\right) = \frac{\partial^2 z}{\partial y \partial x},\ (z_x)_y = z_{xy},\ (f_x)_y = f_{xy}$$

$$\frac{\partial}{\partial x}\left(\frac{\partial z}{\partial y}\right) = \frac{\partial^2 z}{\partial x \partial y},\ (z_y)_x = z_{yx},\ (f_y)_x = f_{yx}$$

$$\frac{\partial}{\partial y}\left(\frac{\partial z}{\partial y}\right) = \frac{\partial^2 z}{\partial y^2},\ (z_y)_y = z_{yy},\ (f_y)_y = f_{yy}$$

마찬가지로 n**계 편도함수**(n-th order partial derivative)를 정의하고 표현할 수 있다.

예제 12.8

함수 $f(x, y) = x^3 + 3x^2y - y^3$의 2계 편도함수를 모두 구하여라.

풀이

$f_x(x, y) = 3x^2 + 6xy$, $f_y(x, y) = 3x^2 - 3y^2$이므로 2계 편도함수는 다음과 같다.

$$f_{xx}(x, y) = 6x + 6y,\ f_{xy}(x, y) = 6x,\ f_{yx}(x, y) = 6x,\ f_{yy(x,y)} = -6y$$

예제 12.8에서 f_{xy}와 f_{yx}는 결과적으로 같은 함수이지만 일반적으로는 서로 일치하지 않는다. 다음 정리는 두 2계 편도함수가 일치할 조건을 말해 준다. 증명은 생략한다.

정리 12.2.3 2계 편도함수 f_{xy}와 f_{yx}가 일치할 조건

2변수 함수 $f(x, y)$에 대하여 점 (x, y) 근방에서 2계 편도함수 $f_{xy}(x, y)$, $f_{yx}(x, y)$가 존재하고 연속이면 다음이 성립한다.

$$f_{xy}(x, y) = f_{yx}(x, y)$$

마찬가지로 임의의 n계 편도함수가 연속인 영역에서는 x, y에 대하여 n번까지 편미분한 결과는 편미분하는 x, y의 순서에 상관없이 같다.

미분과 전미분

일변수 함수 $y = f(x)$에서의 미분 dx, dy

함수 $y = f(x)$에 대하여 도함수의 정의로부터

$$\lim_{\Delta x \to 0} \frac{\Delta y}{\Delta x} = f'(x)$$

즉, 다음과 같다.

$$\Delta x \to 0\text{이면} \quad \frac{\Delta y}{\Delta x} \to f'(x)$$

또한,

$$\Delta x \to 0\text{이면} \quad \Delta y \to f'(x)\Delta x$$

이다. 다시 말하면 독립변수 x의 증분(변화량) Δx가 0으로 접근하면 함숫값 y의 증분 Δy는 $f'(x)\Delta x$로 접근한다. 이때 $f'(x)\Delta x$의 값은 Δx가 0으로 접근하면서 변하는 값에 유의하자($f'(x)$는 변하지 않음). 즉, $\Delta x \to 0$이면 $\Delta y \to f'(x)\Delta x$이다. 이것을 다음과 같이 나타낸다.

$$dy = f'(x)\,dx$$

이 표현은 $\frac{dy}{dx} = f'(x)$로부터 유도되는 것이기도 하다. 여기서 dx, dy를 미분(differential)이라 하며, 미분은 증분(변화량)의 극한 개념으로 이해할 수 있다.

> 라이프니츠가 무한소의 변화를 나타내기 위해 dx, dy라는 기호를 도입했다.
>
> $$dy = f'(x)\,dx \Leftrightarrow \frac{dy}{dx} = f'(x)$$
>
> 미분(differential)은 무한소의 변화를 의미하는 것으로 미분계수(순간변화율)를 구하는 미분한다(differentiation)와 구분하기로 하자.

2변수 함수 $f(x, y)$의 전미분

연속인 편도함수 $\frac{\partial f}{\partial x}$, $\frac{\partial f}{\partial y}$를 갖고 있는 2변수 함수 $f(x, y)$를 생각하자. 함수 f의 변화량은

$$\begin{aligned}\Delta f &= f(x+\Delta x,\ y+\Delta y) - f(x, y)\\ &= \{f(x+\Delta x,\ y+\Delta y) - f(x, y+\Delta y)\} + \{f(x, y+\Delta y) - f(x, y)\}\end{aligned}$$

이며 편도함수가 연속이므로 $\Delta x \to 0$, $\Delta y \to 0$이면

$$f(x+\Delta x,\ y+\Delta y) - f(x, y+\Delta y) \to \frac{\partial}{\partial x} f(x, y+\Delta y)\Delta x \to \frac{\partial}{\partial x} f(x, y)\Delta x$$

$$f(x, y+\Delta y) - f(x, y) \to \frac{\partial}{\partial y} f(x, y)\Delta y$$

이다. 따라서 일변수 함수에서처럼 무한소의 변화를 나타내는 미분(differential) dx, dy를 이용하여

$$df = \frac{\partial f}{\partial x} dx + \frac{\partial f}{\partial y} dy$$

로 나타낼 수 있다. 즉, 정의역의 한 점 (x_0, y_0)에서의 df는

$$df(x_0, y_0) = \left.\frac{\partial f}{\partial x}\right|_{(x_0, y_0)} dx + \left.\frac{\partial f}{\partial y}\right|_{(x_0, y_0)} dy$$

로 dx와 dy의 함수로서

$$(x_0, y_0)\text{에서 } \Delta x \to 0,\ \Delta y \to 0\text{에 따라 } \Delta f(x_0, y_0) \to \frac{\partial f}{\partial x}\Delta x + \frac{\partial f}{\partial y}\Delta y$$

임을 의미하는 것으로 $df(x_0, y_0)$를 (x_0, y_0)에서의 함수 f의 **전미분**(total differential)이라 한다.

다변수 함수의 전미분은 다음과 같이 정의한다.

정의 12.2.4 전미분(total differential)

$n(\geq 2)$개의 독립변수와 실숫값을 함숫값으로 하는 다변수 함수 $f(x_1, x_2, \ldots, x_n)$의 모든 독립변수로의 편도함수가 존재하고 연속이면

$$df = \frac{\partial f}{\partial x_1} dx_1 + \frac{\partial f}{\partial x_2} dx_2 + \cdots + \frac{\partial f}{\partial x_n} dx_n$$

을 함수 f의 **전미분**이라 한다.

예제 12.9

함수 $f(x, y) = x^2 + 3xy - 2y^2$에 대하여 점 (3, 5)에서의 전미분을 구하여라.

풀이

함수 f의 편도함수를 구하면

$$\frac{\partial}{\partial x} f(x, y) = 2x + 3y,\quad \frac{\partial}{\partial y} f(x, y) = 3x - 4y$$

이므로

$$\frac{\partial}{\partial x} f(3, 5) = 21,\quad \frac{\partial}{\partial y} f(3, 5) = -11$$

이다. 따라서 함수 f의 점 (3, 5)에서의 전미분은 다음과 같다.

$$df(3,\ 5) = \frac{\partial}{\partial x} f(3,\ 5)dx + \frac{\partial}{\partial y} f(3,\ 5)dy$$
$$= 21dx - 11dy$$

▎연쇄법칙

2변수 함수 $f(x,\ y)$의 편도함수가 연속이면 전미분의 극한 개념에서 $\Delta x \to 0$, $\Delta y \to 0$이면

$$\Delta f \to \frac{\partial f}{\partial x}\Delta x + \frac{\partial f}{\partial y}\Delta y$$

이므로

$$\frac{\Delta f}{\Delta t} \to \frac{\partial f}{\partial x}\frac{\Delta x}{\Delta t} + \frac{\partial f}{\partial y}\frac{\Delta y}{\Delta t}$$

이다. 따라서 다음 연쇄법칙을 생각할 수 있다.

정리 12.2.5 2변수 함수에서의 연쇄법칙

(1) 2변수 함수 $z = f(x,\ y)$의 편도함수가 연속이고 $x = g(t)$, $y = h(t)$는 t에 관하여 미분가능할 때 다음이 성립한다.

$$\frac{dz}{dt} = \frac{\partial z}{\partial x}\frac{dx}{dt} + \frac{\partial z}{\partial y}\frac{dy}{dt}$$

(2) 2변수 함수 $z = f(x,\ y)$의 편도함수가 연속이고 $x = g(u,\ v)$, $y = h(u,\ v)$는 u, v에 관하여 각각 편미분 가능할 때 다음이 성립한다.

$$\frac{\partial z}{\partial u} = \frac{\partial z}{\partial x}\frac{\partial x}{\partial u} + \frac{\partial z}{\partial y}\frac{\partial y}{\partial u}$$
$$\frac{\partial z}{\partial v} = \frac{\partial z}{\partial x}\frac{\partial x}{\partial v} + \frac{\partial z}{\partial y}\frac{\partial y}{\partial v}$$

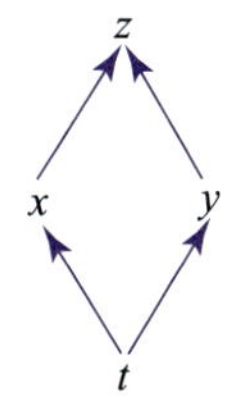

그림 12.2.2

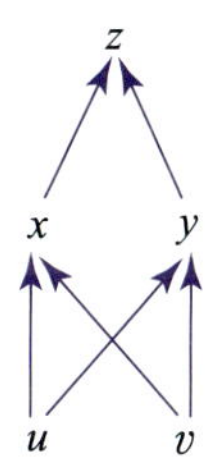

그림 12.2.3

예제 12.10

(1) 함수 $z = xy^2 - 2x^2y,\ x = e^t,\ y = \sin t$에 대하여 $\frac{dz}{dt}$를 구하여라.

(2) 함수 $z = x\ln y,\ x = u^2 + v^2,\ y = u^2 - v^2$에 대하여 $\frac{\partial z}{\partial u}, \frac{\partial z}{\partial v}$를 구하여라.

풀이

(1) $$\frac{dz}{dt}=\frac{\partial z}{\partial x}\frac{dx}{dt}+\frac{\partial z}{\partial y}\frac{dy}{dt}$$

$$=\frac{\partial}{dx}(xy^2-2x^2y)\frac{d}{dt}e^t+\frac{\partial}{dy}(xy^2-2x^2y)\frac{d}{dt}\sin t$$

$$=(y^2-4xy)e^t+(2xy-2x^2)\cos t$$

$$=(y-4x)ye^t+2(y-x)x\cos t$$

$$=(\sin t-4e^t)e^t\sin t+2(\sin t-e^t)e^t\cos t$$

(2) $$\frac{\partial z}{\partial u}=\frac{\partial z}{\partial x}\frac{\partial x}{\partial u}+\frac{\partial z}{\partial y}\frac{\partial y}{\partial u}=(\ln y)2u+\frac{x}{y}2u$$

$$=2u\ln(u^2-v^2)+2u\frac{u^2+v^2}{u^2-v^2},$$

$$\frac{\partial z}{\partial v}=\frac{\partial z}{\partial x}\frac{\partial x}{\partial v}+\frac{\partial z}{\partial y}\frac{\partial y}{\partial v}=(\ln y)2v+\frac{x}{y}(-2v)$$

$$=2v\ln(u^2-v^2)-2v\frac{u^2+v^2}{u^2-v^2}$$

음함수의 미분법

독립변수 x의 함수로서 y가 다음 방정식에 의해 음함수로 정의된다고 가정하자.

$$F(x,\ y)=c\quad (\text{단, } c\text{는 상수})$$

정의역의 x에 대하여 $y=f(x)$라는 함수를 생각하면 위 식은

$$F(x,\ f(x))=c$$

이다. 함수 $F(x,\ y)$의 편미분이 존재하면 연쇄법칙을 이용하여 양변을 x에 관하여 미분하면

$$\frac{\partial F}{\partial x}\frac{dx}{dx}+\frac{\partial F}{\partial y}\frac{dy}{dx}=0$$

이 되어 $\dfrac{dy}{dx}$를 계산할 수 있게 된다. 즉, 다음을 유도할 수 있다.

$$\frac{dy}{dx}=-\frac{\dfrac{\partial F}{\partial x}}{\dfrac{\partial F}{\partial y}}$$

여기서 $\dfrac{\partial F}{\partial y}\neq 0$일 경우 $\dfrac{dy}{dx}$의 값을 계산할 수 있다.

참고로 $\dfrac{\partial F}{\partial y}\neq 0$일 경우 잘 알려진 음함수 정리에 의해 어떤 정의역에서 $y=f(x)$

로 나타낼 수 있다. 즉, y는 그 정의역에서의 x에 대한 함수가 된다. 그리고 주어진 점에서의 미분계수 $\dfrac{dy}{dx}$를 계산하기 위하여서 그 어떤 정의역이면 충분하다. 이의 정확한 이해를 위해 다음 음함수 정리를 소개한다. 단, 증명은 생략한다.

정리 12.2.6 음함수 정리(implicit function theorem)

편미분 가능한 2변수 함수 $F(x, y)$의 일계 편도함수 F_x와 F_y가 연속이고

$$\frac{\partial F}{\partial y}(x_0, y_0) \neq 0$$

이면 x_0을 포함하는 열린구간 I가 존재하여 다음을 만족하는 이 구간에서 미분 가능한 함수 $f(x)$가 정의된다.

$$F(x, f(x)) = F(x_0, y_0) = c$$

즉, 함수 $F(x, y)$의 c-등위집합 중 (x_0, y_0)의 근방이 존재하여 열린구간 I에서의 함수 $y = f(x)$의 그래프로 나타낼 수 있다.

이제 다음 예제에서 다음 공식을 이용하여 음함수의 미분계수를 계산해 보자.

$$\frac{dy}{dx} = -\frac{\dfrac{\partial F}{\partial x}}{\dfrac{\partial F}{\partial y}}$$

예제 12.11

$x^3 + y^3 = 2xy$일 때, $x = 1$, $y = 1$에서의 $\dfrac{dy}{dx}$를 구하여라.

풀이

주어진 방정식을

$$F(x, y) = x^3 + y^3 - 2xy = 0$$

으로 변형하여 공식을 이용하면

$$\frac{dy}{dx} = -\frac{\dfrac{\partial F}{\partial x}}{\dfrac{\partial F}{\partial y}} = -\frac{3x^2 - 2y}{3y^2 - 2x}$$

이므로 $x = 1$, $y = 1$에서의 $\dfrac{dy}{dx}$의 값은 -1이다.

▌방향도함수

2변수 함수 $f(x, y)$에 대한 xy평면 위의 정의역에서 임의의 방향으로의 변화율을 살펴보자. 여기서 방향을 단위벡터 $\mathbf{u}$로 택하기로 한다.

점 $p = (x_0,\ y_0)$에서 방향을 나타내는 길이가 1인 단위벡터 $\mathbf{u} = (u_1,\ u_2)$에 대하여 극한값

$$\lim_{t\to 0}\frac{f(p+tu)-f(p)}{t}$$

이 존재하는 경우, 이 값은 점 $p = (x_0,\ y_0)$에서 t에 대한 함수 $f(x, y)$의 변화율의 극한값이며 이 값을 $\mathbf{u}$ 방향으로의 순간변화율, 즉 방향미분계수라 한다.

정의 12.2.7 방향미분계수

2변수 함수 $f(x, y)$와 단위벡터 $\mathbf{u} = (u_1,\ u_2)$에 대하여 점 $P = (x_0,\ y_0)$에서

$$D_{\mathbf{u}}f(x_0,\ y_0) = \lim_{t\to 0}\frac{f(p+tu)-f(p)}{t}$$

$$= \lim_{t\to 0}\frac{f(x_0+tu_1,\ y_0+tu_2)-f(x_0,\ y_0)}{t}$$

을 함수 f의 점 P에서 $\mathbf{u}$ 방향으로의 방향미분계수라 한다.

함수 $f(x, y)$의 x에 관한 편미분값과 y에 관한 편미분값은 각각 (1, 0), (0, 1) 방향으로의 방향미분계수이다.

$\mathbf{u}$ 방향으로의 방향미분계수는 다음 경도벡터(gradient)로 표현된다.

정의 12.2.8 경도벡터(gradient)

2변수 함수 $f(x, y)$에서 x에 관한 편도함수와 y에 관한 편도함수들로 이루어진 벡터

$$\nabla f = \left(\frac{\partial f}{\partial x},\ \frac{\partial f}{\partial y}\right)$$

를 함수 f의 경도벡터라고 한다.

정리 12.2.9 편도함수가 연속인 함수의 방향미분계수

2변수 함수 $f(x, y)$의 편도함수가 연속이면 점 $(x_0,\ y_0)$에서 함수 $f(x, y)$의 단위벡터 $\mathbf{u}$ 방향으로의 방향미분계수 $D_{\mathbf{u}}f$는 다음과 같다.

$$D_{\mathbf{u}}f(x_0,\ y_0) = \nabla f(x_0,\ y_0)\cdot\mathbf{u}$$

증명

연쇄법칙을 이용하여 다음을 얻는다.

$$\begin{aligned}
D_{\mathbf{u}}f(x_0, y_0) &= \lim_{t\to 0}\frac{f(p+tu)-f(p)}{t} \\
&= \lim_{t\to 0}\frac{f(x_0+tu_1, y_0+tu_2)-f(x_0, y_0)}{t} \\
&= \lim_{t\to 0}\frac{f(x_0+tu_1, y_0+tu_2)-f(x_0, y_0+tu_2)+f(x_0, y_0+tu_2)-f(x_0, y_0)}{t} \\
&= \lim_{t\to 0}\frac{f(x_0+tu_1, y_0+tu_2)-f(x_0, y_0+tu_2)}{t}+\lim_{t\to 0}\frac{f(x_0, y_0+tu_2)-f(x_0, y_0)}{t} \\
&= u_1\lim_{t\to 0}\frac{f(x_0+tu_1, y_0+tu_2)-f(x_0, y_0+tu_2)}{tu_1} \\
&\quad +u_2\lim_{t\to 0}\frac{f(x_0, y_0+tu_2)-f(x_0, y_0)}{tu_2} \\
&= u_1\lim_{t\to 0}\frac{\partial}{\partial x}f(x_0, y_0+tu_2)+u_2\frac{\partial}{\partial x}f(x_0, y_0) \\
&= u_1\frac{\partial}{\partial x}f(x_0, y_0)+u_2\frac{\partial}{\partial x}f(x_0, y_0) \\
&= \nabla f(x_0, y_0)\cdot\mathbf{u}
\end{aligned}$$

■

예제 12.12

함수 $f(x, y)=x^3y^2$의 그래프 위의 점 $(-1, 2)$에서 $\mathbf{a}=(4, -3)$ 방향으로의 방향미분계수를 구하여라.

풀이

$\mathbf{a}=(4, -3)$ 방향의 단위벡터는 $\mathbf{u}=\dfrac{\mathbf{a}}{\|\mathbf{a}\|}$이므로

$$\|\mathbf{a}\|=\sqrt{4^2+3^2}=5$$

에서 $\mathbf{u}=\left(\dfrac{4}{5}, -\dfrac{3}{5}\right)$이다. 경도를 구하면

$$\nabla f=\left(\frac{\partial f}{\partial x}, \frac{\partial f}{\partial y}\right)=(3x^2y^2, 2x^3y)$$

$$\nabla f(-1, 2)=(3(-1)^2 2^2, 2(-1)^3\times 2)=(12, -4)$$

이므로 구하는 방향미분계수는 다음과 같다.

$$D_{\mathbf{u}}f(-1, 2)=\nabla f(-1, 2)\cdot\mathbf{u}=(12, -4)\cdot\left(\frac{4}{5}, -\frac{3}{5}\right)=\frac{48}{5}+\frac{12}{5}=12$$

경도벡터와 등위곡선

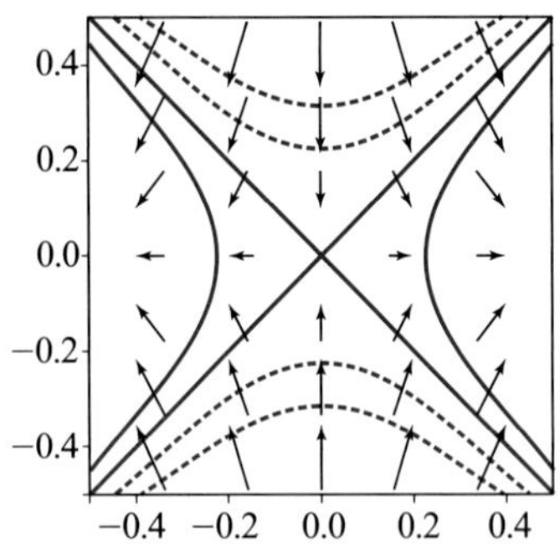

그림 12.2.4

2변수 함수 $f(x, y)$의 경우 등위집합은 등위곡선(level curve)이 되며, 등위선과 경도벡터에 대한 다음 사실을 알 수 있다.

정리 12.2.10 등위선과 경도벡터의 관계

등위선 $f(x, y) = c$의 접선은 경도벡터와 수직을 이룬다.

증명

매개변수 t로 표현된 어떤 함수 벡터 $\mathbf{r}(t) = (g(t), h(t))$가 그 등위선 위를 지나는 경우 다음을 만족한다.

$$f(g(t), h(t)) = c$$

연쇄법칙을 이용하여 위 식의 양변을 t에 대하여 미분하면

$$\frac{\partial f}{\partial x} g'(t) + \frac{\partial f}{\partial y} h'(t) = 0$$

이다. 따라서 $\mathbf{r}'(t) = (g'(t), h'(t))$에 대하여

$$\left(\frac{\partial f}{\partial x}, \frac{\partial f}{\partial y}\right) \cdot (g'(t), h'(t)) = \nabla f \cdot \mathbf{r}'(t) = 0$$

이 되어 경도벡터는 등위선 위의 곡선 $r(t)$의 접선 방향(속도벡터)에 수직이다. 이는 등위선 위의 임의의 곡선 $r(t)$에 대하여 성립하므로 등위벡터는 등위곡선 $f(x, y) = c$의 접선에 수직이다. ■

정리 12.2.10을 이용하면 상수 c에 대하여 방정식 $f(x, y) = c$로 주어진 곡선 위의 한 점에서의 접선의 방정식을 구할 수 있다. 다음 예제에서 자세히 살펴보자.

예제 12.13

타원 $\frac{x^2}{4} + y^2 = 2$ 위의 한 점 $(-2, 1)$에서 그은 접선의 방정식을 구하여라.

풀이

타원 $\frac{x^2}{4} + y^2 = 2$는 2변수 함수 $f(x, y) = \frac{x^2}{4} + y^2$이 2일 때 만들어지는 등위곡선이다. 점 $(-2, 1)$에서 경도를 구하면 다음과 같다.

$$\nabla f(-2, 1) = \left(\frac{x}{2},\ 2y\right)\Big|_{(-2,1)}$$
$$= (-1, 2)$$

따라서 점 (−2, 1)에서의 접선의 방정식은

$$(-1)\{x-(-2)\} + 2(y-1) = 0$$

즉, $x - 2y = -4$이다.

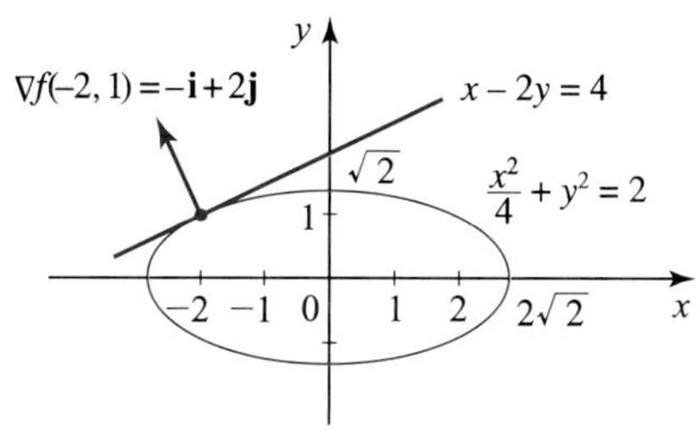

12.2.5

연습문제 12.2

1. 다음 함수에 대하여 $\frac{\partial z}{\partial x}$, $\frac{\partial z}{\partial y}$를 구하여라.

(1) $z = 6x^2y^2$ (2) $z = \sin x^2y^2$

(3) $z = e^{xy}\sin xy^3$ (4) $z = x^4 \ln(2 + xy)$

2. 함수 $f(x, y) = x^2y^3e^{xy}$에 대하여 다음을 구하여라.

(1) $f_x(1, 1)$ (2) $f_y(1, 1)$

3. 함수 $f(x, y) = x^2y^5 - 2xy^2 + xy + 3$에 대하여 다음을 구하여라.

(1) f_{xxx} (2) f_{xyy}

(3) f_{yyx} (4) f_{yyy}

(5) $f_{xxx}(0, 1)$ (6) $f_{xyy}(0, 1)$

(7) $f_{yyx}(0, 1)$ (8) $f_{yyy}(0, 1)$

4. 다음 함수의 전미분을 구하여라.

(1) $f(x, y) = \frac{1}{3}x^3y^3$ (2) $f(x, y) = \arctan\frac{y}{x}$

5. 함수 $z = \sqrt{2x - 4y}$, $x = \ln t$, $y = 1 - 3t^3$에 대하여 $\frac{dz}{dt}$를 구하여라.

6. 함수 $z = \frac{4}{xy} - \frac{x}{y}$, $x = u^2$, $y = uv$에 대하여 $\frac{\partial z}{\partial u}$, $\frac{\partial z}{\partial v}$를 구하여라.

7. $x^2 - xy + y^3 = 8$일 때, $\frac{dy}{dx}$를 구하여라.

8. 함수 f의 점 P에서 v 방향으로의 방향미분계수를 구하여라.

(1) $f(x, y) = 1 + 2x\sqrt{y}$, $P(3, 4)$, $v = (4, -3)$

(2) $f(x, y) = x^4 - x^2y^3$, $P(2, 1)$, $v = (1, 3)$

9. 타원 $\frac{x^2}{a^2} + \frac{y^2}{b^2} = 1$ 위의 점 (x_0, y_0)에서 접선의 방정식이 $\frac{x_0x}{a^2} + \frac{y_0y}{b^2} = 1$임을 보여라.

12.3 2변수 함수의 최대·최소

이 절에서는 편도함수를 이용하여 2변수 함수의 극댓값과 극솟값, 최댓값과 최솟값에 대하여 알아본다.

극댓값과 극솟값

2변수 함수 $f(x, y)$가 정의역에 속한 점 (a, b)의 어떤 근방의 모든 점 (x, y)에 대하여

$$f(x, y) \le f(a, b)$$

일 때, 점 (a, b)를 함수 f의 극대점이라 하고 이때 $f(a, b)$를 함수 f의 **극댓값**(relative maximum)이라 한다. 점 (a, b)의 어떤 근방의 모든 점 (x, y)에 대하여

$$f(x, y) \ge f(a, b)$$

일 때, 점 (a, b)를 함수 f의 극소점이라 하고 이때 $f(a, b)$를 함수 f의 **극솟값**(relative minimum)이라 한다. 또한, 극대점과 극소점을 통틀어 **극점**이라고 하고 극댓값과 극솟값을 통틀어 **극값**이라고 부른다.

정리 12.3.1 극점에서의 편도함수

점 (a, b)가 2변수 함수 $f(x, y)$의 극점이고, 편도함수 $f_x(a, b)$, $f_y(a, b)$가 존재하면 다음을 만족한다.

$$f_x(a, b) = 0,\ f_y(a, b) = 0$$

정리 12.3.1의 역의 경우 반드시 성립하는 것은 아니다. 즉, $f_x(a,b) = f_y(a,b) = 0$이라고 해서 함수 f가 점 (a, b)에서 극값을 반드시 갖는 것은 아니므로 위 조건은 극값의 필요조건이다. 따라서 편미분계수가 존재하지 않는 점들까지 고려하여 극값을 가질 수 있는 가능성이 있는 점들을 다음 정의를 통해 찾을 수 있다.

정의 12.3.2 임계점

함수 $f(x, y)$가 점 (a, b)에서 $f_x(a,b) = f_y(a,b) = 0$이거나 두 편도함수 중 적어도 하나가 존재하지 않을 때, 점 (a, b)를 함수 f의 **임계점**(critical point)이라 한다.

예제 12.14

함수 $f(x, y) = x^3 - 3xy + y^3$의 임계점을 모두 구하여라.

풀이

함수 $f(x, y)$는 모든 점에서 편미분 가능하다. 즉, 임계점에서는 적어도

$$f_x(x, y) = f_y(x, y) = 0$$

이므로 x와 y에 관한 각각의 편도함수에 대하여 다음 방정식을 얻는다.

$$0 = f_x(x, y) = 3x^2 - 3y$$
$$0 = f_y(x, y) = -3x + 3y^2$$

위 연립방정식을 풀면

$$x = 0,\ y = 0 \text{ 또는 } x = 1,\ y = 1$$

이므로 임계점은 두 점 $(0, 0)$, $(1, 1)$이다.

예제 12.15

함수 $f(x, y) = y^2 - x^2$에 대하여 물음에 답하여라.

(1) 함수의 임계점을 구하여라.

(2) (1)에서 구한 임계점 중 극값을 갖는 점은 무엇인가?

풀이

(1) 극점이기 위해서는 최소한 임계점이 되어야 하므로

$$0 = f_x(x, y) = -2x$$
$$0 = f_y(x, y) = 2y$$

로부터 임계점 $(0, 0)$을 얻는다.

(2) 그런데 $f(x, 0) = -x^2$이므로 점 $(0, 0)$는 극소점이 아님을 알 수 있다. 또한, $f(0, y) = y^2$이므로 점 $(0, 0)$은 극대점도 될 수 없다. 따라서 함수 f의 극점은 존재하지 않는다.

예제 12.15에서 나온 점 $(0, 0)$처럼 임계점이지만 극점이 아닌 점을 안장점(saddle point)이라고 한다.

일변수 함수의 경우 2계 도함수로 함수의 극값을 결정하는데, 마찬가지로 일부 2변수 함수의 경우에 2계 편도함수로 극값을 구할 수 있다. 다음 정리에서 그 방법을 소개한다.

정리 12.3.3 2계 편도함수를 이용한 극점 판정

2변수 함수 $f(x, y)$가 정의역에 속한 점 (a, b) 근방에서

$$f_x(a, b) = 0, \quad f_y(a, b) = 0$$

이 성립하고, 2계 도함수에 대하여 판별식

$$D = f_{xx}(a, b) f_{yy}(a, b) - \{f_{xy}(a, b)\}^2$$

이 주어질 때,

(1) $D > 0$, $f_{xx}(a, b) < 0$이면 점 (a, b)는 함수 f의 극대점이다.
(2) $D > 0$, $f_{xx}(a, b) > 0$이면 점 (a, b)는 함수 f의 극소점이다.
(3) $D < 0$이면 점 (a, b)는 함수 f의 안장점이다.
(4) $D = 0$이면 이 방법으로는 점 (a, b)가 함수 f의 극점인지 판정할 수 없다.

예제 12.16

함수 $f(x, y) = x^2 + y^2$의 극값을 구하여라.

풀이

극점이기 위해서는 최소한 임계점이 되어야 하므로

$$0 = f_x(x, y) = 2x$$
$$0 = f_y(x, y) = 2y$$

로부터 임계점 (0, 0)을 얻는다. 이때

$$f_{xx}(0, 0) = 2, \quad f_{yy}(0, 0) = 2, \quad f_{xy}(0, 0) = 0$$

이므로

$$D = 4 > 0, \; f_{xx}(0, 0) = 2 > 0$$

이다. 정리 12.3.3으로부터 임계점 (0, 0)은 극소점이고, 극솟값은 $f(0, 0) = 0$이다.

최댓값과 최솟값

2변수 함수 $f(x, y)$가 정의역에 속한 모든 점 (x, y)에 대하여

$$f(x, y) \leq f(a, b)$$

일 때, 함수 $f(x, y)$는 점 (a, b)에서 **최댓값**(maximum) $f(a, b)$를 갖는다고 한다. 마찬가지로 모든 점 (x, y)에 대하여

$$f(x, y) \ge f(a, b)$$

일 때, 점 (a, b)에서 **최솟값**(minimum) $f(a, b)$를 갖는다고 한다.

일변수 함수에서처럼 2변수 함수 $f(x, y)$의 최댓값과 최솟값의 존재성의 대한 다음 정리를 소개한다. 증명은 생략한다.

정리 12.3.4 2변수 함수의 최댓값과 최솟값

2변수 함수 $f(x, y)$에 대하여 함수 f가 연속이고 정의역이 유계이며 닫힌집합이면 함수 f는 정의역에서 최댓값과 최솟값을 갖는다.

2차원 평면의 부분집합으로 주어진 영역이 유계인 것은 어떤 실수 r이 존재하여 주어진 영역의 임의의 원소 (x, y)가

$$x^2 + y^2 \le r^2$$

을 만족함을 뜻한다. 또한, 닫힌집합은 그 집합의 모든 경계를 포함하는 집합을 말한다.

다음 예제에서 2변수 함수의 최댓값과 최솟값 구하는 과정을 살펴보자.

예제 12.17

함수 $f(x, y) = x^2 + y^2 + x^2 y + 2$의 영역 $D = \{(x, y) | -1 \le x \le 1, -1 \le y \le 1\}$에서의 최댓값과 최솟값을 구하여라.

풀이

$D = \{(x, y) \mid -1 \le x \le 1, -1 \le y \le 1\}$의 임의의 원소 (x, y)는

$$x^2 + y^2 \le 2$$

를 만족한다. 즉, D는 유계이고 경계를 포함하므로 닫힌 집합이다. 따라서 정리 12.3.4에 의해 연속함수 $f(x, y) = x^2 + y^2 + x^2 y + 2$는 영역 D에서 최댓값과 최솟값을 갖는다.
영역 D에 속한 극값을 구한 다음(①), 영역 D의 경계에서의 최댓값, 최솟값을 구하여(②) 두 과정에서 구한 값들을 비교하여 함수 f의 영역 D에서의 최댓값과 최솟값을 구한다.

① 영역 D에 속한 극값을 구하기 위해 임계점을 구한다.

$$f_x = 2x + 2xy = 2x(1 + y) = 0$$
$$f_y = 2y + x^2 = 0$$

을 만족하는 해는 두 점 $(0, 0)$, $(\pm\sqrt{2}, -1)$인데 이 중 영역 D에 속하는 것은 점 $(0, 0)$이다. 이때

$$f_{xx} = 2 + 2y, \quad f_{yy} = 2, \quad f_{xy} = 2x$$

이므로 점 $(0, 0)$에서 $f_{xx} f_{yy} - (f_{xy})^2$의 값은 4, 즉 양수이고 $f_{xx}(0, 0) = 2 > 0$이다. 따라서 함수 f는 점 $(0, 0)$에서 극솟값

$$f(0, 0) = 2$$

를 갖는다.

② 영역 D의 경계는 다음과 같다.

$$\{(\pm1,\ y)\mid -1\le y\le 1\}\cup\{(x,\ \pm1)\mid -1\le x\le 1\}$$

영역 $\{(1, y)\mid -1\le y\le 1\}$에서 함수

$$f(1, y)=1+y^2+y+2=\left(y+\frac{1}{2}\right)^2+\frac{11}{4}$$

의 최솟값과 최댓값은 다음과 같다.

$$f\left(1, -\frac{1}{2}\right)=\frac{11}{4},\quad f(1,1)=5$$

영역 $\{(-1, y)\mid -1\le y\le 1\}$의 경우 $f(-1,\ y)=f(1,\ y)$이므로 마찬가지로 최솟값과 최댓값은 다음과 같다.

$$f\left(1, -\frac{1}{2}\right)=\frac{11}{4},\quad f(1,1)=5$$

영역 $\{(x,1)\mid -1\le x\le 1\}$에서의 함수

$$f(x,1)=x^2+1+x^2+2=2x^2+3$$

의 최솟값과 최댓값은 다음과 같다.

$$f(0,1)=3,\quad f(1,1)=5$$

영역 $\{(x, -1)\mid -1\le x\le 1\}$에서의 함수

$$f(x,\ -1)=x^2+1-x^2+2=3$$

의 최솟값과 최댓값은 모두 3이다.

①, ②에서의 극값과 각 경계에서의 최댓값과 최솟값들을 비교하면 영역 D에서의 함수 $f(x, y)$의 최솟값과 최댓값은 각각 다음과 같다.

$$f(0,\ 0)=2,\ f(\pm1,\ 1)=5$$

연습문제 12.3

1. 연속인 2계 편도함수를 갖는 함수 f에 대하여 점 (1, 1)이 임계점일 때, 다음 조건으로부터 알 수 있는 것은 무엇인가?

(1) $f_{xx}(1,\ 1)=4,\ f_{xy}(1,\ 1)=1,\ f_{yy}(1,\ 1)=2$

(2) $f_{xx}(1,\ 1)=4,\ f_{xy}(1,\ 1)=3,\ f_{yy}(1,\ 1)=2$

2. 다음 함수의 안장점과 극점, 극값을 구하여라.

(1) $f(x,\ y)=xy-x-y$

(2) $f(x,\ y)=3xy+x^2-y^3$

(3) $f(x,\ y)=9-2x+4y-x^2-4y^2$

(4) $f(x,\ y)=x^2+y^2+xy^2+4$

(5) $f(x,\ y)=e^x\cos y$

(6) $f(x,\ y)=(x^2+y^2)e^{y^2-x^2}$

3. 영역 D에서의 함수 f의 최댓값과 최솟값을 구하여라.

(1) $f(x, y) = x^2 + y^2 + x^2 y + 4$,
$D = \{(x, y) \mid |x| \le 1, |y| \le 1\}$

(2) $f(x, y) = x^4 + y^4 - 4xy + 2$,
$D = \{(x, y) \mid 0 \le x \le 3, 0 \le y \le 2\}$

(3) $f(x, y) = 2x^3 + y^4$, $D = \{(x, y) \mid x^2 + y^2 \le 1\}$

12.4 라그랑주 승수법

등식 조건을 갖는 다변수 함수의 최댓값과 최솟값

이 절에서는 $g(x, y) = k$와 같은 방정식 형태의 조건이 있는 다변수 함수 f의 최댓값 또는 최솟값을 구하는 라그랑주 승수법을 소개한다. 여기서는 간단히 2변수 함수만 고려하여 이야기할 것이며, 다음의 모든 논의는 임의의 다변수 함수로 확장할 수 있다.

두 가지 경우를 그림을 통해 살펴보자.

[경우 1] 그림 12.4.1은 등식 $g(x, y) = xy = 1$을 만족하는 2변수 함수 $f(x, y) = x^2 + y^2$의 등위곡선 $f(x, y) = x^2 + y^2 = c$ (단, $c = 0.2, 1.0, 2.0, 4.0, 6.0$)을 그린 것이다.

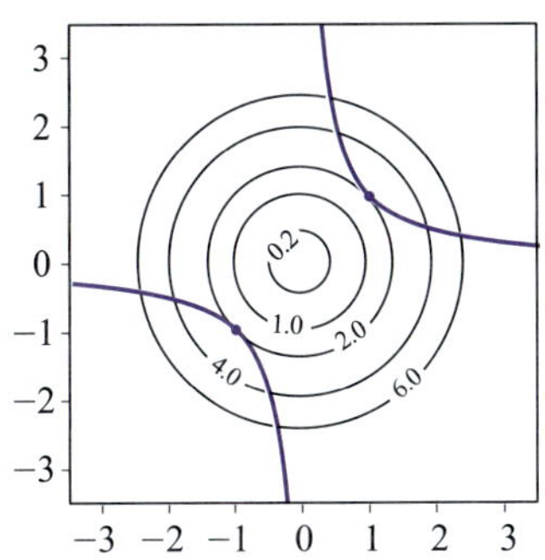

그림 12.4.1

그림 12.4.1로부터 제한 조건인

$$\{(x, y) \mid g(x, y) = xy = 1\}$$

위에서의 함수 f는 최솟값 2.0을 갖으며 최댓값은 갖지 않음을 알 수 있다. 정리 12.3.4로부터 정의역이 유계이고 경계를 포함하는 연속함수는 최댓값과 최솟값을 가지는데, 영역 $\{(x, y) \mid g(x, y) = xy = 1\}$은 유계가 아니므로 이 영역에서 함수 f의 최댓값이 반드시 존재하는 것은 아니다. 다음 예를 살펴보자.

[경우 2] 그림 12.4.2는 등식 $g(x,\ y) = x^2 + y^2 = 1$을 만족하는 함수 $f(x,\ y) = x + y^2$의 등위선 $f(x,\ y) = x + y^2 = c$ (단, $c = -1.0,\ -0.5,\ 0.5,\ 1.25,\ 2.0$)을 그린 것이다.

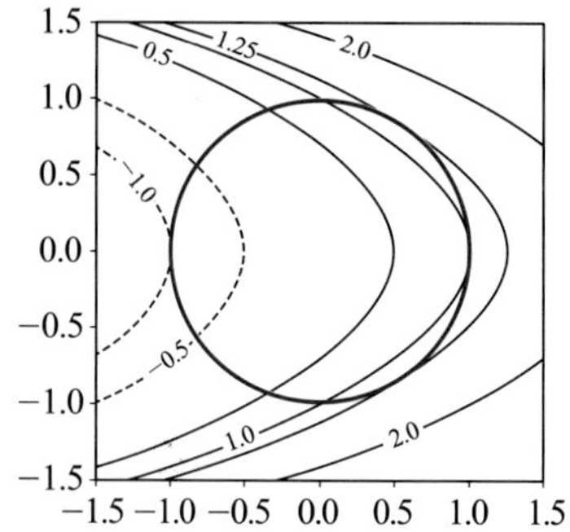

그림 12.4.2

영역 $\{(x, y) \mid g(x, y) = x^2 + y^2 = 1\}$은 유계이고 경계를 포함하므로 정리 12.3.4에 의해 함수 $f(x,\ y) = x + y^2$은 이 영역에서 최댓값과 최솟값을 갖는다. 그림에서 최댓값은 1.25이고, 최솟값은 −1.0임을 알 수 있다.

이제 위 두 문제의 해답을 정확하게 계산하는 방법을 알아보자.

라그랑주 승수법

등식 조건을 갖는 2변수 함수의 최댓값과 최솟값

등식 $g(x,\ y) = k$(k는 상수)를 만족하는 함수 $f(x,\ y)$의 최댓값과 최솟값은 곡선 $g(x,\ y) = k$와 교차하는 등위곡선 $f(x,\ y) = c$에서 c의 최댓값과 최솟값과 같다.

그림 12.4.3으로부터 최댓값 또는 최솟값을 갖는 상황은 두 곡선 $g(x,\ y) = k$, $f(x,\ y) = c$가 서로 접할 때, 즉 하나의 공통접선을 가질 때 일어난다는 것을 알 수 있다.

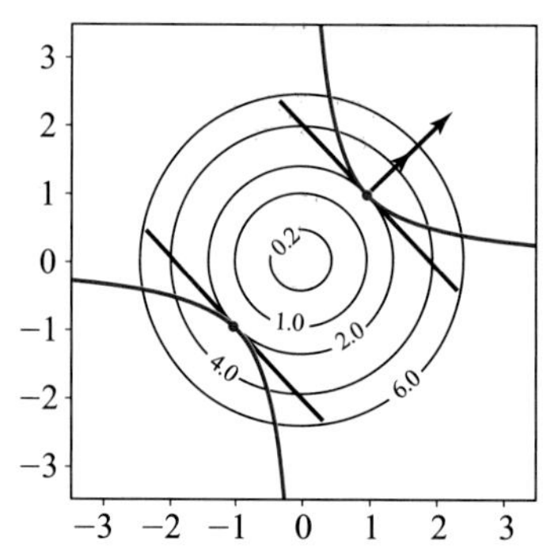

그림 12.4.3

또한, 정리 12.2.10으로부터 경도벡터는 등위곡선의 접선에 수직이다. 따라서 적당한 스칼라 λ에 대하여 다음 조건을 만족한다.

$$\nabla f(x_0, y_0) = \lambda \nabla g(x_0, y_0)$$

위 식에서 λ를 **라그랑주 승수**(Lagrange multiplier)라 부른다. 즉, 조건 $g(x, y) = k$를 만족하는 $f(x, y)$의 최댓값과 최솟값을 구하려면

$$\nabla f(x, y) = \lambda \nabla g(x, y)$$
$$g(x, y) = k$$

를 만족하는 x, y, λ를 구해야 한다. 이는 다음과 같은 세 미지수를 갖는 연립방정식을 푸는 일에 해당한다.

$$f_x = \lambda g_x,$$
$$f_y = \lambda g_y,$$
$$g(x, y) = k$$

정확한 λ의 값을 구할 필요가 없을 수도 있다. 다음 예제를 통하여 구체적인 계산 과정을 살펴보자.

예제 12.18

원 $x^2 + y^2 = 1$ 위에서 정의된 함수 $f(x, y) = x^2 + y$의 최댓값과 최솟값을 구하여라.

풀이

등식 $g(x, y) = x^2 + y^2 = 1$을 만족하는 함수 $f(x, y) = x^2 + y$의 최댓값, 최솟값을 구하는 문제이다.
라그랑주 승수법을 이용하여 방정식

$$\nabla f = \lambda \nabla g,$$
$$g(x, y) = 1$$

을 풀어야 한다. 즉,

$$f_x = \lambda g_x, \quad f_y = \lambda g_y, \quad g(x, y) = 1$$

인 연립방정식

$$2x = 2\lambda x,$$
$$1 = 2\lambda y,$$
$$x^2 + y^2 = 1$$

을 만족하는 x, y를 찾는다.

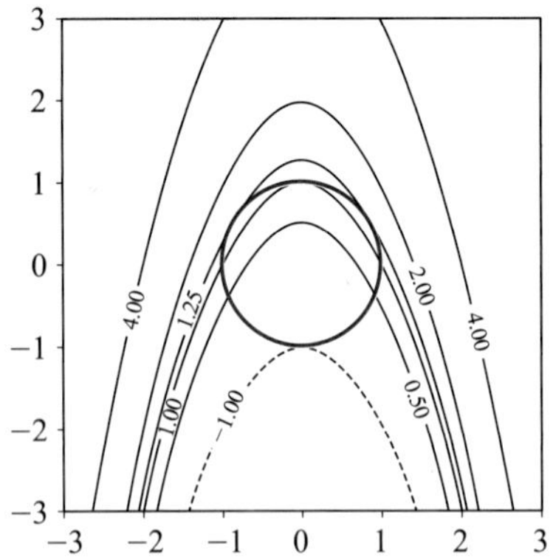

그림 12.4.4

먼저 $2x = 2\lambda x$로부터 $x = 0$ 또는 $\lambda = 1$을 얻는다. $x = 0$이면 $x^2 + y^2 = 1$에서 $y = \pm 1$이며 적당한 λ에 대하여 위 연립방정식을 만족한다.

$\lambda = 1$이면 $1 = 2y\lambda$로부터 $y = \dfrac{1}{2}$이고 따라서 $x^2 + y^2 = 1$로부터 $x = \pm\dfrac{\sqrt{3}}{2}$이다. 그러므로 위 연립방정식을 만족하는 (x, y)는

$$(0,\ 1),\ (0,\ -1),\ \left(\frac{\sqrt{3}}{2},\ \frac{1}{2}\right),\ \left(-\frac{\sqrt{3}}{2},\ \frac{1}{2}\right)$$

이며 이 네 점에서 함수 f는 최댓값, 최솟값을 가질 수 있다. 특히 $g(x, y) = x^2 + y^2 = 1$을 만족하는 점들은 유계인 곡선으로 연속함수 $f(x, y) = x^2 + y$는 최댓값과 최솟값을 갖는다. 따라서 위 네 개의 점에서의 함숫값 f를 비교하여 $f(0, -1) = -1$은 최솟값이고 $f\left(\pm\dfrac{\sqrt{3}}{2}, \dfrac{1}{2}\right) = \dfrac{5}{4}$는 최댓값임을 알 수 있다.

연습문제 12.4

1. 주어진 조건을 만족하는 함수 f의 최댓값과 최솟값을 구하여라.

(1) $f(x, y) = 2x + y,\ x^2 + y^2 = 1$

(2) $f(x, y) = x^2 - y^2,\ x^2 + y^2 = 4$

(3) $f(x, y) = xy,\ 4x^2 + 9y^2 = 36$

(4) $f(x, y) = x^2y,\ x^2 + 2y^2 = 6$

(5) $f(x, y, z) = x^2 + y^2 + z^2,\ 3x + 2y + z = 6$

(6) $f(x, y, z) = x + y + z,\ x^2 + 4y^2 + 9z^2 = 36$

(7) $f(x, y, z) = xy + 2z,\ x^2 + y^2 + z^2 = 36$

(8) $f(x, y, z) = xyz,\ x^2 + 2y^2 + 3z^2 = 6$

2. 다음 도형 위의 점들 중에서 원점에 가장 가까운 점을 찾아라(단, 거리의 제곱을 최소화한다).

(1) 쌍곡선 $xy = 1$　　(2) 직선 $3x + 4y = 100$

CHAPTER

13

다변수 함수의 적분

13.1 이중적분의 정의 및 기본 성질

이중적분

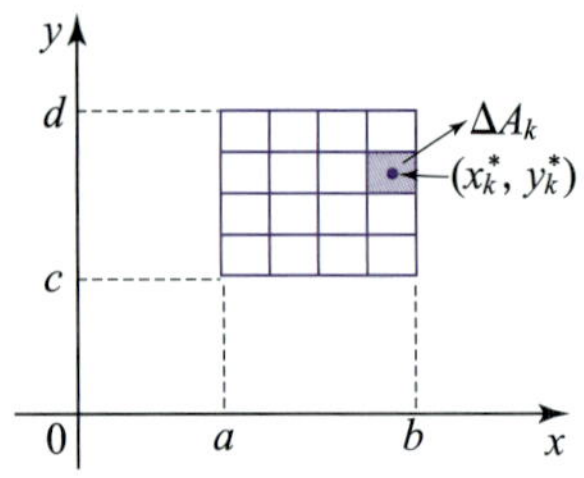

그림 13.1.1

이중적분(중적분)은 일변수 함수의 정적분을 2변수 함수에 대하여 확장하는 것으로 정의할 수 있다. 독립변수가 두 개인 2변수 함수 $f(x, y)$가 닫힌영역(closed resion) R에서 정의되어 있을 때 영역 R에서의 이중적분을 정의해 보자. 먼저 직사각형 $R=[a,b]\times[c,d]=\{(x,y)\,|\,a\le x\le b,\ c\le y\le d\}$를 그림 13.1.1과 같이 좌표축에 평행한 직선들을 통해 유한 개의 작은 직사각형들로 나누었을 때, 나누어진 사각형들을 $A_1, A_2, \cdots, A_n$으로 표시하고 이 n개의 직사각형들의 집합을 영역 R의 분할(partition) P라 하자. 그리고 이 직사각형들 중 가장 긴 대각선의 길이를 δ라 하고 그 작은 직사각형들의 넓이를 각각 $\Delta A_1, \Delta A_2, \cdots, \Delta A_n$으로 표시하자. 이 분할된 작은 직사각형 내에서 임의로 한 점씩을 선택하여 다음과 같이 표시한다.

$$(x_1^*, y_1^*), (x_2^*, y_2^*), \cdots, (x_n^*, y_n^*)$$

직사각형 내에서 선택된 각 점에서의 함숫값과 그 직사각형의 넓이를 곱한 것들의 총합

$$S_n = \sum_{k=1}^{n} f(x_k^*, y_k^*)\Delta A_k$$

를 $z=f(x, y)$에 대한 리만합이라 한다. 여기서 분할 P의 δ가 0에 가까워지도록 직사각형의 개수 n이 ∞가 되도록 하자. 이때 $\lim_{n\to\infty} S_n = \lim_{\delta\to 0}\sum_{k=1}^{n} f(x_k^*, y_k^*)\Delta A_k$가 존재할 때, 함수 $z=f(x, y)$는 영역 R에서 이중적분 가능하다고 하고

$$\iint_R f(x, y)\,dA = \lim_{n\to\infty}\sum_{k=1}^{n} f(x_k^*, y_k^*)\Delta A_k$$

또는 $\iint_R f(x, y)\,dydx$와 같이 표기한다. 이 값을 직사각형 영역 R에서 함수 f의 **이중적분**(double integral)이라 한다.

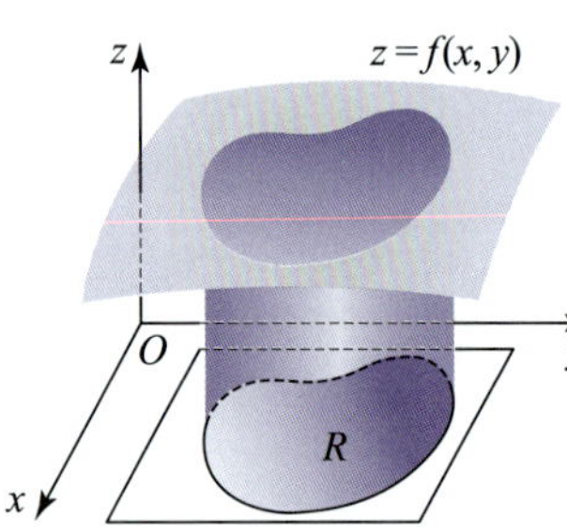

그림 13.1.2

만약 2변수 함수 $f(x, y)$의 값이 R의 전 영역에서 양수이면

$$f(x_k^*, y_k^*)\Delta A_k$$

는 ΔA_k를 밑넓이로 하고 높이가 $f(x_k^*, y_k^*)$인 수직기둥의 부피이므로 $\iint_R f(x, y)\,dA$는 밑면 R이고 윗면이 $z=f(x, y)$인 그림 13.1.2와 같은 수직기둥의 부피가 된다. 여기서 상수함수 $f(x, y)=1$을 영역 R에서 적분하게 되면 R의 넓이 $A(R)$을 얻게 된다. 즉, 다음과 같다.

$$\iint_R 1dA = A(R)$$

또한, 중적분 $\iint_R dA$는 밑면이 R이고 높이가 1인 기둥면의 부피로도 생각할 수 있다.

반복적분

이중적분은 정의로 직접 계산하기는 매우 어렵고 경우에 따라서는 적분 자체가 불가능하다. 그러나 일변수 함수의 정적분을 반복하여 계산하는 **반복적분**(iterated integral) 방법으로 이중적분을 쉽게 계산할 수 있다.

2변수 함수 $f(x, y)$가 직사각형 영역 $R=[a,b]\times[c,d]$에서 적분 가능한 함수라 하자. x를 고정시키고 $f(x, y)$가 $y = c$에서 $y = d$까지 y에 관한 적분임을 나타내기 위해 기호

$$\int_c^d f(x, y)\,dy$$

를 사용한다. 이 절차는 y에 관한 **편적분**(partial integration)이라고 부른다. 마찬가지로 y를 고정시키고 x에 관하여 적분한 것을 x에 관한 편적분이라 하고 기호

$$\int_a^b f(x, y)\,dx$$

로 나타낸다. y에 관한 편적분의 결과는 x에 관한 함수이므로

$$A(x)=\int_c^d f(x, y)\,dy$$

라 하자. 함수 $A(x)$를 $x = a$에서 $x = b$까지 x에 관하여 적분하면

$$\int_a^b A(x)dx=\int_a^b\left[\int_c^d f(x, y)\,dy\right]dx$$

를 얻는다. 위 식의 우변에 있는 적분을 반복적분이라고 부른다. 보통 괄호를 생략하여

$$\int_a^b\left[\int_c^d f(x, y)\,dy\right]dx=\int_a^b\int_c^d f(x, y)\,dydx$$

와 같이 쓴다. 마찬가지로

$$\int_c^d\left[\int_a^b f(x, y)\,dx\right]dy=\int_c^d\int_a^b f(x, y)\,dxdy$$

는 x에 관한 편적분을 먼저 계산하고 그 결과를 y에 관하여 $y = c$에서 $y = d$까지

적분함을 의미한다. 위 두 반복적분은 내부의 적분을 먼저 계산하고 그 다음 외부의 적분을 계산한다는 것에 주목하라.

예제 13.1

다음을 구하여라.

(1) $\int_0^1 x^3 y dx$ (2) $\int_0^1 x^3 y dy$

풀이

(1) y를 상수로 보고 적분하면 다음을 얻는다.

$$\int_0^1 x^3 y dx = y\int_0^1 x^3 dx = y\left[\frac{x^4}{4}\right]_{x=0}^{x=1} = \frac{y}{4}$$

(2) x를 상수로 보고 적분하면 다음을 얻는다.

$$\int_0^1 x^3 y dy = x^3\int_0^1 y dy = x^3\left[\frac{y^2}{2}\right]_{y=0}^{y=1} = \frac{x^3}{2}$$

예제 13.2

다음을 구하여라.

(1) $\int_0^3\int_1^2 x^2 y dy dx$ (2) $\int_1^2\int_0^3 x^2 y dx dy$

풀이

(1) x를 상수로 보고 y에 관한 안쪽 적분을 하면

$$\int_1^2 x^2 y dy = \left[\frac{x^2 y^2}{2}\right]_{y=1}^{y=2} = \frac{3}{2}x^2$$

이 된다. 이 결과를 $x = 0$부터 $x = 3$까지 적분하면 다음을 얻는다.

$$\int_0^3 \frac{3}{2}x^2 dx = \left[\frac{x^3}{2}\right]_0^3 = \frac{27}{2}$$

(2) y를 상수로 보고 x에 관한 적분을 먼저 한 후, $y = 1$부터 $y = 2$까지 적분하면 다음을 얻는다.

$$\int_1^2\int_0^3 x^2 y dx dy = \int_1^2\left[\int_0^3 x^2 y dx\right]dy = \int_1^2\left[\frac{x^3 y}{3}\right]_{x=0}^{x=3} dy$$

$$= \int_1^2 9y dy = \left[\frac{9y^2}{2}\right]_1^2 = \frac{27}{2}$$

예제 13.2는 x와 y 중 어느 것에 관해 먼저 적분해도 같은 결과를 얻는다는 것을 보여 준다. 즉, 적당한 조건 하에 이중적분은 두 가지 순서의 반복적분으로 표현되며, 그 두 값은 순서에 관계없이 같다.

정리 13.1.1 푸비니 정리

함수 f가 직사각형 영역 $R=\{(x, y) \mid a \le x \le b,\ c \le y \le d\}$에서 연속이면 다음이 성립한다.

$$\iint_R f(x, y)\,dA = \int_a^b \int_c^d f(x, y)\,dy\,dx = \int_c^d \int_a^b f(x, y)\,dx\,dy$$

예제 13.3

영역 $R=[1, 2] \times [0, \pi]$에 대하여 이중적분 $\iint_R y\sin(xy)\,dA$를 구하여라.

풀이

피적분함수가 y와 사인함수의 곱의 형태이므로 푸비니 정리에 의해 x에 관하여 적분한 후 y에 관하여 적분해도 결과는 같다.

$$\begin{aligned}\iint_R y\sin(xy)\,dA &= \int_0^{\pi}\int_1^2 y\sin(xy)\,dx\,dy \\ &= \int_0^{\pi}[-\cos(xy)]_{x=1}^{x=2}\,dy \\ &= \int_0^{\pi}(-\cos 2y + \cos y)\,dy \\ &= \left[-\frac{1}{2}\sin 2y + \sin y\right]_0^{\pi} = 0\end{aligned}$$

예제 13.3에서 반복적분 순서를 바꾸어

$$\iint_R y\sin(xy)\,dA = \int_1^2 \int_0^{\pi} y\sin(xy)\,dy\,dx$$

로 계산하면 적분 계산이 복잡해진다. 그러므로 이중적분 계산을 할 때엔 적분 계산이 쉽도록 적분 순서를 선택하는 것이 좋다.

함수 $f(x, y)$가 x만의 함수와 y만의 함수의 곱으로 인수분해되는 특별한 경우, 함수 f의 이중적분은 보다 간단한 형태로 나타낼 수 있다. 즉, $f(x, y) = g(x)h(y)$이고 직사각형 영역 $R=[a, b]\times[c, d]$라 하면 푸비니 정리에 의해

$$\iint_R f(x, y)\,dA = \int_a^b g(x)\,dx \times \int_c^d h(y)\,dy$$

와 같이 두 일변수 함수의 정적분의 곱으로 쓸 수 있다.

예제 13.4

영역 $R = \left[0, \frac{\pi}{2}\right] \times \left[0, \frac{\pi}{2}\right]$에 대하여 이중적분 $\iint_R \sin x \cos y\, dA$를 구하여라.

풀이

$$\begin{aligned}\iint_R \sin x \cos y\, dA &= \int_0^{\frac{\pi}{2}} \sin x\, dx \int_0^{\frac{\pi}{2}} \cos y\, dy \\ &= [-\cos x]_0^{\frac{\pi}{2}} [\sin y]_0^{\frac{\pi}{2}} \\ &= 1 \times 1 = 1\end{aligned}$$

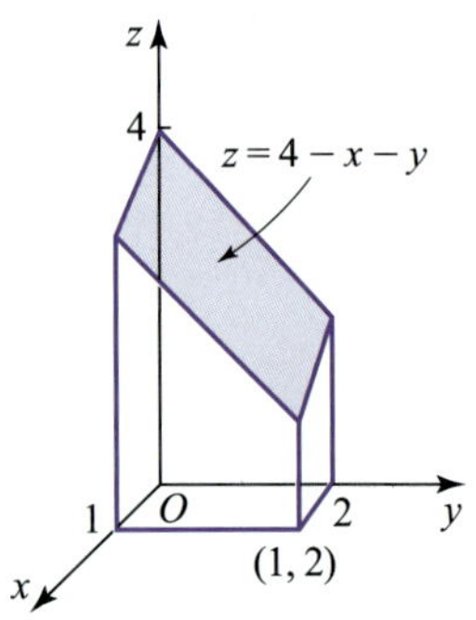

그림 13.1.3

예제 13.5

영역 $R = [0, 1] \times [0, 2]$와 함수 $z = 4 - x - y$에 대하여 그림 13.1.3과 같은 도형을 얻는다. 이 도형의 부피를 구하여라.

풀이

$$\begin{aligned}\iint_R (4 - x - y)\,dA &= \int_0^2 \int_0^1 (4 - x - y)\,dx\,dy \\ &= \int_0^2 \left[4x - \frac{x^2}{2} - xy\right]_{x=0}^{x=1} dy \\ &= \int_0^2 \left(\frac{7}{2} - y\right) dy \\ &= \left[\frac{7}{2}y - \frac{y^2}{2}\right]_0^2 = 5\end{aligned}$$

▌직사각형이 아닌 영역에서의 이중적분

적분 영역이 구간으로 이루어진 일변수 함수에 대한 적분과 달리 중적분에서는 직사각형 영역뿐만 아니라 그림 13.1.4와 같이 일반적인 영역 R에서의 적분도 생각해야 한다.

정리 13.1.2 일반적인 영역에서의 이중적분 ①

$y = g_1(x)$, $y = g_2(x)$가 연속함수이고 함수 f가 영역

$$R = \{(x, y) \mid a \le x \le b,\ g_1(x) \le y \le g_2(x)\}$$

에서 연속이면 다음이 성립한다(그림 13.1.4(a)).

$$\iint_R f(x, y)\, dA = \int_a^b \int_{g_1(x)}^{g_2(x)} f(x, y)\, dy\, dx$$

증명

영역 R를 포함하는 직사각형 영역 $R' = [a, b] \times [c, d]$를 가정하자. 영역 R'에 대하여

$$F(x, y) = \begin{cases} f(x, y), & (x, y) \in R \\ 0, & (x, y) \in R' - R \end{cases}$$

로 정의하면 직사각형 영역에서의 이중적분의 정의로부터

$$\iint_R f(x, y)\, dA = \int_{R'} F(x, y)\, dA,$$

$$\int_c^d F(x, y)\, dy = \int_{g_1(x)}^{g_2(x)} f(x, y)\, dy$$

가 된다. 따라서 다음을 얻는다.

$$\begin{aligned} \iint_R f(x, y)\, dA &= \iint_{R'} F(x, y)\, dA \\ &= \int_a^b \int_c^d F(x, y)\, dy\, dx \\ &= \int_a^b \int_{g_1(x)}^{g_2(x)} f(x, y)\, dy\, dx \end{aligned}$$

■

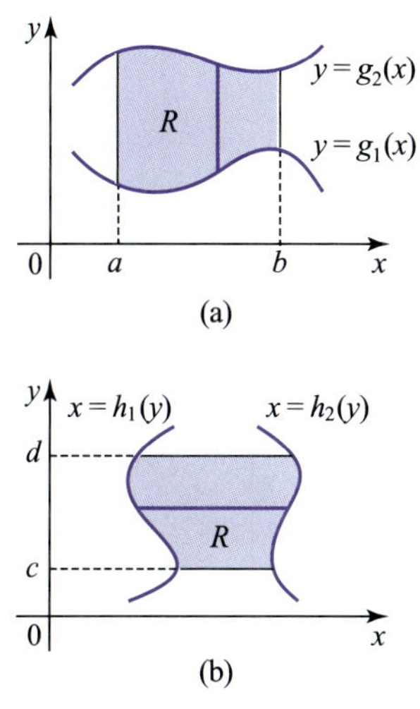

그림 13.1.4

정리 13.1.2와 유사한 방법으로 영역 R이 그림 13.1.4(b)와 같을 때 다음 정리가 성립함을 알 수 있다.

정리 13.1.3 일반적인 영역에서의 이중적분 ②

$x = h_1(y)$, $x = h_2(y)$가 연속함수이고 함수 f가 영역

$$R = \{(x, y) \mid h_1(y) \le x \le h_2(y),\ c \le y \le d\}$$

에서 연속이면 다음이 성립한다(그림 13.1.4(b)).

$$\iint_R f(x, y)\,dA = \int_c^d \int_{h_1(y)}^{h_2(y)} f(x, y)\,dx\,dy$$

예제 13.6

$\displaystyle\int_0^2 \int_{x^2}^{2x} (x^3 + 2y)\,dy\,dx$ 를 구하여라.

풀이

정리 13.1.2에 의해 다음을 얻는다.

$$\begin{aligned}\int_0^2 \int_{x^2}^{2x} (x^3 + 2y)\,dy\,dx &= \int_0^2 [x^3 y + y^2]_{y=x^2}^{y=2x}\,dx \\ &= \int_0^2 \{(2x^4 + 4x^2) - (x^5 + x^4)\}\,dx \\ &= \left[-\frac{1}{6}x^6 + \frac{1}{5}x^5 + \frac{4}{3}x^3\right]_0^2 = \frac{41}{30}\end{aligned}$$

예제 13.7

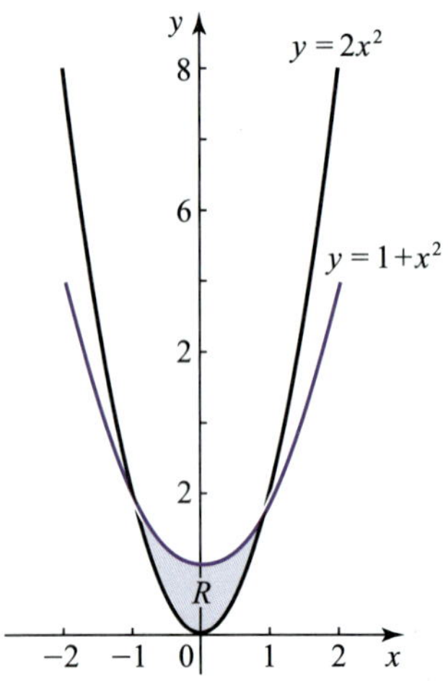

그림 13.1.5

두 포물선 $y = 2x^2$, $y = 1 + x^2$에 의해 유계된 영역 R에 대하여 $\displaystyle\iint_R (x + 2y)\,dA$를 구하여라.

풀이

두 포물선의 교점의 x좌표는 $2x^2 = 1 + x^2$, 즉 $x = \pm 1$이다. 따라서 영역 R는 다음과 같다.

$$R = \{(x, y) \mid -1 \le x \le 1,\ 2x^2 \le y \le 1 + x^2\}$$

그러므로

$$\begin{aligned}\iint_R (x + 2y)\,dA &= \int_{-1}^1 \int_{2x^2}^{1+x^2} (x + 2y)\,dy\,dx = \int_{-1}^1 [xy + y^2]_{y=2x^2}^{y=1+x^2}\,dx \\ &= \int_{-1}^1 \{x(1 + x^2) + (1 + x^2)^2 - x(2x^2) - (2x^2)^2\}\,dx \\ &= \int_{-1}^1 (-3x^4 - x^3 + 2x^2 + x + 1)\,dx \\ &= \left[-\frac{3x^5}{5} - \frac{x^4}{4} + \frac{2x^3}{3} + \frac{x^2}{2} + x\right]_{-1}^1 \\ &= \frac{32}{15}\end{aligned}$$

예제 13.8

포물면 $z = x^2 + y^2$ 아래에 있고, 직선 $y = 2x$와 포물선 $y = x^2$에 의해 유계된 xy평면의 영역 R 위에 있는 입체의 부피를 구하여라.

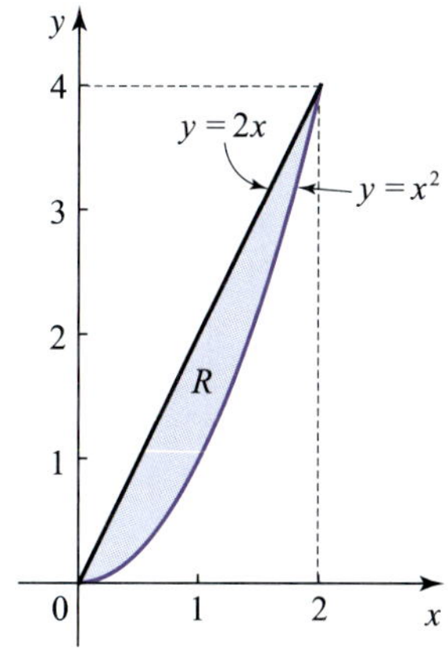

그림 13.1.6

풀이

직선 $y = 2x$와 포물선 $y = x^2$의 교점의 x좌표는 0, 2이므로 영역 R은 다음과 같다.

$$R = \{(x, y) \mid 0 \le x \le 2,\ x^2 \le y \le 2x\}$$

따라서 구하는 부피 V는 다음과 같다.

$$\begin{aligned}
V &= \iint_R (x^2 + y^2)\,dA = \int_0^2 \int_{x^2}^{2x} (x^2 + y^2)\,dy\,dx \\
&= \int_0^2 \left[x^2 y + \frac{y^3}{3}\right]_{y=x^2}^{y=2x} dx \\
&= \int_0^2 \left\{x^2(2x) + \frac{(2x)^3}{3} - x^2 x^2 - \frac{(x^2)^3}{3}\right\} dx \\
&= \int_0^2 \left(-\frac{x^6}{3} - x^4 + \frac{14x^3}{3}\right) dx \\
&= \left[-\frac{x^7}{21} - \frac{x^5}{5} + \frac{7x^4}{6}\right]_0^2 = \frac{216}{35}
\end{aligned}$$

이때 $R' = \left\{(x, y) \mid 0 \le y \le 4,\ \frac{y}{2} \le x \le \sqrt{y}\right\}$라 하면 다음을 얻는다.

$$\begin{aligned}
V &= \iint_{R'} (x^2 + y^2)\,dA = \int_0^4 \int_{\frac{y}{2}}^{\sqrt{y}} (x^2 + y^2)\,dx\,dy \\
&= \int_0^4 \left[\frac{x^3}{3} + y^2 x\right]_{x=\frac{y}{2}}^{x=\sqrt{y}} dy = \int_0^4 \left(\frac{y^{\frac{3}{2}}}{3} + y^{\frac{5}{2}} - \frac{y^3}{24} - \frac{y^3}{2}\right) dy \\
&= \left[\frac{2}{15} y^{\frac{5}{2}} + \frac{2}{7} y^{\frac{7}{2}} - \frac{13}{96} y^4\right]_0^4 = \frac{216}{35}
\end{aligned}$$

때로는 반복적분의 순서를 바꿈으로써 적분하기 어렵거나 적분할 수 없는 것을 쉽게 적분할 수 있다. 그러나 적분 순서를 바꾸면 반복적분의 적분 범위가 달라지므로 영역 R의 형태를 먼저 파악하고 적분 순서와 범위를 결정할 필요가 있다. 다음 예제들을 통해 적분 순서를 바꾸는 연습을 해 보자.

예제 13.9

적분 순서를 바꾸어 다음을 구하여라.

$$\int_0^4 \int_{\sqrt{y}}^2 y \cos x^5\,dx\,dy$$

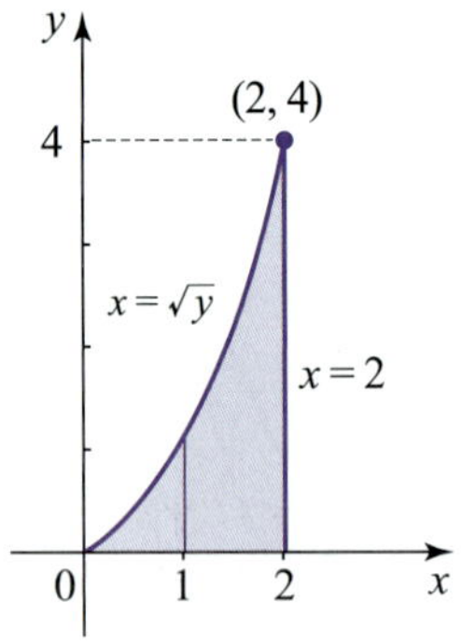

그림 13.1.7

풀이

$$\int_0^4 \int_{\sqrt{y}}^2 y\cos x^5\,dx\,dy = \int_0^2 \int_0^{x^2} y\cos x^5\,dy\,dx$$
$$= \int_0^2 \left[\frac{1}{2}y^2 \cos x^5\right]_{y=0}^{y=x^2} dx = \int_0^2 \frac{1}{2}x^4 \cos x^5\,dx$$
$$= \frac{1}{10}\int_0^2 5x^4 \cos x^5\,dx = \frac{1}{10}[\sin x^5]_0^2$$
$$= \frac{1}{10}\sin 32$$

예제 13.10

곡선 $y = \frac{1}{2}x^2$과 직선 $y = 2x$로 둘러싸인 부분의 넓이를 구하여라.

풀이

$\iint_R 1\,dA = A(R)$을 이용해 보자.

$$A(R) = \iint_R dA = \int_0^4 \int_{\frac{1}{2}x^2}^{2x} dy\,dx = \int_0^4 [y]_{\frac{1}{2}x^2}^{2x} dx$$
$$= \int_0^4 \left(2x - \frac{1}{2}x^2\right)dx = \left[x^2 - \frac{x^3}{6}\right]_0^4 = \frac{16}{3}$$

위 예제처럼 적분 순서를 바꾸어 계산하면 다음과 같다.

$$A(R) = \iint_R dA = \int_0^8 \int_{\frac{1}{2}y}^{\sqrt{2y}} dx\,dy$$
$$= \int_0^8 [x]_{\frac{1}{2}y}^{\sqrt{2y}} dy = \int_0^8 \left(\sqrt{2y} - \frac{1}{2}y\right)dy$$
$$= \left[\frac{2\sqrt{2}}{3}y^{\frac{3}{2}} - \frac{y^2}{4}\right]_0^8 = \frac{16}{3}$$

연습문제 13.1

1. 함수 $f(x, y) = 12x^3y^3$에 대하여 $\int_0^2 f(x, y)\,dx$, $\int_0^1 f(x, y)\,dy$를 구하여라.

[2~5] 다음 반복적분을 구하여라.

2. $\int_0^3 \int_0^1 (1 + 4xy)\,dx\,dy$

3. $\int_1^2 \int_0^1 (2x + y)^{8dx}\,dx\,dy$

4. $\int_1^2 \int_1^2 \left(\frac{x}{y} + \frac{y}{x}\right)dy\,dx$

5. $\int_0^1 \int_0^{\pi} r\sin^2\theta\,d\theta\,dr$

[6~13] 다음 이중적분을 구하여라.

6. $\iint_R (6x^2y^3 - 5y^4)\,dA,\ R = [0, 1] \times [0, 1]$

7. $\iint_R \frac{xy^2}{x^2+1}dA,\ R=[0,1]\times[-1,1]$

8. $\iint_R x\sin(x+y)dA,\ R=\left[0,\ \frac{\pi}{6}\right]\times\left[0,\ \frac{\pi}{3}\right]$

9. $\iint_R xye^{x^2y}dA,\ R=[0,1]\times[0,1]$

10. $\int_1^2\int_{1-x}^{\sqrt{x}} x^2y\,dy\,dx$

11. $\int_0^2\int_{y^2}^{2y}(4x-y)\,dx\,dy$

12. $\int_0^1\int_y^1 \frac{1}{1+y}\,dx\,dy$

13. $\int_{\frac{\pi}{6}}^{\frac{\pi}{4}}\int_0^{\sin x} e^y\cos x\,dy\,dx$

14. 밑면이 $R=[1,\ 3]\times[1,\ 2]$이고 윗면이 $z=3x^3+3x^2y$인 수직기둥의 부피를 구하여라.

[15~16] 적분 순서를 바꾸어 다음을 구하여라.

15. $\int_0^1\int_{2x}^2 e^{y^2}dy\,dx$

16. $\int_1^e\int_0^{\ln x} y\,dy\,dx$

13.2 삼중적분과 중적분의 변수 변환

삼중적분

일변수 함수에 대한 정적분과 2변수 함수에 대한 이중적분을 정의한 것과 같이 3변수 함수에 대한 삼중적분을 정의할 수 있다. 공간 속의 입체 영역 G에 대하여 세 변수 $x,\ y,\ z$에 의한 함수 $w=f(x,\ y,\ z)$가 주어졌을 때, 영역 G를 포함하며 세 모서리가 x축, y축, z축에 평행인 정육면체를 그림 13.2.1과 같이 생각해 보자. 영역 G를 이중적분에서처럼 yz평면, xy평면, zx평면에 평행인 평면으로 분할하여 얻은 작은 육면체의 부피를 $V_1,\ V_2,\ \cdots,\ V_n$이라 하고, 특히 소영역 V_i의 부피를 ΔV_i라 한 다음, 각 소영역 V_i에 속한 임의의 한 점 $(x_i^*,\ y_i^*,\ z_i^*)$에 대하여

$$S_n=\sum_{i=1}^{n} f(x_i^*,\ y_i^*\ z_i^*)\Delta V_i$$

라 하자. 이때 한없이 분할한다고 하면

$$\lim_{n\to\infty} S_n=\lim_{n\to\infty}\sum_{i=1}^{n} f(x_i^*,\ y_i^*\ z_i^*)\Delta V_i$$

이며, 이 극한이 존재할 때 함수 f는 영역 G에서 삼중적분가능(triple integrable)하다고 한다. 이 극한값을 $\iiint_G f(x,\ y,\ z)\,dV$와 같이 나타내고, 이를 영역 G에서 함수 $f(x,\ y,\ z)$의 삼중적분(triple integration)이라 한다. 이중적분과 마찬가지로 삼중적분을 계산하는 방법은 다음과 같이 삼중적분을 반복적분으로 나타낸다.

이중적분과 마찬가지로 영역 G가 직육면체가 아닌 경우에도 반복적분을 통해 계산할 수 있다.

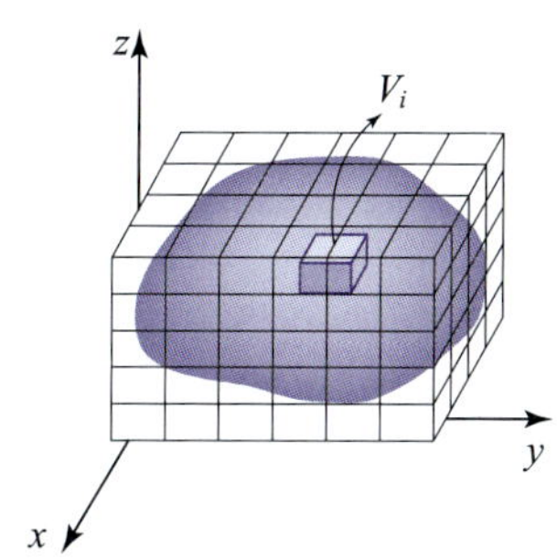

그림 13.2.1

정리 13.2.1 반복적분으로 나타내는 삼중적분

함수 f가 직육면체 영역 $G=[a,b]\times[c,d]\times[r,s]$에서 연속이면 다음이 성립한다.

$$\iiint_G f(x,\,y,\,z)\,dV=\int_r^s\int_c^d\int_a^b f(x,y,z)\,dx\,dy\,dz$$

예제 13.11

영역 $G=[0,\,1]\times[-1,\,2]\times[0,\,3]$에 대하여 $\iiint_G xyz^2\,dV$를 구하여라.

풀이

$$\begin{aligned}\iiint_G xyz^2\,dV&=\int_0^3\int_{-1}^2\int_0^1 xyz^2\,dx\,dy\,dz\\&=\int_0^3\int_{-1}^2\left[\frac{x^2yz^2}{2}\right]_{x=0}^{x=1}dy\,dz\\&=\int_0^3\int_{-1}^2\frac{yz^2}{2}\,dy\,dz=\int_0^3\left[\frac{y^2z^2}{4}\right]_{y=-1}^{y=2}dz\\&=\int_0^3\frac{3z^2}{4}\,dz=\left[\frac{z^3}{4}\right]_0^3=\frac{27}{4}\end{aligned}$$

예제 13.12

G가 $x\ge 0,\ y\ge 0,\ z\ge 0$과

$$z=x^2+\frac{y^2}{4}+2,\quad x^2+y^2=1$$

로 둘러싸여 있는 영역일 때, 삼중적분 $\iiint_G f(x,\,y,\,z)\,dV$를 반복적분으로 나타내어라.

풀이

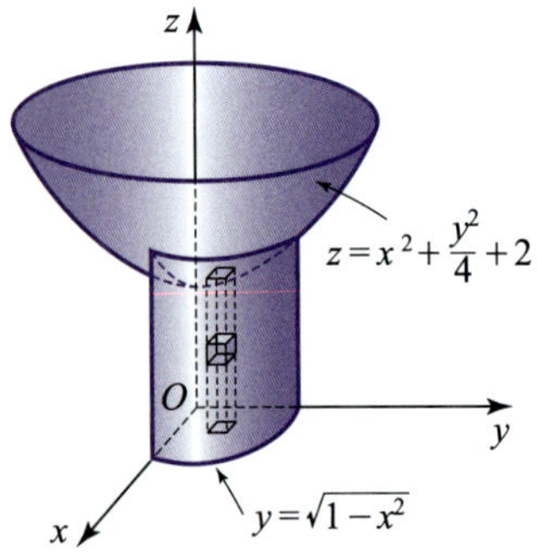

그림 13.2.2

영역 G를 xy평면 위에 정사영하면 원반 $x^2+y^2\le 1$의 4등분된 영역이다(그림 13.2.2). 즉, x의 영역은 $0\le x\le 1$이다. $0\le x\le 1$인 고정된 x에 대하여 y의 영역을 알아보면 $0\le y\le\sqrt{1-x^2}$임을 알 수 있다. 4등분된 원반 안에 고정된 점 $(x,\,y)$에 대하여 z의 한계를 알아보면 $0\le z\le x^2+\frac{y^2}{4}+2$임을 알 수 있다. 이로써 영역 G는

$$G=\left\{(x,y,z)\,\middle|\,0\le x\le 1,\ 0\le y\le\sqrt{1-x^2},\ 0\le z\le x^2+\frac{y^2}{4}+2\right\}$$

이므로 구하는 반복적분은 다음과 같다.

$$\iiint_G f(x, y, z)\,dV = \int_0^1 \int_0^{\sqrt{1-x^2}} \int_0^{x^2+\frac{y^2}{4}+2} f(x, y, z)\,dz\,dy\,dx$$

특히 함수 f가 영역 G에서 $f(x, y, z) = 1$이면 영역 G에서 함수 f의 삼중적분 $\iiint_G dx\,dy\,dz$는 영역 G에서의 부피와 같다. 즉, 다음과 같다.

$$V(G) = \iiint_G dV$$

예제 13.13

세 영역 $0 \le x \le 3,\ x^2 \le y \le 9,\ 0 \le z \le 2$로 둘러싸인 입체의 부피를 구하여라.

풀이

영역 G를

$$G = \{(x, y, z) \mid 0 \le x \le 3,\ x^2 \le y \le 9,\ 0 \le z \le 2\}$$

라 하면 영역 G에서의 부피는 다음과 같다.

$$\begin{aligned} V(G) &= \iiint_G dV = \int_0^3 \int_{x^2}^9 \int_0^2 dz\,dy\,dx = \int_0^3 \int_{x^2}^9 [z]_0^2\,dy\,dx \\ &= \int_0^3 \int_{x^2}^9 2\,dy\,dx = \int_0^3 [2y]_{x^2}^9\,dx = \int_0^3 (18 - 2x^2)\,dx \\ &= \left[18x - \frac{2}{3}x^3\right]_0^3 = 36 \end{aligned}$$

원주좌표계

평면기하학에서 극좌표계를 이용하면 어떤 곡선과 영역을 보다 편리하게 설명할 수 있다. 11장에서 살펴봤듯이 점 P의 직교좌표는 (x, y)이고 극좌표는 (r, θ)이면 다음 관계가 성립한다.

$$x = r\cos\theta, \quad y = r\sin\theta$$

$$r^2 = x^2 + y^2, \quad \tan\theta = \frac{y}{x}$$

3차원 공간에서 곡면과 입체를 편리하게 설명해 주는 좌표계로 극좌표계와 유사한 원주좌표계가 있다.

원주좌표계(cylindrical coordinates system)는 3차원 공간의 점 P의 좌표를 (r, θ, z)로 나타낸다. 이때 r과 θ는 점 P를 xy평면에 투영한 점의 극좌표이고 z는 점 P를 z축에 투영한 점의 직교좌표이다. 즉, 좌표공간에서 한 점 P의 좌표는 그림 13.2.4

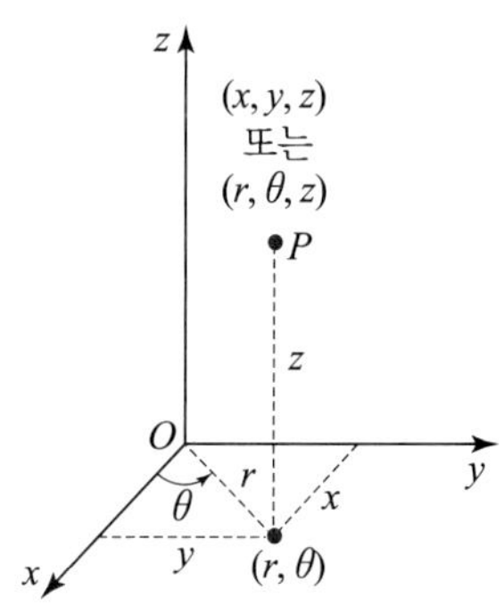

그림 13.2.4

와 같이 (r, θ, z)로 표시할 수 있으며, 이를 점 P의 **원주좌표**(cylindrical coordinates)라 한다.

원주좌표를 직교좌표로 변환하려면 방정식 $x = r\cos\theta$, $y = r\sin\theta$, $z = z$를 이용하고, 직교좌표를 원주좌표로 변환하려면 $r^2 = x^2 + y^2$, $\tan\theta = \dfrac{y}{x}$, $z = z$를 이용하면 된다.

예제 13.14

(1) 원주좌표가 $\left(2, \frac{2}{3}\pi, 1\right)$인 점의 직교좌표를 구하여라.

(2) 직교좌표가 $(3, -3, -7)$인 점의 원주좌표를 구하여라.

풀이

(1) 원주좌표가 $\left(2, \frac{2}{3}\pi, 1\right)$이므로 직교좌표로 변환하면

$$x = 2\cos\frac{2}{3}\pi = 2\times\left(-\frac{1}{2}\right) = -1,$$

$$y = 2\sin\frac{2}{3}\pi = 2\times\frac{\sqrt{3}}{2} = \sqrt{3},$$

$$z = 1$$

이다. 따라서 직교좌표는 $(-1, \sqrt{3}, 1)$이다.

(2) 직교좌표가 $(3, -3, 7)$이므로 원주좌표로 변환하면

$$r = \sqrt{3^2 + (-3)^2} = 3\sqrt{2},$$

$$\tan\theta = \frac{-3}{3} = -1,$$

$$z = -7$$

이므로 $\theta = \frac{7}{4}\pi + 2n\pi$ (n은 정수)이다. 따라서 원주좌표는

$$\left(3\sqrt{2}, \frac{7}{4}\pi, -7\right) \text{ 또는 } \left(3\sqrt{2}, -\frac{\pi}{4}, -7\right)$$

이다.

극좌표와 마찬가지로 원주좌표도 무수히 다양하게 나타낼 수 있다.

구면좌표계

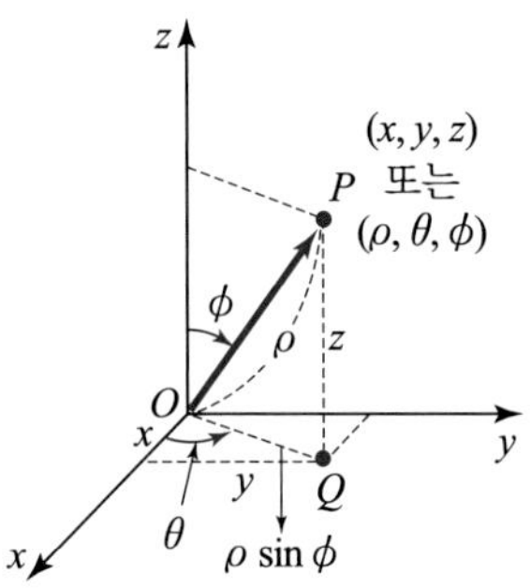

그림 13.2.5

그림 13.2.5는 좌표공간에서 점 P의 **구면좌표**(spherical coordinates) (ρ, θ, ϕ)를 나타낸 것이다. 여기서 $\rho = |OP|$는 원점에서 점 P까지의 거리이고, θ는 원주좌표

에서와 같은 각, ϕ는 z축의 양의 방향과 선분 OP가 이루는 각이다. 이때

$$\rho \geq 0, \ 0 \leq \phi \leq \pi$$

임을 주목하자.

점 P의 직교좌표가 (x, y, z)이고 구면좌표가 (ρ, θ, ϕ)이면 다음이 성립한다.

$$\rho = \sqrt{x^2 + y^2 + z^2}, \ \ \theta = \tan^{-1}\frac{y}{x}, \ \ \phi = \cos^{-1}\frac{z}{\rho},$$
$$x = \rho \sin\phi \cos\theta, \ \ y = \rho \sin\phi \sin\theta, \ \ z = \rho\cos\phi$$

예제 13.15

구면좌표가 $\left(2, \frac{\pi}{4}, \frac{\pi}{3}\right)$인 점의 직교좌표를 구하여라.

풀이

구면좌표가 $\left(2, \frac{\pi}{4}, \frac{\pi}{3}\right)$이므로 직교좌표로 변환하면

$$x = \rho\sin\phi\cos\theta = 2\sin\frac{\pi}{3}\cos\frac{\pi}{4} = 2\times\frac{\sqrt{3}}{2}\times\frac{1}{\sqrt{2}} = \sqrt{\frac{3}{2}},$$

$$y = \rho\sin\phi\sin\theta = 2\sin\frac{\pi}{3}\sin\frac{\pi}{4} = 2\times\frac{\sqrt{3}}{2}\times\frac{1}{\sqrt{2}} = \sqrt{\frac{3}{2}},$$

$$z = \rho\cos\phi = 2\cos\frac{\pi}{3} = 2\times\frac{1}{2} = 1$$

이다. 따라서 직교좌표는 $\left(\sqrt{\frac{3}{2}}, \sqrt{\frac{3}{2}}, 1\right)$이다.

예제 13.16

직교좌표가 $(0, 2\sqrt{3}, -2)$인 점의 구면좌표를 구하여라.

풀이

직교좌표가 $(0, 2\sqrt{3}, -2)$이므로 구면좌표로 변환하면

$$\rho = \sqrt{x^2 + y^2 + z^2} = \sqrt{0 + 12 + 4} = 4,$$

$$\cos\phi = \frac{z}{\rho} = \frac{-2}{4} = -\frac{1}{2}, \ \phi = \frac{2}{3}\pi,$$

$$\cos\theta = \frac{x}{\rho\sin\phi} = 0, \ \theta = \frac{\pi}{2}$$

를 얻는다($y = 2\sqrt{3} > 0$이므로 $\theta \neq \frac{3}{2}\pi$). 따라서 구면좌표는 $\left(4, \frac{\pi}{2}, \frac{2}{3}\pi\right)$이다.

❚ 중적분의 변수 변환

2변수 함수 $x=t_1(u,v)$, $y=t_2(u,v)$의 편도함수가 존재하고 연속이라 하자. u, v와 x, y 사이의 관계를

$$T(u,v)=(t_1(u,v),\ t_2(u,v))=(x,y)$$

와 같은 함수 T로 나타낼 수 있다고 하자. 이때 x, y에 관한 함수 $f(x, y)$를 u, v에 관해 이중적분하는 방법을 알아보고자 한다. 우선 xy평면에서의 dA를 u, v로 나타내야 하는데, 이를 위해 u의 변화량 Δu와 v의 변화량 Δv에 의한 xy평면에서의 변화량 $T_{\Delta u}$, $T_{\Delta v}$가 이루는 평행사변형을 택하여 dA를 유도하자.

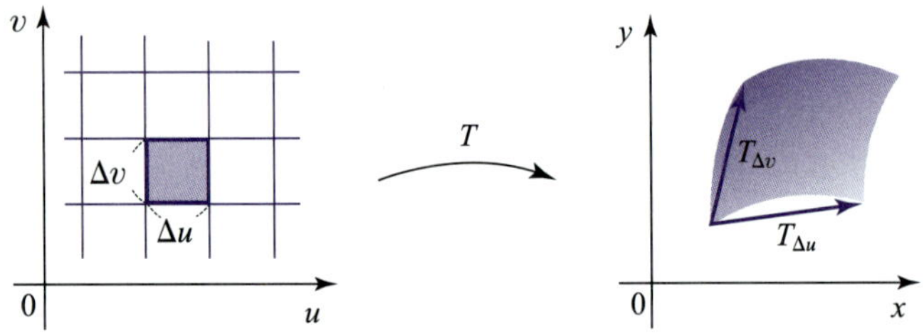

그림 13.2.6

이때

$$\Delta u \to 0\text{이면}\quad T_{\Delta u} \longrightarrow \left(\frac{\partial x}{\partial u}\Delta u,\ \frac{\partial y}{\partial u}\Delta u\right),$$

$$\Delta v \to 0\text{이면}\quad T_{\Delta v} \longrightarrow \left(\frac{\partial x}{\partial v}\Delta v,\ \frac{\partial y}{\partial v}\Delta v\right)$$

이므로(12장 전미분 참조) 정리 10.6.1에 의해 두 벡터

$$\left(\frac{\partial x}{\partial u}\Delta u,\ \frac{\partial y}{\partial u}\Delta u,\ 0\right)=\left(\frac{\partial x}{\partial u},\ \frac{\partial y}{\partial u},\ 0\right)\Delta u,$$

$$\left(\frac{\partial x}{\partial v}\Delta v,\ \frac{\partial y}{\partial v}\Delta v,\ 0\right)=\left(\frac{\partial x}{\partial v},\ \frac{\partial y}{\partial v},\ 0\right)\Delta v$$

가 만드는 평행사변형의 넓이는 두 벡터의 외적의 크기와 같다. 일단 외적벡터는

$$\det\begin{bmatrix} i & j & k \\ \frac{\partial x}{\partial u} & \frac{\partial y}{\partial u} & 0 \\ \frac{\partial x}{\partial v} & \frac{\partial y}{\partial v} & 0 \end{bmatrix}\Delta u\Delta v=\left(0,\ 0,\ \det\begin{bmatrix} \frac{\partial x}{\partial u} & \frac{\partial y}{\partial u} \\ \frac{\partial x}{\partial v} & \frac{\partial y}{\partial v} \end{bmatrix}\Delta u\Delta v\right)$$

이다. 여기서 $\det\begin{bmatrix} \frac{\partial x}{\partial u} & \frac{\partial y}{\partial u} \\ \frac{\partial x}{\partial v} & \frac{\partial y}{\partial v} \end{bmatrix}$를 $\frac{\partial(x,y)}{\partial(u,v)}$로 나타내면 $\Delta u \to 0,\ \Delta v \to 0$에 의해

$$\sum_{v_j}\sum_{u_i} f(T(u,v))\left|\frac{\partial(x,\ y)}{\partial(u,v)}\right|\Delta u\Delta v \longrightarrow \iint f(T(u,v))\left|\frac{\partial(x,y)}{\partial(u,v)}\right| dudv$$

이다. 따라서 다음 정리를 얻을 수 있다.

정리 13.2.2 이중적분의 변수 변환

직사각형 영역 R에서 연속인 편도함수를 갖는 함수 T에 대하여 함수 f가 $T(R)$에서 정의되어 있으면 다음이 성립한다.

$$\iint_R f(T(u,v))\left|\frac{\partial(x,y)}{\partial(u,v)}\right| dudv = \iint_{T(R)} f(x,\ y)\,dxdy$$

직교좌표에서 극좌표로의 변환을 함수 $T(r,\theta) = (r\cos\theta,\ r\sin\theta) = (x,\ y)$로 생각할 수 있다.

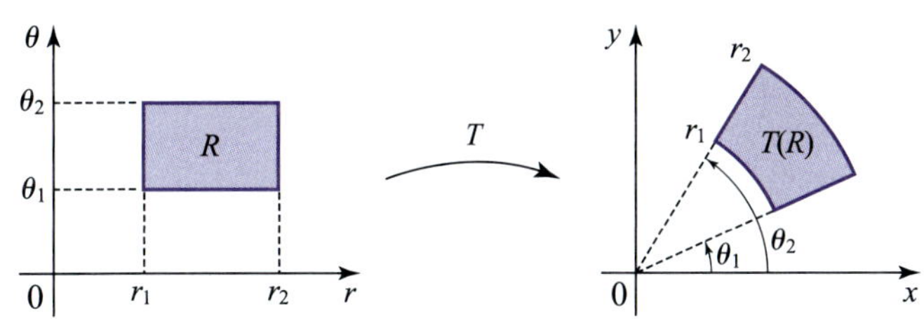

그림 13.2.7

이때 영역 R과 영역 $T(R)$은 그림 13.2.7과 같이 나타낼 수 있으며 $r,\ \theta$의 범위는

$$0 \le r_1 \le r \le r_2,\ 0 \le \theta_1 \le \theta \le \theta_2 \le 2\pi$$

라고 생각하자. 이를 바탕으로 정리 13.2.2를 이용하면 직교좌표에서의 중적분을 극좌표에서의 중적분으로 바꾸어 계산할 수 있다.

$T(r,\theta) = (r\cos\theta,\ r\sin\theta) = (x,\ y)$라 하면

$$\frac{\partial x}{\partial r} = \cos\theta,\ \frac{\partial x}{\partial \theta} = -r\sin\theta,\ \frac{\partial y}{\partial r} = \sin\theta,\ \frac{\partial y}{\partial \theta} = r\cos\theta$$

이다. 따라서

$$\left|\frac{\partial(x,\ y)}{\partial(u,\ v)}\right| = \left|\begin{vmatrix}\cos\theta & -r\sin\theta \\ \sin\theta & r\cos\theta\end{vmatrix}\right| = r$$

이므로 정리 13.2.2에 의해 다음이 성립한다.

$$\iint_R f(r\cos\theta,\ r\sin\theta)rdrd\theta = \iint_{T(R)} f(x,\ y)\,dxdy$$

가 성립한다.

예제 13.17

두 원 $x^2+y^2=1$, $x^2+y^2=4$에 의해 유계되고 x축 위쪽의 반평면에 있는 영역을 R이라 할 때, $\iint_R (3x+4y^2)dA$를 구하여라.

풀이

영역 R은

$$R = \{(x,\ y) \mid y \ge 0,\ 1 \le x^2+y^2 \le 4\}$$

이고 극좌표로 나타내면

$$1 \le r \le 2,\ 0 \le \theta \le \pi$$

이다. 따라서 구하는 중적분은 다음과 같다.

$$\begin{aligned}
\iint_R (3x+4y^2)dA &= \int_0^{\pi}\int_1^2 (3r\cos\theta+4r^2\sin^2\theta)rdrd\theta \\
&= \int_0^{\pi}\int_1^2 (3r^2\cos\theta+4r^3\sin^2\theta)drd\theta = \int_0^{\pi} [r^3\cos\theta + r^4\sin^2\theta]_{r=1}^{r=2}\,d\theta \\
&= \int_0^{\pi} (7\cos\theta + 15\sin^2\theta)d\theta = \int_0^{\pi} \left\{7\cos\theta + \frac{15}{2}(1-\cos 2\theta)\right\} d\theta \\
&= \left[7\sin\theta + \frac{15\theta}{2} - \frac{15}{4}\sin 2\theta\right]_0^{\pi} = \frac{15\pi}{2}
\end{aligned}$$

예제 13.18

함수 $T(u, v) = (e^u\cos v,\ e^u\sin v) = (x,\ y)$와 uv평면에서 정의된 영역 $R = [0,\ 1]\times[0, \pi]$에 대하여 $\iint_{T(R)} x^2\,dA$를 구하여라.

풀이

$\left|\frac{\partial(x,\,y)}{\partial(u,\,v)}\right| = \left|\begin{vmatrix} e^u\cos v & -e^u\sin v \\ e^u\sin v & e^u\cos v\end{vmatrix}\right| = e^{2u}$ 이므로 구하는 중적분은 다음과 같다.

$$\iint_{T(R)} x^2\,dA = \int_0^1\int_0^\pi (e^{2u}\cos^2 v)\,e^{2u}\,du\,dv$$
$$= \int_0^1 e^{4u}\,du\int_0^\pi \cos^2 v\,dv = \int_0^1 e^{4u}\,du\int_0^\pi \frac{1+\cos 2v}{2}\,dv$$
$$= \left[\frac{e^{4u}}{4}\right]_0^1\left[\frac{v}{2}+\frac{\sin 2v}{4}\right]_0^\pi = \frac{(e^4-1)\pi}{8}$$

이제 삼중적분의 변수 변환을 알아보자. 세 벡터로 이뤄진 평행육면체의 부피는 벡터의 성분들로 이루어진 행렬의 행렬식으로 구할 수 있으므로(10장 참조) 이중적분과 마찬가지로 삼중적분의 변수 변환은 다음 정리로 나타낼 수 있다. 증명은 생략한다.

정리 13.2.3 삼중적분의 변수 변환

좌표공간 위의 유계인 영역 G에서 연속인 편도함수를 갖는 함수 T에 대하여 함수 f가 $T(G)$에서 정의되어 있으면 다음이 성립한다.

$$\iiint_G f(T(u,v,w))\left|\frac{\partial(x,y,z)}{\partial(u,v,w)}\right|du\,dv\,dw = \iiint_{T(G)} f(x,y,z)\,dx\,dy\,dz$$

여기서

$$\frac{\partial(x,y,z)}{\partial(u,v,w)} = \det\begin{bmatrix} \frac{\partial x}{\partial u} & \frac{\partial y}{\partial u} & \frac{\partial z}{\partial u} \\ \frac{\partial x}{\partial v} & \frac{\partial y}{\partial v} & \frac{\partial z}{\partial v} \\ \frac{\partial x}{\partial w} & \frac{\partial y}{\partial w} & \frac{\partial z}{\partial w} \end{bmatrix}$$

이다.

세 벡터 U, V, W가

$$U=(u_1,u_2,u_3),\quad V=(v_1,v_2,v_3),\quad W=(w_1,w_2,w_3)$$

일 때, U, V, W로 이루어진 평행육면체의 부피는 다음과 같다.

$$U\cdot(V\times W) = \begin{vmatrix} u_1 & u_2 & u_3 \\ v_1 & v_2 & v_3 \\ w_1 & w_2 & w_3 \end{vmatrix}$$

정리 13.2.3을 이용하면 직교좌표에서의 삼중적분을 원주좌표에서의 삼중적분으로 바꾸어 계산할 수 있다.

$T(r,\theta,z)=(r\cos\theta,\ r\sin\theta,\ z)=(x,y,z)$라 하면

$$\left|\frac{\partial(x,y,z)}{\partial(r,\theta,z)}\right| = \begin{vmatrix} \cos\theta & \sin\theta & 0 \\ -r\sin\theta & r\cos\theta & 0 \\ 0 & 0 & 1 \end{vmatrix} = r\cos^2\theta + r\sin^2\theta = r$$

이므로 정리 13.2.3에 의해 다음이 성립한다.

$$\iiint_{T(G)} f(x,y,z)\,dx\,dy\,dz = \iiint_G f(T(r,\theta,z))\,r\,dz\,dr\,d\theta$$

예제 13.19

$\int_{-2}^{2}\int_{-\sqrt{4-x^2}}^{\sqrt{4-x^2}}\int_{\sqrt{x^2+y^2}}^{2}(x^2+y^2)\,dz\,dy\,dx$ 를 구하여라.

풀이

주어진 반복적분은 좌표공간에서 영역

$$G=\{(x,y,z)\,|\,-2\le x\le 2,\ -\sqrt{4-x^2}\le y\le\sqrt{4-x^2},\ \sqrt{x^2+y^2}\le z\le 2\}$$

에서의 삼중적분이다. 입체 G를 xy평면 위에 정사영하면 원판 $x^2+y^2\le 4$이다. 입체의 밑면은 원추면 $z=\sqrt{x^2+y^2}$이고, 윗면은 평면 $z=2$이므로(그림 13.2.6) 원주좌표를 이용하면 계산이 훨씬 쉬워진다. 영역 G를 원주좌표로 나타내면

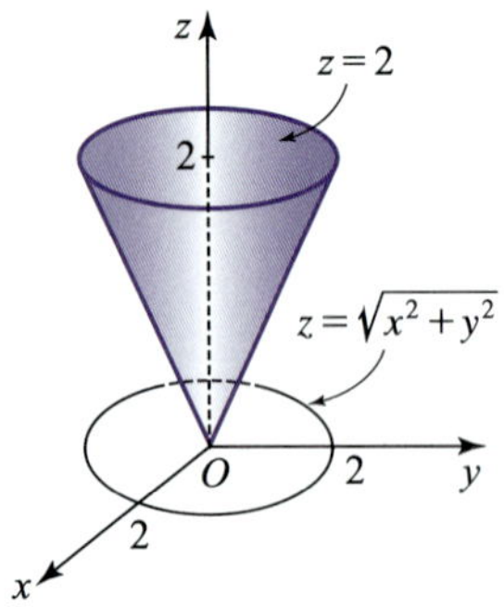

그림 13.2.6

$$G=\{(r,\theta,z)\,|\,0\le\theta\le 2\pi,\ 0\le r\le 2,\ r\le z\le 2\}$$

이다. 따라서 구하는 삼중적분은 다음과 같다.

$$\begin{aligned}\int_{-2}^{2}\int_{-\sqrt{4-x^2}}^{\sqrt{4-x^2}}\int_{\sqrt{x^2+y^2}}^{2}(x^2+y^2)\,dz\,dy\,dx &=\int_0^{2\pi}\int_0^2\int_r^2 r^2 r\,dz\,dr\,d\theta\\ &=\int_0^{2\pi}d\theta\int_0^2 r^3(2-r)\,dr\\ &=2\pi\left[\frac{1}{2}r^4-\frac{1}{5}r^5\right]_0^2=\frac{16}{5}\pi\end{aligned}$$

직교좌표에서 원주좌표로의 변환과 마찬가지로 정리 13.2.3을 적용하면 직교좌표에서의 삼중적분을 구면좌표에서의 삼중적분으로 바꾸어 계산할 수 있다.

$$T(\rho,\theta,\phi)=(\rho\sin\phi\cos\theta,\ \rho\sin\phi\sin\theta,\ \rho\cos\phi)=(x,y,z)$$

라 하면

$$\left|\frac{\partial(x,y,z)}{\partial(\rho,\theta,\phi)}\right|=\left\|\begin{matrix}\sin\phi\cos\theta & \sin\phi\sin\theta & \cos\phi\\ -\rho\sin\phi\sin\theta & \rho\sin\phi\cos\theta & 0\\ \rho\cos\phi\cos\theta & \rho\cos\phi\sin\theta & -\rho\sin\phi\end{matrix}\right\|=\rho^2\sin\phi$$

이므로 정리 13.2.3에 의해 다음이 성립한다.

$$\iiint_{T(G)}f(x,y,z)\,dx\,dy\,dz=\iiint_G f(T(\rho,\theta,\phi))\rho^2\sin\phi\,d\rho\,d\phi\,d\theta$$

예제 13.20

영역 $G=\{(x,y,z)\,|\,x^2+y^2+z^2\le 1\}$에 대하여 $\iiint_G e^{(x^2+y^2+z^2)^{\frac{3}{2}}}dV$를 구하여라.

풀이

영역 G의 경계가 구면이므로 구면좌표를 이용하면 계산이 훨씬 쉬워진다. 영역 G를 구면좌표로 나타내면

$$G=\{(\rho,\theta,\phi)\,|\,0\le\rho\le 1,\ 0\le\theta\le 2\pi,\ 0\le\phi\le\pi\}$$

이다. 이때 $x^2+y^2+z^2=\rho^2$이므로 구하는 삼중적분은 다음과 같다.

$$\begin{aligned}\iiint_G e^{(x^2+y^2+z^2)^{\frac{3}{2}}}dV &= \int_0^{\pi}\int_0^{2\pi}\int_0^1 e^{(\rho^2)^{\frac{3}{2}}}\rho^2\sin\phi\, d\rho\, d\theta\, d\phi\\ &=\int_0^{\pi}\sin\phi\, d\phi\int_0^{2\pi}d\theta\int_0^1\rho^2 e^{\rho^3}d\rho\\ &=[-\cos\phi]_0^{\pi}\times 2\pi\times\left[\frac{1}{3}e^{\rho^3}\right]_0^1=\frac{4\pi}{3}(e-1)\end{aligned}$$

연습문제 13.2

[1~3] 다음 반복적분을 구하여라.

1. $\displaystyle\int_0^2\int_0^z\int_0^{x+z}6xz\,dy\,dx\,dz$

2. $\displaystyle\int_0^3\int_0^1\int_0^{\sqrt{1-z^2}}3ze^y\,dx\,dz\,dy$

3. $\displaystyle\int_0^{\frac{\pi}{2}}\int_0^y\int_0^x\cos(x+y+z)\,dz\,dx\,dy$

[4~5] 다음 반복적분을 극좌표로 바꾸어 구하여라.

4. $\displaystyle\int_{-3}^3\int_0^{\sqrt{9-x^2}}\sin(x^2+y^2)\,dy\,dx$

5. $\displaystyle\int_0^1\int_y^{\sqrt{2-y^2}}(x+y)\,dx\,dy$

[6~8] 다음을 구하여라.

6. $\displaystyle\int_0^4\int_0^{2\pi}\int_r^5 r\,dz\,d\theta\,dr$

7. $\displaystyle\int_{-2}^2\int_{-\sqrt{4-y^2}}^{\sqrt{4-y^2}}\int_{\sqrt{x^2+y^2}}^2 3xz\,dz\,dx\,dy$

8. $\displaystyle\int_0^{\frac{\pi}{6}}\int_0^{\frac{\pi}{2}}\int_0^3\rho^2\sin\phi\,d\rho\,d\theta\,d\phi$

9. G가 원주면 $x^2+y^2=16$의 안쪽에서 두 평면 $z=-5$, $z=4$ 사이의 영역일 때, $\displaystyle\iiint_G\sqrt{x^2+y^2}\,dV$를 구하여라.

10. G가 두 원주면 $x^2+y^2=1$, $x^2+y^2=4$ 사이에서 xy평면의 위쪽과 평면 $z=x+2$의 아래쪽에 놓인 영역일 때, $\displaystyle\iiint_G 2y\,dV$를 구하여라.

11. G가 중심이 원점이고 반지름이 5인 구일 때, $\displaystyle\iiint_G 7(x^2+y^2+z^2)^2\,dV$를 구하여라.

12. G는 zx평면과 두 반구 $y=\sqrt{9-x^2-z^2}$, $y=\sqrt{16-x^2-z^2}$으로 둘러싸인 영역일 때, $\displaystyle\iiint_G 15x^2\,dV$를 구하여라.

13.3 선적분과 그린 정리

▮ 곡선의 정의

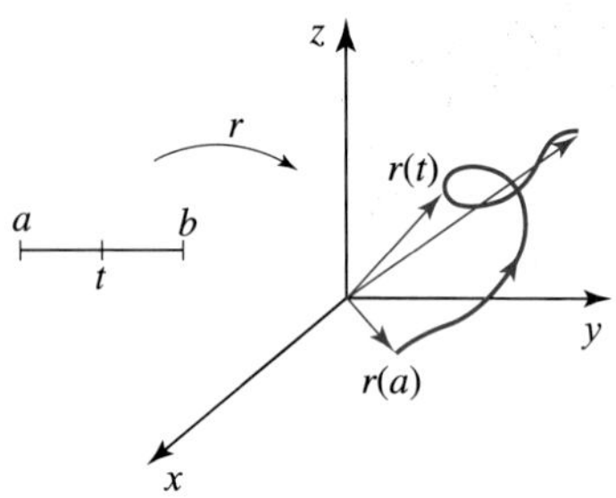

그림 13.3.1

xy평면 위에 있는 곡선 C는 매개변수 $x=f(t),\ y=g(t),\ a\le t\le b$로 표현되는 함수

$$r(t)=(f(t),\ g(t)),\ a\le t\le b$$

로 나타낼 수 있다. 특히 곡선 C는 이러한 매개변수 표현 $r(t)$를 의미한다.

다음 정의에서 몇 가지 곡선을 소개한다.

정의 13.3.1 정칙곡선과 폐곡선

곡선 $C=r(t)$에 대하여

(1) $f'(t)$와 $g'(t)$가 $[a,\ b]$에서 연속이고 $(a,\ b)$에서 동시에 0이 되지 않으면 곡선 $r(t)$를 **정칙곡선**(regular curve)이라 한다.

(2) 유한 개의 정칙곡선으로 구성되어 있으면서 곡선의 끝이 서로 연결되어 있는 곡선 C를 **조각마다**(piecewise) **정칙곡선**이라 한다.

(3) $r(a)=r(b)$이면 곡선 C를 **폐곡선**(closed curve)이라 한다.

(4) 서로 교차되는 곳이 없는 폐곡선 C를 **단순 폐곡선**(simple closef curve)이라 한다.

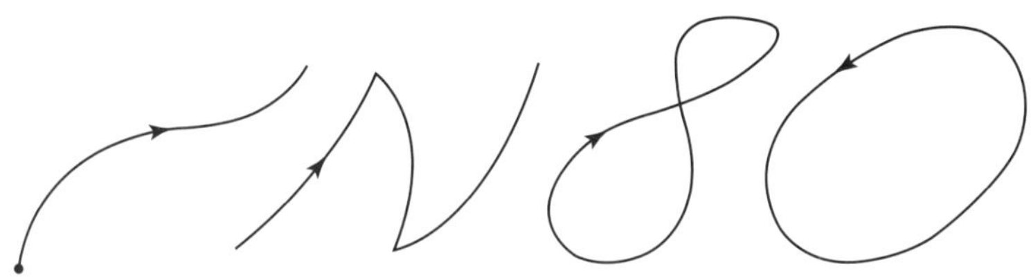

그림 13.3.2

▮ 선적분

이제 곡선 C에서의 선적분에 대하여 알아보자. 먼저 무한소 변화의 개념을 적분 요소에 적용하여 적분변수 변환을 생각하면 xy평면 위에 있는 곡선 C는 $x=f(t)$, $y=g(t),\ a\le t\le b$에 의해 표현되므로

$$dx = f'(t)dt,\quad dy = g'(t)dt$$

가 되어 다음과 같이 선적분을 정의할 수 있다.

정의 13.3.2 선적분

(1) xy평면 위의 정칙곡선 C를 포함하는 영역에서 정의된 2변수 함수 $G(x, y)$에 대하여

$$\int_C G(x, y)dx = \int_a^b G(f(t),\ g(t))f'(t)dt,$$

$$\int_C G(x, y)dy = \int_a^b G(f(t),\ g(t))g'(t)dt$$

를 곡선 C에서의 변수 x로의 그리고 변수 y로의 **선적분**이라 한다.

(2) 곡선 C가 두 정칙곡선 C_1과 C_2에 의해 그림 13.3.3과 같이 연결되어 있으면 다음이 성립한다.

$$\int_C G(x, y)dx = \int_{C_1} G(x, y)dx + \int_{C_2} G(x,y)dx$$

$$\int_C G(x, y)dy = \int_{C_1} G(x, y)dy + \int_{C_2} G(x,y)dy$$

(3) C가 단순폐곡선일 때, 곡선 C의 선적분은 2변수 함수 P, Q에 대하여

$$\oint Pdx + Qdy$$

로 표현된다. 이때 C의 방향은 양의 방향(시계 반대 방향)이다.

(4) 주어진 곡선 C와는 방향이 반대로 된 곡선을 생각할 수 있는데, 이 곡선을 $-C$로 나타내며, 이 곡선의 선적분은 다음과 같다.

$$\int_{-C} Pdx + Qdy = -\int_C Pdx + Qdy$$

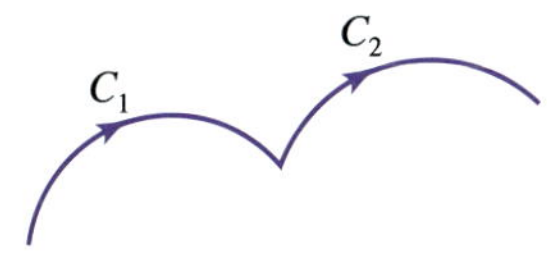

그림 13.3.3

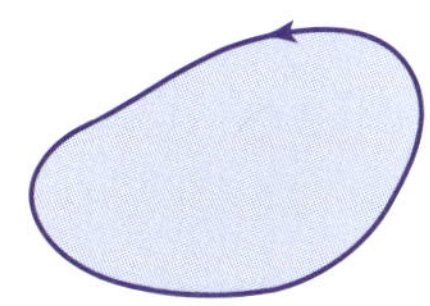

양의 방향

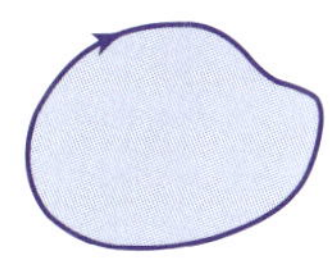

음의 방향

그림 13.3.4

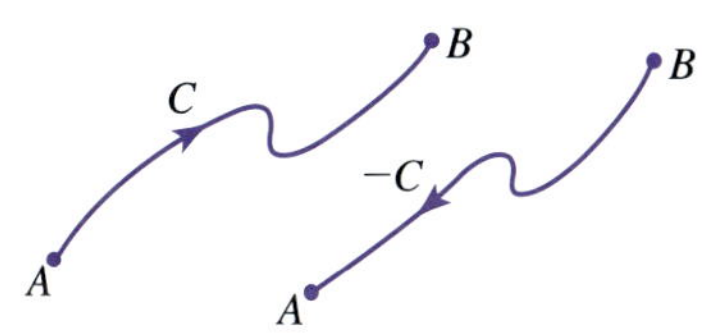

그림 13.3.5

다음 예제에서 곡선의 선적분을 계산해 보자.

예제 13.21

곡선 C가 $y = x^3$, $-1 \le x \le 2$(그림 13.3.6)일 때, $\int_C xydx + x^2dy$를 구하여라.

풀이

곡선 C는 $r(t) = (t,\ t^3)$, $-1 \le t \le 2$로서

$$x(t) = t,\ \ y(t) = t^3$$

$$dx = dt,\ \ dy = 3t^2dt$$

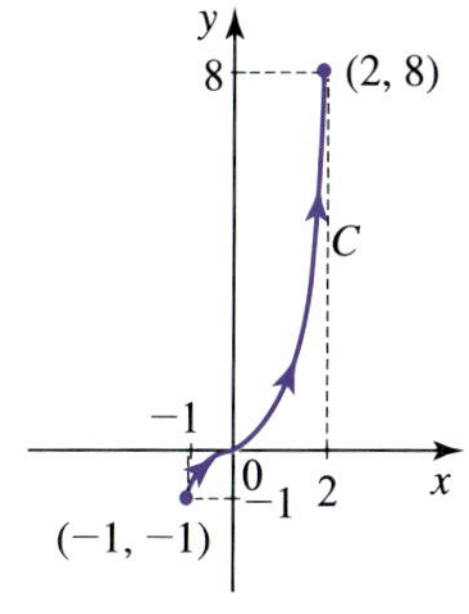

그림 13.3.6

이므로 구하는 선적분은 다음과 같다.

$$\begin{aligned}\int_C xydx + x^2 dy &= \int_{-1}^{2} t(t^3)dt + t^2(3t^2 dt)\\ &= \int_{-1}^{2} 4t^4 dt = \left[\frac{4}{5}t^5\right]_{-1}^{2} = \frac{132}{5}\end{aligned}$$

예제 13.22

곡선 C가 $x = \cos t,\ y = \sin t,\ 0 \le t \le 2\pi$일 때, $\oint_C x dx$를 구하여라.

풀이

곡선 C는 $r(t) = (\cos t,\ \sin t),\ 0 \le t \le 2\pi$이므로 구하는 선적분은 다음과 같다.

$$\oint_C x dx = \int_0^{2}\pi \cos t(-\sin t)dt = \left[\frac{1}{2}\cos^2 t\right]_0^{2\pi} = 0$$

❙ 완전미분

2변수 함수 $\phi(x, y)$에 대하여

$$d\phi = \frac{\partial \phi}{\partial x}dx + \frac{\partial \phi}{\partial y}dy$$

가 함수 ϕ의 전미분(totall differential)임을 앞에서 살펴봤다.

정의 13.3.3 완전미분

미분 형태 $P(x, y)\,dx + Q(x, y)\,dy$에 대하여 적당한 2변수 함수 $\phi(x, y)$가 존재하여

$$d\phi = P(x, y)dx + Q(x, y)dy$$

를 만족하면 $P(x, y)dx + Q(x, y)dy$를 **완전미분**(exact differential)이라고 한다.

예제 13.23

$x^2 y^3 dx + x^3 y^2 dy$는 완전미분임을 보여라.

풀이

$\phi(x, y) = \frac{1}{3}x^3 y^3$의 전미분은 $x^2 y^3 dx + x^3 y^2 dy$이므로 이는 완전미분이다.

다음 정리에서 완전미분으로 주어지는 2변수 함수의 전미분의 선적분에 관한 성질을 소개한다.

정리 13.3.4 완전미분으로 주어진 전미분의 선적분에 관한 성질

완전미분 $P(x, y)dx + Q(x, y)dy$, 즉

$$d\phi = P(x, y)dx + Q(x, y)dy$$

에 대하여 정칙곡선 C가 점 A에서 점 B로 가는 경로일 때, 다음이 성립한다.

$$\int_C P(x, y)dx + Q(x, y)dy = \phi(B) - \phi(A)$$

정리 13.3.4는 일변수 함수에서의 미적분학의 기본 정리에 해당하는 2변수 함수의 선적분을 위한 정리이다.

증명

곡선 C를 $r(t) = (f(t),\ g(t)),\ a \le t \le b$라 하면 $A = (f(a),\ g(a)),\ B = (f(b),\ g(b))$이고, 조건에 의해

$$d\phi = P(x, y)dx + Q(x, y)dy$$

이다. 2변수 함수 ϕ에 대하여

$$d\phi = \frac{\partial \phi}{\partial x}dx + \frac{\partial \phi}{\partial y}dy,$$
$$dx = f'(t)dt, \quad dy = g'(t)dt$$

이므로 다음을 얻는다.

$$\begin{aligned}\int_C P(x, y)dx + Q(x, y)dy &= \int_a^b \frac{d\phi(f(t), g(t))}{dt}dt \\ &= [\phi(f(t), g(t))]_a^b \\ &= \phi(f(b), g(b)) - \phi(g(a), g(b)) \\ &= \phi(B) - \phi(A)\end{aligned}$$

■

예제 13.24

C가 점 (0, 0)에서 점 (1, 1)로 가는 매끄러운 곡선일 때 $\int_C ydx + xdy$를 구하여라.

풀이

2변수 함수 $\phi(x, y) = xy$의 전미분은

$$d\phi = ydx + xdy$$

이다. 따라서 정리 13.3.4에 의해 다음을 얻는다.

$$\int_{(0,0)}^{(1,1)} ydx + xdy = xy\Big|_{(0,0)}^{(1,1)} = 1$$

에제 13.24의 풀이와 같은 계산을 하기 위해서 주어진 미분 $P(x, y)dx + Q(x, y)dy$가 완전미분이 되기 위한 조건을 알아보려 한다. 이 미분이 완전미분이라면 적당한 함수 $\phi(x, y)$가 존재하여

$$\begin{aligned} P(x, y)dx + Q(x, y)dy &= d\phi \\ &= \frac{\partial \phi}{\partial x}dx + \frac{\partial \phi}{\partial y}dy \end{aligned}$$

를 만족하므로 $P(x, y) = \frac{\partial \phi}{\partial x}$, $Q(x, y) = \frac{\partial \phi}{\partial y}$가 성립한다. 따라서

$$\frac{\partial P}{\partial y} = \frac{\partial^2 \phi}{\partial x \partial y} = \frac{\partial^2 \phi}{\partial y \partial x} = \frac{\partial Q}{\partial x}$$

이다. 즉, 주어진 $P(x, y)dx + Q(x, y)dy$에 대하여 다음이 성립한다.

$$\frac{\partial P}{\partial y} = \frac{\partial Q}{\partial x}$$

역으로 위 식을 만족하는 미분 $P(x, y)dx + Q(x, y)dy$가 완전미분이 되는지 알아보자. 이를 위해 먼저 특정한 성질을 지닌 다음 영역을 소개한다.

정의 13.3.5 단순연결영역

경계선이 조각마다 정칙인 폐곡선으로 이루어져 있으며 내부에 구멍이 나있지 않은 영역 R을 단순연결영역(simply connecteddomain)이라 한다(그림 13.3.7).

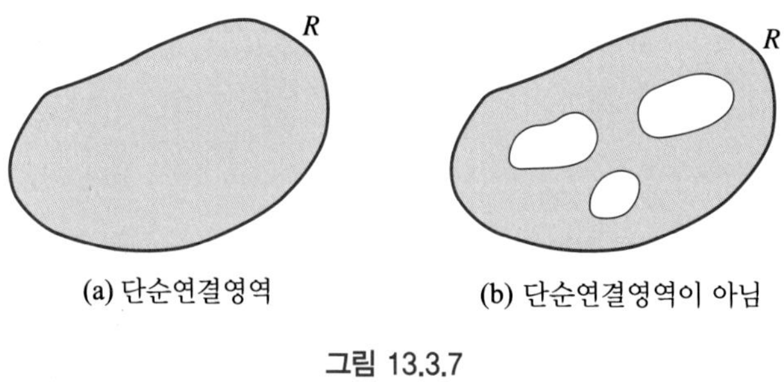

(a) 단순연결영역 (b) 단순연결영역이 아님

그림 13.3.7

위 영역에서 정의된 $P(x, y)dx + Q(x, y)dy$의 경우 $\frac{\partial P}{\partial y} = \frac{\partial Q}{\partial x}$가 완전미분이 되기 위한 충분한 조건임이 알려져 있다. 따라서 완전미분을 위한 필요충분조건을 다음과 같이 정리할 수 있다. 구체적인 증명은 생략한다.

정리 13.3.6 완전미분일 필요충분조건

두 2변수 함수 P와 Q가 어떤 단순연결영역 R에서 연속인 일차 편도함수를 가질 때, 미분 형태 $P(x, y)dx + Q(x, y)dy$가 완전미분이 될 필요충분조건은 모든 영역 R 위에 있는 점 (x, y)에 대하여 다음을 만족하는 것이다.

$$\frac{\partial P}{\partial y} = \frac{\partial Q}{\partial x}$$

예제 13.25

C가 점 $(-1, 0)$에서 시작하여 점 $(3, 4)$로 끝나는 정칙곡선일 때, 다음을 구하여라.

$$\int_C (y^2 - 6xy + 6)dx + (2xy - 3x^2)dy$$

풀이

$P(x, y) = y^2 - 6xy + 6,\ Q(x, y) = 2xy - 3x^2$으로 놓으면

$$\frac{\partial P}{\partial y} = 2y - 6x = \frac{\partial Q}{\partial x}$$

이므로 정리 13.3.6에 의해 $P(x, y)\,dx + Q(x, y)\,dy$는 완전미분이다. 즉, 2변수 함수 $\phi(x, y)$가 존재하여 다음을 만족한다.

$$\frac{\partial \phi}{\partial x} = y^2 - 6xy + 6,\quad \frac{\partial \phi}{\partial y} = 2xy - 3x^2$$

먼저 $\frac{\partial \phi}{\partial x} = y^2 - 6xy + 6$를 x에 관해 적분하면

$$\phi = y^2 x - 3x^2 y + 6x + g(y)$$

이다. 따라서

$$\frac{\partial \phi}{\partial y} = 2xy - 3x^2 + g'(y) = 2xy - 3x^2$$

이므로 $g'(y) = 0$을 얻는다. 즉, $g(y) = C$이므로 다음이 성립한다.

$$\phi(x, y) = xy^2 - 3x^2 y + 6x + C$$

정리 13.3.4에 의해 구하는 선적분은 다음과 같다.

$$\int_{(-1,0)}^{(3,4)} (y^2 - 6xy + 6)dx + (2xy - 3x^2)dy$$
$$= \int_{(-1,0)}^{(3,4)} d(xy^2 - 3x^2y + 6x)$$
$$= xy^2 - 3x^2y + 6x \Big|_{(-1,0)}^{(3,4)}$$
$$= (48 - 108 + 18) - (-6) = -36$$

그린 정리

정리 13.3.7 그린 정리

곡선 C가 영역 R의 경계선으로서 구분적으로 정칙 단순폐곡선이라 하자. $P(x, y)$, $Q(x, y)$, $\frac{\partial P}{\partial y}$, $\frac{\partial Q}{\partial x}$가 영역 R에서 연속이면 다음이 성립한다.

$$\oint_C P(x, y)dx + Q(x, y)dy = \iint_R \left(\frac{\partial Q}{\partial x} - \frac{\partial P}{\partial y}\right)dA$$

증명

먼저 영역 R이 다음 두 식으로 표시되는 특수한 경우부터 증명한다(그림 13.3.8).

$$R: g_1(x) \le y \le g_2(x),\ a \le x \le b$$
$$R: h_1(y) \le x \le h_2(y),\ c \le y \le d$$

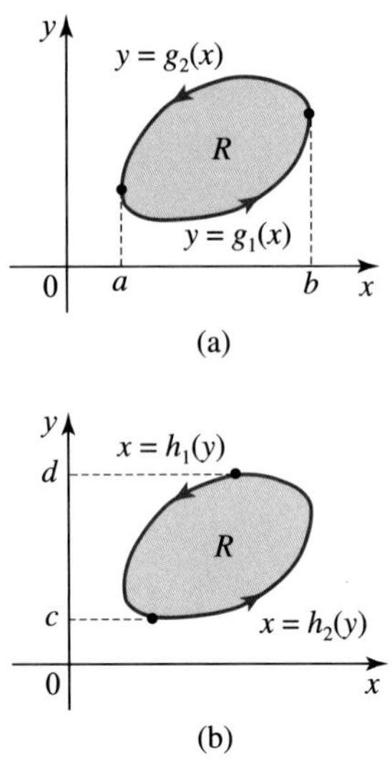

그림 13.3.8

그림 13.3.8(a)를 참조하여 다음을 계산한다.

$$-\iint_R \frac{\partial P}{\partial y} dA = -\int_a^b \int_{g_1(x)}^{g_2(x)} \frac{\partial P}{\partial y} dydx$$
$$= -\int_a^b \{P(x, g_2(x)) - P(x, g_1(x))\}dx$$
$$= \int_a^b P(x, g_1(x))dx + \int_b^a P(x, g_2(x))dx$$
$$= \oint_C P(x, y)dx$$

마찬가지로 그림 13.3.8(b)를 참조하여 다음을 계산한다.

$$
\begin{aligned}
\iint_R \frac{\partial Q}{\partial x} dA &= \int_c^d \int_{h_1(y)}^{h_2(y)} \frac{\partial Q}{\partial x} dx dy \\
&= \int_c^d \{Q(h_2(y), y) - Q(h_1(y), y)\} dy \\
&= \int_c^d Q(h_2(y), y) dy + \int_d^c Q(h_1(y), y) dy \\
&= \oint_C Q(x, y) dy
\end{aligned}
$$

따라서 위 두 식으로부터 다음을 얻는다.

$$\oint_C P(x, y)dx + Q(x, y)dy = \iint_R \left(\frac{\partial Q}{\partial x} - \frac{\partial P}{\partial y}\right) dA$$ ■

정리 13.3.7의 조건을 만족하는 일반적인 영역 R의 경우, 그림 13.3.9와 같은 특수한 영역들로 분해하여 증명할 수 있음이 알려져 있다. 여기서는 유한 개의 위와 같은 특수한 영역으로 분해될 수 있는 영역 R을 생각해 보자. 각각 분해된 영역에 대하여 위 정리를 적용하면 되는데, 좌변의 항은 합해져서 영역 R에서의 적분이 되고 우변의 항은 분해된 영역의 경계에서의 선적분들의 합이 된다. 동일한 곡선의 반대 방향으로의 두 선적분의 합은 상쇄되므로 결국 영역 R의 경계 곡선 C에서의 선적분만 남게 된다. 예를 들어 그림 13.3.9를 참조하자.

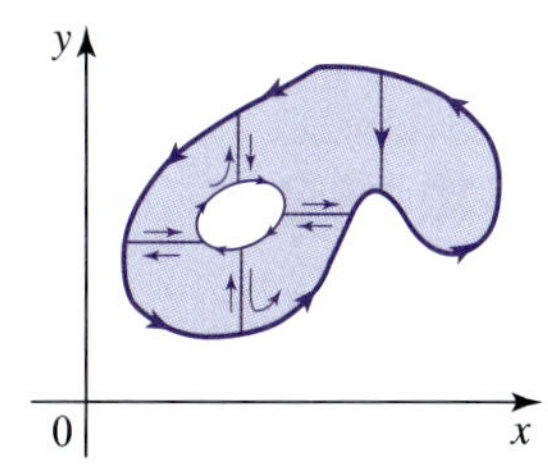

그림 13.3.9

예제 13.26

곡선 C가 $(x-1)^2 + (y-5)^2 = 4$일 때, $\oint_C (x^5 + 3y)dx + (2x - e^{y^3})dy$를 구하여라.

풀이

$P(x, y) = x^5 + 3y$, $Q(x, y) = 2x - e^{y^3}$으로 놓으면

$$\frac{\partial P}{\partial y} = 3, \ \frac{\partial Q}{\partial x} = 2$$

이다. 따라서 구하는 선적분은 다음과 같다.

$$
\begin{aligned}
\oint_C (x^5 + 3y)dx + (2x - e^{y^3})dy &= \iint_R (2-3)\, dA \\
&= -\iint_R dA = -4\pi
\end{aligned}
$$

예제 13.30

$\oint_C \frac{-y}{x^2+y^2}dx + \frac{x}{x^2+y^2}dy$를 구하여라(단, 곡선 C는 $C_1 + C_2$로서 그림 13.3.10과 같다).

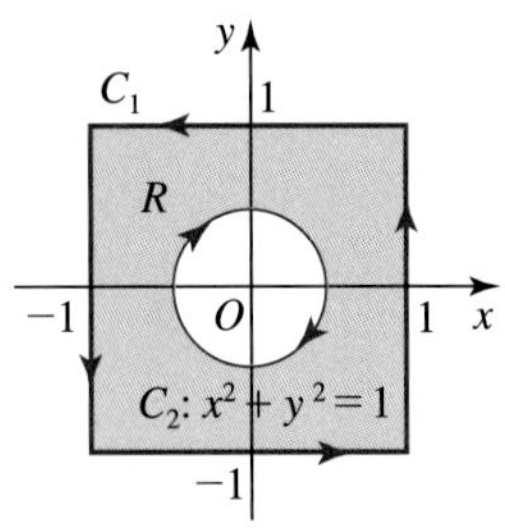

그림 13.3.10

풀이

$P(x, y) = \frac{-y}{x^2+y^2}$, $Q(x, y) = \frac{x}{x^2+y^2}$로 놓으면

$$\frac{\partial P}{\partial y} = \frac{y^2-x^2}{(x^2+y^2)^2}, \quad \frac{\partial Q}{\partial x} = \frac{y^2-x^2}{(x^2+y^2)^2}$$

이고, 모두 연속이므로 구하는 선적분은 다음과 같다.

$$\begin{aligned}\oint_C \frac{-y}{x^2+y^2}dx + \frac{x}{x^2+y^2}dy &= \iint_R \left\{\frac{y^2-x^2}{(x^2+y^2)^2} - \frac{y^2-x^2}{(x^2+y^2)^2}\right\}dA \\ &= 0\end{aligned}$$

연습문제 13.3

1. 곡선 C가 $x = 4\cos t$, $y = 4\sin t$, $0 \le t \le \frac{\pi}{2}$일 때, 다음을 구하여라.

(1) $\int_C xy^2 dx$ (2) $\int_C xy^2 dy$

2. 2변수 함수 $G(x, y)$와 곡선 C가 다음과 같을 때, $\int_C G(x,y)dx$, $\int_C G(x,y)dy$를 구하여라.

(1) $G(x, y) = 2xy$; $x = 5\cos t$, $y = 5\sin t$, $0 \le t \le \frac{\pi}{4}$

(2) $G(x, y) = x^3 + 2xy^2 + 2x$; $x = 4t$, $y = t^3$, $0 \le t \le 1$

(3) $G(x, y) = 3x^2 + 6y^2$; $y = 2x+1$, $-1 \le x \le 0$

3. 다음 선적분을 구하여라.

(1) $\int_{(0,0)}^{(2,2)} x^2 dx + y^2 dy$

(2) $\int_{(1,0)}^{(3,2)} (x+2y)dx + (2x-y)dy$

(3) $\int_{(0,0)}^{(2,8)} (y^3+3x^2y)dx + (x^3+3y^2x+1)dy$

(4) $\int_{(4,1)}^{(4,4)} -ydx + xdy$

(5) $\int_{(1,2)}^{(3,6)} (2y^2x-3)dx + (2x^2y+4)dy$

4. 그린 정리를 이용하여 다음을 구하여라.

(1) $\oint_C 3ydx + 3xdy$ (단, C는 원 $(x-1)^2+(y+3)^2=25$)

(2) $\oint_C (x^4-2y^3)dx + (2x^3-y^4)dy$
(단, C는 원 $x^2+y^2=4$)

(3) $\oint_C 2xydx + 3xy^2dy$ (단, C는 세 점 (1, 2), (2, 2), (2, 4)를 연결한 삼각형)

(4) $\oint_C xydx + x^2dy$ (단, C는 $x^2+y^2=1$, $x \ge 0$으로 이루어진 영역의 경계선)

5. 곡선 C가 $C = C_1 + C_2$일 때, 다음을 구하여라(단, 그림 13.3.11과 같이 C_1은 $x^2+y^2=4$인 양의 방향, C_2는

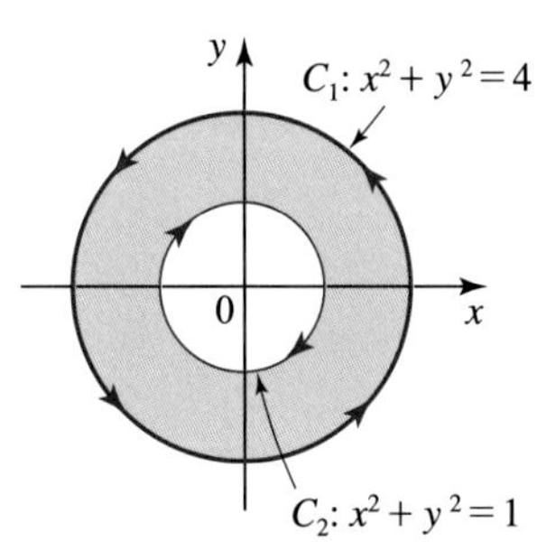

그림 13.3.11

$x^2+y^2=1$인 음의 방향).

$$\oint_C (4x^2-y^3)dx+(x^3+y^2)dy$$

6. C가 $x^2+4y^2=4$인 양의 방향의 곡선일 때, 다음을 구하여라.

$$\oint_C \frac{-y^3}{(x^2+y^2)^2}dx+\frac{xy^2}{(x^2+y^2)^2}dy$$

APPENDIX

부록

부록 1 기초 수학

1.1 집합과 실수

집합

어떤 모임을 생각할 때, '키 큰 사람들의 모임'과 같이 범위가 확실하지 않은 경우도 있지만, '자연수의 모임'과 같이 어떤 대상이 그 모임에 속하는지 여부가 분명한 것도 있다. 이때 후자와 같은 모임을 **집합**이라고 한다. 다시 말해 어떤 조건에 따라 정확히 결정될 수 있는 대상들의 모임을 **집합**이라 하며, 그 대상을 집합의 **원소**라고 한다.

집합의 표현 방법에는 일반적으로 다음 두 종류가 있다.

- **원소나열법**: 예 집합 M이 원소 a, b, c 등으로 구성된 집합

$$M = \{a, b, c, \cdots\}$$

- **조건제시법**: 예 -5보다 크고 5보다 작은 정수의 집합

$$M = \{x \mid x \in \mathbb{Z},\ -5 < x < 5\}$$

원소 a가 집합 M에 속함을 나타낼 때는 $a \in M$ 또는 $M \ni a$로 한다. 한편, 이의 부정으로써, $a \notin M$ 또는 $M \not\ni a$는 a가 M에 속하지 않음을 나타낸다.

- **집합 사이의 관계**: 집합 A의 모든 원소가 집합 B에 속할 때 A는 B의 부분집합이라고 하며, $A \subset B$로 표시한다. $A \subset B$와 $B \subset A$를 동시에 만족할 때 $A = B$ (서로 같다)라고 한다.

무한구간으로

$$\{x \mid x \le b\} = (-\infty, b],$$
$$\{x \mid a \le x\} = [a, \infty)$$

와 같이 표시하며, 실수 전체 구간을 $(-\infty,\ \infty)$로 나타낸다.

특별히 실직선 위 실수의 부분집합들을 다음처럼 표시한다.

$$\{x \mid a \le x \le b\} = [a, b],\quad \{x \mid a < x < b\} = (a, b),$$
$$\{x \mid a \le x < b\} = [a, b),\quad \{x \mid a < x \le b\} = (a, b]$$

이러한 부분집합을 구간(interval)이라 하며, $[a,\ b]$를 **폐구간**(closed interval), $(a,\ b)$를 **개구간**(open interval)이라고 한다.

두 집합 A, B에 대하여 A, B의 합집합, 교집합, 차집합 등을 알아보자.

- **합집합**: A와 B의 적어도 어느 한쪽에 속하는 원소 전체의 집합으로써, 기호는 $A \cup B = \{x \mid x \in A$ 또는 $x \in B\}$이다.

- **교집합**: A와 B의 양쪽 모두에 속하는 원소 전체의 집합으로써, 기호는 $A \cap B = \{x \mid x \in A$이며 $x \in B\}$이다.
- **여집합**: 전체집합 U의 부분집합 A에 대하여 A의 원소가 아닌 U의 원소 전체의 집합으로써 기호는 $A^C = \{x \mid x \in U$이며 $x \notin A\}$이다.
- **차집합**: A에 속하고 B에 속하지 않는 원소 전체의 집합으로써, 기호는 $A - B = \{x \mid x \in A$이며 $x \notin B) = A \cap B^C$이다.

합집합과 교집합의 벤-다이어그램

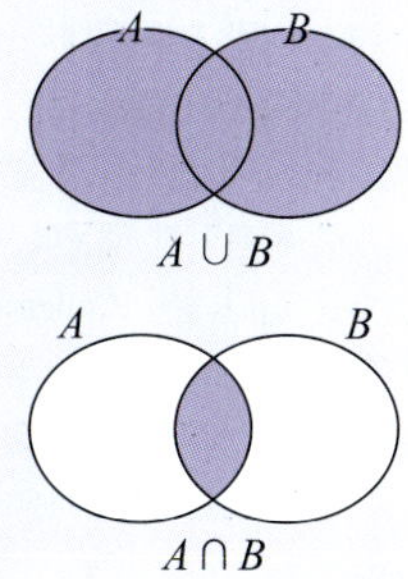

집합에 대한 연산 법칙

(1) **교환법칙** $A \cup B = B \cup A$, $A \cap B = B \cap A$

(2) **결합법칙** $A \cup (B \cup C) = (A \cup B) \cup C = A \cup B \cup C$,

$A \cap (B \cap C) = (A \cap B) \cap C = A \cap B \cap C$

(3) **분배법칙** $A \cup (B \cap C) = (A \cup B) \cap (A \cup C)$, $A \cap (B \cup C) = (A \cap B) \cup (A \cap C)$

(4) **드모르간의 법칙** $(A \cap B)^C = A^C \cup B^C$, $(A \cup B)^C = A^C \cap B^C$

집합 A의 여집합 A^C에서 C는 여집합을 뜻하는 단어 Complement의 첫 글자이다.

실수

일반적으로 실수를 소개하는 데에는 두 가지 방법이 있다. 하나는 수 체계 전체에서, 자연수로부터 정수와 유리수로 확장한 후 다시 실수로 확장하는 방법이다. 또 다른 방법은 실수의 엄밀한 공리체계로 실수를 설명하는 것이다. 여기서는 전자의 쉬운 방법으로 시작한다.

실수의 분류

- 복소수
  - 실수
    - 유리수
      - 정수
        - 양의 정수(자연수)
        - 0
        - 음의 정수
      - 정수가 아닌 유리수
        - 유한소수
        - 순환소수
    - 무리수(순환하지 않는 무한소수)
  - 허수

즉, 실수란 유리수와 무리수의 합집합이다.

수 체계를 나타내기 위해 사용되는 일반적인 기호는 다음과 같다.

수체계 기호를 보면 알 수 있듯이 수학의 많은 기호는 알파벳의 첫 글자로 표시한다. 다만 정수를 나타낼 때, 기호로 I를 사용하지 않은 것은 기호 I가 수학에서 이미 항등원 등을 나타내는 기호로 사용되기 때문에, 독일어로 정수를 나타내는 Zahlen의 첫 글자를 딴 것이다. 또한, 유리수를 $\mathbb{Q}$로 한 것도, $\mathbb{R}$이 실수의 기호로 이미 사용되고 있으므로 $\mathbb{R}$과 가까운 문자 $\mathbb{Q}$를 사용했다.

자연수:	Natural number $\mathbb{N}$
정수:	Integer $\mathbb{Z}$
유리수:	Rational number $\mathbb{Q}$
무리수:	Irrational number $\mathbb{Q}^c$
실수:	Real number $\mathbb{R}$
복소수:	Complex number $\mathbb{C}$

집합 S에서 a, b, c를 임의의 원소라 하고, $\circ$는 S의 원소들 사이의 연산이라 하자.

- 닫혀 있다(closed): $a \circ b \in S$일 때, S는 $\circ$에 의해 닫혀 있다고 한다.
- 항등원(identity): 모든 $a \in S$에 대하여 $a \circ e = e \circ a = a$를 만족하는 원소 e이다. 즉, 연산 결과 항상 원래의 값이 나오도록 만들어 주는 원소를 말한다.
- a의 역원(inverse): $a \circ x = e$(항등원)을 만족하는 원소 x이다. 즉, 연산 결과가 항등원이 되도록 하는 원소이다.

실수 전체의 집합 $\mathbb{R}$은 연산 덧셈 +과 곱셈 $\cdot$에 대하여 다음이 성립함을 쉽게 확인할 수 있다.

① $\mathbb{R}$은 덧셈 +에 의해 닫혀 있다.
② +에 관한 결합법칙(associative)이 성립한다. $(a+b)+c = a+(b+c)$
③ +에 관한 항등원이 존재한다. 덧셈에 관한 항등원은 0이다.
④ +에 관한 역원이 존재한다. a의 덧셈에 관한 역원은 $-a$이다.
⑤ +에 관한 교환법칙(commutative)이 성립한다. $a+b = b+a$
⑥ $\mathbb{R}$은 곱셈 $\cdot$에 의해 닫혀 있다.
⑦ $\cdot$에 관한 결합법칙이 성립한다. $(ab)c = a(bc)$
⑧ $\cdot$에 관한 항등원이 존재한다. 실제로 곱셈에 대한 항등원은 1이다.
⑨ $\cdot$에 관한 0이 아닌 원소의 역원이 존재한다. $a(\neq 0)$의 역원은 $\frac{1}{a}$이다.
⑩ $\cdot$에 관한 교환법칙이 성립한다. $ab = ba$
⑪ 분배법칙(distributed)이 성립한다. $a(b+c) = ab+ac$

①~⑤는 덧셈 연산에 관한 것이며, ⑥~⑪은 곱셈 연산에 관한 성질이다.

정리 1.1.1 실수 집합의 항등원과 역원

실수 집합에서 +에 관한 항등원과 역원은 각각 유일하게 존재하며, ·에 관한 항등원과 역원도 유일하게 존재한다.

정리 1.1.1은 다음과 같이 생각할 수 있다. 만약 0과 e 두 개 모두 +에 관한 항등원이라고 생각해 보자. 이제 항등원이 유일하다는 것을 보이기 위해 $0 = e$를 보이면 된다. 0이 덧셈에 관한 항등원이므로 실수인 e에 더하면 그대로 e가 된다. 즉 $e + 0 = e$이다. 한편, e도 항등원이므로 실수인 0에 더하면 그대로 0이 된다. 즉 $0 + e = 0$이다. 그러므로

$$e = e + 0 = 0 + e = 0$$

이 되어 $e = 0$이 된다.

실수에 관한 많은 성질은 특별히 증명하지 않더라도 잘 알고 있는 내용인데, 이는 그 동안 많이 사용하였기 때문이다. 몇 가지 성질을 기억해 보자.

(1) 임의의 실수 a는 $a < 0$, $a = 0$, $a > 0$의 세 가지 중 반드시 한 가지만 성립한다.

(2) $a > 0$, $b > 0$이면 $a + b > 0$이고 $ab > 0$이다.

(3) 임의의 세 실수 a, b, c에 대하여

(i) $a - b > 0 \Leftrightarrow a > b \quad a - b = 0 \Rightarrow a = b \quad a - b < 0 \Leftrightarrow a < b$

(ii) $a > b,\ b > c \Leftrightarrow a > c$

(iii) $a > b \Leftrightarrow a + c > b + c,\ a - c > b - c$

(iv) $a > b,\ c > 0 \Rightarrow ac > bc \quad a > b,\ c < 0 \Rightarrow ac < bc$이다.

(v) $a > 0,\ b > 0 \Rightarrow a + b > 0,\ ab > 0$

(1)은 임의의 실수가 음수이든 0이든 양수이든 세 가능성 중에 반드시 하나만 성립한다는 것으로써 이러한 것을 삼분법(trichotomy law)이라 한다.

1841년 바이어스트라스(K. Weierstrass, 1815~1897)에 의해 소개된 절댓값(absolute value)은 수학과 자연과학의 모든 분야에서 사용하는 중요한 개념 중 하나이다. 주로 물질의 크기, 거리, 부피 등을 표현할 때 사용한다.

보통 $|x|$로 표현하며, 다음과 같이 정의한다.

$$|x| = \begin{cases} x & (x \geq 0) \\ -x & (x < 0) \end{cases}$$

실수 x에 대한 절댓값 $|x|$는 수직선 위에서 원점에서 x까지의 거리를 나타낸다. 그러므로 $|x| = 3$은 원점으로부터 거리가 3이 되는 점인 −3과 3이다.

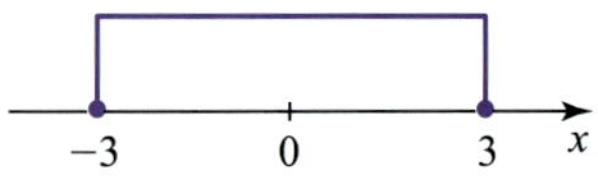

그림 1.1.1

한편, 다음 관계도 성립한다.

$$|x|<3 \Leftrightarrow -3<x<3 \Leftrightarrow x\in(-3,3)$$

$$|x|>3 \Leftrightarrow x<-3 \ \text{또는}\ x>3$$

부등식 $|x|+|y| \geq |x+y|$를 삼각부등식이라 한다. 이는 삼각형의 짧은 두 변을 각각 x, y인 벡터라고 생각하면 $x+y$는 빗변을 나타낸다. 그러면 삼각형의 짧은 두 변의 길이의 합은 빗변의 길이보다 길다는 것을 $|x|+|y| \geq |x+y|$로 이해할 수 있다.

정리 1.1.2 절댓값에 관한 성질

임의의 두 실수 x, y에 대하여 다음이 성립한다.

(1) $|x|=|-x|$, $|x|^2=x^2$, $|x||y|=|xy|$

(2) $|x|+|y|\geq|x+y|$ (삼각부등식)

증명

(2) $|x|+|y|$를 제곱하면

$$(|x|+|y|)^2=|x|^2+2|x||y|+|y|^2=x^2+2|xy|+y^2$$

이므로

$$\begin{aligned}(|x|+|y|)^2-|x+y|^2&=x^2+2|xy|+y^2-(x+y)^2\\&=x^2+2|xy|+y^2-x^2-2xy-y^2\\&=2(|xy|-xy)\end{aligned}$$

이다. 이때 $|xy|\geq xy$이므로

$a>0$, $b>0$일 때, $a^n>b^n \Leftrightarrow a>b$

$$(|x|+|y|)^2-|x+y|^2=2(|xy|-xy)\geq 0,$$

$$(|x|+|y|)^2\geq|x+y|^2$$

이다. $|x|+|y|$와 $|x+y|$가 모두 양수이므로 다음 삼각부등식을 얻는다.

$$|x|+|y|\geq|x+y|$$ ■

삼각부등식을 변형하여 다음 관계를 얻을 수 있다.

정리 1.1.3 삼각부등식의 변형

임의의 두 실수 x에 대하여 다음이 성립한다.

(1) $|x|-|y|\leq|x-y|$ (2) $|y|-|x|\leq|x-y|$

(3) $||x|-|y||\leq|x-y|$

증명

(3) 삼각부등식 $|x|+|y| \geq |x+y|$에서 x 대신 $x-y$를 대입하면

$$|x-y|+|y| \geq |x-y+y| = |x|$$

이며

$$|x-y| \geq |x|-|y|$$

가 된다. 이번에는 y 대신 $y-x$를 대입하면

$$|x|+|y-x| \geq |x+y-x| = |y|$$

이며

$$|x-y| = |y-x| \geq |y|-|x|$$

이다. 따라서 $|x-y| \geq |x|-|y|$와 $|x-y| \geq |y|-|x|$를 동시에 표현하면 다음을 얻는다.

$$|x-y| \geq ||x|-|y|| \quad \blacksquare$$

1.2 식과 연산

제곱근의 성질

양수 a에 대하여 다음이 성립한다.

(1) $(\sqrt{a})^2 = a,\ (-\sqrt{a})^2 = a$ (2) $\sqrt{a^2} = a,\ \sqrt{(-a)^2} = a$

제곱근의 대소 관계

두 양수 a, b에 대하여 다음이 성립한다.

$$a < b \Leftrightarrow \sqrt{a} < \sqrt{b}$$

문자식의 표현과 계산

문자를 포함한 식을 간단히 하기 위해 곱셈기호 ×와 나눗셈기호 ÷를 생략하여 나타내며 다음과 같은 규칙을 따른다.

곱셈기호와 나눗셈기호의 생략

수와 문자 사이의 곱	곱셈기호(×)를 생략하고 수는 문자 앞에 쓴다. $a \times 3 = 3 \times a = 3a$
문자와 문자의 곱	곱셈기호(×)를 생략하고 알파벳 순으로 쓴다. $a \times c \times b = a \times b \times c = abc$
같은 문자의 곱	곱셈기호(×)를 생략하고 거듭제곱을 사용하여 나타낸다. $a \times a \times a \times b \times b = a^3 b^2$
나눗셈기호를 생략	나눗셈기호(÷)를 생략할 때는 분수를 사용하여 나타낸다. $x \div a = x \times \frac{1}{a} = \frac{x}{a}$ (단, $a \neq 0$)

식 $x^2y+5x+2$에서 수 또는 문자의 곱으로 이루어진 x^2y, $5x$, 2를 식 $x^2y + 5x + 2$의 **항**이라 하고 2와 같이 수만으로 이루어진 항을 **상수항**이라 한다. 또한, 식 $x^2y+5x+2$와 같이 둘 이상의 항의 합으로 이루어진 식을 **다항식**이라 하고 하나의 항으로만 이루어진 식을 **단항식**이라 한다. $5x$와 같은 단항식에서 5를 x의 계수라고 한다. 특정 문자에 대하여 이야기할 때는 특정 문자만 문자로 취급하고 다른 문자는 상수처럼 다룬다. 예를 들어 x^2y를 x에 대한 단항식으로 본다면 y는 x^2의 계수이다. 단항식에서 차수는 문자의 곱해진 횟수이며 다항식에서는 각 항의 차수 중 가장 큰 차수가 그 다항식의 차수가 된다. x^2y는 $x \times x \times y$로 세 문자가 곱해져 있으므로 3차이다. 물론 x에 대한 식으로 본다면 y는 상수로 취급하므로 2차가 된다. 다항식 $x^2y+5x+2$에서 x^2y는 3차, $5x$는 1차, 2는 0차이므로 이 다항식의 차수는 3차이다. x에 대한 다항식으로 본다면 2차, y에 대한 다항식으로 본다면 1차가 된다.

> 1 또는 −1과 문자의 곱에서는 1을 생략한다.
>
> $a \times 1 = 1 \times a = a,$
> $-1 \times b = b \times (-1) = -b$
>
> 괄호가 있는 곱셈에서는 숫자 또는 문자의 곱은 괄호 앞에 쓴다.
>
> $a \times (x-2) \times 5 = 5a(x-2)$

실수 연산의 기본 성질

임의의 세 실수 a, b, c에 대하여 다음이 성립한다.

(1) **교환법칙**: $a + b = b + a$, $ab = ba$

(2) **결합법칙**: $a + (b + c) = (a + b) + c = a + b + c$, $a(bc) = (ab)c = abc$

(3) **분배법칙**: $a(b + c) = ab + ac$, $(a + b)c = ac + bc$

$2x + 3x = (2 + 3)x = 5x$처럼 계산할 수 있는데, 이때 $2x$와 $3x$와 같이 곱해진 문자와 차수가 같은 항들을 그 문자에 대한 **동류항**이라 하고, 특히 상수항은 모두 동류항이다.

지수법칙

임의의 두 실수 m, n에 대하여 다음이 성립한다.

(1) $a^0 = 1$　　(2) $a^m \times a^n = a^{m+n}$　　(3) $(a^m)^n = a^{mn}$

(4) $(ab)^m = a^m b^m$　　(5) $\left(\dfrac{a}{b}\right)^m = \dfrac{a^m}{b^m}$　　(6) $a^m \div a^n = a^{m-n}$

(7) $a^{-m} = \dfrac{1}{a^m}$

다항식 ÷ 단항식의 계산

다항식을 단항식으로 나누는 방법을 알아보자. $(4xy - 8x) \div 2x$를 다음과 같이 두 가지 방법으로 계산할 수 있다.

$$\begin{aligned}&(4xy-8x)\div 2x\\&=\frac{4xy-8x}{2x}\\&=\frac{4xy}{2x}-\frac{8x}{2x}\\&=2y-4\end{aligned}\qquad\qquad\begin{aligned}&(4xy-8x)\div 2x\\&=(4xy-8x)\times\frac{1}{2x}\\&=4xy\times\frac{1}{2x}-8x\times\frac{1}{2x}\\&=2y-4\end{aligned}$$

다항식의 곱셈 원리(분배법칙, 전개)

$$(a+b)(c+d) = \underset{❶}{ac} + \underset{❷}{ad} + \underset{❸}{bc} + \underset{❹}{bd}$$

곱셈 공식

(1) $(a \pm b)^2 = a^2 \pm 2ab + b^2$

(2) $(a+b)(a-b) = a^2 - b^2$

(3) $(x+a)(x+b) = x^2 + (a+b)x + ab$

(4) $(ax+b)(cx+d) = acx^2 + (ad+bc)x + bd$

(5) $(a+b+c)^2 = a^2 + b^2 + c^2 + 2ab + 2bc + 2ca$

(6) $(a \pm b)^3 = a^3 \pm 3a^2b + 3ab^2 \pm b^3$

(7) $(a \pm b)(a^2 \mp ab + b^2) = a^3 \pm b^3$

(8) $(a^2+ab+b^2)(a^2-ab+b^2) = a^4 + a^2b^2 + b^4$

(9) $(a+b+c)(a^2+b^2+c^2-ab-bc-ca) = a^3 + b^3 + c^3 - 3abc$

하나의 다항식을 둘 이상의 인수의 곱으로 나타내는 것을 그 다항식을 **인수분해**한다고 한다.

$$x^2-3x+2 \underset{\text{전개}}{\overset{\text{인수분해}}{\rightleftarrows}} (x-2)(x-1)$$

이때 $(x-2)$, $(x-1)$, $(x-2)(x-1)$을 다항식 x^2-3x+2의 **인수**라고 한다.

인수분해 공식

(1) $a^2 \pm 2ab + b^2 = (a \pm b)^2$

(2) $a^2 - b^2 = (a+b)(a-b)$

(3) $x^2 + (a+b)x + ab = (x+a)(x+b)$

(4) $acx^2 + (ad+bc)x + bd = (ax+b)(cx+d)$

(5) $a^2+b^2+c^2+2ab+2bc+2ca = (a+b+c)^2$

(6) $a^3 \pm 3a^2b + 3ab^2 \pm b^3 = (a \pm b)^3$

(7) $a^3 \pm b^3 = (a \pm b)(a^2 \mp ab + b^2)$

(8) $a^4 + a^2b^2 + b^4 = (a^2+ab+b^2)(a^2-ab+b^2)$

(9) $a^3+b^3+c^3-3abc = (a+b+c)(a^2+b^2+c^2-ab-bc-ca)$

1.3 방정식과 부등식

등식(equality)은 두 식 또는 수가 같음을 기호로 나타낸 것으로 하나의 명제이다. 문자를 포함한 등식은 문자에 대입한 값에 따라 참일 수도 거짓일 수도 있다. 이렇게 문자를 포함한 등식을 **방정식**(equation)이라 한다.

이제 방정식과 관련된 몇 가지 용어를 정의한다.

- 방정식에서 특정한 값을 찾아야 하는 문자를 **미지수**(unknown)라 하고, 방정식에서 값을 찾아내는 것이 목적이 아닌 문자를 **문자 상수**(character constant)라고 한다. 한 문자가 미지수인지 문자 상수인지는 미리 그 의미가 구분되어야 한다.
- 주어진 방정식의 미지수에 대입했을 때 방정식을 참이 되게 하는 수 또는 식을 그 방정식의 **해**(solution) 또는 **근**(root)이라 하고, 방정식의 해 전체를 원소로 하는 집합을 방정식의 **해집합**(solution set)이라고 한다. '방정식을 푼다'라는 것은 방정식의 해집합을 구하는 것이다.

- 방정식에서 미지수의 개수를 나타내기 위하여 원이라는 용어를 사용한다.
- 등식의 양변이 다항식(polynomial)으로 된 방정식을 다항방정식(polynomial equation)이라 하고, 다항방정식을 (다항식) = 0의 꼴로 정리했을 때 다항식의 차수를 방정식에서 차라는 용어로 나타낸다.

등식의 성질

$A = B$일 때,

(1) 등식은 양변에 같은 수를 더하거나 빼도 등식은 성립한다.

$$A \pm C = B \pm C$$

(2) 등식의 양변에 같은 수를 곱하여도 등식은 성립한다.

$$AC = BC$$

(3) 등식의 양변을 0이 아닌 같은 수로 나누어도 등식은 성립한다.

$$\frac{A}{C} = \frac{B}{C} \quad (\text{단, } C \neq 0)$$

미지수 x에 대한 일차방정식 $ax = b$의 해집합

미지수 x에 대한 일차방정식 $ax = b$의 해는 다음과 같다.

정리 1.3.1 일차방정식의 해

일차방정식 $ax = b$(a, b는 문자 상수)에 대하여

(1) $a \neq 0$이면 $ax = b$는 한 개의 근 $x = \frac{b}{a}$를 갖는다.

(2) $a = 0$, $b \neq 0$이면 $ax = b$의 근은 존재하지 않는다.

(3) $a = 0$, $b = 0$이면 $ax = b$의 근은 무수히 많다.

절댓값을 포함하는 일차방정식

절댓값 안에 미지수 x를 포함하는 방정식의 해를 구하려면 절댓값의 성질을 이용하여 절댓값 기호를 없애야 한다. 예를 들어 $|x-5|$의 경우

$$x-5 \geq 0\text{이면 } |x-5| = x-5$$
$$x-5 < 0\text{이면 } |x-5| = -x+5$$

를 이용하여 미지수 x의 범위를 나눈 다음 절댓값 기호를 없앤 후 방정식을 푼다. 방정식을 풀고 난 후 각 경우에 따른 x의 범위에 속하지 않은 해는 제외한다.

이차방정식

이차방정식은 미지수의 최고 차수가 2인 방정식이다. 즉, 미지수 x에 대한 이차방정식은 일반적으로 $ax^2+bx+c=0$ 형태로 $a(\neq 0)$, b, c는 상수이다.

이차방정식의 풀이

이차방정식을 푸는 세 가지 방법은 다음과 같다.

방법 1: 인수분해 이용

이차다항식의 인수분해와 다음 등식의 성질을 이용한다.

$$AB=0 \Leftrightarrow A=0 \text{ 또는 } B=0$$

따라서 이차방정식을 $(ax-b)(cx-d)=0\ (a\neq 0,\ c\neq 0)$으로 변형하면 근은 다음과 같다.

$$x=\frac{b}{a} \quad \text{또는} \quad x=\frac{d}{c}$$

방법 2: 완전제곱식 이용

이차방정식을 완전제곱식을 포함한 등식 $(x-a)^2=b$ (a, b는 상수)로 바꾼다. 즉, $x-a=\pm\sqrt{b}$ 이므로 근은 다음과 같다.

$$x=a\pm\sqrt{b}$$

방법 3: 근의 공식 이용

이차방정식 $ax^2+bx+c=0\ (a\neq 0)$을 방법 2와 같이 완전제곱식을 포함한 등식으로 바꾼다.

$$\begin{aligned}
&ax^2+bx+c=0\\
&\Leftrightarrow x^2+\frac{b}{a}x+\frac{c}{a}=0\\
&\Leftrightarrow \left(x+\frac{b}{2a}\right)^2=\frac{b^2-4ac}{4a^2}\\
&\Leftrightarrow x=-\frac{b}{2a}\pm\frac{\sqrt{b^2-4ac}}{2a}
\end{aligned}$$

따라서 이차방정식 $ax^2+bx+c=0\ (a\neq 0)$에 대하여 다음과 같은 근의 공식을 얻는다.

$$x=-\frac{b}{2a}+\frac{\sqrt{b^2-4ac}}{2a} \quad \text{또는} \quad x=-\frac{b}{2a}-\frac{\sqrt{b^2-4ac}}{2a}$$

근과 계수의 관계

x에 대한 이차방정식 $ax^2+bx+c=0\ (a\neq 0)$의 근을 α, β라 할 때,

$$\alpha+\beta=-\frac{b}{a},\ \alpha\beta=\frac{c}{a}$$

이차방정식의 판별식

이차방정식 $ax^2+bx+c=0$의 근의 공식

$$x=-\frac{b}{2a}\pm\frac{\sqrt{b^2-4ac}}{2a}$$

로부터 다음이 성립함을 알 수 있다.

x에 대한 이차방정식 $ax^2+bx+c=0$에서 $D=b^2-4ac$라고 하면

(1) $D>0$이면 $\sqrt{D}$는 실수이므로 $x=-\frac{b}{2a}\pm\frac{\sqrt{b^2-4ac}}{2a}$는 서로 다른 두 실근이다.

(2) $D=0$이면 $x=-\frac{b}{2a}$는 한 개이고, 두 근이 중복되므로 중근이다.

(3) $D<0$이면 $\sqrt{D}$는 순허수이므로 $x=-\frac{b}{2a}\pm\frac{\sqrt{b^2-4ac}}{2a}$는 서로 다른 두 허근이다.

고차방정식

고차방정식이란 삼차 이상의 방정식을 말한다. 예를 들어

$x^3+1=0$: 삼차방정식

$x^4+2x^2+x+1=0$: 사차방정식

등이 있다. 고차방정식은 일차 또는 이차방정식에 비해 그 풀이가 쉽지 않다.

다시 말해 일차 또는 이차방정식의 경우 일반적인 해법이 존재하며 또한 그 해법이 그리 어렵지 않았지만, 고차방정식의 경우 일반적인 해법이 존재하지 않거나 존재하더라도 그 해법에 매우 까다롭다. 실제로 5차 이상의 방정식의 경우 일반적인 해법이 존재하지 않음을 수학자 아벨(N. H. Abel, 1802~1829)이 증명했다.

또한, 삼차방정식을 위한 카르다노의 해법(Cardano's method)과 페라리의 해법(Ferrari's method)이 존재하나 사용법이 매우 까다롭다. 따라서 인수분해와 치환을 이용하여 간단히 해결할 수 있는 삼차방정식과 사차방정식들의 해법을 알아보자.

삼차방정식 $x^3=1$의 성질

n차방정식 $x^n = 1$의 근을 n제곱근이라 하고, 이 수는 드 무아브르의 수(de Movire number)라 한다. 여기서는 $n = 3$인 경우, 1의 세제곱근에 대하여 알아보자.

먼저 방정식 $x^3 = 1$을 풀어 보자.

$$x^3 - 1 = (x-1)(x^2+x+1) = 0$$

이므로 $x = 1$ 또는 $x^2+x+1=0$이다.

$x \neq 1$이면 $x^2+x+1=0$이고 근의 공식에 의해 다음을 얻는다.

$$x^2+x+1=0 \Leftrightarrow x=\frac{-1\pm\sqrt{3}\,i}{2}$$

$x^2+x+1=0$의 두 허근은 켤레복소수 관계에 있으므로 한 근을 ω라면 다른 근은 $\overline{\omega}$이고 다음이 성립한다.

이차방정식 $x^2+x+1=0$의 한 근을 ω라고 하면 다음이 성립한다.

(1) $\omega^2 + \omega + 1 = 0$

(2) $\omega^3 = 1$

(3) $\omega + \overline{\omega} = -1$, $\omega\overline{\omega} = 1$, $\omega^2 = \overline{\omega}$

(4) $\omega+\dfrac{1}{\omega}=-1$, $\overline{\omega}+\dfrac{1}{\overline{\omega}}=-1$

(5) $a+b\omega=0 \Leftrightarrow a=0$, $b=0$ (단, a, b는 실수)

삼차방정식의 근과 계수와의 관계

삼차방정식 $ax^3+bx^2+cx+d=0\,(a\neq 0)$의 세 근이 α, β, γ이면 다음이 성립한다.

(1) $\alpha+\beta+\gamma=-\dfrac{b}{a}$ (2) $\alpha\beta+\beta\gamma+\gamma\alpha=\dfrac{c}{a}$

(3) $\alpha\beta\gamma=-\dfrac{d}{a}$

연립방정식

연립방정식이란 두 개 이상의 식에서 둘 이상의 문자가 있는 방정식을 의미한다. 따라서 모든 연립방정식 풀이의 기본은 문자 수를 줄여 나가는 것이다.

연립일차방정식

미지수가 2개인 연립일차방정식은 두 방정식에서 하나의 미지수를 소거하여 풀고, 미지수가 3개인 연립일차방정식은 미지수 중 어느 하나를 소거하여 미지수가 2개인 연립일차방정식으로 만들어 푼다.

미지수가 2개인 연립일차방정식 $\begin{cases} ax+by+c=0 \\ a'x+b'y+c'=0 \end{cases}$의 해와 두 직선의 위치 관계

	해가 1개인 경우	해가 없는 경우	해가 무수히 많은 경우
직선의 위치 관계	두 직선이 한 점에서 만난다.	두 직선이 평행하다.	두 직선이 일치한다.
계수들의 관계	$\dfrac{a}{a'}\neq\dfrac{b}{b'}$	$\dfrac{a}{a'}=\dfrac{b}{b'}\neq\dfrac{c}{c'}$	$\dfrac{a}{a'}=\dfrac{b}{b'}=\dfrac{c}{c'}$

부등식

부등호 $>$, $<$, $\geq$, $\leq$를 사용하여 두 수 또는 두 식의 대소 관계를 나타낸 식을 부등식이라 하고, 주어진 부등식을 만족시키는 미지수의 값 또는 값의 범위를 부등식의 해라고 한다.

부등식의 성질

세 실수 a, b, c에 대하여 다음이 성립한다.

(1) $a > b$, $b > c$이면 $a > c$

(2) $a > b$이면 $a + c > b + c$, $a - c > b - c$

(3) $a > b$, $c > 0$이면 $ac > bc$, $\frac{a}{c} > \frac{b}{c}$

(4) $a > b$, $c < 0$이면 $ac < bc$, $\frac{a}{c} < \frac{b}{c}$

일차부등식의 해

주어진 부등식을 이항하여 정리했을 때 좌변이 x에 대한 일차식으로 나타나는 부등식을 일차부등식이라 한다.

정리 1.3.2 일차부등식의 해

일차부등식 $ax > b$ (a, b는 상수)에 대하여

(1) $a > 0$일 때, $x > \frac{b}{a}$

(2) $a < 0$일 때, $x < \frac{b}{a}$

(3) $a = 0$일 때,

$b \geq 0$인 경우 $0 \cdot x > b$가 되어 부등식을 만족하는 실수 x는 존재하지 않는다.

$b < 0$인 경우 $0 \cdot x > b$가 되어 모든 실수 x는 부등식을 만족한다.

이차부등식과 해

주어진 부등식에서 모든 항을 좌변으로 이항하여 정리했을 때 좌변이 x에 대한 이차식으로 나타나는 부등식을 이차부등식이라고 한다. 이차부등식은 이차부등식의 좌변을 0으로 하는 이차방정식 $ax^2 + bx + c = 0$ $(a > 0)$의 판별식 $D = b^2 - 4ac$의 부호에 따라 그 해가 달라진다.

정리 1.3.3 $D>0$인 경우 이차부등식의 해

$a>0$일 때 이차방정식 $ax^2+bx+c=0$이 서로 다른 두 실근을 $\alpha, \beta(\alpha<\beta)$를 가지면

(1) $ax^2+bx+c>0$의 해는 $x<\alpha$ 또는 $x>\beta$

(2) $ax^2+bx+c<0$의 해는 $\alpha<x<\beta$

(3) $ax^2+bx+c\geq 0$의 해는 $x\leq\alpha$ 또는 $x\geq\beta$

(4) $ax^2+bx+c\leq 0$의 해는 $\alpha\leq x\leq\beta$

정리 1.3.4 $D=0$인 경우 이차부등식의 해

$a>0$일 때, 이차방정식 $ax^2+bx+c=0$이 중근 α를 가지면

(1) $ax^2+bx+c>0$의 해는 $x\neq\alpha$인 모든 실수

(2) $ax^2+bx+c<0$의 해는 없다.

(3) $ax^2+bx+c\geq 0$의 해는 모든 실수

(4) $ax^2+bx+c\leq 0$의 해는 $x=\alpha$

정리 1.3.5 $D<0$인 경우 이차부등식의 해

$a>0$일 때, 이차방정식 $ax^2+bx+c=0$이 허근을 가지면

(1) $ax^2+bx+c>0$의 해는 모든 실수

(2) $ax^2+bx+c<0$의 해는 없다.

(3) $ax^2+bx+c\geq 0$의 해는 모든 실수

(4) $ax^2+bx+c\leq 0$의 해는 없다.

절대부등식

$2x^2\geq 0$, $x-2<x$, $-(x-1)^2\leq 0$은 x에 어떤 실수를 대입해도 항상 성립한다. 이와 같이 문자를 포함한 부등식에서 그 문자에 어떤 실수를 대입해도 항상 성립하는 부등식을 절대부등식이라 한다.

부등식을 증명할 때에는 다음과 같은 실수의 성질이 자주 이용된다.

임의의 두 실수 a, b에 대하여

(1) $a > b \Leftrightarrow a - b > 0$

(2) $a^2 \geq 0$, $a^2 + b^2 \geq 0$

(3) $a^2 + b^2 = 0 \Leftrightarrow a = b = 0$

(4) $|a|^2 = a^2$, $|ab| = |a||b|$

(5) $a > 0$, $b > 0$일 때, $a > b \Leftrightarrow a^2 > b^2$

기하학적 성질을 이용한 절대부등식의 증명

도형의 기하학적 성질을 적절히 이용하면 절대부등식을 쉽고 재미있게 증명할 수 있다. 몇 가지 예를 살펴보자.

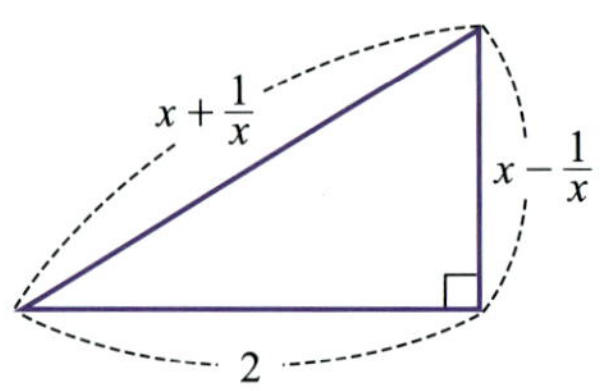

그림 1.3.1

(1) $x > 1$일 때 $x + \frac{1}{x} > 2$임을 피타고라스 정리와 삼각형의 성질을 이용하여 보일 수 있다. $x > 1$이면 $x - \frac{1}{x} > 0$이고 다음을 만족한다.

$$\left(x - \frac{1}{x}\right)^2 + 2^2 = \left(x + \frac{1}{x}\right)^2$$

따라서 그림 1.3.1에서 $x + \frac{1}{x} > 2$이다.

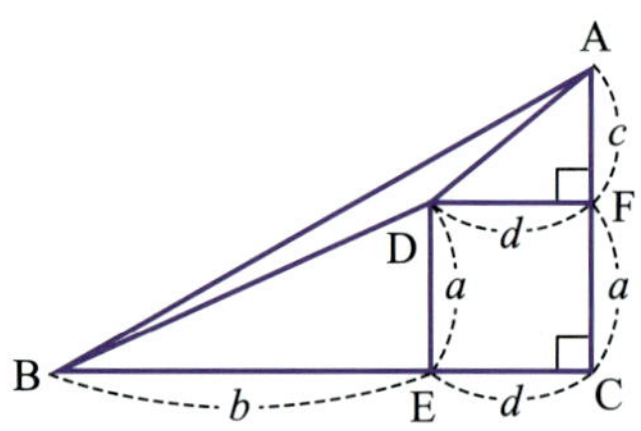

그림 1.3.2

(2) 네 양수 a, b, c, d에 대하여 $\frac{a}{b} < \frac{c}{d}$일 때, $\frac{a}{b} < \frac{a+c}{b+d} < \frac{c}{d}$임을 보이자. 이 문제는 직선의 기울기를 이용하면 대수적인 방법을 쓸 때보다 간단하게 해결할 수 있다. $\frac{a}{b} < \frac{c}{d}$일 때 그림 1.3.2의 $\frac{a}{b}$는 ΔDBE에서 $\overline{\mathrm{BD}}$의 기울기, $\frac{c}{d}$는 ΔADF에서 $\overline{\mathrm{AD}}$의 기울기, $\frac{a+c}{b+d}$는 ΔABC에서 $\overline{\mathrm{AB}}$의 기울기이다. 따라서 다음이 성립한다.

$$\frac{a}{b} < \frac{a+c}{b+d} < \frac{c}{d}$$

분수방정식과 무리방정식의 해법

분수방정식이나 무리방정식을 풀기 위해 정방정식을 유도하여 근을 구할 때, 정방정식의 근은 되지만 원래 방정식의 근은 되지 않는 근을 **무연근**이라 한다.

> **정방정식**
> 분모에 미지수를 포함하지 않는 방정식으로 다음과 같은 형태이다.
> $$a_n x^n + a_{n-1} x^{n-1} + \cdots + a_1 x + a_0 = 0$$
> (단, n은 음이 아닌 정수)

분수방정식의 풀이

① 양변에 분모의 최소공배수를 곱하여 정방정식으로 고친 다음 정방정식을 푼다.

② 정방정식의 근 중 무연근을 버리고 처음 방정식의 분모를 0으로 만들지 않는 것만을 근으로 취한다.

무리방정식의 풀이

① 적당히 이항하고 양변을 제곱하여 정방정식으로 고친 다음 정방정식을 푼다.

② 정방정식의 근 중 무연근이 아닌 것을 택한다.

무리부등식과 분수부등식의 해법

무리부등식의 해법

① $A>\sqrt{B}$의 해법

- $B\geq 0$이고 $A>0$을 동시에 만족하는 범위를 구한다.
- 양변을 제곱하여 $A^2>B$의 범위를 구한다.
- 위 두 범위의 공통 부분이 구하는 해이다.

② $A<\sqrt{B}$의 해법

- $B>0,\ A\geq 0,\ A^2<B$를 동시에 만족하는 범위를 구한다.
- $B\geq 0,\ A<0$을 동시에 만족하는 범위를 구한다.
- 위 두 범위를 합한 범위가 구하는 해이다.

분수부등식의 해법

① 부등식을 이항하고 통분하여

$$\frac{f(x)}{g(x)}>0,\ \ \frac{f(x)}{g(x)}<0,\ \ \frac{f(x)}{g(x)}\geq 0,\ \ \frac{f(x)}{g(x)}\leq 0\quad (\text{단, } g(x)\neq 0)$$

의 꼴로 정리한다.

② 동치 관계를 이용하여 분모를 없앤 후 정부등식으로 고쳐서 푼다.

$$\frac{f(x)}{g(x)}>0 \Leftrightarrow f(x)g(x)>0\quad (\text{단, } g(x)\neq 0)$$

$$\frac{f(x)}{g(x)}<0 \Leftrightarrow f(x)g(x)<0\quad (\text{단, } g(x)\neq 0)$$

부록 2 본문 보충

2.1 함수의 평행이동, 대칭이동/우함수, 기함수

자취의 방정식

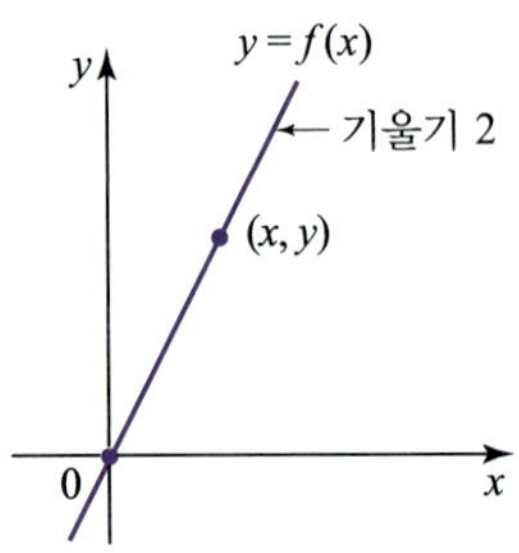

그림 2.1.1

어떤 조건을 만족시키는 점 $P(x, y)$의 집합을 자취라 한다. 이때 x, y의 관계식을 자취의 방정식이라 하고 $f(x, y) = 0$으로 나타낸다.

예를 들어 기울기가 2이고 원점을 지나는 직선의 방정식을 찾아보자. 그림 2.1.1은 기울기가 2이고 $P(x, y)$는 조건을 만족하는 임의의 한 점이다, 이때 점 $P(x, y)$의 자취의 방정식 $f(x, y) = 0$을 구해 보자. 두 점 (x_1, y_1), (x_2, y_2)를 지나는 기울기는 $\dfrac{y\text{의 증가량}}{x\text{의 증가량}} = \dfrac{y_2 - y_1}{x_2 - x_1}$로 정의된다. 또한, 직선 위의 임의의 두 점을 잇는 직선의 기울기는 항상 일정하다. 따라서 원점 (0, 0)과 직선 위의 점 $P(x, y)$를 지나는 직선의 기울기는 $\dfrac{y-0}{x-0}$이고 이 값은 주어진 기울기 2와 같다. 따라서 $\dfrac{y-0}{x-0}=2$가 성립하고 이를 정리하면 $y = 2x$이다. 즉, $2x - y = 0$으로 정리할 수 있으며 $2x - y = 0$이 점 (0, 0)을 지나고 기울기가 2인 조건을 만족하는 점 $P(x, y)$의 자취의 방정식이다.

점의 이동

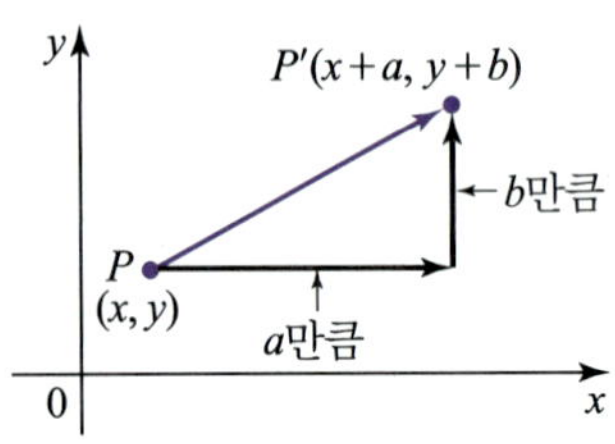

그림 2.1.2

점 (3, 4)를 x축의 방향으로 2만큼, y축의 방향으로 −3만큼 평행이동해 보자. 그림 2.1.2와 같이 이동된 점은 $(3 + 2,\ 4 + (-3))$이 된다. 이를 일반화하면 점 $P(x, y)$를 x축의 방향으로 a만큼, y축의 방향으로 b만큼 평행이동하면 이동된 점 $P'(x', y')$은 $P'(x + a, y + b)$가 된다.

점의 평행이동

점 $P(x, y)$를 x축의 방향으로 a만큼, y축의 방향으로 b만큼 평행이동하면 이동된 점 $P'(x', y')$의 좌표는 $P'(x + a, y + b)$이다.

■ 도형의 평행이동

도형의 평행이동은 평행이동된 점 $P'(x', y')$에서 x'과 y'의 관계식을 찾는 과정으로 그림 2.1.3과 같이 이동되기 전 도형 $f(x, y) = 0$ 위의 임의의 점 $P(x, y)$를 x축의 방향으로 p만큼, y축의 방향으로 q만큼 평행이동하면 새로운 점 $P'(x', y') = (x + p,\ y + q)$를 구할 수 있다. 따라서 $x = x' - p,\ y = y' - q$이며, 이때 $x,\ y$는 이동되기 전 도형 위의 점이므로 $f(x,\ y) = 0$에 대입하면 등식을 만족한다. 즉, $f(x' - p, y' - q) = 0$과 같은 평행이동된 도형의 관계식을 얻을 수 있다. x'과 y'은 관계식을 만족하는 임의의 점이므로 $x,\ y$로 쓴다. 따라서 평행이동된 도형의 방정식은 $f(x - p,\ y - q) = 0$이다.

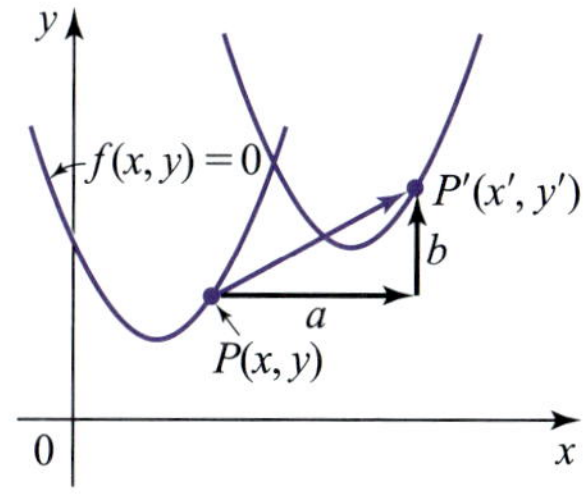

그림 2.1.3

도형의 평행이동

도형 $f(x,\ y) = 0$을 x축의 방향으로 p만큼, y축의 방향으로 q만큼 평행이동하면 이동된 도형의 방정식은 $f(x - p,\ y - q) = 0$이다.

▌점의 대칭이동

점 $P(x, y)$에 대하여 x축, y축, 원점, $y = x$축에 대한 대칭변환을 T라 할 때, 대칭이동은 그림 2.1.4와 같다. 즉, 점 $P(x, y)$에 대하여 다음이 성립한다.

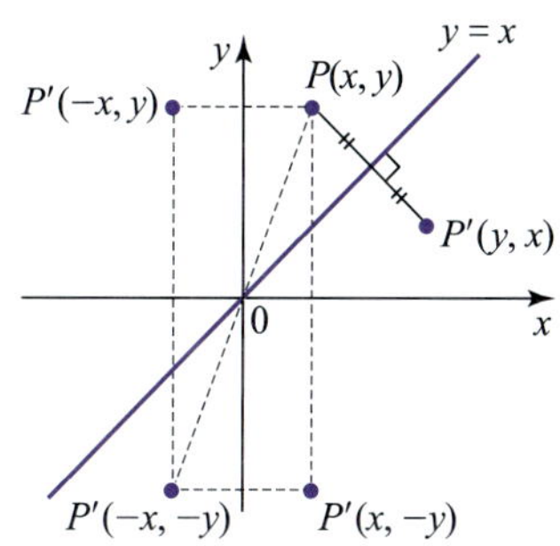

그림 2.1.4

점의 대칭이동

- x축에 대한 대칭이동 $T\colon (x,\ y) \to (x,\ -y)$
- y축에 대한 대칭이동 $T\colon (x,\ y) \to (-x,\ y)$
- 원점에 대한 대칭이동 $T\colon (x,\ y) \to (-x,\ -y)$
- 직선 $y = x$에 대한 대칭이동 $T\colon (x,\ y) \to (y,\ x)$

▌도형의 대칭이동

x축에 대한 도형의 대칭이동을 살펴본 후, 마찬가지 방법으로 y축 대칭, 원점 대칭, $y = x$축 대칭이동에 적용하길 바란다.

x축에 대한 대칭이동은 대칭이동되기 전의 점 $P(x,\ y)$와 대칭이동된 점 $P'(x',\ y')$에서 x'과 y'의 관계식을 찾는 과정으로 그림 2.1.5와 같이 이동되기 전 도형 $f(x, y) = 0$ 위의 임의의 점 $P(x,\ y)$를 대칭이동하면 새로운 점 $P'(x',\ y')$을 구할 수 있다. 점 $P(x,\ y)$의 대칭이동된 점 $P'(x',\ y')$이 $(x,\ -y)$이므로 $x = x',\ y = -y'$이 되

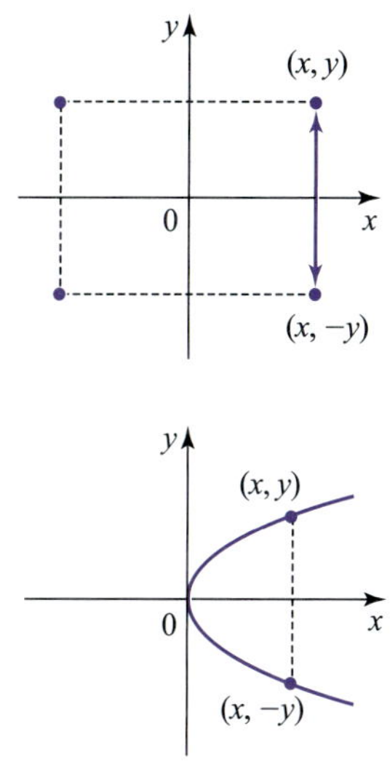

그림 2.1.5

며 이때 x, y는 이동되기 전 도형 위의 점이므로 $f(x, y) = 0$에 대입하면 등식을 만족한다. 따라서 대칭이동된 도형의 방정식 $f(x', -y') = 0$을 얻을 수 있다. 이때 x'과 y'은 방정식을 만족하는 임의의 점이므로 x, y로 쓴다. 따라서 대칭이동된 도형은 $f(x, -y) = 0$이다.

도형 $f(x, y) = 0$에 대하여 다음이 성립한다.

도형의 대칭이동

• x축에 대한 대칭이동	$f(x, -y) = 0$
• y축에 대한 대칭이동	$f(-x, y) = 0$
• 원점에 대한 대칭이동	$f(-x, -y) = 0$
• $y = x$에 대한 대칭이동	$f(y, x) = 0$

우함수와 기함수

정의 2.1.1 우함수(even function)

$x \in X$에 대하여 $f(-x) = f(x)$를 만족하는 함수 f를 우함수라 한다.

예 $y = x^{2n} (n \in \mathbb{Z})$, $y = \cos x$ (그림 2.1.6)

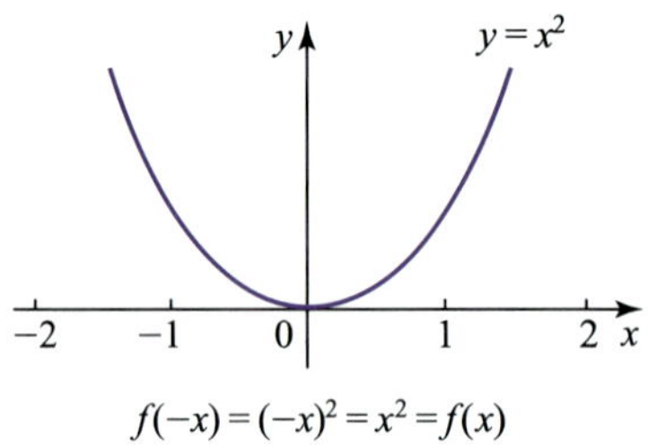

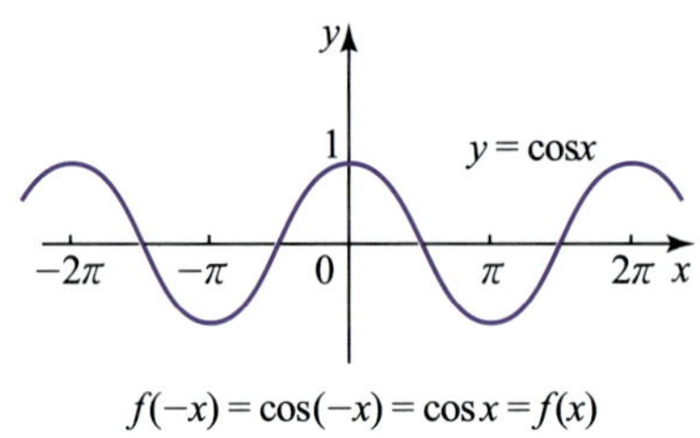

그림 2.1.6 우함수

정의 2.1.2 기함수(odd function)

$x \in X$에 대하여 $f(-x) = -f(x)$를 만족하는 함수 f를 기함수라 한다.

예 $y = x^{2n+1} (n \in \mathbb{Z})$, $y = \sin x$ (그림 2.1.7)

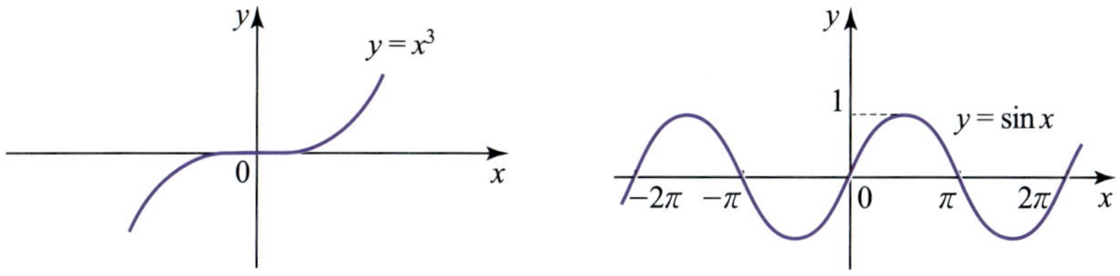

$f(-x) = (-x)^3 = -x^3 = -f(x)$ $\quad$ $f(-x) = \sin(-x) = \sin x = -f(x)$

그림 2.1.7 기함수

2.2 자연상수 e의 정의

정의 2.2.1 함수 $y = \ln x$

$x > 0$일 때 함수 $y = \ln x$를 다음과 같이 정의한다.

$$\ln x = \int_1^x \frac{1}{t} dt$$

정의 2.2.2 함수 $y = \exp(x)$

$f(x) = \ln x$라 할 때, $f^{-1}(x) = \exp(x)$라 정의한다.

정의 2.2.3 오일러수 e

오일러수 e를 $\exp(1) = e$라 정의한다.

정리 2.2.4

양의 실수 a, b에 대하여 다음을 만족한다.

$$\ln ab = \ln a + \ln b$$

을 만족한다.

증명

$x > 0$에 대하여 $h(x) = \ln ax$라 하자. 미적분학의 기본 정리에 의해

$$h'(x) = \frac{1}{ax} \times a = \frac{1}{x} = (\ln x)'$$

이므로 상수 C에 대하여 다음이 성립한다.

$$h(x) = \ln x + C$$

이다. $h(x) = \ln ax$로부터 $h(1) = \ln a$, $\ln 1 = \int_1^1 \frac{1}{t}dt = 0$이므로 위 식의 양변에 $x = 1$을 대입하면 $C = \ln a$이다. 따라서 다음을 얻는다.

$$h(x) = \ln x + \ln a$$

위 식의 양변에 $x = b$를 대입하면 $h(b) = \ln ab = \ln b + \ln a$를 얻는다. ■

정리 2.2.5 함수 $y = \exp(x)$의 성질 ①

두 실수 x, y에 대하여 다음이 성립한다.

$$\exp(x + y) = \exp(x) \cdot \exp(y)$$

증명

$u = \exp(x)$, $v = \exp(y)$라 하면 $x = \ln u$, $y = \ln v$이므로 정리 2.2.4에 의해

$$x + y = \ln u + \ln v = \ln uv$$

이다. 따라서 $uv = \exp(x + y)$이고 $u = \exp(x)$, $v = \exp(y)$이므로 다음을 얻는다.

$$\exp(x + y) = \exp(x) \cdot \exp(y)$$ ■

정리 2.2.6 함수 $y = \exp(x)$의 성질 ②

임의의 실수 x에 대하여 $\exp(x) = e^x$이다.

증명

x의 값이 자연수인 경우부터 무리수인 경우까지 보임으로써 모든 실수에 대하여 성립함을 보인다.

(i) n이 자연수일 때: 정리 2.2.5에 의해 다음이 성립한다.

$$\exp(n) = \exp(1 + 1 + \cdots + 1) = \exp(1)\exp(1)\cdots\exp(1) = (\exp(1))^n = e^n$$

(ii) $x = -n$ (n은 자연수)일 때: $\ln 1 = \int_1^1 \frac{1}{t}dt = 0$이므로 $\exp(0) = 1$이다. 따라서

$$1 = \exp(0) = \exp(m - m) = \exp(m)\exp(-m) = e^m \exp(-m)$$

을 만족한다. 그러므로 다음이 성립한다.

$$\exp(-m)=\frac{1}{e^m}=e^{-m}$$

(iii) $x=\frac{1}{m}$ (m은 자연수)일 때,

$$\left(\exp\left(\frac{1}{m}\right)\right)^m=\underbrace{\exp\left(\frac{1}{m}\right)\cdots\exp\left(\frac{1}{m}\right)}_{m\text{번}}=\exp\left(\frac{1}{m}\times m\right)=\exp(1)=e$$

이므로 다음을 만족한다.

$$\exp\left(\frac{1}{m}\right)=e^{\frac{1}{m}}$$

(iv) $x=\frac{n}{m}$ (m, n은 자연수)일 때, 다음이 성립한다.

$$\exp\left(\frac{n}{m}\right)=\underbrace{\exp\left(\frac{1}{m}\right)\cdots\exp\left(\frac{1}{m}\right)}_{n\text{번}}=\left(\exp\left(\frac{1}{m}\right)\right)^n=\left(e^{\frac{1}{m}}\right)^n=e^{\frac{n}{m}}$$

(v) x가 무리수일 때,

exp(x)의 연속성에 의해 다음이 성립한다(무리수 x에 대하여 유리수열 $\{x_n\}$이 존재하여 $\lim_{n\to\infty} x_n=x$를 만족한다).

$$\exp(x)=\lim_{n\to\infty}\exp(x_n)=\lim_{n\to\infty}e^{x_n}=e^{\lim_{n\to\infty}x_n}=e^x$$ ■

정리 2.2.7 함수 $y=\exp(x)$의 역함수

함수 $y=\exp(x)$의 역함수는 $y=\ln x(=\log_e x)$이다.

위 과정으로부터 자연상수를 극한값으로 정의할 수 있음을 다음 정리에서 살펴볼 수 있다.

정리 2.2.8 자연상수 e

$$e=\lim_{x\to0}(1+x)^{\frac{1}{x}}$$

증명

미적분학의 기본 정리에 의해 다음이 성립한다.

$$\frac{1}{t}=\frac{d}{dt}\ln t=\lim_{h\to0}\frac{\ln(t+h)-\ln t}{h}=\lim_{h\to0}\ln\left(\frac{t+h}{t}\right)^{\frac{1}{h}}$$

$n=\frac{1}{h}$, $x=\frac{1}{t}$로 놓으면 $x=\ln\lim_{n\to\infty}\left(1+\frac{x}{n}\right)^n$, 즉 다음이 성립한다.

$$e^x=\lim_{n\to\infty}\left(1+\frac{x}{n}\right)^n \qquad \blacksquare$$

2.3 ε-δ에 의한 연속/극한의 정의를 이용한 증명

함수 $f(x)$에서 x가 a와 다른 값을 가지면서 a에 한없이 가까워질 때, $f(x)$가 일정한 값 A에 한없이 가까워지면 $f(x)$는 A에 수렴한다고 한다. 그러나 이 정의는 수학의 엄밀성에 비추어볼 때 문제점을 드러낸다. 다시 말해, '한없이 가까워진다'는 문장에서 한없이 가까워진다는 것이 어느 정도인지 불분명하다. 이 점을 극복하기 위해 극한의 엄밀한 정의를 알아보자.

실수의 부분집합을 정의역과 치역으로 하는 함수 f와 두 실수 a, A에 대하여 다음과 같이 극한을 정의한다.

정의 2.3.1 극한의 엄밀한 정의 ①

임의의 양수 ε에 대하여 어떤 양수 δ가 존재하여

$$0<|x-a|<\delta\text{이면 }|f(x)-A|<\varepsilon$$

일 때, 함수 $f(x)$는 $x=a$에서 A에 수렴한다고 하며, $\lim_{x\to a}f(x)=A$로 나타낸다.

극한의 엄밀한 정의를 이용하여 2.1절에서 배운 정리를 증명해 보자.

정리 2.3.2 극한값에 관한 연산

$\lim_{x\to a}f(x)=A$, $\lim_{x\to b}f(x)=B$일 때, 다음이 성립한다.

(1) $\lim_{x\to a}(f(x)\pm g(x))=A\pm B$

(2) 임의의 실수 c에 대하여 $\lim_{x\to a}cf(x)=c\lim_{x\to a}f(x)$

(3) $\lim_{x\to a}f(x)g(x)=AB$

(4) $\lim_{x\to a}\frac{f(x)}{g(x)}=\frac{A}{B}$ (단, $g(x)\neq 0$이고 $B\neq 0$).

증명

(1) $\lim_{x \to a}(f(x)+g(x))=A+B$임을 보이기 위해 임의의 양수 ε에 대하여 $0<|x-a|<\delta$이면 $|(f(x)+g(x))-(A+B)|<\varepsilon$가 성립하는 양수 δ가 항상 존재함을 보이면 된다.

두 함수 $f(x)$, $g(x)$가 각각 A, B에 수렴하므로 임의의 양수 ε에 대하여

$$0<|x-a|<\delta_1\text{일 때, } |f(x)-A|<\frac{\varepsilon}{2}$$

$$0<|x-a|<\delta_2\text{일 때, } |g(x)-B|<\frac{\varepsilon}{2}$$

을 만족하는 두 양수 δ_1, δ_2가 존재한다. δ_1, δ_2 중 작은 값을 δ로 택하면 $0<|x-a|<\delta$일 때, 다음을 만족한다.

$$\begin{aligned}|(f(x)+g(x))-(A+B)|&=|(f(x)-A)+(g(x)-B)|\\&\le|f(x)-A|+|(g(x)-B)|\\&<\frac{\varepsilon}{2}+\frac{\varepsilon}{2}=\varepsilon\end{aligned}$$

위 증명 과정을 $f(x)-g(x)$에 적용하면 다음을 얻는다.

$$\begin{aligned}\lim_{x \to a}(f(x)-g(x))&=\lim_{x \to a}(f(x)+(-1\times g(x)))\\&=\lim_{x \to a}f(x)+\lim_{x \to a}(-g(x))\\&=A-B\end{aligned}$$

(2) (1)을 확장하여 이해할 수 있다. 즉, 다음이 성립한다.

$$\begin{aligned}\lim_{x \to a}cf(x)&=\lim_{x \to a}\big(f(x)+f(x)+\cdots+f(x)\big)\\&=\lim_{x \to a}f(x)+\lim_{x \to a}f(x)+\cdots+\lim_{x \to a}f(x)\\&=c\lim_{x \to a}f(x)\end{aligned}$$

■

정리 2.3.3 극한값의 대소 관계

세 함수 $f(x)$, $g(x)$, $h(x)$가 $x=a$의 근방에서 항상

$$f(x)\le h(x)\le g(x),\ \lim_{x \to a}f(x)=\lim_{x \to a}g(x)=A$$

이면 다음이 성립한다.

$$\lim_{x \to a}h(x)=A$$

증명

임의의 양수 ε에 대하여 $|x-a|<\delta$이면 $|h(x)-A|<\varepsilon$이 되는 δ가 항상 존재함을 보이면 $\lim_{x\to a} h(x)=A$가 증명된다. 그런데 $\lim_{x\to a} f(x)=A$이므로 적당한 양수 δ_1이 존재하여 다음을 만족한다.

$$|x-a|<\delta_1 \text{이면 } |f(x)-A|<\varepsilon$$

$\lim_{x\to a} g(x)=A$이므로 적당한 양수 δ_2가 존재하여 다음을 만족한다.

$$|x-a|<\delta_2 \text{이면, } |g(x)-A|<\varepsilon$$

이제 $\delta=\min(\delta_1,\delta_2)$로 택하면 $|x-a|<\delta$일 때,

$$|f(x)-A|<\varepsilon,\ |g(x)-A|<\varepsilon$$

이 동시에 성립한다. 즉, 다음과 같다.

$$A-\varepsilon<f(x)<A+\varepsilon,$$
$$A-\varepsilon<g(x)<A+\varepsilon$$

이때 세 함수 $f(x)$, $g(x)$, $h(x)$ 사이에 $f(x)\le h(x)\le g(x)$가 성립하므로

$$A-\varepsilon<f(x)\le h(x)\le g(x)<A+\varepsilon$$

이 된다. 따라서 다음을 얻는다.

$$|x-a|<\delta \text{일 때 } |h(x)-A|<\varepsilon, \text{ 즉 } \lim_{x\to a} h(x)=A$$ ■

정리 2.3.4 극한값이 존재하는 함수

실수의 부분집합을 정의역과 치역으로 하는 함수 f에 대하여 다음은 서로 동치이다.

(1) 함수 f는 $x=a$에서 극한값이 존재한다.

(2) 함수 f는 $x=a$에서 좌극한값과 우극한값 모두 존재하며, 두 극한값은 서로 같다.

증명

(1)의 성립을 가정하여 함수 f의 $x=a$에서의 극한값을 A라고 하자. 그러면 임의의 양수 ε에 대하여 어떤 양수 δ가 존재하여 $0<|x-a|<\delta$이면 $|f(x)-A|<\varepsilon$이 성립한다. 이러한 δ에 대하여

$$-\delta < x-a < 0 \text{이면 } |f(x)-A| < \varepsilon,$$

$$0 < x-a < \delta \text{이면 } |f(x)-A| < \varepsilon$$

을 만족하므로 (2)가 성립한다.

역을 증명하기 위해

$$\lim_{x \to a^-} f(x) = \lim_{x \to a^+} f(x) = B$$

라 하자. 즉, 임의의 양수 ε에 대하여 두 양수 δ_1, δ_2가 존재해서

$$-\delta_1 < x-a < 0 \text{이면 } |f(x)-B| < \varepsilon,$$

$$0 < x-a < \delta_2 \text{이면 } |f(x)-B| < \varepsilon$$

을 만족시킨다.

따라서 $\delta = \min\{\delta_1, \delta_2\}$라 하면 다음을 얻는다.

$$0 < |x-a| < \delta \text{일 때, } |f(x)-B| < \varepsilon$$ ■

이제 $\lim_{x \to \infty} f(x) = A$ 또는 $\lim_{x \to a} f(x) = -\infty$처럼 무한의 개념을 포함하는 극한을 정의해 보자. 실수의 부분집합을 정의역과 치역으로 하는 함수 f와 두 실수 a, A에 대하여 다음과 같이 극한을 정의한다.

정의 2.3.5 극한의 엄밀한 정의 ②

임의의 양수 ε에 대하여 어떤 정수 K가 존재하여

$$K < x \text{이면 } |f(x)-A| < \varepsilon$$

일 때, x가 무한히 커지면 함수 $f(x)$가 A에 수렴한다고 하며, $\lim_{x \to \infty} f(x) = A$로 나타낸다.

마찬가지로 임의의 양수 ε에 대하여 어떤 양수 K가 존재하며

$$x < -K \text{이면 } |f(x)-B| < \varepsilon$$

일 때, x가 무한히 작아지면 함수 $f(x)$는 B에 수렴한다고 하며, $\lim_{x \to -\infty} f(x) = B$로 나타낸다.

함숫값이 무한대 혹은 무한소로 발산하는 경우는 다음과 같이 정의할 수 있다.

(1) $\lim_{x\to\infty} f(x)=\infty$의 정의

임의의 양수 L에 대하여 어떤 양수 K가 존재하여 $K < x$이면 $L < f(x)$를 만족한다.

(2) $\lim_{x\to\infty} f(x)=-\infty$의 정의

임의의 양수 L에 대하여 어떤 양수 K가 존재하여 $K < x$이면 $f(x) < -L$을 만족한다.

(3) $\lim_{x\to-\infty} f(x)=\infty$의 정의

임의의 양수 L에 대하여 어떤 양수 K가 존재하여 $x<-K$이면 $L<f(x)$를 만족한다.

(4) $\lim_{x\to-\infty} f(x)=-\infty$의 정의

임의의 양수 L에 대하여 어떤 양수 K가 존재하여 $x<-K$이면 $f(x) < -L$을 만족한다.

정의 2.3.6 극한의 엄밀한 정의 ③

(1) 임의의 양수 L에 대하여 어떤 양수 δ가 존재하여

$$|x-a|<\delta \text{이면 } L < f(x)$$

일 때, 함수 $f(x)$는 $x = a$에서 ∞로 발산한다고 하며, $\lim_{x\to a} f(x)=\infty$로 나타낸다.

(2) 임의의 양수 L에 대하여 어떤 양수 δ가 존재하여

$$|x-a|<\delta \text{이면 } f(x)<-L$$

일 때, 함수 $f(x)$는 $x = a$에서 $-\infty$로 발산한다고 하며, $\lim_{x\to a} f(x)=-\infty$로 나타낸다.

2.4 점근선

❙ 점근선과 함수의 그래프

함수의 그래프를 보다 잘 이해하기 위해 점근선에 대해 알아보고, 앞에서 학습한 미분과 그래프의 관계를 이용하여 함수의 개형을 손으로 좀 더 자세하게 그릴 때 어떤 부분에 관심을 가져야 할지 알아보자.

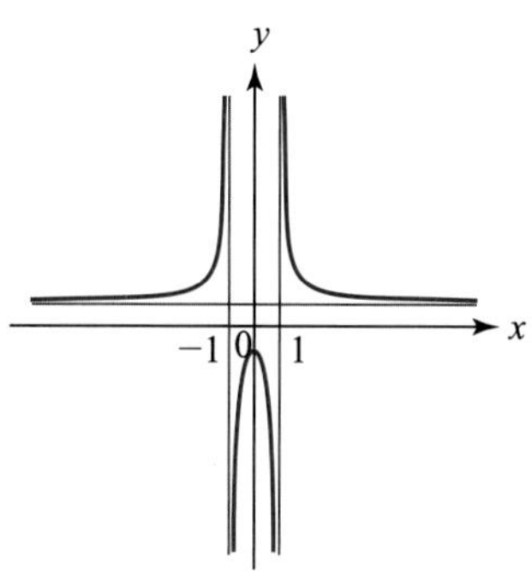

그림 2.4.1

그림 2.4.1에서 $x=\pm1$에서의 함숫값이 $\pm\infty$임을 관찰할 수 있다. 이는 $x=\pm1$에서 함숫값이 수직선을 따라 무한히 증가하거나 무한히 감소함을 의미한다. 이를 토대로 다음과 같이 수직 점근선을 정의한다.

정의 2.4.1 수직 점근선

다음 중 적어도 하나를 만족할 때 직선 $x = a$를 곡선 $y = f(x)$의 **수직 점근선(vertical asymptote)**이라 한다.

$$\lim_{x\to a} f(x)=\infty,\quad \lim_{x\to a^-} f(x)=\infty,\quad \lim_{x\to a^+} f(x)=\infty$$

$$\lim_{x\to a} f(x)=-\infty,\quad \lim_{x\to a^-} f(x)=-\infty,\quad \lim_{x\to a^+} f(x)=-\infty$$

그림 2.4.1에서 $x=\pm\infty$일 때 함숫값이 어떤 값에 끝없이 점점 가까워지고 있음을 관찰할 수 있다. 이는 $x=\pm\infty$일 때, 함숫값이 수평선을 따라 어떤 값에 무한

히 근접하고 있음을 의미한다. 이를 토대로 다음과 같이 수평 점근선을 정의한다.

정의 2.4.2 수평 점근선

다음 중 어느 하나를 만족할 때 직선 $y = L$을 곡선 $y = f(x)$의 **수평 점근선**(horizontal asymptote)이라 한다.

$$\lim_{x \to \infty} f(x) = L \quad \text{또는} \quad \lim_{x \to -\infty} f(x) = L$$

수학 프로그램이나 수학 애플리케이션을 사용하면 복잡한 함수들의 그래프를 쉽게 그릴 수 있는 장점이 있다. 하지만 시각적인 부분에 의존하는 그래픽 도구를 사용하다 보면 정의역을 어떻게 정하는지에 따라 놓치는 부분이 많이 생길 수 있다. 이러한 부분은 지금까지 배운 미분을 이용하여 해결할 수 있다.

우선 프로그램만을 사용했을 때의 문제점에 대해 알아보자. 그림 2.4.2는 수학 프로그램을 이용하여 함수 $y = \frac{1}{100}x(x-3)(x-6)(x-9)$의 그래프를 그린 것이다. 정의역 $[-1, 5]$에서 그래프의 모양은 함수 $y = \frac{1}{100}x^4$의 그래프와 유사해 보인다.

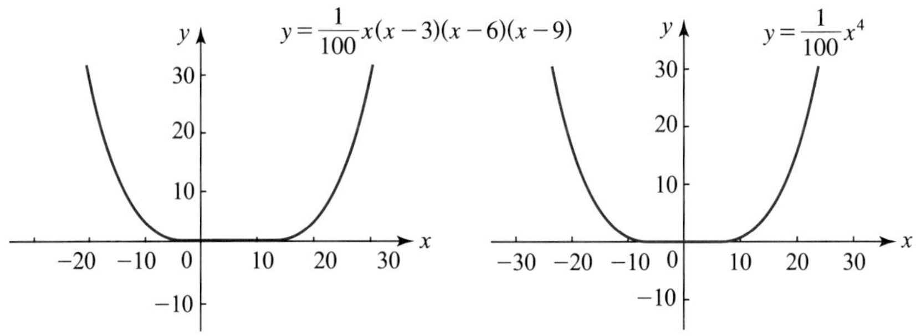

그림 2.4.2

또한, 정의역을 좀 더 작게 조정하여 그림을 그린다 하더라도 전체적인 함수의 그래프의 개형을 정확히 알기는 쉽지 않다. 이 부분은 미분을 통해 좀 더 정확한 그래프를 추정할 수 있다.

우리가 종이에 그래프를 그려야 한다면, 다음 목록을 확인하는 것이 보다 정확한 그림을 그리는 데 많은 도움이 될 것이다.

함수 $y = f(x)$의 그래프를 잘 그리기 위한 지침

1. 정의역

함수 $f(x)$가 정의되는 x의 값의 집합으로서 그림을 그리기 전에 가장 먼저 주어진 함수가 어떤 정의역에서 정의되어 있는지 확인한다.

2. 절편

- x절편: 곡선이 x축과 만나는 점으로 $y = 0$으로 놓고 x의 값을 구한다.
- y절편: 곡선이 y축과 만나는 점으로 $x = 0$으로 놓고 y의 값을 구한다.

3. 대칭성

- 정의역 D의 모든 원소 x에 대하여 $f(-x) = f(x)$를 만족하는 함수를 **우함수**(even function)라고 하며 우함수는 $x \geq 0$ 또는 $x \leq 0$인 경우만 그리고 반대쪽은 y축 대칭하여 그릴 수 있다.
  예를 들어 $y = c$, $y = x^2$, $y = \cos x$, $y = |x|$, 모든 지수가 짝수인 다항함수 등이 우함수이다.
- 정의역 D의 모든 원소 x에 대하여 $f(-x) = -f(x)$를 만족하는 함수를 **기함수**(odd function)라고 하며 기함수는 $x \geq 0$ 또는 $x \leq 0$인 경우만 그리고 반대쪽은 원점 대칭하여 그릴 수 있다.
  예를 들어 $y = x$, $y = \sin x$, $y = \frac{1}{x}$, 모든 지수가 홀수인 다항함수 등이 기함수이다.
- 정의역 D의 모든 원소 x에 대하여 $f(x + p) = f(x)$를 만족하는 함수를 **주기함수**(periodic function)라고 하며 주기함수는 구간의 길이가 p인 구간을 그린 후 평행이동하여 완전한 그래프를 그릴 수 있다. 이때 모든 x에 대하여 $f(x + p) = f(x)$를 만족하는 가장 작은 양수 p를 **주기**라고 한다.
  예를 들어 $y = \cos x$, $y = \sin x$, $y = \tan x$ 등이 주기함수이며 $y = \cos x$와 $y = \sin x$의 주기는 2π, $y = \tan x$의 주기는 π이다.

4. 점근선: 점근선에 관한 부록 정리 2.4.1, 정리 2.4.2를 참조하면 함수의 그래프를 그릴 때 유용한 정보가 된다.

5. 증가 또는 감소 구간: 본문 정리 4.4.3을 참조하여 주어진 함수가 증가하는 구간과 감소하는 구간을 찾는다.

6. 극댓값과 극솟값: 본문 정리 4.4.5의 극값 판정법을 이용하여 극값을 구한다.

7. 오목성과 변곡점: 본문 정리 4.4.9를 이용하여 주어진 함수가 위로 오목한 구간과 아래로 오목한 구간을 찾는다.

8. 1~7의 정보를 이용하여 그래프를 그린다.

부록 3 수치근사

3.1 선형근사법

함수 $y=f(x)$가 $x=a$에서 미분가능이라 하자. 함수 f의 그래프 위의 점 $(a, f(a))$에서의 접선의 방정식은 다음과 같다.

$$f(x)=f(a)+f'(a)(x-a)$$

a에 충분히 가까운 x에 대하여 f의 그래프 위의 점 $(x, f(x))$는 접선 위의 점 $(x, f(a)+f'(a)(x-a))$와 가까이 있게 된다. 즉,

$$f(x)\approx f(a)+f'(a)(x-a)$$

이다. 그러므로 x가 a에 충분히 가까우면 $f(x)$를 $f(a)+f'(a)(x-a)$로 근사시킬 수 있다. 접선을 사용한 이 근사법을 **선형근사법**이라 한다. 선형근사법으로 $f(x)$를 구하는 것은 x에 가까운 a에 대하여 $f(a)$와 $f'(a)$를 구하기 쉬울 때 매우 유용하다.

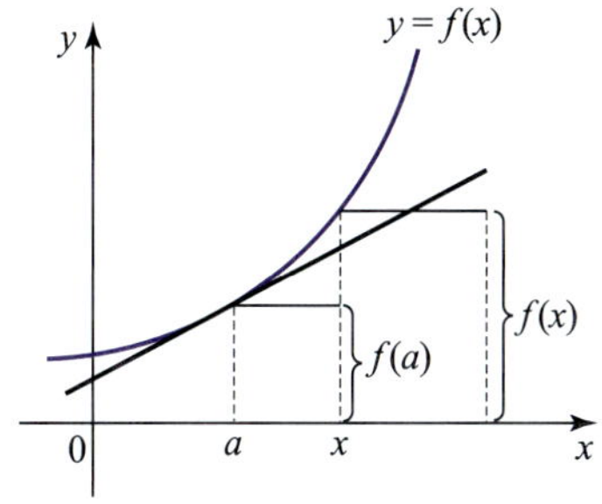

그림 3.1.1

(1) 접선의 방정식

$$f(x)=f(a)+f'(a)(x-a)$$

(2) 선형근사법

$$f(x)\approx f(a)+f'(a)(x-a)$$

3.2 근의 근삿값

함수 $y=f(x)$가 주어질 때, $f(x)=0$이 되는 x의 근삿값을 구하는 방법 중 뉴턴-라프슨(Newton-Raphson) 방법을 소개한다.

함수 $y=f(x)$에서 $f(x)=0$이 되는 x의 근삿값을 구하기 위해 $f(x)=0$의 근을 r이라 하자. 그림 3.2.1과 같이 r에 가깝다고 생각되는 a_1을 하나 잡아 그것을 근 r에 대한 제1근삿값이라 하자. 그러면 점 $P(a_1, f(a_1))$에서의 곡선에 대한 접선 l의 방정식은 다음과 같다.

$$y-f(a_1)=f'(a_1)(x-a_1)$$

a_1이 r에 가까운 값일 때, 이 접선 l이 x축과 만나는 점의 x좌표 a_2는 보통 a_1보다 r에 더 가까운 근삿값이 된다. a_2는 접선 l이 x축과 만나는 점의 x좌표이므로

$$0-f(a_1)=f'(a_1)(a_2-a_1)$$

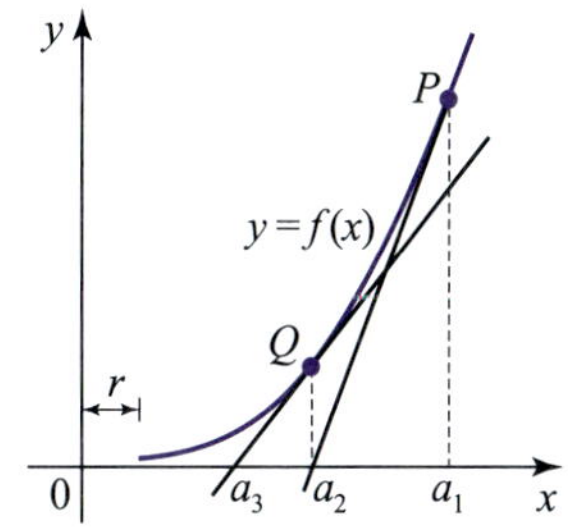

그림 3.2.1

이 성립하고, 이 식을 a_2에 대하여 정리하면 다음과 같다.

$$a_2 = a_1 - \frac{f(a_1)}{f'(a_1)}$$

이제 a_2를 제2근삿값으로 생각하면 위 식을 이용하여 제3근삿값

$$a_3 = a_2 - \frac{f(a_2)}{f'(a_2)}$$

를 얻는다. 이 방법을 반복하면

$$a_4 = a_3 - \frac{f(a_3)}{f'(a_3)}$$
$$\vdots$$
$$a_{n+1} = a_n - \frac{f(a_n)}{f'(a_n)}$$

을 얻는다. 이렇게 구한

$$a_1,\ a_2,\ a_3,\ \cdots,\ a_n,\ \cdots$$

뉴턴-라프슨 방법

$$a_{n+1} = a_n - \frac{f(a_n)}{f'(a_n)}$$

은 근 r에 얼마든지 가깝게 할 수 있다. 이 방법을 뉴턴-라프슨(Newton-Raphson) 방법이라 한다.

3.3 수치적분

이 절에서는 정적분의 근삿값을 구하는 방법을 생각해 본다. 앞에서 배운 것과 같이 정적분의 값은 원시함수를 구하여 정확한 값을 얻을 수 있다. 그러나 피적분 함수의 원시함수는 쉽게 구할 수 없는 경우가 많다. 이럴 때는 다음 같은 방법으로 정적분의 근삿값을 구한다.

▌리만(Riemann) 합 근삿값

리만 합

$$\int_a^b f(x) \approx \sum_{i=1}^{n} f(x_i^*)\Delta x$$

길이가 $\Delta x = \dfrac{b-a}{n}$인 n개의 부분구간으로 이루어진 구간 $[a,\ b]$의 분할을 $a = x_0 < x_1 < \cdots < x_n = b$라 하고 x_i^*가 분할의 i번째 부분구간 $[x_{i-1}, x_i]$의 임의의 원소일 때, 다음이 성립한다.

$$\int_a^b f(x)\,dx \approx \Delta x\{f(x_1^*) + f(x_2^*) + \cdots + f(x_i^*) + \cdots + f(x_n^*)\}$$

즉,

$$\int_a^b f(x) \approx \sum_{i=1}^{n} f(x_i^*)\Delta x$$

임을 알 수 있다.

왼쪽 끝점 공식(left endpoint rule)

x_i^*가 구간의 왼쪽 끝점일 때, $x_i^* = x_{i-1}$이고

$$\int_a^b f(x) \approx \sum_{i=1}^{n} f(x_{i-1})\Delta x = \frac{b-a}{n}\{f(x_0)+f(x_1)+\cdots+f(x_{n-1})\}$$

을 왼쪽 끝점 근삿값이라 한다.

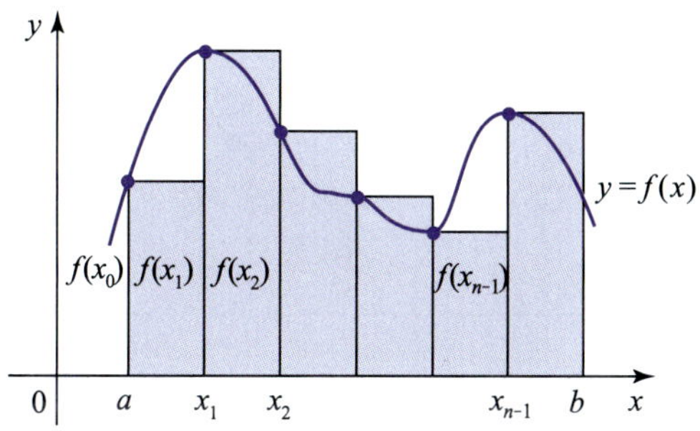

그림 3.3.1

오른쪽 끝점 공식(right endpoint rule)

x_i^*가 구간의 오른쪽 끝점일 때, $x_i^* = x_i$이고

$$\int_a^b f(x) \approx \sum_{i=1}^{n} f(x_i)\Delta x = \frac{b-a}{n}\{f(x_1)+f(x_2)+\cdots+f(x_n)\}$$

을 오른쪽 끝점 근삿값이라 한다.

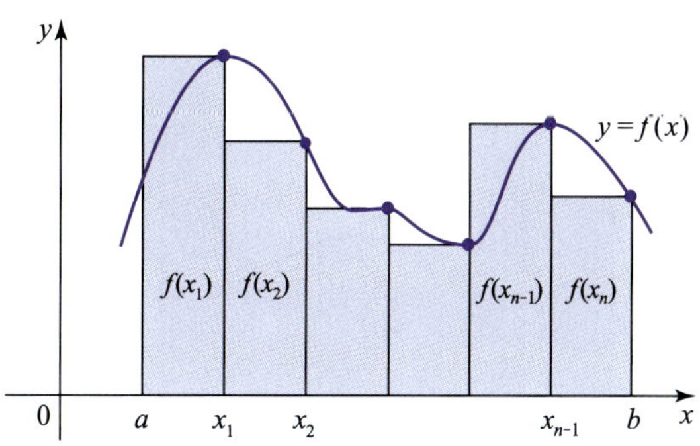

그림 3.3.2

위 방법 외에도 각 구간의 중간값을 잡는 방법을 사용하여 정적분의 근삿값을 구할 수 있다.

중간값 공식(midpoint rule)

중간값 공식이란 각 구간의 중간값 $x_i^* = \frac{1}{2}(x_{i-1} + x_i)$를 잡아 리만(Riemann) 합을 구하고 이를 적분의 근삿값으로 잡는 방법이다. 즉, 다음과 같다.

$$\int_a^b f(x) \approx \sum_{i=1}^{n} f(x_i^*)\Delta x \left(\text{단, } \Delta x = \frac{b-a}{n},\ x_i^* = \frac{1}{2}(x_{i-1} + x_i)\right)$$

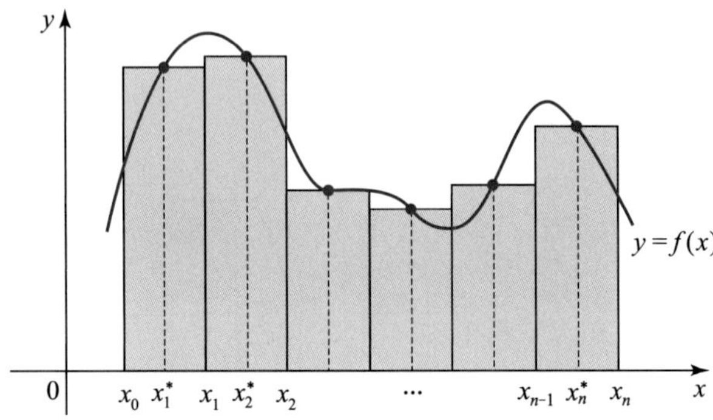

그림 3.3.3

▌사다리꼴 공식(trapezoidal rule)

사다리꼴 공식은 곡선 위의 점 $(x_0, f(x_0)), (x_1, f(x_1)), \cdots, (x_n, f(x_n))$을 직선으로 연결하여 각 소구간의 사다리꼴의 넓이를 합하여 근삿값으로 취하는 방법이다.

$$\int_a^b f(x) \approx T_n = \frac{\Delta x}{2}\{f(x_0) + 2f(x_1) + \cdots + 2f(x_{n-1}) + f(x_n)\}$$

$$\left(\text{단, } \Delta x = \frac{b-a}{n},\ x_i = a + i\Delta x\right)$$

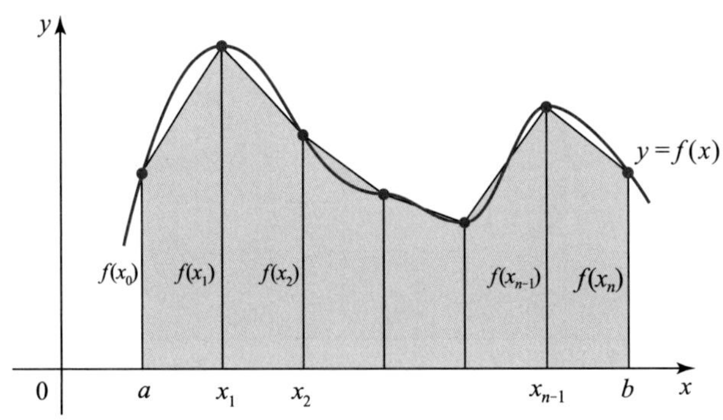

그림 3.3.4

▍심프슨의 공식(Simpson rule)

구간 $[a, b]$를 $2M$등분하고 $a = x_0 < x_1 < \cdots < x_{2M-1} < x_{2M} = b$라 하자. 먼저 두 소구간을 잡되, 세 점 $(x_0, f(x_0))$, $(x_1, f(x_1))$, $(x_2, f(x_2))$를 지나는 포물선으로 원래 함수의 곡선을 대신하고 같은 방법으로 세 점 $(x_2, f(x_2))$, $(x_3, f(x_3))$, $(x_4, f(x_4))$를 지나는 포물선을 쓰는 일을 계속하는 방법이다.

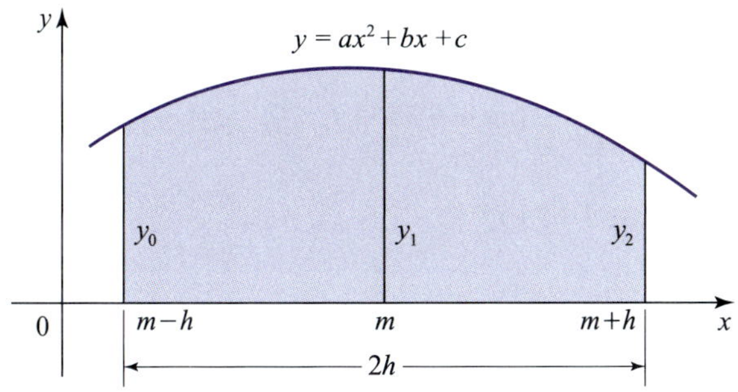

그림 3.3.5

포물선 $y = ax^2 + bx + c$와 두 직선 $x = m - h$, $x = m + h(h > 0)$ 및 x축에 의해 둘러싸인 부분의 넓이 A를 먼저 구하자.

$$A = \int_{m-h}^{m+h} (ax^2 + bx + c)dx = \left[\frac{a}{3}x^3 + \frac{b}{2}x^2 + cx\right]_{m-h}^{m+h}$$

$$= \frac{a}{3}\{(m+h)^3 - (m-h)^3\} + \frac{b}{2}\{(m+h)^2 - (m-h)^2\} + c\{(m+h) - (m-h)\}$$

$$= \frac{h}{3}\{a(6m^2 + 2h^2) + b(6m) + 6c\}$$

한편, y_0, y_1, y_2를 각각 $x = m - h$, $x = m$, $x = m + h$에서의 함숫값이라 하면

$$y_0 = a(m-h)^2 + b(m-h) + c,$$
$$y_1 = am^2 + bm + c,$$
$$y_2 = a(m+h)^2 + b(m+h) + c$$

이므로 $y_0 + 4y_1 + y_2 = a(6m^2 + 2h^2) + b \times 6m + 6c$이고 따라서 $A = \frac{h}{3}(y_0 + 4y_1 + y_2)$이다. 특히 구간 $[a, b]$의 분할이

$$a = x_0 < x_1 < \cdots < x_{2M-1} < x_{2M} = b$$

이면 소구간의 너비는 $\Delta x = \frac{b-a}{2M} = \frac{b-a}{n}$ (단, $n = 2M$)이므로 다음을 얻는다.

$$\int_a^b f(x) \approx \frac{\Delta x}{3}\{f(x_0) + 4f(x_1) + 2f(x_2) + 4f(x_3) + \cdots + 2f(x_{n-2}) + 4f(x_{n-1}) + f(x_n)\}$$

부록 4 적분표

삼각함수의 역함수 표현으로 arc를 사용한다. 예를 들어 $\sin^{-1}x$를 $\arcsin x$로 표현한다. 여기서 a, b는 상수, C는 적분상수이다.

I. $ax+b$를 포함하는 형태

1. $$\int (ax+b)^n\,dx = \frac{1}{a(n+1)}(ax+b)^{n+1}+C \quad (\text{단, } n\neq -1)$$

2. $$\int \frac{dx}{ax+b} = \frac{1}{a}\ln(ax+b)+C$$

3. $$\int \frac{dx}{x(ax+b)} = \frac{1}{b}\ln\left|\frac{x}{ax+b}\right|+C$$

4. $$\int \frac{x\,dx}{ax+b} = \frac{x}{a}-\frac{b}{a^2}\ln(ax+b)+C$$

5. $$\int \frac{x\,dx}{(ax+b)^2} = \frac{b}{a^2(ax+b)}+\frac{1}{a^2}\ln(ax+b)+C$$

6. $$\int \frac{x^2\,dx}{(ax+b)^2} = \frac{1}{a^3}\left\{\frac{1}{2}(ax+b)^2-2b\ln(ax+b)+b^2\ln(ax+b)\right\}+C$$

7. $$\int \frac{x^2\,dx}{(ax+b)^2} = \frac{1}{a^3}\left\{(ax+b)-2b\ln(ax+b)-\frac{b^2}{ax+b}\right\}+C$$

8. $$\int \frac{x^2\,dx}{(ax+b)^3} = \frac{1}{a^3}\left\{\ln(ax+b)+\frac{2b}{ax+b}-\frac{b^2}{2(ax+b)^2}\right\}+C$$

9. $$\int x^m(ax+b)^n\,dx = \frac{1}{a(m+n+1)}\left\{x^m(ax+b)^{n+1}-mb\int x^{m-1}(ax+b)^n\,dx\right\}$$
$$= \frac{1}{m+n+1}\left\{x^{m+1}(ax+b)^n+nb\int x^m(ax+b)^{n-1}dx\right\}$$
(단, $m>0$, $m+n+1\neq 0$)

10. $$\int \frac{\sqrt{ax+b}}{x}dx = 2\sqrt{ax+b}+b\int\frac{dx}{x\sqrt{ax+b}}$$

11. $$\int \frac{\sqrt{ax+b}}{x^2}dx = -\frac{\sqrt{ax+b}}{x}+\frac{a}{2}\int\frac{dx}{x\sqrt{ax+b}}$$

12. $$\int x^n\sqrt{ax+b}\,dx = \frac{2}{a^{n+1}}\int u^2(u^2-b)^n\,du \quad (\text{단, } u=\sqrt{ax+b})$$
$$= \frac{2}{a(2n+3)}x^n\sqrt{(ax+b)^3}-\frac{2nb}{a(2n+3)}\int x^{n-1}\sqrt{ax+b}\,dx$$

13. $$\int \frac{dx}{\sqrt{ax+b}} = \frac{2\sqrt{ax+b}}{a}+C$$

14. $\int \frac{x\,dx}{\sqrt{ax+b}} = \frac{2(ax-2b)}{3a^2}\sqrt{ax+b} + C$

15. $\int \frac{x^n\,dx}{\sqrt{ax+b}} = \frac{2}{a^{n+1}}\int (u^2-b)^n\,du$ (단, $u=\sqrt{ax+b}$)

$$= \frac{2x^n\sqrt{ax+b}}{a(2n+1)} - \frac{2nb}{a(2n+1)}\int \frac{x^{n-1}dx}{\sqrt{ax+b}}$$

16. $\int \frac{dx}{x\sqrt{ax+b}} = \begin{cases} \frac{1}{\sqrt{b}}\ln\frac{\sqrt{ax+b}-\sqrt{b}}{\sqrt{ax+b}+\sqrt{b}} + C, & b>0 \\ \frac{2}{\sqrt{-b}}\arctan\sqrt{\frac{ax+b}{-b}} + C, & b<0 \end{cases}$

17. $\int \frac{dx}{x^2\sqrt{ax+b}} = -\frac{\sqrt{ax+b}}{bx} - \frac{a}{2b}\int \frac{dx}{x\sqrt{ax+b}}$

18. $\int \frac{dx}{x^n\sqrt{ax+b}} = -\frac{\sqrt{ax+b}}{(n-1)bx^{n-1}} - \frac{(2n-3)a}{(2n-2)b}\int \frac{dx}{x^{n-1}\sqrt{ax+b}}$

II. a^2+x^2, a^2-x^2, x^2-a^2 $(a>0)$을 포함하는 형태

19. $\int \frac{dx}{p^2+x^2} = \frac{1}{p}\arctan\frac{x}{p} + C = -\frac{1}{p}\operatorname{arccot}\frac{x}{p} + C$

20. $\int \frac{dx}{p^2-x^2} = \frac{1}{2p}\ln\frac{p+x}{p-x} + C = \frac{1}{p}\operatorname{arctanh}\frac{x}{p} + C$

21. $\int \sqrt{a^2+x^2}\,dx = \frac{x}{2}\sqrt{a^2+x^2} + \frac{a^2}{2}\ln\left(x+\sqrt{a^2+x^2}\right) + C$

22. $\int x^2\sqrt{a^2+x^2}\,dx = \frac{x}{8}(a^2+2x^2)\sqrt{a^2+x^2} - \frac{a^4}{8}\ln\left(x+\sqrt{a^2+x^2}\right) + C$

23. $\int \frac{\sqrt{a^2+x^2}}{x}dx = \sqrt{a^2+x^2} - a\ln\left|\frac{a+\sqrt{a^2+x^2}}{x}\right| + C$

24. $\int \frac{\sqrt{a^2+x^2}}{x^2}dx = -\frac{\sqrt{a^2+x^2}}{x} + \ln\left(x+\sqrt{a^2+x^2}\right) + C$

25. $\int \frac{dx}{\sqrt{a^2+x^2}} = \ln\left(x+\sqrt{a^2+x^2}\right) + C$

26. $\int \frac{x^2\,dx}{\sqrt{a^2+x^2}} = \frac{x}{2}\sqrt{a^2+x^2} - \frac{a^2}{2}\ln\left(x+\sqrt{a^2+x^2}\right) + C$

27. $\int \frac{dx}{x\sqrt{a^2+x^2}} = -\frac{1}{a}\ln\left|\frac{\sqrt{a^2+x^2}+a}{x}\right| + C$

28. $\int \frac{dx}{x^2\sqrt{a^2+x^2}} = -\frac{\sqrt{a^2+x^2}}{a^2x} + C$

29. $\int \frac{dx}{(a^2+x^2)^{\frac{3}{2}}} = \frac{x}{a^2\sqrt{a^2+x^2}} + C$

30. $\int \sqrt{a^2-x^2}\,dx = \frac{x}{2}\sqrt{a^2-x^2} + \frac{a^2}{2}\arcsin\frac{x}{a} + C$

31. $\int x^2\sqrt{a^2-x^2}\,dx = \frac{x}{8}(2x^2-a^2)\sqrt{a^2-x^2} + \frac{a^4}{8}\arcsin\frac{x}{a} + C$

32. $\int \frac{\sqrt{a^2-x^2}}{x}\,dx = \sqrt{a^2-x^2} - a\ln\left|\frac{a+\sqrt{a^2-x^2}}{x}\right| + C$

33. $\int \frac{\sqrt{a^2-x^2}}{x^2}\,dx = -\frac{1}{x}\sqrt{a^2-x^2} - \arcsin\frac{x}{a} + C$

34. $\int \frac{dx}{\sqrt{a^2-x^2}} = \arcsin\frac{x}{a} + C = \arccos\frac{x}{a} + C$

35. $\int \frac{x^2\,dx}{\sqrt{a^2-x^2}} = -\frac{x}{2}\sqrt{a^2-x^2} + \frac{a^2}{2}\arcsin\frac{x}{a} + C$

36. $\int \frac{dx}{x\sqrt{a^2-x^2}} = -\frac{1}{a}\ln\left|\frac{a+\sqrt{a^2-x^2}}{x}\right| + C$

37. $\int \frac{dx}{x^2\sqrt{a^2-x^2}} = \frac{1}{a^2}\sqrt{a^2-x^2} + C$

38. $\int (a^2-x^2)^{\frac{3}{2}}\,dx = -\frac{x}{8}(2x^2-5a^2)\sqrt{a^2-x^2} + \frac{3a^4}{8}\arcsin\frac{x}{a} + C$

39. $\int \frac{dx}{(a^2-x^2)^{\frac{3}{2}}} = \frac{x}{a^2\sqrt{a^2-x^2}} + C$

40. $\int \sqrt{x^2-a^2}\,dx = \frac{x}{2}\sqrt{x^2-a^2} - \frac{a^2}{2}\ln\left|x+\sqrt{x^2-a^2}\right| + C$

41. $\int x^2\sqrt{x^2-a^2}\,dx = \frac{x}{8}(2x^2-a^2)\sqrt{x^2-a^2} - \frac{a^4}{8}\ln\left|x+\sqrt{x^2-a^2}\right| + C$

42. $\int \frac{\sqrt{x^2-a^2}}{x^2}\,dx = \sqrt{x^2-a^2} - a\arccos\frac{a}{|x|} + C = \sqrt{x^2-a^2} - a\,\mathrm{arcsec}\frac{|x|}{a} + C$

43. $\int \frac{\sqrt{x^2-a^2}}{x^2}\,dx = -\frac{\sqrt{x^2-a^2}}{x} + \ln\left|x+\sqrt{x^2-a^2}\right| + C$

44. $\int \frac{dx}{\sqrt{x^2-a^2}} = \ln\left|x+\sqrt{x^2-a^2}\right| + C$

45. $\int \frac{x^2\,dx}{\sqrt{x^2-a^2}} = \frac{x}{2}\sqrt{x^2-a^2} + \frac{a^2}{2}\ln\left|x+\sqrt{x^2-a^2}\right| + C$

46. $\int \frac{dx}{x\sqrt{x^2-a^2}} = \frac{1}{a}\mathrm{arcsec}\frac{x}{a} + C = -\frac{1}{a}\mathrm{arccsc}\frac{x}{a} + C$

47. $\int \frac{dx}{x^2\sqrt{x^2-a^2}} = \frac{\sqrt{x^2-a^2}}{a^2x} + C$

48. $\int \frac{dx}{(x^2-a^2)^{\frac{3}{2}}} = -\frac{x}{a^2\sqrt{x^2-a^2}} + C$

III. 삼각함수

49. $\int \sin u\,du = -\cos u + C$ (단, u는 x의 함수)

50. $\int \sin^2 x\,dx = \frac{x}{2} - \frac{\sin 2x}{4} + C$

51. $\int \sin^n x\,dx = -\frac{\sin^{n-1} x \cos x}{n} + \frac{n-1}{n}\int \sin^{n-2} x\,dx$

52. $\int \frac{dx}{\sin x} = \ln\left(\tan\frac{x}{2}\right) + C = -\ln(\csc x + \cot x) + C$

53. $\int \frac{dx}{\sin^2 x} = \int \csc^2 x\,dx = -\cot x + C$

54. $\int \frac{dx}{\sin^n x} = -\frac{1}{n-1}\frac{\cos x}{\sin^{n-1} x} + \frac{n-2}{n-1}\int \frac{dx}{\sin^{n-2} x}$ (단, n은 $n > 1$인 정수)

55. $\int \frac{dx}{1 \pm \sin x} = \mp \tan\left(\frac{\pi}{4} \mp \frac{x}{2}\right) + C$

56. $\int \sin ax \sin bx\,dx = \frac{\sin(a-b)x}{2(a-b)} - \frac{\sin(a+b)x}{2(a+b)} + C$ (단, $a^2 \neq b^2$)

57. $\int \cos u\,du = \sin u + C$ (단, u는 x의 함수)

58. $\int \cos^2 x\,dx = \frac{x}{2} + \frac{\sin 2x}{4} + C$

59. $\int \cos x\,dx = \frac{\cos^{n-1} x \sin x}{n} + \frac{n-1}{n}\int \cos^{n-2} x\,dx$ (단, n은 양의 정수)

60. $\int \frac{dx}{\cos x} = \ln\left(\tan\left(\frac{x}{2} + \frac{\pi}{4}\right)\right) + C = \ln(\tan x + \sec x) + C$

61. $\int \frac{dx}{\cos^2 x} = \tan x + C$

62. $\int \frac{dx}{\cos^n x} = \frac{1}{n-1}\frac{\sin x}{\cos^{n-1} x} + \frac{n-2}{n-1}\int \frac{dx}{\cos^{n-2} x}$ (단, n은 $n > 1$인 정수)

63. $\int \frac{dx}{1+\cos x} = \tan\frac{x}{2} + C$

64. $\int \frac{dx}{1-\cos x} = -\cot\frac{x}{2} + C$

65. $\int \cos ax \cos bx\,dx = \frac{\sin(a-b)x}{2(a-b)} + \frac{\sin(a+b)x}{2(a+b)} + C$ (단, $a^2 \neq b^2$)

66. $\int \sin^2 x \cos^2 x\,dx = \frac{x}{8} - \frac{\sin 4x}{32} + C$

67. $\int \sin^m x \cos^n x\,dx = -\frac{\sin^{m-1} x \cos^{n+1} x}{m+n} + \frac{m-1}{m+n}\int \sin^{m-2} x \cos^n x\,dx$

(단, $m > 0$, $n > 0$)

68. $\displaystyle\int \sin^m x \cos^n x\, dx = \frac{\sin^{m+1} x \cos^{n-1} x}{m+n} + \frac{n-1}{m+n}\int \sin^m x \cos^{n-2} x\, dx$

(단, $m>0$, $n>0$)

69. $\displaystyle\int x\sin x\, dx = \sin x - \cos x + C$

70. $\displaystyle\int x^2 \sin x\, dx = 2x\sin x + 2\cos x - x^2\cos x + C$

71. $\displaystyle\int x\sin^2 x\, dx = \frac{x^2}{4} - \frac{x\sin 2x}{4} - \frac{\cos 2x}{8} + C$

72. $\displaystyle\int x^2 \sin^2 x\, dx = \frac{x^3}{6} - \left(\frac{x^2}{4} - \frac{1}{8}\right)\sin 2x - \frac{x\cos 2x}{4} + C$

73. $\displaystyle\int x^n \sin x\, dx = -x^n \cos x + n\int x^{n-1}\cos x\, dx$ (단, $n>0$)

74. $\displaystyle\int x\cos x\, dx = \cos x + x\sin x + C$

75. $\displaystyle\int x^2\cos x\, dx = 2x\cos x - 2\sin x + x^2 \sin x + C$

76. $\displaystyle\int x\cos^2 x\, dx = \frac{x^2}{4} + \frac{x\sin 2x}{4} + \frac{\cos 2x}{8} + C$

77. $\displaystyle\int x^2\cos^2 x\, dx = \frac{x^3}{6} + \left(\frac{x^2}{4} - \frac{1}{8}\right)\sin 2x + \frac{x\cos 2x}{4} + C$

78. $\displaystyle\int x^n \cos x\, dx = x^n \sin x - n\int x^{n-1}\sin x\, dx$ (단, $n>0$)

79. $\displaystyle\int \tan u\, du = -\ln|\cos u| + C = \ln|\sec u| + C$ (단, u는 x의 함수)

80. $\displaystyle\int \tan^2 x\, dx = \tan x - x + C$

81. $\displaystyle\int \tan^n x\, dx = \frac{1}{n-1}\tan^{n-1} x - \int \tan^{n-2} x\, dx$ (단, n은 $n>1$인 정수)

82. $\displaystyle\int \cot u\, du = \ln|\sin u| + C = -\ln|\csc u| + C$ (단, u는 x의 함수)

83. $\displaystyle\int \cot^2 x\, dx = \int \frac{dx}{\tan^2 x} = -\cot x - x + C$

84. $\displaystyle\int \cot^n x\, dx = \int \frac{dx}{\tan^n x} = -\frac{1}{n-1}\cot^{n-1} x - \int \cot^{n-2} x\, dx$ (단, n은 $n>1$인 정수)

85. $\displaystyle\int \tan x \sec x\, dx = \sec x + C$

86. $\displaystyle\int \cot x \csc x\, dx = -\csc x + C$

IV. 지수함수와 로그함수

87. $\displaystyle\int e^u\, du = e^u + C$ (단, u는 x의 함수)

88. $\displaystyle\int a^u\, du = \frac{a^u}{\ln a} + C$ (단, u는 x의 함수)

89. $\int xe^x\,dx = e^x(x-1)+C$

90. $\int xa^x\,dx = \dfrac{xa^x}{\ln a} - \dfrac{a^x}{(\ln a)^2}+C$

91. $\int x^n e^x\,dx = x^n e^x - n\int x^{n-1}e^x dx$ (단, $n>0$)

92. $\int \ln x\,dx = x\ln x - x + C$

93. $\int x\ln x\,dx = \dfrac{x^2}{2}\ln x - \dfrac{x^2}{4}+C$

94. $\int x^2\ln x\,dx = \dfrac{x^3}{3}\ln x - \dfrac{x^3}{9}+C$

95. $\int (\ln x)^2\,dx = x(\ln x)^2 - 2x\ln x + 2x + C$

96. $\int (\ln x)^n\,dx = x(\ln x)^n - n\int(\ln x)^{n-1}dx$ (단, $n>0$)

97. $\int x^n\ln x\,dx = x^{n+1}\left\{\dfrac{\ln x}{n+1} - \dfrac{1}{(n+1)^2}\right\}+C$ (단, $n\neq 1$)

98. $\int e^{ax}\sin bx\,dx = \dfrac{e^{ax}}{a^2+b^2}(a\sin bx - b\cos bx)+C$

99. $\int e^{ax}\cos bx\,dx = \dfrac{e^{ax}}{a^2+b^2}(a\cos bx + b\sin bx)+C$

V. 쌍곡선함수

100. $\int \sinh x\,dx = \cosh x + C$

101. $\int \cosh x\,dx = \sinh x + C$

102. $\int \tanh x\,dx = \ln(\cosh x)+C$

103. $\int \coth x\,dx = \ln|\sinh x|+C$

104. $\int \mathrm{sech} x\,dx = \arctan|\sinh x|+C$

105. $\int \mathrm{csch}\,x\,dx = \ln\left|\tanh\dfrac{1}{2}x\right|+C$

106. $\int \mathrm{sech}^2 x\,dx = \tanh x + C$

107. $\int \mathrm{csch}^2 x\,dx = -\coth x + C$

108. $\int \mathrm{sech}\,x\tanh x\,dx = -\mathrm{sech}\,x + C$

109. $\int \mathrm{csch}\,x\coth x\,dx = -\mathrm{csch}\,x + C$

슬기로운 대학수학 수정판

초판 1쇄 발행 | 2022년 3월 5일
수정판 1쇄 발행 | 2024년 3월 5일

지은이 | 김상배 · 김화정 · 노금환
유천성 · 이희영 · 최은미
펴낸이 | 조승식
펴낸곳 | (주)도서출판 북스힐

등 록 | 1998년 7월 28일 제22-457호
주 소 | 서울시 강북구 한천로 153길 17
전 화 | (02) 994-0071
팩 스 | (02) 994-0073

홈페이지 | www.bookshill.com
이메일 | bookshill@bookshill.com

정가 25,000원

ISBN 979-11-5971-593-8

Published by bookshill, Inc. Printed in Korea.